UiPath（ユーアイパス）業務自動化最強レシピ

株式会社完全自動化研究所
小佐井 宏之 著

RPA（アールピーエー）ツールによる自動化&効率化ノウハウ

本書内容に関するお問い合わせについて

このたびは翔泳社の書籍をお買い上げいただき、誠にありがとうございます。
弊社では、読者の皆様からのお問い合わせに適切に対応させていただくため、以下のガイドラインへのご協力をお願い致しております。
下記項目をお読みいただき、手順に従ってお問い合わせください。

ご質問される前に

弊社Webサイトの「正誤表」をご参照ください。これまでに判明した正誤や追加情報を掲載しています。

正誤表　https://www.shoeisha.co.jp/book/errata/

ご質問方法

弊社 Web サイトの「刊行物Q&A」をご利用ください。

刊行物 Q&A　https://www.shoeisha.co.jp/book/qa/

インターネットをご利用でない場合は、FAXまたは郵便にて、下記翔泳社愛読者サービスセンターまでお問い合わせください。電話でのご質問は、お受けしておりません。

回答について

回答は、ご質問いただいた手段によってご返事申し上げます。ご質問の内容によっては、回答に数日ないしはそれ以上の期間を要する場合があります。

ご質問に際してのご注意

本書の対象を越えるもの、記述個所を特定されないもの、また読者固有の環境に起因するご質問等にはお答えできませんので、予めご了承ください。

郵便物送付先およびFAX番号

送付先住所　〒160-0006　東京都新宿区舟町5
FAX 番号　03-5362-3818
宛先　㈱翔泳社 愛読者サービスセンター

※本書に記載されたURL等は予告なく変更される場合があります。
※本書の対象に関する詳細はivページをご参照ください。
※本書の出版にあたっては正確な記述につとめましたが、著者や出版社などのいずれも、本書の内容に対してなんらかの保証をするものではなく、内容やサンプルに基づくいかなる運用結果に関してもいっさいの責任を負いません。
※本書に掲載されているサンプルプログラムやスクリプト、および実行結果を記した画面イメージなどは、特定の設定に基づいた環境にて再現される一例です。
※本書に記載されている会社名、製品名はそれぞれ各社の商標および登録商標です。
※本書の内容は、2020年1月から4月執筆時点のものです。

2019年4月に施行された働き方改革関連法を背景にしてバックオフィスを中心に業務効率化の需要が高まっており、パソコン業務を自動化するソフトウェアであるRPA（Robotic Process Automation）の普及が急速に進んでいます。

数多くのRPAツールの中でもUiPathは「日経コンピュータ　顧客満足度調査2019-2020」のRPAソフト/サービス部門において1位を獲得した評価の高いRPAツールです。

UiPathは理解しやすく使いやすい操作性を持ち、日本語サービスも充実しているため、ITエンジニアだけでなくRPAを初めて触るITエンジニアではない職種の方（本書では実務者と呼びます）も利用することができます。

しかし、残念ながらRPAやUiPathの知識や技術を知るだけで、すぐに業務の自動化ができるようになるわけではありません。

「RPAの研修を受けて理解できたように思えたが、実際に自分の業務を自動化しようとするとわからないことが多い」という声を聞きます。

本書は実際の業務で頻出する事例に対して、UiPathを使って自動化するノウハウを数多く解説しています。

レシピを見ながら料理を作るように本書の手順に沿って作成することで、「毎日、CSVファイルを他のExcelファイルと突合して帳票を作成して提出している」、「Webサイトから表データを読み取って保存している」、「PDF形式の請求書から請求金額を転記している」などの「面倒」で「大変」で「繰り返す」業務を自動化するノウハウが身に付きます。

最初にChapter1「RPAの概要」とChapter2「最初に知っておくべき5つのポイント」をお読みいただき、基礎知識を身に付けるとともにUiPath Studioのセットアップを行ってください。その後は自分の業務に利用できる項目から読み始めてください。セクション（節）末に関係のある項目が記載されているので、参照をたどって知識を広げていくことをお勧めします。

UiPathを使いこなし質の高い仕事を早く多くこなせるようになることで、あなたの価値が大幅に上がったことに驚く日が来るでしょう。本書がその一助になれば幸いです。

2020年4月吉日

株式会社完全自動化研究所　小佐井 宏之

本書の対象読者と概要について

本書の対象読者

- UiPathに対する基礎的な知識を身に付けている非エンジニアの方
- 個人レベルでUiPathを利用しようという人（UiPath Community Edition利用者）

概要

Uipathの基礎的な使い方はわかったものの、自身がかかわる業務の自動化につまずいている方いませんか？

本書はUiPathを利用して、日常業務を自動化する手法を日常業務の種類ごとにまとめた書籍です。本書を読めば、UiPathを利用した自動化処理をサクッと実践できます。

【本書の自動化処理の一例】

- Web画面上の表のデータを読み取って出力する
- Excelデータをアクティビティだけで集計する
- 特定のファイルを特定のメールアドレスに送信する

【本書のポイント】

- UiPathの使い方ではなく、業務をいかに自動化するかにフォーカス
- セクション末で項目同士を参照させているのでより理解が深まる
- 開発手法を試すことができるサンプル付き

本書のサンプルのテスト環境とサンプルファイル、特典ファイルについて

本書のサンプルのテスト環境

本書のサンプルは以下の環境で、問題なく動作することを確認しています。

OS：Windows 10 Home 1909

UiPath Studio：バージョン19.10.4

Google Chrome：バージョン 80.0.3987.132（Official Build）（64 ビット）

Microsoft 365 Personal 64bit：バージョン2002 クイック実行

Adobe Acrobat Reader DC：バージョン2020.6.20034.36698

MySQL：バージョン8.0.18

付属データのご案内

付属データは、以下のサイトからダウンロードできます。

・付属データのダウンロードサイト

URL https://www.shoeisha.co.jp/book/download/9784798163369

注意

付属データに関する権利は著者および株式会社翔泳社が所有しています。許可なく配布したり、Webサイトに転載したりすることはできません。付属データの提供は予告なく終了することがあります。あらかじめご了承ください。

会員特典データのご案内

会員特典データは、以下のサイトからダウンロードして入手いただけます。

・会員特典データのダウンロードサイト

URL https://www.shoeisha.co.jp/book/present/9784798163369

■注意

会員特典データをダウンロードするには、SHOEISHA iD（翔泳社が運営する無料の会員制度）への会員登録が必要です。詳しくは、Webサイトをご覧ください。会員特典データに関する権利は著者および株式会社翔泳社が所有しています。許可なく配布したり、Webサイトに転載したりすることはできません。会員特典データの提供は予告なく終了することがあります。あらかじめご了承ください。

■免責事項

付属データおよび会員特典データの記載内容は、2020年4月現在の法令等に基づいています。

付属データおよび会員特典データに記載されたURL等は予告なく変更される場合があります。

付属データおよび会員特典データの提供にあたっては正確な記述につとめましたが、著者や出版社などのいずれも、その内容に対してなんらかの保証をするものではなく、内容やサンプルに基づくいかなる運用結果に関してもいっさいの責任を負いません。

付属データおよび会員特典データに記載されている会社名、製品名はそれぞれ各社の商標および登録商標です。

■著作権等について

2020年4月
株式会社翔泳社　編集部

CONTENTS

CHAPTER2 最初に知っておくべき5つのポイント 

CHAPTER3 超高速化!デスクトップの自動化のテクニック5選 047

CHAPTER5 業務成果に直結するExcel操作5つの技 145

UiPathの概要と初期設定

このチャプターでは、近年注目を集めているRPAソフトウェア「UiPath」の概要とセットアップ方法、そして初期設定について、丁寧に解説します。

RPAの概要

面倒な作業に大事な時間をとられていませんか？　RPAはそんなあなたのためのソリューションです。

1.1.1 RPAとは

RPAとはRobotic Process Automation（ロボティック・プロセス・オートメーション）の頭文字をとったもので、定型的なパソコン作業についてソフトウェアによって自動化を図るという概念です。日本企業のホワイトカラー業務の6割は定型化でき、そのうち8割をRPAで代替できるとされています（「パソコン事務はソフト代替　オフィスに迫る生産性改革」、日経新聞、2018年3月11日）。

1.1.2 RPAが求められる背景

1 人員不足と働き方改革

日本の総人口は2000年以降、減少傾向が続いていることがわかっており（図1.1）、労働力の低下を補うためにRPAの活用が期待されています。

また、2019年4月に施行された働き方改革関連法を背景に、バックオフィスを中心に業務効率化の需要が高まっており、パソコン業務を自動化するソフトウェアであるRPAの導入が求められています。

2 システムの乱立とつなぎ業務の増加

クラウドシステムの導入、M&Aなどにより様々なシステムが乱立し、すきまを埋める業務が発生し、属人化が進んでいます。その結果、容易に「すきま」を「つなぐ」ことができるRPAへのニーズが高まってきています。

3 製造業の成功

製造業では、作業の無駄を省き、生産プロセスの改善を続けることで生産性を向上してきました。製造業と同様にバックオフィス業務においても生産性改善ができるのでは、と考える経営者も出てきています。

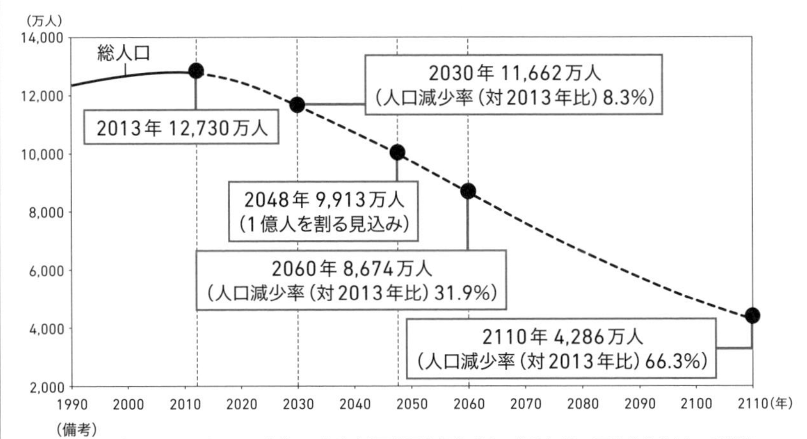

（備考）
1. 1990年から2013年までの実績は、総務省「国勢調査報告」「人口推計年報」、厚生労働省「人口動態統計」を元に作成。
2. 社人研中位推計は、国立社会保障・人口問題研究所「日本の将来推計人口（平成24年1月推計）」を元に作成。合計特殊出生率は、2014年まで概ね1.39で推移し、その後、2024年までに1.33に低下し、その後概ね1.35で推移。

図1.1：日本の将来推計人口

出典 内閣府「選択する未来　－人口推計から見えてくる未来像－」

URL https://www5.cao.go.jp/keizai-shimon/kaigi/special/future/sentaku/s2_1.html

1.1.3 RPAの効果

1 反復的で退屈な仕事や作業を自動化できる

繰り返す作業を自動化することで効率化が図れますので、働き方改革の重要なカギと期待されています。また、退屈な仕事は誰にとっても苦痛です。RPAで自動化してしまいましょう。

2 時間を生み出す

新たな取り組みを行う時間を生み出すことができます。また質の高い作業ができるため、ミスのカバー、手戻りなどに時間をとられず、スムーズな仕事の進行が可能になります。

1.1.4 さらに、これがRPAのすごいところ

1 実務者が自分で自動化できる

RPA登場まではITを利用した業務改善はシステム部門や外部のIT企業に依頼しなければならないものでした。しかし、RPAを利用すれば、実務者自らが業務を大きく改善することが可能になります。

特に既存のITシステムを改修せずに自動化できる点が画期的です。例えば、基幹システムで生成される売上データとExcelを連携させようとすれば、これまでは基幹システム側に大きな改修が必要でした。RPAを使えば、基幹システムを改修せずにExcelとの連携が可能です。

2 今の仕事のやり方を大きく変えずに改善できる

業務の標準化を行い、効率化を図り、生産性を向上させる取り組みは、ITシステムを使わずに「業務改善」により実現できることは広く知られています。しかし、仕事のやり方を変えることには抵抗が大きく、改善は思うようには進みません。RPAは業務の手順をあまり変更せずに自動化できるため、大きな抵抗を受けずに改善を進めることができます。

ただし、仕事の内容を見直して、無駄を省くこと、必要のない仕事は止めてしまうことは大切です。RPA化と同時に進めましょう。

1.1.5 いつ始めるか?

まさに、「いま」でしょう。RPAを始めるときの一番の障害は「RPAを勉強する時間がない」という言い訳です。しかし、時間を生み出す活動を自ら始めなければ、「RPAをしっかり勉強して、業務を自動化する時間」は永遠に訪れません。

RPAを使いこなせるようになれば、時間の余裕が生まれるだけでなく、質の高い仕事を多くこなせるようになり、あなたの価値が大幅に上がったことに驚く日が来ます。本書はその一助になるでしょう。

UiPathとは

UiPathは「日経コンピュータ　顧客満足度調査2019-2020」のRPAソフト/サービス部門において1位を獲得した評価の高いRPAツールです。現在、日本で1,500社以上の導入実績があります（2020年4月現在）。

1.2.1 5つの特長

UiPathには以下の5つの特長があります。

1 多くのアプリケーションに対応し、操作精度が高い

RPAツールは業務で使用するアプリケーションにアクセスして、自動的に操作を行う役割を持っています。しかし、RPAツールの中には「得意とするアプリケーション」と「不得意なアプリケーション」がはっきりしているものがあります。

UiPathはMicrosoft Office製品や主要なブラウザー、Microsoft Visual Studioで開発されたアプリケーションはもちろんのこと、SalesforceやSAPなどの業務アプリケーション、Javaアプリケーション、汎用機エミュレーターのユーザーインターフェース（コンピューターと利用者とが情報をやり取りをする際に接する、機器やソフトウェアの操作画面や操作方法のことです。本書では「UI」と記述します）やCitrix等の仮想環境も高い精度で操作することができます。

「業務で様々なアプリケーションを利用する」「限定された使い方ではなく、汎用的にRPAを活用したい」という要望がある企業にお勧めのRPAツールです。

2 使いやすい

業務フロー図を描いたことがある読者の方であれば、UiPathのUIを容易に理解することができます。直感的に操作できるのがUiPathの特長の1つです（**図1.2**）。

UiPathでは、オートメーションに利用する様々な部品のことを［アクティビティ］と呼んでいます。［アクティビティ］は、マウスの操作を行うもの、Excelを操作するもの、メールを操作するものなど豊富な種類が最初から用意されています。オートメーションの手順を記述する［デザイナー］パネルにマウスでドラッグ

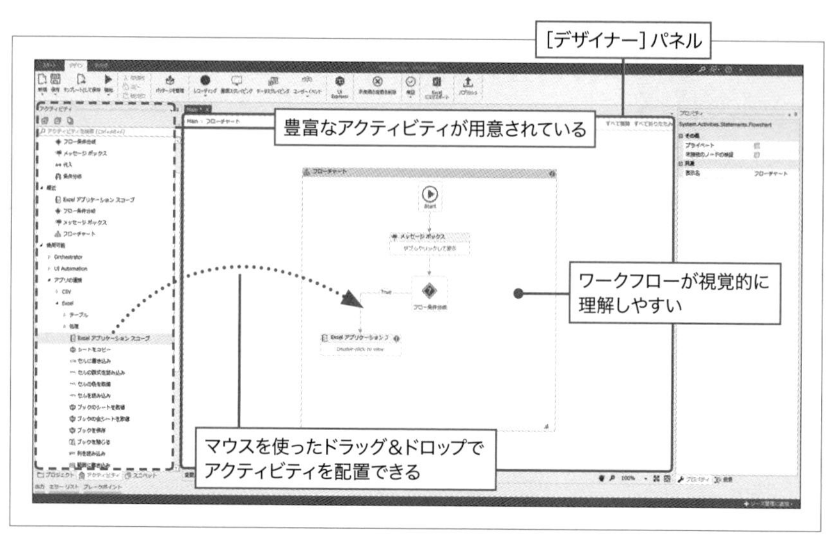

図1.2：UiPath Studioの画面

&ドロップし、設定値を記述するだけで利用することができ、コーディングの必要がありません。

また、レコーディング機能も充実しているため、業務手順を実行するだけで簡単にオートメーションを実現することができます。

3 スケーラビリティと拡張性

直感的で簡単にオートメーションを実現できるUiPath Studioだけでなく、UiPath Orchestratorを使うことでロボットの一元管理を実現できます。そのため、個人用として小さく始めることもできますし、1000台以上のロボットを管理する大規模オートメーションまで対象とすることもできます。

またGoogle社やMicrosoft社などが提供しているAIサービスと連携させることもでき、高い拡張性を持っていることも特長です。

4 充実した日本語サービス

2017年2月に日本法人が設立されているので、日本語でサポートを受けることができます。公式のWebサイトでの日本語のヘルプも充実しています。

5 無償で利用できるライセンスがある

個人ユーザーや一定の条件を満たす組織であれば、無償で利用できるCommunity

Editionライセンスがあります。そのため、利用する技術者が多く、インターネット上に技術情報が豊富に載っています。

MEMO 無償で利用するときのポイント

個人および小規模組織は無償で利用することができます。大規模組織は、法人向けの無料評価版（無料評価期間60日）を申し込んでください。
UiPath無料評価版を使う条件について詳しくは以下のWebページを参照してください。

- UiPath無料評価版
  URL https://www.uipath.com/ja/start-trial

1.2.2 構成するソフトウェア

1 UiPath Studio（スタジオ）

業務手順を直感的に記述でき、ワークフローを作成するための環境です。

2 UiPath Robot（ロボット）

UiPath Studioで作成したワークフローを実行するためのソフトウェアです。2種類のライセンスモデルがあります。

①Attended Robot

有人型のワークフローを実行するためのライセンスモデルです。ユーザーの監視監督下において、ユーザーの直接操作によるワークフローの実行に使用されます。

②Unattended Robot

ユーザーの監視下にない状態での、ワークフローの実行に使用されます。

3 UiPath Orchestrator（オーケストレーター）

複数のロボットを管理するソフトウェアです。

UiPath Community Editionで UiPath Studioをインストール

現在一番人気のあるRPAツール「UiPath」のワークフロー作成環境「UiPath Studio」のダウンロードとインストール方法について解説します。ダウンロード時やアクティベーションを行うときにメールアドレスが必要となりますので、用意してから開始してください。

1.3.1 UiPathのオンラインサービスにサインアップする

STEP1 UiPath無料評価版のサイトにアクセスする。

- UiPath無料評価版

URL https://www.uipath.com/ja/start-trial

STEP2 Community Cloud内の［Try it］をクリックし、UiPath Login画面を開く（図1.3）。

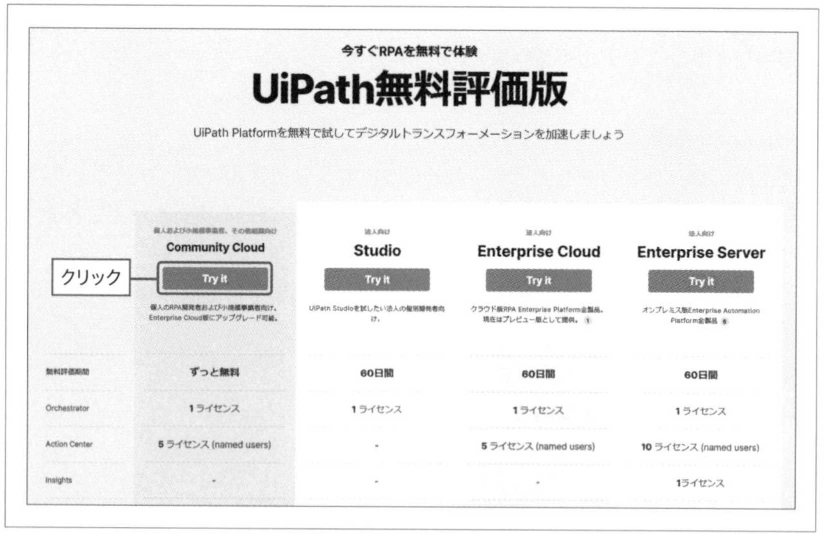

図1.3：［Try it］をクリック

STEP3 新たにUiPathのオンラインサービスにサインアップする場合には、[メールアドレスで登録] を選択する（図1.4❶）（必ずプライバシーポリシーおよび利用規約の内容をご確認ください）。
「組織名」「名」「姓」を入力し、「国」を選択する。
「メールアドレス」「パスワード」を入力する。
パスワードは英字（大文字・小文字を最低1文字以上含める）、数字、特殊文字を組み合わせて8文字以上で登録する。
「利用規約に同意します。」にチェックを付け❷、[登録] をクリックする❸。
登録が完了すると、「メールの確認が保留中です」の画面に遷移する。

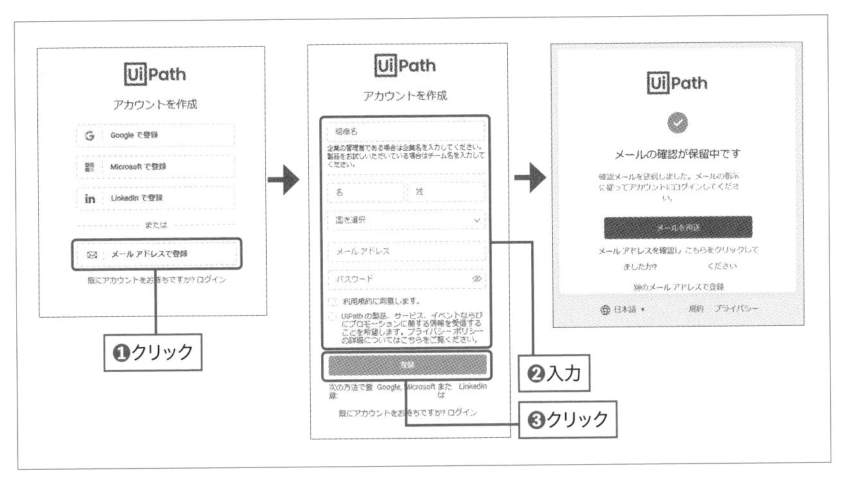

図1.4：UiPath のオンラインサービスにサインアップ

STEP4 登録したメールアドレスに「UiPath Platform」からメールが送信される。内容を確認し、指示された内容に従い登録を完了する。

1.3.2 UiPath Studioのダウンロード

STEP1 登録したアカウントで UiPath Cloud Platform にログインすると、UiPath Orchestrator の画面が表示される。表示が日本語以外の場合は、画面右上のログインのアイコンをクリックして（図1.5❶）、[日本語] を選択する❷。

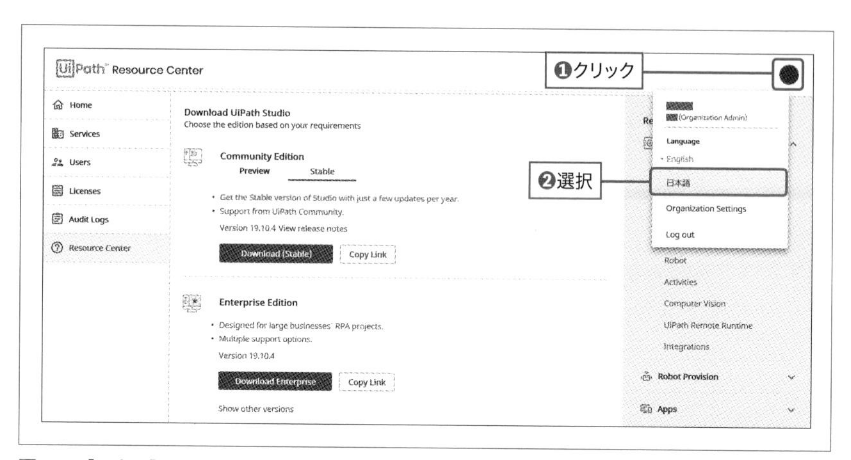

図1.5：［日本語］を選択

STEP2 左ペインの［リソースセンター］をクリックし（図1.6❶）、［リソースセンター］のページを表示する。［安定版］タブをクリックし❷、［ダウンロード（安定版）］のボタンをクリックして❸、UiPath Studio のインストールイメージのダウンロードを完了する。

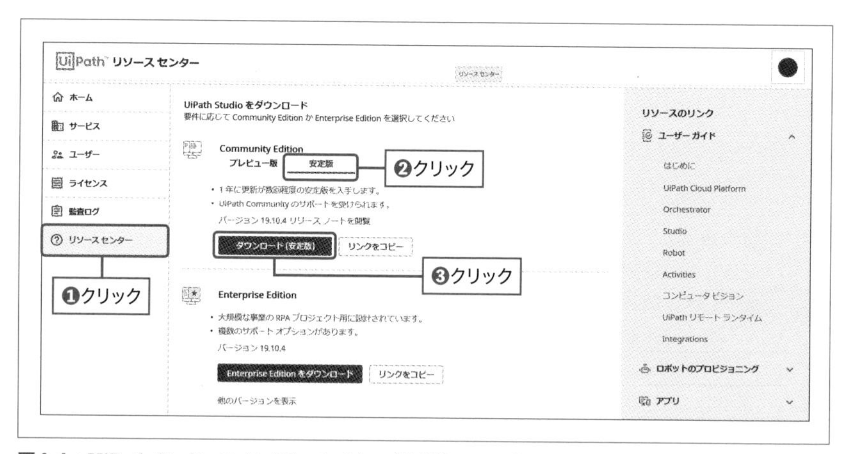

図1.6：UiPath Studio のインストールイメージをダウンロード

1.3.3 UiPath Studioのインストール

STEP1 ダウンロードした「UiPathStudioSetup.exe」を実行する（図1.7）。

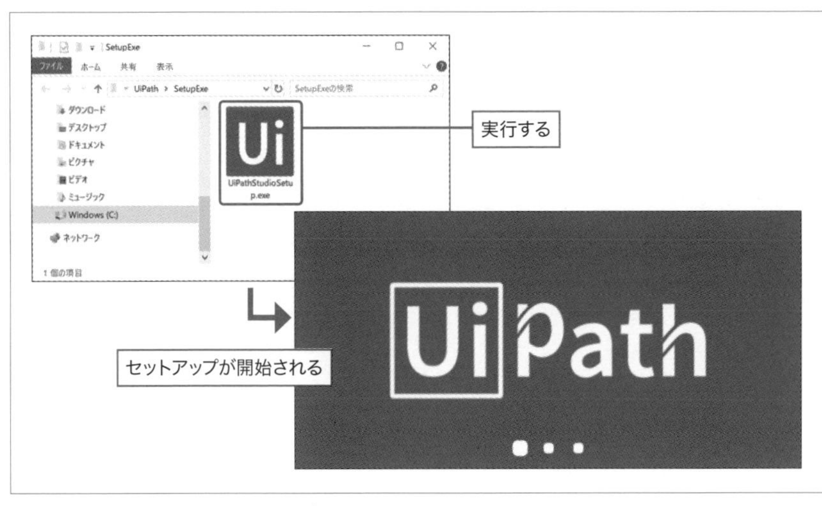

図1.7：UiPathStudioSetup.exeを実行

STEP2 ［アクティベーションしましょう］の画面が表示されるので、［Community ライセンス］をクリックする（図1.8）。

図1.8：［Community ライセンス］をクリック

STEP3 本書では、UiPath Studio を使用するので、[UiPath Studio] を選択する（図1.9）。

図1.9：[UiPath Studio] を選択

STEP4 更新プログラムチャネルから、[プレビュー] または [安定] を選択する（図1.10）。

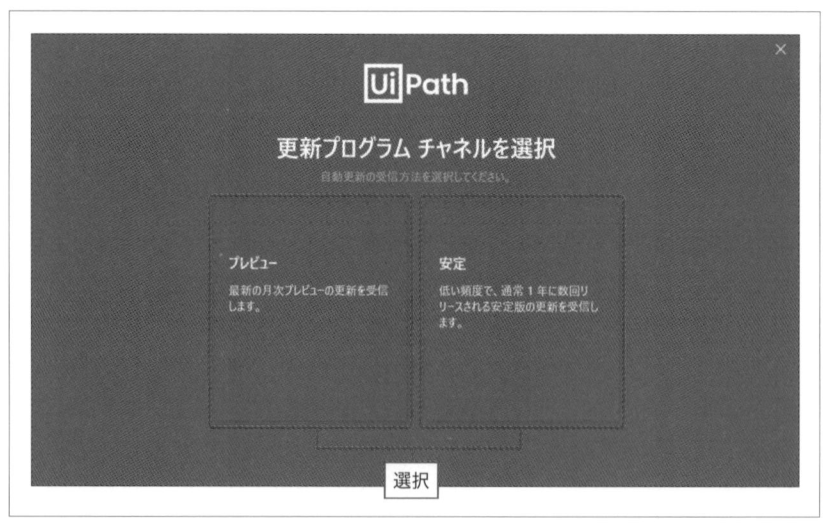

図1.10：更新プログラムチャネルを選択

STEP5 選択完了後、UiPath Studioの画面が表示される（図1.11）。

図1.11：UiPath Studioの画面

UiPath Studioの画面を理解しよう

UiPath Studioは業務手順を記述し、ワークフローを作成するためのソフトウェアです。ワークフローを効率的に作成するために多くの機能が備わっています。

1.4.1 新しいプロセスを作成しよう

STEP1 UiPath Studioを起動する。Windowsの［スタート］メニューから［UiPath Studio］をクリックする※1。図1.12の画面が起動する。

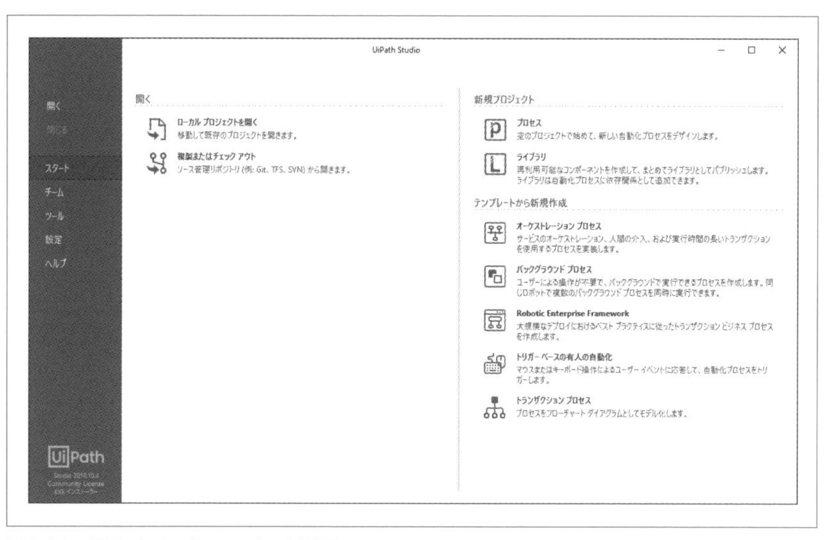

図1.12：UiPath Studioのスタート画面

※1　CE版は［UiPath］→［UiPathStudio］から選択します。

STEP2 [プロセス] をクリックする (図1.13)。

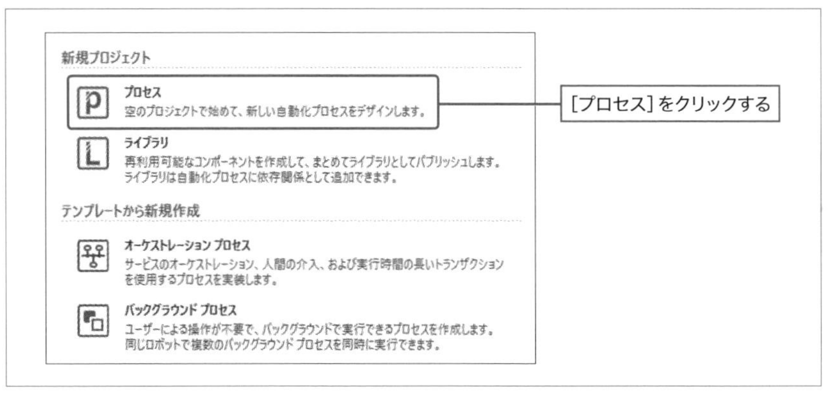

図1.13：[プロセス]をクリック

STEP3 [新しい空のプロセス] 画面が起動するので、[名前] に「Sample1」と入力し (図1.14❶)、プロジェクトの保存場所を選択する❷。デフォルトではユーザーのドキュメント直下の「UiPath」フォルダーにプロジェクト名のフォルダーが作成され、プロセスが保存されるのでデフォルトのままとする。

[説明] を入力し (入力は任意) ❸、[作成] をクリックする❹。

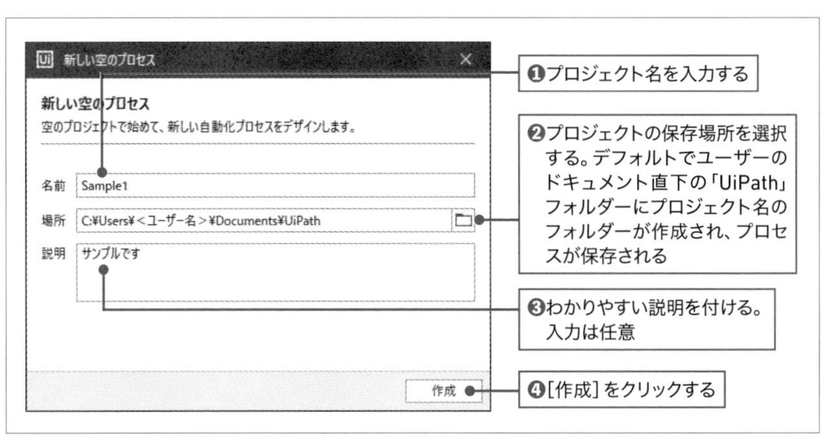

図1.14：[新しい空のプロセス]画面

STEP4 プロジェクトが作成され、[デザイナー] パネルが開く。

1.4.2 3つのリボンと各種機能を理解しよう

1 [ホーム] リボン

プロジェクトの管理やソフトウェア全体にかかわる管理を行う画面です（図1.15）。

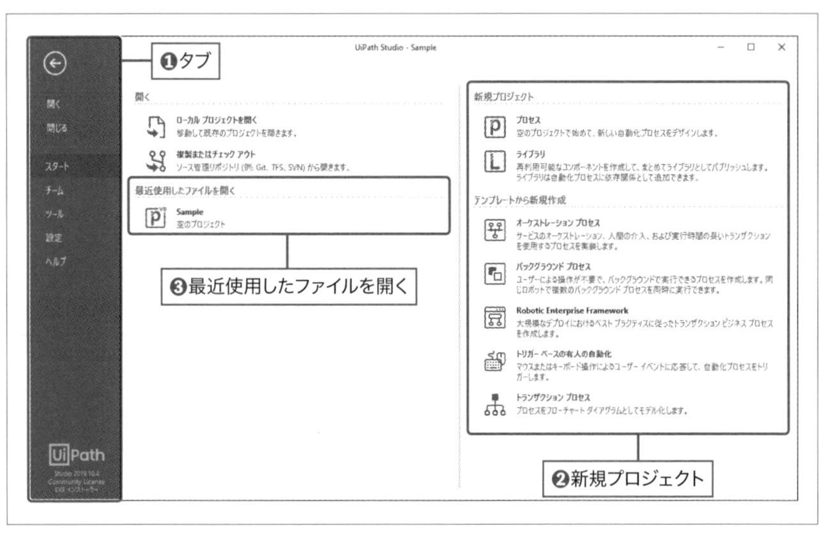

図1.15：ホームリボン

- **❶ タブ**

  [デザイン] パネルや [デバッグ] パネルに移動するとき、[チーム] タブ、[ツール] タブなどに切り替えるときに使用します（表1.1）。

- **❷ 新規プロジェクト**

  プロジェクトの新規作成時に使用します。通常のプロジェクトを作成したり、コンポーネントを作成することができます。[テンプレートから新規作成] では、テンプレートが準備されており、改造してプロジェクトを作成することができます。

- **❸ 最近使用したファイルを開く**

  最近使用したプロジェクトが表示されます。すでに作成したプロジェクトを開くときに使用します。プロジェクトのアイコンをクリックするとプロジェクトが開きます。

表1.1：タブのメニュー

メニュー	説明
(←アイコン)	［デザイナー］パネルや［デバッグ］パネルに移動する。プロジェクトが開かれていない場合は使用できない。
開く	プロジェクトをダイアログから指定して開く。
閉じる	プロジェクトを閉じる。
スタート	新規プロジェクトの作成や最近使用したプロジェクトを開く。
チーム	チームでの開発に使用するツールがまとめられている。［Git］［TFS］［SVN］がある。
ツール	［アプリ］と［UiPath拡張機能］がある。UI Explorerの起動、ブラウザーの拡張機能等が管理されている。
設定	言語やテーマなどの各種設定を行う。
ヘルプ	ヘルプ時に役に立つユーザーガイドやコミュニティフォーラムへのリンクが管理されている。

2 ［デザイン］リボンと各種パネル

［デザイン］リボンと各種パネルは図1.16の通りです。

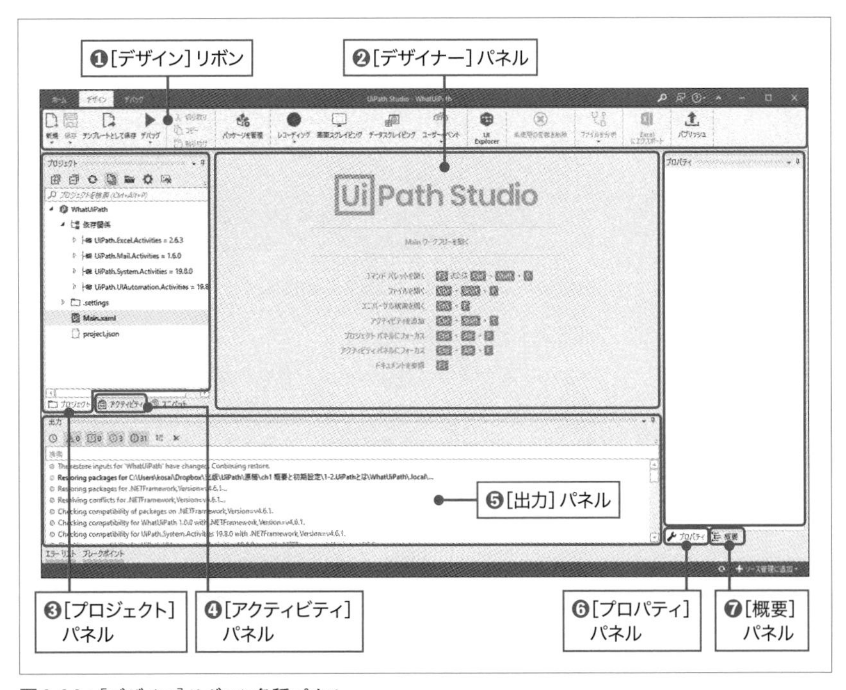

図1.16：［デザイン］リボンと各種パネル

[デザイン] リボンに含まれるツールについて説明します。

❶ [デザイン] リボン

ワークフローの新規作成やワークフローの実行など、ワークフローの作成にかかわる操作を管理するツールが集まっています（図1.17、表1.2）。

図1.17：[デザイン] リボン

表1.2：[デザイン] リボンのツール

ツール	説明
新規	ワークフローを新規作成する。
保存	ワークフローを保存する。
テンプレートとして保存	ワークフローをテンプレートとして保存する。
ファイルをデバッグ	ワークフローを実行する。[ファイルをデバッグ] [ファイルを実行] [デバッグ] [実行] の4種類がある。
切り取り	アクティビティを切り取る。
コピー	アクティビティをコピーする。
貼り付け	アクティビティを貼り付ける。
パッケージを管理	クリックにより [パッケージを管理] 画面が表示され、プロジェクトと依存関係のあるパッケージなどを管理できる。
レコーディング	複数のレコーディング機能を利用することができる。
画面スクレイピング	画面からデータを抽出する。
データスクレイピング	一定の規則に従って記述された（構造化された）データを抽出する。
ユーザーイベント	キーボード操作やマウス操作などをトリガーとしてイベントを実行する。
UI Explorer	クリックにより [UI Explorer] が起動する。
未使用の変数を削除	ワークフロー内で使用していない変数を削除する。
ファイルを分析	[プロジェクトを分析] [検証] [すべて検証] [ワークフローアナライザーの設定] の4種類がある。

（続き）

ツール	説明
Excelにエクスポート	ワークフローの処理内容をExcelにエクスポートする。
パブリッシュ	UiPath Studioで作成したワークフローをUiPath Robotが実行できるように変換する。

各種パネルの説明をします。

❷ **［デザイナー］パネル**
ワークフローを作成する画面です。アクティビティをつなげたり、処理を分岐させたりすることで作成します。

❸ **［プロジェクト］パネル**
プロジェクトを構成するファイルを管理します。プロジェクトの保存されているフォルダーを開くときにも使用します（[プロジェクトエクスプローラー]）。

❹ **［アクティビティ］パネル**
使用可能なアクティビティが表示されます。アクティビティは［デザイナー］パネルにドラッグ＆ドロップして使用します。

❺ **［出力］パネル**
エラーメッセージや実行ログなどの各種メッセージが表示されます。ワークフロー実行中の変数の値を確認する場合などにも使用します。

❻ **［プロパティ］パネル**
アクティビティを設定します。

❼ **［概要］パネル**
ワークフローの全体概要を見ることができます。

3 ［デバッグ］リボン

ワークフローのエラーを特定して取り除く「デバッグ」作業をサポートする強力なツールがまとまったリボンです（図1.18、表1.3）。エラーのない信頼性の高いオートメーションの実現をサポートします。

図1.18：［デバッグ］リボン

表1.3：［デバッグ］リボンのツール

ツール	説明
ファイルをデバッグ	ワークフローを実行する。［ファイルをデバッグ］［ファイルを実行］［デバッグ］［実行］の4種類がある。
停止	ワークフローの実行を停止する。
ステップ イン	コンテナーアクティビティや［ワークフローの呼び出し］アクティビティの内部まで入り込んでデバッグを行う。
ステップ オーバー	コンテナー内部の動作を表示することなくデバッグを行う。
ステップ アウト	実行中のアクティビティの呼び出し元までワークフローを進める。
再試行	エラーが発生し止まっているアクティビティを再度実行する。
無視	エラーを無視して、次のアクティビティから実行を続行する。
再開	ワークフローの最初から再度実行する。
フォーカス	現在のブレークポイントに戻る。
ブレークポイント	実行中に一時停止する際に使用する。［ブレークポイントパネルを表示］のクリックにより、ブレークポイントの一覧を見ることができる。
低速ステップ	実行速度を変更しデバッグを行う。1倍速から4倍速まで変更することができる。
要素のハイライト	デバッグ中にUI要素を視覚的に強調表示する。
アクティビティをログ	詳細なログを［出力］パネルに表示させる。
ログを開く	クリックにより、ログの保存先フォルダー「%LocalAppData%\UiPath\Logs」が開く。

最初に必ずやっておこう

UiPath Studioでワークフローの作成を始める前にやっておくべきことを解説します。

1.5.1 ［お気に入り］によく使うアクティビティを追加しよう

1 準備する

「1.4　UiPath Studioの画面を理解しよう」でプロジェクト［Sample1］を作成していることを前提とします。

2 アクティビティの追加

［アクティビティ］パネルを表示させます。パネルの上部に「お気に入り」があります。

現在、［1行を書き込み（Write Line）］アクティビティ、［シーケンス（Sequence）］アクティビティ、［代入（Assign）］アクティビティの3つだけが［お気に入り］に設定されています。これだけでは足りません。**図1.19**の4つのアクティビティを追加します。

①［条件分岐（If）］アクティビティ
②［フローチャート（Flowchart）］アクティビティ
③［フロー条件分岐（Flow Decision）］アクティビティ
④［メッセージボックス（Message Box）］アクティビティ

図1.19：お気に入りに追加する4つのアクティビティ

STEP1 ［アクティビティ］パネルの［アクティビティを検索］に検索ワードを入力する（図1.20❶）。「条件分岐」で検索した場合、［条件分岐（If）］アクティビティと［フロー条件分岐（Flow Decision）］アクティビティが見つかるので、英語名で検索した方が見つけやすい。

STEP2 アクティビティを選択した状態で右クリックし、［お気に入りに追加］をクリックする❷。

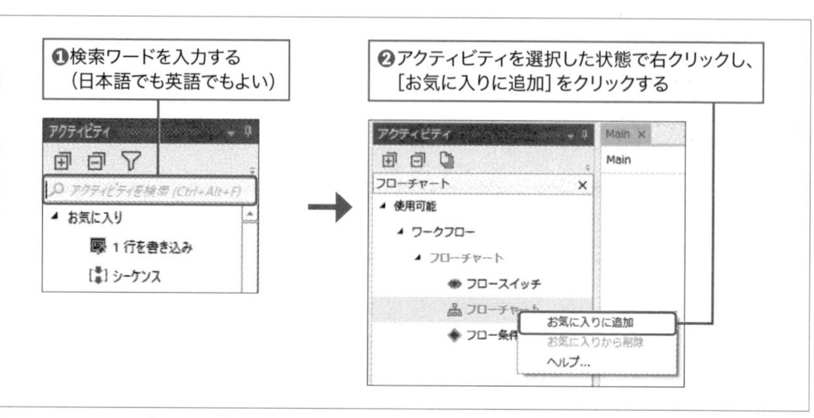

図1.20：アクティビティをお気に入りに追加する手順

1.5.2 簡単なワークフロー作成を試してみよう

1 作成してみよう

[お気に入り] に追加したアクティビティを使って、簡単なワークフローを作成してみましょう。まず、[プロジェクト] パネルを開き、[Main.xaml] をダブルクリックして開いてください。

STEP1 [フローチャート (Flowchart)] アクティビティを [デザイナー] パネルの中央の [ここにアクティビティをドロップ] にドラッグ&ドロップする。

MEMO [フローチャート (Flowchart)] アクティビティの追加方法

ドラッグ&ドロップではなく、[アクティビティ] パネル内の [フローチャート (Flowchart)] アクティビティをダブルクリックすることで、[デザイナー] パネルに追加できます。
もう1つ、コマンドパレットを使う方法もあります。コマンドパレットは[F3]キーもしくは [Ctrl] + [Shift] + [P] キーを押すことで、[デザイナー] パネルの上部に表示されます。コマンドパレットはキーボードで操作することも可能なため、慣れてくるとキーボードから手を離すことなく、アクティビティを配置していくことができるようになります。

STEP2 [フローチャート]※2の[ダブルクリックして表示します]をダブルクリックする。

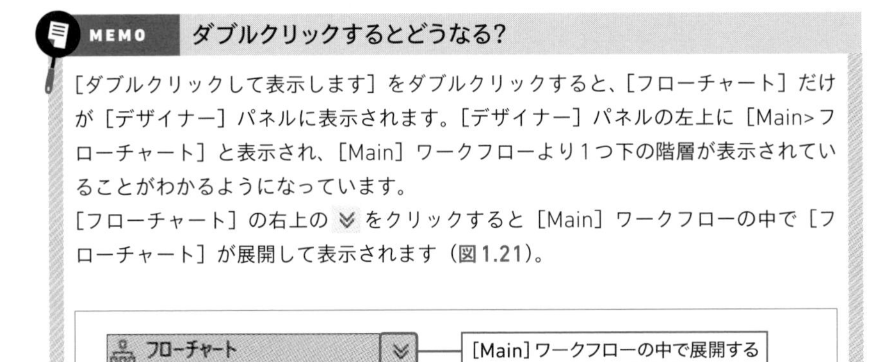

MEMO ダブルクリックするとどうなる?

[ダブルクリックして表示します]をダブルクリックすると、[フローチャート]だけが[デザイナー]パネルに表示されます。[デザイナー]パネルの左上に[Main>フローチャート]と表示され、[Main]ワークフローより1つ下の階層が表示されていることがわかるようになっています。
[フローチャート]の右上の をクリックすると[Main]ワークフローの中で[フローチャート]が展開して表示されます(図1.21)。

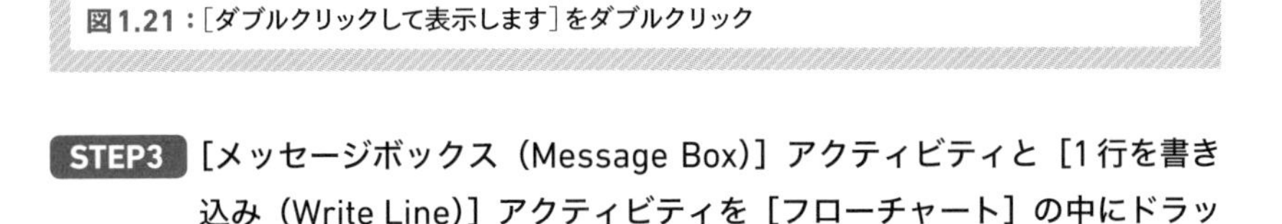

図1.21:[ダブルクリックして表示します]をダブルクリック

STEP3 [メッセージボックス(Message Box)]アクティビティと[1行を書き込み(Write Line)]アクティビティを[フローチャート]の中にドラッグ&ドロップする。

STEP4 [Start]→[メッセージボックス]→[1行を書き込み]という順番で流れ線で結ぶ。アクティビティ同士を流れ線で結ぶ方法は以下の通りである。

❶ 流れ線を始めるアクティビティ上にマウスを重ねるとアクティビティの上下左右に四角の突起が表示される。
❷ 四角の突起のいずれかをドラッグし、結ぶ先のアクティビティの上に重ねる。
❸ 結ぶ先のアクティビティにも上下左右に四角の突起が表示されるので、結びたい位置の突起にドロップする。

※2 [フローチャート(Flowchart)]アクティビティを[デザイン]パネルに配置した後の操作について記述するときには[フローチャート]としています。これは[フローチャート(Flowchart)]アクティビティの表示名を指しています。例えば[フローチャート]アクティビティの表示名を「Main」に変更した場合、「[Main]をダブルクリックする」と記述しています。他のアクティビティについても同様です。

1
2
3
4
5
6
7
8
9
10
11
UiPathの概要と初期設定

MEMO ［Start］から流れ線で結ぶ他の方法

［メッセージボックス］の上で右クリック→［StartNodeとして設定］をクリックという操作でも、［Start］から［メッセージボックス］を流れ線で結ぶことができます。

STEP5 ［メッセージボックス］のプロパティ［テキスト］に「"こんにちは。楽しんでいますか？"」、プロパティ［キャプション］に「"確認"」と入力し、プロパティ［ボタン］で［YesNo］を選択する。プロパティにテキストを入力する場合は「""」（引用符）でテキストを囲む必要がある。

STEP6 プロパティ［選択されたボタン］のボックス内にカーソルをあてた状態で［Ctrl］+［K］キーを押し、［変数を設定］に「SelectedButton」と入力し、［Enter］キーを押す。

STEP7 ［1行を書き込み］のプロパティ［テキスト※3］に「SelectedButton + "が選択されました"」と入力する。

これで作成は完了です。図1.22が完成します。

図1.22：ワークフロー作成

※3 ［1行を書き込み（Write Line）］アクティビティのプロパティ［テキスト］への入力は、［プロパティ］パネル内のプロパティ［テキスト］の入力ボックスでも、アクティビティ上の「Text」の右側の入力ボックス（図1.22）でも可能です。
本書では［プロパティ］パネル内の表記名に統一しています。他のアクティビティについても同様です。

MEMO **STEP6〜7の解説**

初めてUiPath Studioを触る方、プログラミング未経験者には何を行っているのかわからないと思います。STEP6の「[Ctrl] + [K] キーを押し…」の部分では[変数]を作成しています。変数とは文字列や数値などの値を一時的に保管する箱のようなものです(図1.23)。

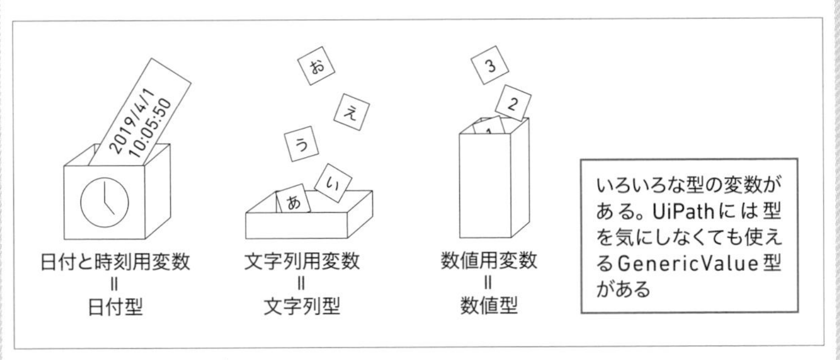

図1.23:変数のイメージ

STEP6 では[SelectedButton]という変数を作って、変数の中に[選択されたボタン]の答えを入れています。「Yes」または「No」という文字列が格納されます。

STEP7 では、変数[SelectedButton]の中身を[出力]パネルに書き込みます。[出力]パネルには、「Yesが選択されました」、または「Noが選択されました」と書き込まれます。

2 実行してみよう

STEP1 [デザイン]リボンまたは[デバッグ]リボンの[ファイルをデバッグ]→[実行]をクリックする。

STEP2 [確認]ダイアログが表示されるので、[はい]を選択し、実行が終了するのを待つ。

STEP3 [出力]パネルを確認し、「Yesが選択されました」と書き込まれているのを確認する。

以上ができたら、もう一度実行し、今度は[確認]ダイアログで[いいえ]を選択してください。[出力]パネルには違う答えが書き込まれましたね。

これで簡単なワークフロー作成が理解できました。このワークフローを改造して、いろいろと試してみてください。

CHAPTER2

最初に知っておくべき5つのポイント

UiPath Studioを使うと、簡単な作業から、複雑な業務まで簡単に自動化することができます。しかし、そこには「UiPathのことをある程度知っている場合」という条件が付きます。
全くのUiPath初心者の場合「何から始めたらよいのかわからない」「何が正解なのかわからない」という中で、手探り状態で進まないといけません。このチャプターでは、そんなUiPath初心者の悩みを解決するきっかけとなる5つのポイントを解説します。

最初にやってしまいがちな3つの誤り

UiPath初心者が陥りやすい3つの誤りを紹介します。

2.1.1 勉強から始めてしまう

システム開発の未経験者に多いのが「勉強から始めてしまい、勉強が終わらないので作れない」というパターンです。勉強熱心なのはよいことですが、勉強だけをしていてはオートメーションは実現できません。

RPAで大事なことは「動く」ことです。RPAを動かして、実際に自分の業務を楽にすることが一番大事です。

UiPath Studioには「レコーディング機能」があります。簡単な業務をそのままUiPath Studioにレコーディングして実行することで、すぐにオートメーションを体感することができます。

簡単なオートメーションを体感できた方は、UiPathの勉強を始めてください。このとき自分で考えてもわからないことがたくさんあります。UiPathにはオンラインアカデミーや書籍など、数多くの情報があります。

「ワークフロー作成→オートメーション体験→勉強」の繰り返しが上達の早道です。

2.1.2 難しい業務を自動化しようとしてしまう

UiPathで自動化する最初の案件として難しい業務を選択してしまい、失敗してしまう人は多いです。

UiPathを知ったことでモチベーションが高まり、「どうせUiPathに取り組むなら、一番手間がかかっている業務を自動化したい」となる気持ちもわかります。しかし、最初に取り組む案件としては向いていません。まずは簡単な自動化から始めてください。

まず、本書の中から、身近な業務に近いサンプルをいくつか動かしてみるとよいでしょう。その後、業務に関係のあるワークフローを作成します。ポイントはワークフローの目的を1つに絞ることです。一歩一歩成功事例を積み上げることが大切です。

MEMO 「ワークフローの目的を1つに絞る」の例

- 基幹システムからファイルをダウンロードするだけ
- いつも使うExcelファイルを開くだけ
- クラウドシステムにログインするだけ

2.1.3 完璧さにこだわってしまう

最初から完璧な自動化を目論むのもつまずく原因です。UiPathのワークフローだけで業務を遂行させるには、いくつもの分岐に対応しなくてはなりません。

MEMO 「いくつもの分岐」の例

- ネットワーク負荷により操作対象のアプリケーションの動作速度が変化する
- ログイン画面で3ヶ月ごとにパスワードの更新を求められる

業務の中では、ワークフロー内で対応できない例外も発生します。

MEMO 「ワークフロー内で対応できない例外」の例

- ワークフロー内で操作対象としているアプリケーションのUIが変更される
- OSのバージョンアップにより環境が変化する
- ワークフロー内で操作対象としているExcelファイルが削除される

RPAとは外部環境の影響を受けるソフトウェアなので、完璧な自動化を実現することは事実上不可能です。人間の認識力と判断力を利用することで、シンプルなロジックで信頼度の高いワークフローを作成することができます。人とRPAが協力して、業務を早く正確にこなしていく姿を目指してください。

また、UiPathのテクニックに強固なこだわりを持ってしまうと失敗します。アプリケーションによっては、意図するように動作してくれないことがあります。例えば、「アクティビティは確実に画面上のボタンをクリックしているはずなのに、なぜか反応してくれない（もしくは、反応するときと反応しないときがある）」といったケースです。

このような場合、1つの「正しい」方法に固執して、動作しない原因を探求するより、他の方法を模索しましょう。「数回クリックすれば反応する場合がある」ならリトライすればよいし、「要素認識できているはずなのに反応しない」なら画像認識も試してみましょう。それでも失敗することがあるなら、メッセージボックスをポップアップさせて、ワークフローを止め、人手でクリックする手段もあります。

柔軟にアイデアを取り入れて、進めていきましょう。

2.1.4 関連セクション

画像認識を使ったワークフローの作成方法については、以下のセクションを参考にしてください。

➡3.2　UI要素が認識できないときの自動化テクニック

「完璧さにこだわってしまう」に対する対策については、以下のセクションを参考にしてください。

➡8.4　思い切ってエラーを受け入れる

リトライするワークフローの作成方法については、以下のセクションを参考にしてください。

➡9.1　失敗する可能性のある処理をリトライ実行する

ワークフローの特徴をつかむ

2.2.1 2つのワークフローの特徴を理解し、正しく選択する

UiPathの初心者は最初「どのワークフローを使えばよいのか」に迷います。ワークフローには種類がありますが、本書の読者の対象から考えて実質的に以下の2つです。

- **シーケンスワークフロー**
  複数のアクティビティを直線的に実行できる
- **フローチャートワークフロー**
  複雑なワークフローを記述できる

どちらのワークフローを使用しても、同じオートメーションを記述することはできます。選択するコツは2つあります。

1 選択するコツ①：複雑さを見極める

条件分岐が多い場合、フローチャートワークフローの方が適しています。シーケンスワークフローでも記述できますが、可読性が著しく落ちます。フローチャートワークフローは、業務フロー図で見慣れたビジュアルであるため、可読性が高く、メンテナンス効率も向上します。

フローチャートワークフローは［デザイナー］パネルの中を広く使うため、多くの記述をした場合は一覧で見ることが困難になるという難点もあります。

一方、シンプルなアクションが順番に実行されるだけのオートメーションを記述する場合はシーケンスワークフローが向いています。ループがある場合はシーケンスワークフローの方が記述しやすいです。特に［繰り返し（コレクションの各要素）(For Each)］アクティビティを使いたい場合はシーケンスワークフローを選択しましょう。

業務全体を構成する大枠のワークフローはフローチャートワークフローで記述し、部分を構成するシンプルなワークフローはシーケンスワークフローで記述するとよいでしょう。

2 選択するコツ②：業務の構造を把握する

やみくもにワークフローを作り始める人が多いですが、まず業務をしっかりと構造化して認識しましょう。業務構造を把握したのちに業務フロー図を描きます。

作成した業務フロー図を元にUiPathでワークフローを作成してください。どちらのワークフローを選択すべきか、業務フロー図を描く段階で見えてきます。

2.2.2 関連セクション

業務の構造を把握する方法については、以下のセクションを参考にしてください。

➡2.5　信頼性の高いワークフローを効率的に作成する

変数を使いこなす

2.3.1 変数作成の基本

1 変数を作成する

変数を作成する方法は2つあります。1つは［変数］パネルで作成する方法です。［変数］パネルを選択し（図2.1❶）、名前、変数の型、スコープ、既定値を直接入力することで変数を作成することができます❷。

❷直接入力して変数を作成する

名前　変数の型　スコープ　既定値
変数の作成

変数　引数　インポート　100%

❶［変数］パネルを選択する

図2.1：［変数］パネルの作成

もう1つは、アクティビティのプロパティを設定する際に［プロパティ］パネル内で作成する方法です。

［メッセージボックス（Message Box）］アクティビティを使って解説します（図2.2）。

STEP1 UiPath Studioを起動し、新たにプロジェクトを作成する。
STEP2 Main.xamlを開く。
STEP3 ［メッセージボックス（Message Box）］アクティビティを追加する。

❶ プロパティ［テキスト］に「"楽しい？"」と入力する。

❷ プロパティ［選択されたボタン］の入力ボックスにカーソルをあてた状態で［Ctrl］＋［K］キーを押し、［変数を設定］に「Answer」と入力し、［Enter］キーを押す。

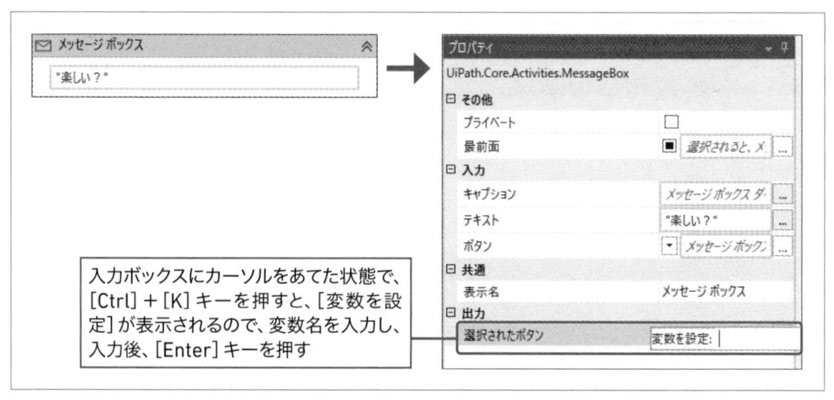

図2.2：メッセージボックスのプロパティ

STEP4 ［変数］パネルを開き、変数［Answer］が作成されていることを確認する。このとき［変数の型］は［String］となっていることも確認する。

UiPath Studioが適切な型を選択するため、型を意識することなく変数を生成することができます。多くの場合、後者の方法で変数を作る方がよいでしょう。

2 型の変更方法

「変数を作成する」の2番目の方法で変数を生成したとき、多くのプロパティで［GenericValue］型が指定されます。［GenericValue］型は汎用的な型で、とても便利ですが、型を指定しなければならないケースも発生します。

型を変更するには［変数］パネルの［変数の型］をクリックし、ドロップダウンリストから該当の型を選択します。ドロップダウンリスト内に該当の型がない場合は［型の参照］を選択して［参照して.Netの種類を選択］画面を開きます。

［型の名前］に直接入力して該当の型を探し（図2.3❶）、該当の型を選択したら［OK］をクリックします❷。

図2.3：[参照して.Netの種類を選択]画面

2.3.2 変数名の命名規則

UiPathでの命名規則は以下のURLに記載してありますので、参考にしてください。

- ワークフローデザイン

URL https://docs.uipath.com/studio/lang-ja/docs/workflow-design#section-naming-conventions

MEMO ワークフローデザインの命名規則について

ワークフローデザインに記載している内容は、一般的なものであり、UiPathの決まりではありません。日本語を使って変数名を命名しても問題ありません。本書では、ある程度、上記のURLの規則を参考にして命名しています。

2.3.3 変数を使いこなす

1 変数のスコープは狭くする

変数にはスコープと呼ばれる使用可能な範囲があります。スコープにワークフローを指定すれば同ワークフロー内のどこでも使える変数となります。コンテナー内だけで使用する変数は、スコープにコンテナー名を指定しましょう。これには2つのメリットがあります。

- **①バグの発生を防ぐ**

  スコープを無意味に広く設定すると、本来のスコープ外で使われてしまう可能性がある。これが逆に便利なのでスコープを最大限広くする作成者もいるが、バグを発生させる要因になる。

- **②変数の管理がしやすい**

  すべての変数のスコープを一番大きな範囲に設定すると、[デザイナー] パネル上にどの階層を表示していても、すべての変数が［変数］パネルに表示されることになる。スコープを適切な範囲に絞ることにより使用する変数のみを閲覧でき、修正する際に便利である。

2 変数名を後から変更する

「変数を作成する」の2番目の方法で変数［Answer］を生成しましたが、[変数] パネルで変数名を変更すれば（**図2.4❶**)、プロパティの変数名も変更されます❷。

これは1つの変数を複数のプロパティに設定している際に非常に便利です。[変数］パネルの［名前］だけを1箇所変更するだけでよく、すべてのプロパティの設定をひとつひとつ変更しなくてよいからです。

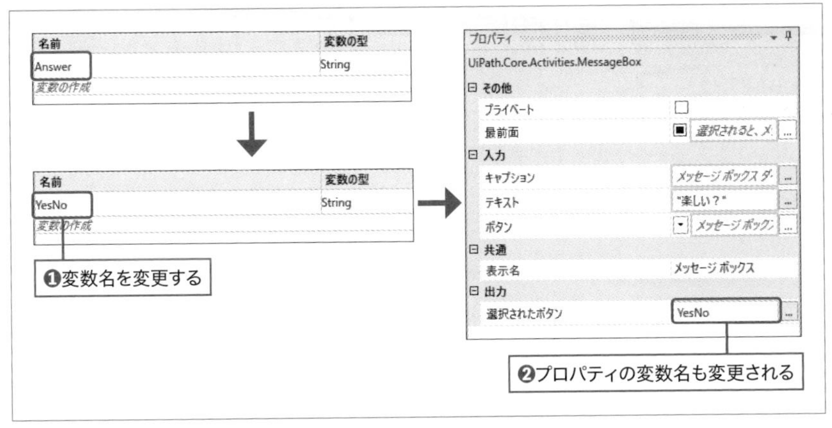

図2.4：変数名を変更する

3 ワークフロー内で使用しない変数を削除する

ワークフローのテスト時に作成した変数が残ってしまう場合があります。作成者以外がワークフローをメンテナンスするとき（図2.5）、もしくは自分で数ヶ月後にメンテナンスするとき、使っていない変数が混ざっていると混乱し、メンテナンス性が下がってしまいます。使用していない変数は［デザイン］リボンの［未使用の変数を削除］をクリックして、削除しておきましょう。

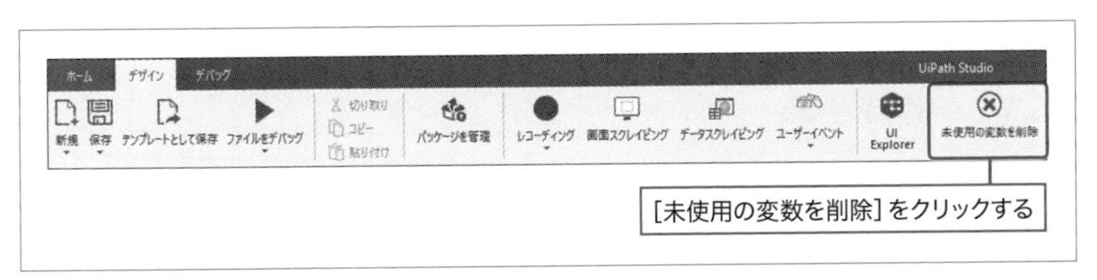

図2.5：未使用の変数を削除する

制御フローは非常に大事

制御フローは表2.1の3つを基本とします。

表2.1：制御フローの基本

制御フロー	説明
順次処理	命令を順番に実行する
条件分岐	条件によって実行する命令が複数に分岐する
繰り返し	同じ命令を繰り返し実行する

条件分岐と繰り返し処理を体験するために以下のようなプログラムを考えてみましょう。

1 【プログラム】商品送料の計算

あなたは商品をいくつか購入します。合計金額が2000円未満の場合一律500円の送料がかかります。合計金額が2000円以上の場合は送料がかかりません。

いくらの商品を何個買うかは、毎回入力することとします。

2.4.1 作成手順

STEP1 UiPath Studioを起動し、新たにプロジェクトを作成する。

STEP2 Main.xamlを開く。

STEP3 [フローチャート (Flowchart)] アクティビティを追加し、表示名を「Main」に変更する。[Main] フローチャートをダブルクリックして展開する。

STEP4 [アクティビティ] パネルの検索ボックスに「入力ダイアログ」と入力し、[入力ダイアログ (Input Dialog)] アクティビティを検索し、[Main] に配置する。

[アクティビティ] パネルのお気に入りから [メッセージボックス (Message Box)] アクティビティを2つ、[代入 (Assign)] アクティビティを3つ、

［フロー条件分岐（Flow Decision）］アクティビティを2つ、［Main］に配置する。

STEP5 ［入力ダイアログ（Input Dialog）］アクティビティの表示名を「商品価格を入力」に変更する。

STEP6 ［メッセージボックス（Message Box）］アクティビティ2つの表示名をそれぞれ「商品有無を確認」と「商品価格合計を表示」に変更する。

STEP7 ［代入（Assign）］アクティビティ3つの表示名をそれぞれ「商品価格を合計」と「商品数カウントアップ」と「商品価格合計に送料を加算」に変更する。

STEP8 ［フロー条件分岐（Flow Decision）］アクティビティ2つの表示名をそれぞれ「商品有無」と「合計2000円未満」に変更する。

STEP9 図2.6を参考にして、流れ線で結ぶ。

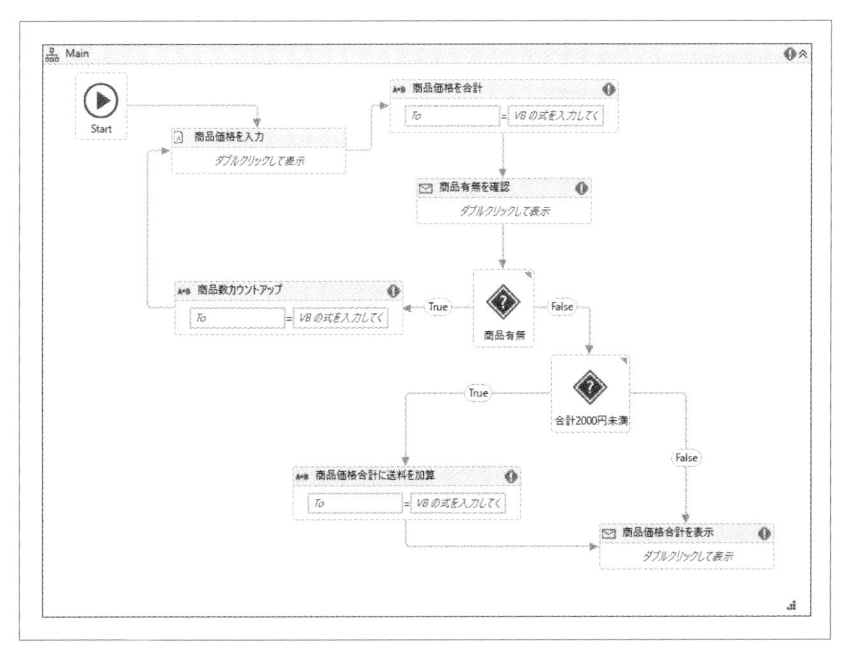

図2.6：アクティビティを流れ線で結ぶ

大枠が完成したので、それぞれのアクティビティのプロパティを設定していきます。［商品価格を入力］の設定から始めます。

STEP10 [商品価格を入力] を選択する。

❶ プロパティ [ラベル] で [Ctrl] + [K] キーを押し、[変数を設定] に「Counter」と入力し、[Enter] キーを押す。
❷ [変数] パネルを開き、[Counter] の変数の型を [String] から [Int32] に変更する。
❸ [Counter] の既定値に「1」と入力する。
❹ プロパティ [ラベル] において、Int32型変数 [Counter] の前と後ろに文字列を加えて、最終的に「"商品の価格を入力してください。[" + Counter.ToString + "商品目]"」となるように変更する（図2.7)。プロパティに長い文字列を入力するときは、プロパティの入力ボックスの右にある [...] をクリックし、[式エディター] を表示させる。

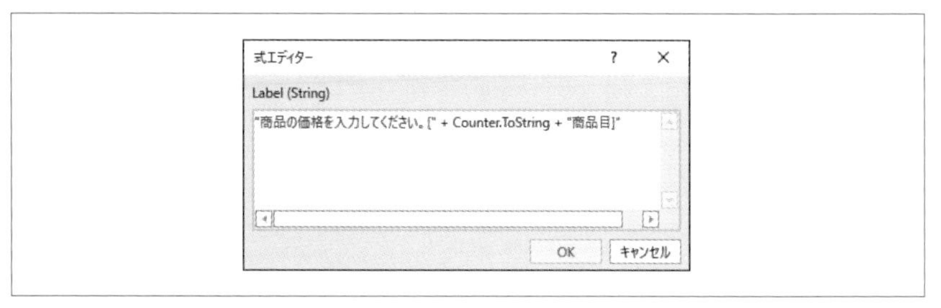

図2.7：[商品価格を入力] のプロパティ [ラベル] の [式エディター]

❺ プロパティ [タイトル] に「"商品価格入力"」と入力する。
❻ プロパティ [結果] の入力ボックスにカーソルをあてた状態で [Ctrl] + [K] キーを押し、[変数を設定] に「Price」と入力し、[Enter] キーを押す。
❼ [変数] パネルを開き、[Price] の変数の型を [GenericValue] から [Int32] に変更する。

STEP11 [商品価格を合計] を選択する。

❶ プロパティ [左辺値 (To)] の入力ボックスにカーソルをあてた状態で [Ctrl] + [K] キーを押し、[変数を設定] に「PriceSum」と入力し、[Enter] キーを押す。
❷ [変数] パネルを開き、[PriceSum] の変数の型を [GenericValue] から [Int32] に変更する。
❸ プロパティ [右辺値 (Value)] に「PriceSum + Price」と入力する。

STEP12 [商品有無を確認] を選択する。

❶ プロパティ [テキスト] に「"商品はまだありますか"」と入力する。
❷ プロパティ [キャプション] に「"商品有無確認"」と入力する。
❸ プロパティ [ボタン] で [YesNo] を選択する。
❹ [商品有無を確認] のプロパティ [選択されたボタン] の入力ボックスにカーソルをあてた状態で [Ctrl] + [K] キーを押し、[変数を設定] に「IsExistsItem」と入力し、[Enter] キーを押す。

STEP13 [商品有無] のプロパティ [条件] に「IsExistsItem = "Yes"」と入力する。

STEP14 [商品数カウントアップ] を選択する。

❶ プロパティ [左辺値 (To)] にInt32型変数 [Counter] を設定する。
❷ プロパティ [右辺値 (Value)] に「Counter + 1」と入力する。

STEP15 [合計2000円未満] のプロパティ [条件] に「PriceSum<2000」と入力する。

STEP16 [商品価格合計に送料を加算] を選択する。

❶ プロパティ [左辺値 (To)] にInt32型変数 [PriceSum] を設定する。
❷ プロパティ [右辺値 (Value)] に「PriceSum + 500」と入力する。

STEP17 [商品価格合計を表示] を選択する。

❶ プロパティ [テキスト] に「Counter.ToString + "商品の送料込みの商品価格は"+PriceSum.ToString+"円です"」と入力する。
❷ プロパティ [キャプション] に「"商品価格合計"」と入力する。

2.4.2 実行する

合計金額が2000円未満のパターンと合計金額が2000円以上のパターンを試して条件通りに動作していることを確認してください。例えば、500円の商品1点の場合は、送料500円が加算されて、[商品価格合計] メッセージボックスに「1商品の送料込みの商品価格は1000円です」表示されます。

1000円の商品2点の場合は、合計金額2000円に送料が加算されないので、[商品価格合計] メッセージボックスに「2商品の送料込みの商品価格は2000円です」表示されます。

2.4.3 使用する変数

使用する変数は**表2.2**の通りです。

表2.2：使用する変数

名前	変数の型	スコープ	既定値
Counter	Int32	Main	1
Price	Int32	Main	—
PriceSum	Int32	Main	—
IsExistsItem	String	Main	—

信頼性の高いワークフローを効率的に作成する

さっそくUiPath Studioでワークフローを作成したい気持ちはよくわかります。しかし、信頼性の高いワークフローを効率的に作成するためには、注意すべきことがあります。

2.5.1 シナリオ設計が必要

ワークフローの作成・運用で失敗するパターンがあります。

- アクティビティをつなげただけの可読性が低いワークフローが作成される。
- ワークフローが失敗したときの例外処理が稚拙である。
- 効率的にワークフローが作成できないので、人間が業務を行った方が速い。
- ワークフローの部品化が行われていないため、メンテナンス性が低い。

まとめると失敗するワークフローの特徴は、「信頼性」「効率性」「メンテナンス性」が低いということです。その原因は、「設計せずに、行きあたりばったりでワークフローを作成するから」だといえます。

簡単な作業の自動化であれば、設計する必要はありませんが、業務を自動化するには設計が必要です。筆者はRPAの設計のことを「シナリオ設計」と呼んでいます。

2.5.2 業務の構造

業務を自動化するためには、業務というものを理解することから始めましょう。そのために業務での2つの特性を押さえましょう。

1 「インプット⇒処理⇒アウトプット」の構成を持つ

業務とは、必ず「インプット⇒処理⇒アウトプット」という構成を持つ独立した仕事です。例えば、メールや基幹システムからダウンロードしたデータを「インプット」して、Excelなどを利用してデータを「処理」します。「処理」により生成されたデータ（Excelファイルなど）を人やITシステムに「アウトプット」します。
アウトプットする成果物を生成できない状態が「例外（エラー）」です。

2 階層構造を持つ

業務には階層構造があります。筆者は図2.8のように定義しています。

［業務］は複数の［業務プロセス］によって構成され、［業務プロセス］は複数の［サブプロセス］によって構成されています。［サブプロセス］は［アクション］によって構成されています。

［アクション］は「ボタンをクリックする」「Excelファイルを開く」といったマウス操作やキーボード操作に対応する階層です。

階層が深くなりすぎることはお勧めしませんが、必要な場合は、［2ndサブプロセス］、［3rdサブプロセス］と階層を作って管理します。

階層それぞれの要素の流れを図式化したものが業務フロー図です。例えば［業務］の業務フロー図は、複数の［業務プロセス］の流れで表されます。

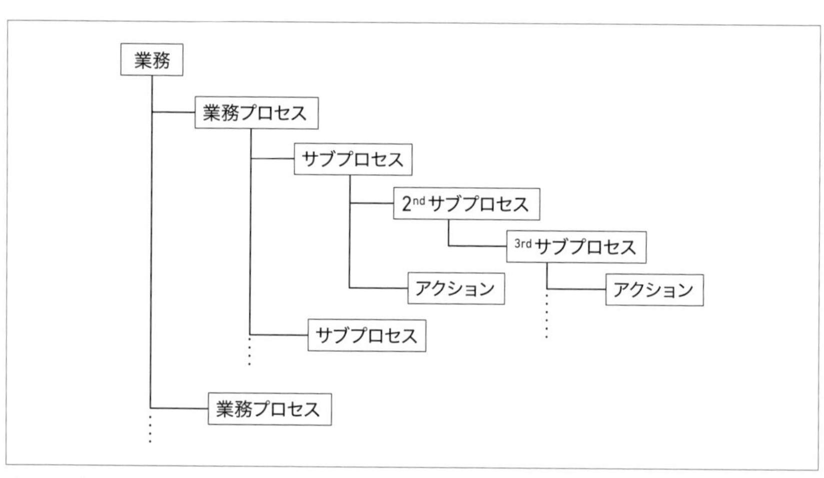

図2.8：業務の階層構造

2.5.3 シナリオ設計書のイメージ

業務を階層と流れで把握することで、UiPathのワークフローが設計できます。業務構造を整理し、UiPathに正確に変換したワークフローは、信頼性、メンテナンス性の高いものとなります。

シナリオ設計書にはフロー図（UiPathの［フローチャート（Flowchart)］アクティビティと区別するためにフロー図と呼びます）とその他の情報（変数や引数など）を書きます。図2.9がそのイメージです。

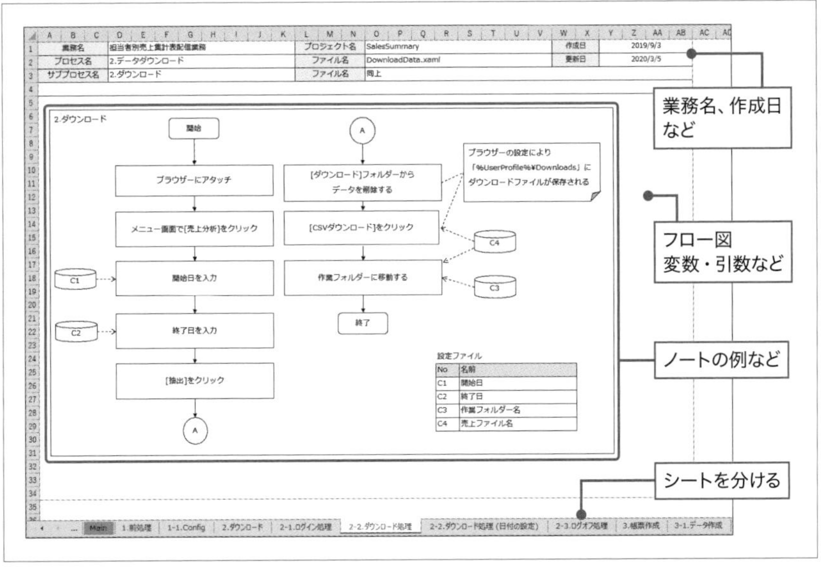

図2.9：シナリオ設計書

2.5.4 フロー図に使う図形

フロー図の作図に使用する図形を表2.3に紹介します。参考にしてください。

表2.3：フロー図の作図に使用する図形

No	名前	図形	用途
1	端子	開始	ワークフローの開始と終了を表す。
2	アクティビティ	処理	ワークフロー内のアクティビティを表す。 最もよく使用される図形。
3	判断	条件	判断し次のステップに移る点を表す。 図形内には判断の条件を記入する。
4	流れ線	———→	図形と図形を結び、処理の流れを表す。

次ページへ続く

（続き）

No	名前	図形	用途
5	サブプロセス		別の場所（同じページ内の別の場所もしくは同じドキュメント内の別ページ）に定義される一連の手順に使用する。
6	書類・帳票		人間が読める媒体上の文書を示す。
7	データ		システムやCSVデータなど、コンピューターを通して扱えるデータを示す。アクティビティと接続するときは破線矢印を使う。
8	コンテナー		端子やアクティビティで構成されたフロー図をまとめるために使う。サブプロセスを展開したときにも使用する。左上にサブプロセス名を表記する。
9	ノート		注釈を付けるときに使う。破線でアクティビティと接続する。
10	結合子	ID	長いフローチャートをページ内で分けるときに使用する。つながりがわかるようにIDを記述する。

MEMO　使う図形は限定する

使う図形は増やしすぎないことが大切です。なるべく上記の10個の図形で描きます。慣れてくると、複雑な表現にも挑戦したくなるものです。また、細かいニュアンスの違いを表現したい気持ちも生まれます。例えば、同じデータでもデータベースとCSVファイルは違う表現にした方がよい、などと思えてきます。CSVファイルの図形がドラム型の図形（図形No7）では違和感があるからです。
しかし、データはすべてドラム型の図形に統一しましょう。細かい部分にこだわると、フロー図を作図する人によって違いが出てきてしまい統一できなくなるからです。

2.5.5 関連セクション

フロー図を載せているセクションを参考にして理解を深めてください。

➡Chapter11　超実践的！業務で使える5つのパターン

超高速化！デスクトップの自動化のテクニック５選

UiPath Studioには業務で使用するアプリケーションにアクセスして、自動的に操作する機能が数多く備わっています。

デスクトップ作業を自動的に記録する

3.1.1 まずはレコーディングから始めよう

UiPath Studioでのワークフロー作成はレコーディングから始めましょう。多くのアクティビティを覚えなくても、オートメーションの恩恵を体感することができます。Excelの［マクロの記録］を使ったことがある方なら、同じ要領で身に付けることができます。

［デザイン］リボンの［レコーディング］をクリックすると5つのレコーディングが表示されます（図3.1❶）。デスクトップアプリケーションのレコーディングには［ベーシック］と［デスクトップ］を使用します（❷）。

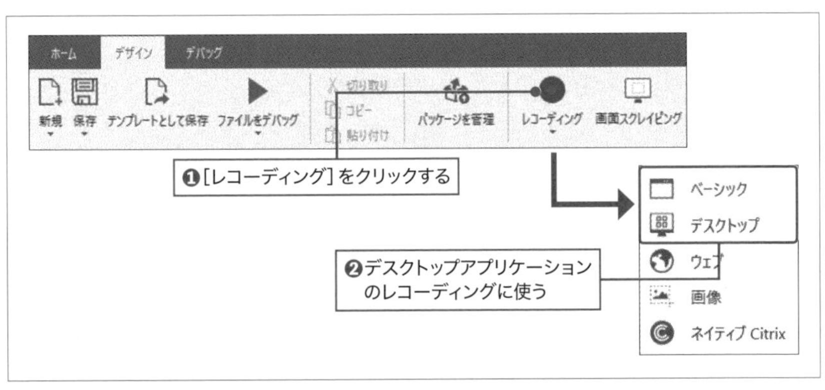

図3.1：［レコーディング］クリック時の動作

3.1.2 作成準備

STEP1 UiPath Studioを起動し、新たにプロジェクトを作成する。

STEP2 Main.xamlを開く。

STEP3 本書のサンプルフォルダー「サンプルファイル」→「Chapter3」→「3.1」から、「DemoApplication」フォルダーをプロジェクトフォルダーにコピーする。

STEP4 「DemoApplication」フォルダー内に、デモアプリケーション「Demo Application.exe」が存在するので、ダブルクリックして起動する。図3.2のログイン画面が表示される。

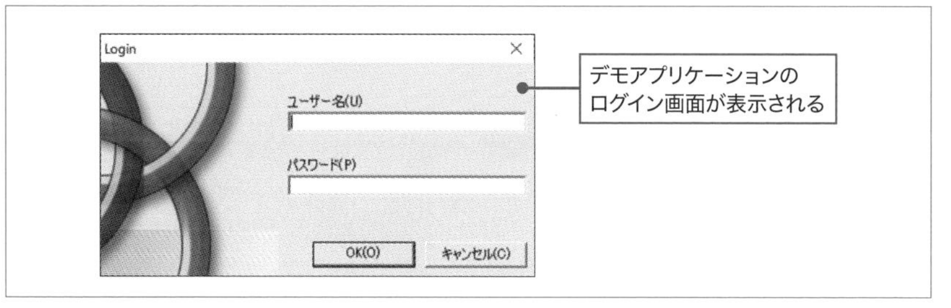

図3.2：デモアプリケーションのログイン画面

MEMO　「Windowsによって PCが保護されました」と表示される場合

安全なアプリやファイルでも、発行元が不明な場合や、ダウンロードされた実績が少ない場合に、「Windowsによって PCが保護されました」と表示されることがあります。[詳細情報] → [実行] をクリックしてください。また、.Net Framework 3.5のインストールが促される場合がありますので、その場合はインストールを行ってください。

3.1.3 ベーシックレコーディングを使用する

ベーシックレコーディングを使用したワークフローを作成します。

STEP1 [デザイン] リボンの [レコーディング] をクリックする。

STEP2 [ベーシック] をクリックする。ベーシックレコーディングツールバーが表示される（図3.3）。

図3.3：ベーシックレコーディングツールバー

STEP3 ［アプリを開始］をクリックする（図3.4❶）。レコーディングモードに移行したら、「3.1.2　作成準備」で起動したデモアプリケーション（Demo Application.exe）の任意の場所をクリックする❷。ポップアップが表示される。［アプリケーションのパス］にデモアプリケーションのパスが表示されていることを確認して、［OK］をクリックする。

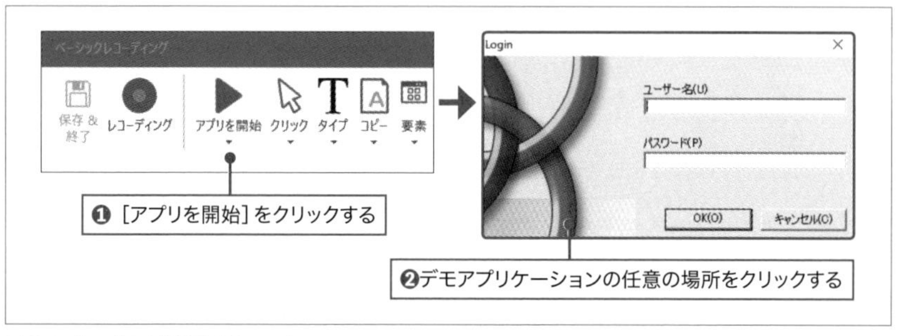

図3.4：［アプリを開始］をクリック

STEP4 ベーシックレコーディングツールバーの［レコーディング］をクリックする。レコーディングモードに移行するので、デモアプリケーションを操作する（図3.5〜図3.7）。

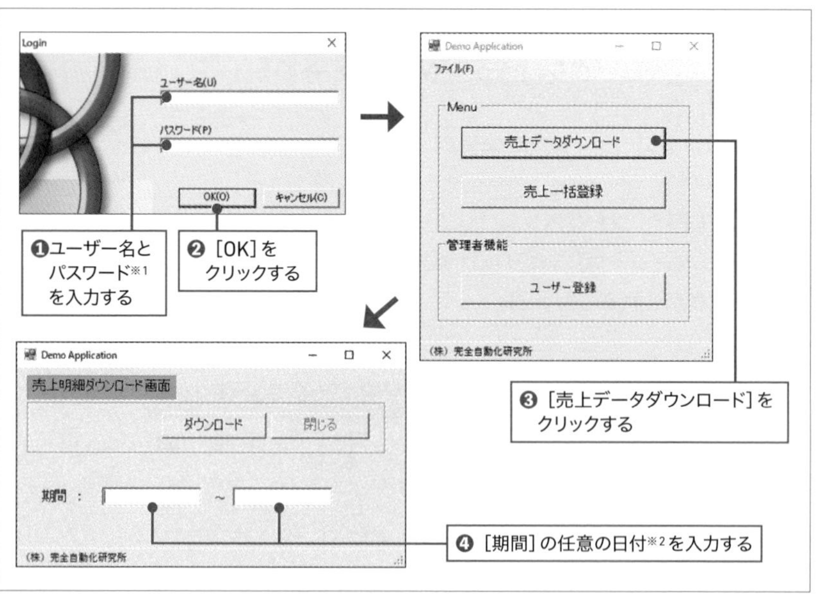

図3.5：デモアプリケーションの操作手順①

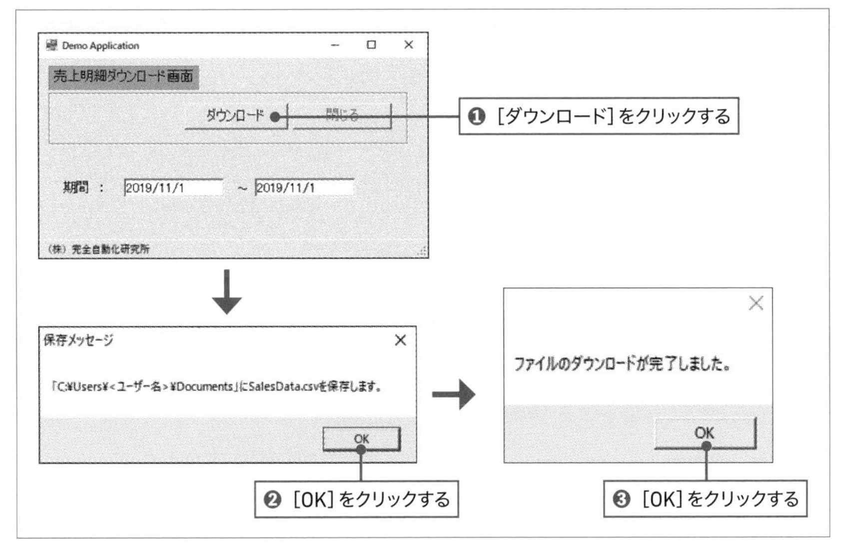

図3.6：デモアプリケーションの操作手順②

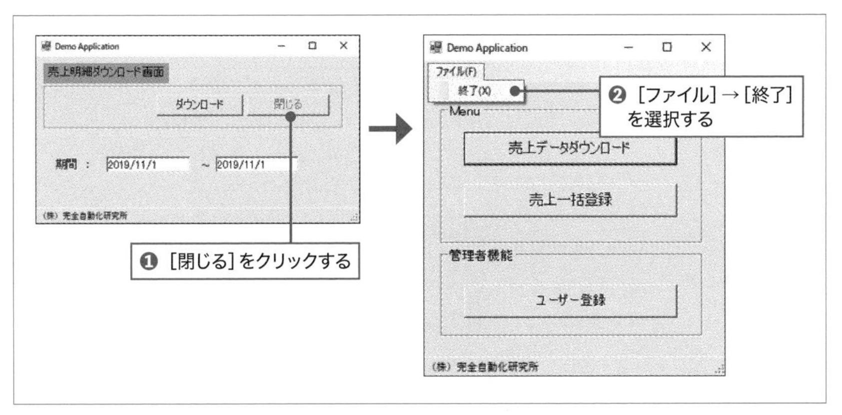

図3.7：デモアプリケーションの操作手順③

※1　ユーザー名とパスワードは任意の文字列。入力チェックはかかっていない。

※2　日付は任意の文字列。入力チェックはかかっていない。

HINT

[レコーディング]では記録できない操作は手動レコーディングを使う

当セクションのサンプルは［レコーディング］を使えば、すべて記録できます。［レコーディング］では記録できないことも単一アクションを組み合わせることで、記録できます。手動レコーディングで記録できる単一アクションは図3.8、表3.1の通りです。

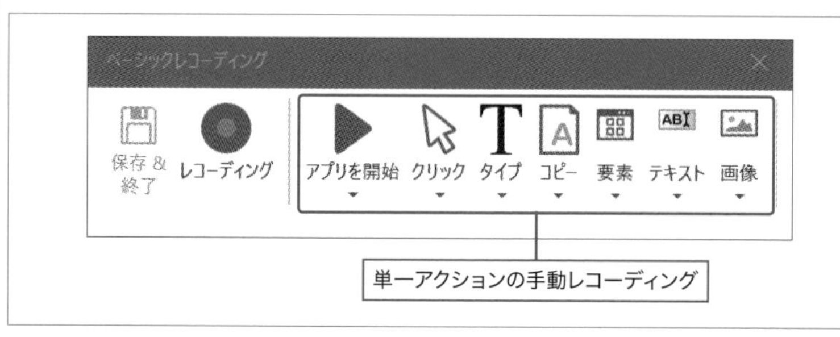

図3.8：手動レコーディングで利用する機能

表3.1：手動レコーディングで利用する機能

機能	説明
アプリを開始	アプリケーションの起動と終了を行うことができる。
クリック	アプリケーションのUI要素のクリック、ドロップダウンリストやコンボボックスのオプションの選択、チェックボックスやラジオボタンの選択などをレコーディングできる。
タイプ	キーボードからの入力に関するレコーディングができる。ホットキーの入力もできる。
コピー	選択したテキストのコピー、（画面上のテキストなどを取得する機能）などが行え、取得したテキストは後のアクションで利用できる。
要素	右クリック、ダブルクリックなど［レコーディング］では記録できない操作を行うことができる。
テキスト	テキストの選択、テキストのコピー&ペーストなどを行うことができる。
画像	特定の画像の検索、画像の右クリックやホバー（マウスカーソルを画像やリンクに重ね合わせ、クリックしなくても何らかの処理を行うこと）などを行うことができる。

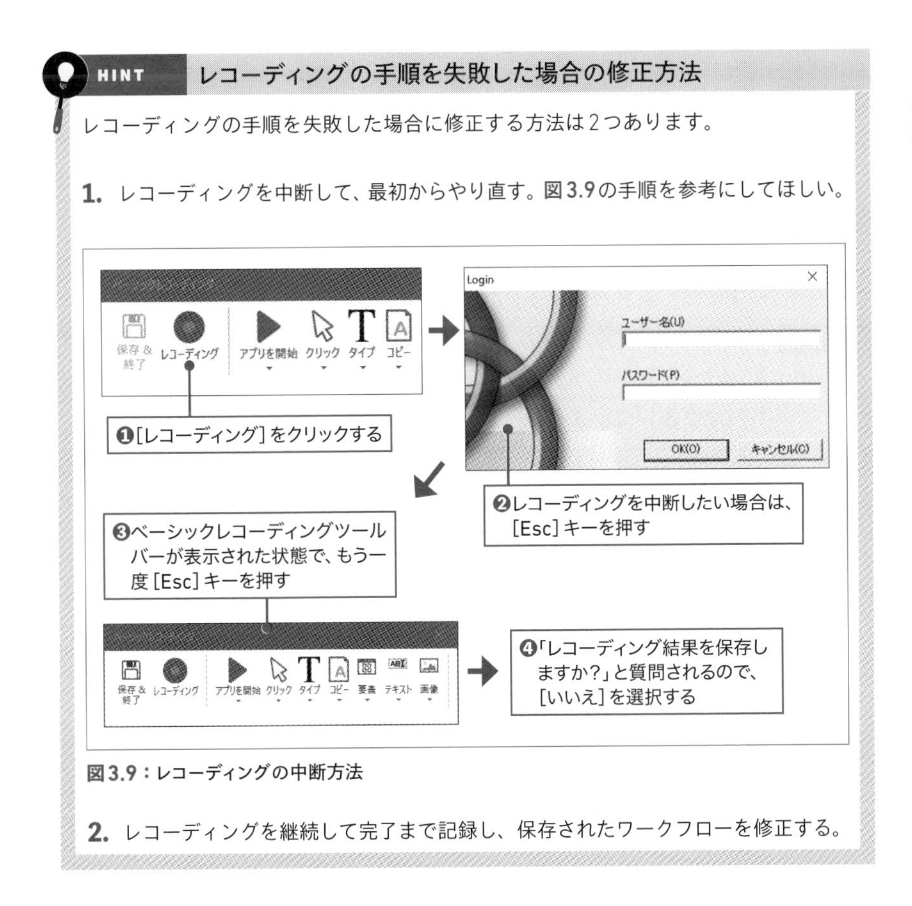

HINT　レコーディングの手順を失敗した場合の修正方法

レコーディングの手順を失敗した場合に修正する方法は2つあります。

1. レコーディングを中断して、最初からやり直す。**図3.9**の手順を参考にしてほしい。

図3.9：レコーディングの中断方法

2. レコーディングを継続して完了まで記録し、保存されたワークフローを修正する。

STEP5 **操作が終了したら、[Esc] キーを押すと、レコーディングモードが終了するので、[保存&終了] をクリックする。**

これで、ベーシックレコーディングは完了です。**図3.10❶**のように自動的にワークフローが生成されます。すべてのアクティビティが独立しています。このままでは、可読性が低いので、[シーケンス（Sequence)] アクティビティを使って整理します❷。

STEP6 **自動的に生成された [ベーシックレコーディング] シーケンスの中の最初に [シーケンス（Sequence)] アクティビティを3つ追加し、それぞれ表示名を「ログイン処理」「データダウンロード処理」「ログオフ処理」**

に変更する。

STEP7 [ログイン処理] に最初の5つのアクティビティ（アプリケーションを開くアクティビティから [売上データダウンロード] をクリックするアクティビティまで）をドラッグ&ドロップする。

STEP8 [データダウンロード処理] に次の5つのアクティビティ（開始期間を入力するアクティビティから2つ目の [OK] をクリックするアクティビティまで）をドラッグ&ドロップする。

STEP9 [ログオフ処理] に残りの3つのアクティビティ（[閉じる] をクリックするアクティビティから [終了] をクリックするアクティビティまで）をドラッグ&ドロップする。

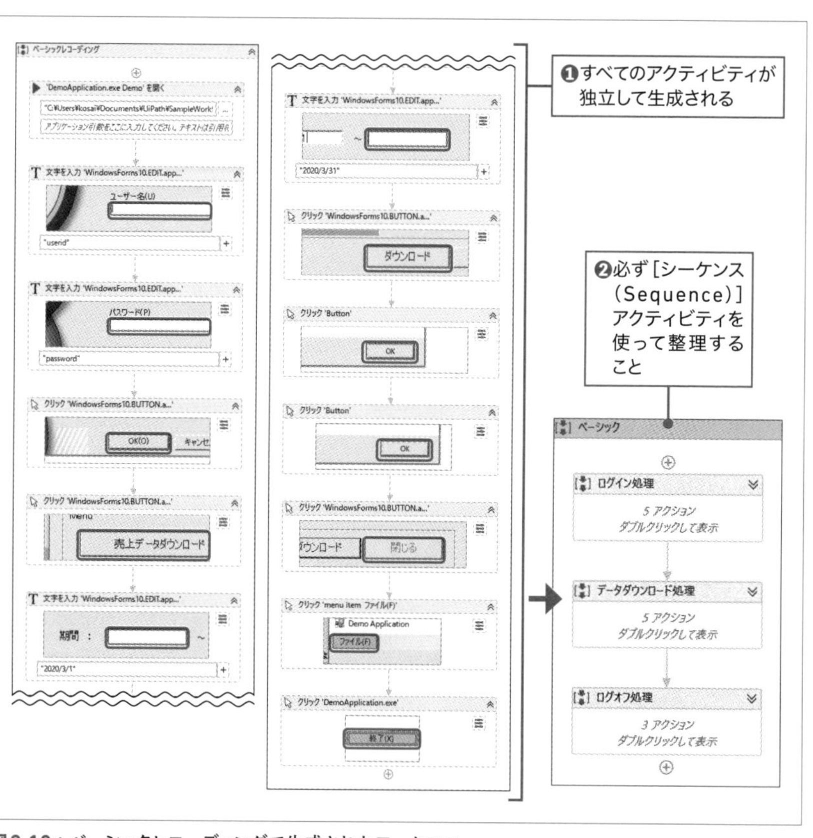

図3.10：ベーシックレコーディングで生成されたワークフロー

3.1.4 デスクトップレコーディングを使用する

デスクトップレコーディングを使用して、同じ操作を記録します。

STEP1 「3.1.2　作成準備」で作成したプロジェクトを使用する。[デザイン] リボンの [新規] → [シーケンス] をクリックし、新規のワークフローを作成する。名前を「DesktopRecording」にする。

STEP2 DemoApplication.exeを起動する。

STEP3 [デザイン] リボンの [レコーディング] をクリックする。

STEP4 [デスクトップ] をクリックする。デスクトップレコーディングツールバーが表示される。

STEP5 「3.1.3　ベーシックレコーディングを使用する」の **STEP3** から **STEP5** を参考にレコーディングを行う。ワークフローが生成される（図3.11）。

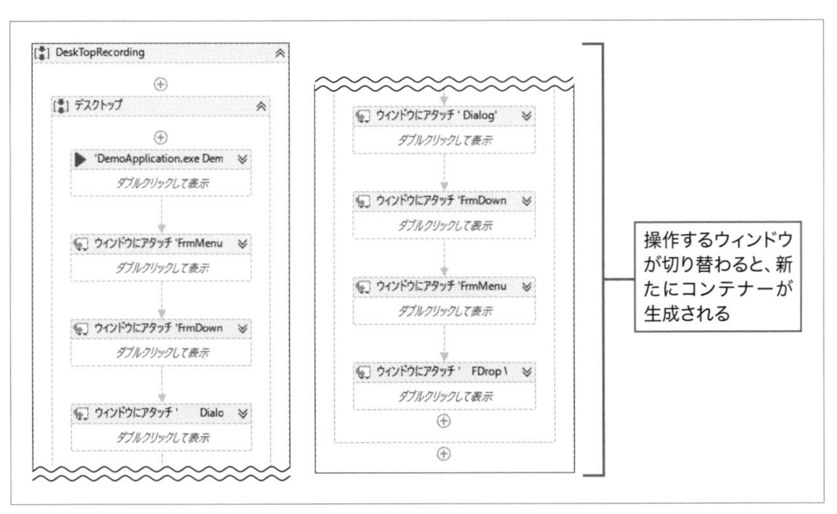

図3.11：デスクトップレコーディングで生成されたワークフロー

3.1.5 セレクターとは

ベーシックレコーディングとデスクトップレコーディングの違いは「3.1.6　ベーシックレコーディングとデスクトップレコーディングの違い」で解説しますが、「セレクター」という用語が頻発しますので、先にセレクターについて解説します。

UiPath Studioでは、様々なウィンドウやボタン、ドロップダウンリストなどのUI要素を正確に操作するために「セレクター」と呼ばれる文字列を使用しています。セレクターにはUI要素とその親要素の属性がXMLフラグメントの形で記述されています。

MEMO　セレクターとXML

XMLとはExtensible Markup Languageの略で、構造化された文書やデータを記述するための言語です。XMLはツリー構造になっており、要素同士は親子関係を持っています。「XMLフラグメント」の「フラグメント」とは「断片」という意味で、セレクターにはUI要素を特定するために「UI要素や親要素の属性が必要な部分のみ記述されている」ということになります。

「3.1.3 ベーシックレコーディングを使用する」で生成した［文字を入力（Type Into）］アクティビティを例にして確認してみましょう。アプリケーションの入力ボックスにユーザー名を入力する**図3.12**のアクティビティのセレクターを見てみます。

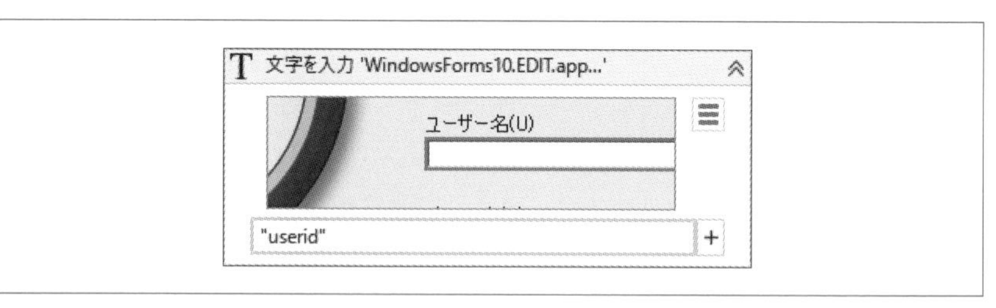

図3.12：［文字を入力（Type Into）］アクティビティ

アクティビティの右上の横棒3本のアイコンをクリックします（**図3.13❶**）。メニューが開くので、［セレクターを編集］をクリックします❷。セレクターエディターが開きます（［プロパティ］ウィンドウのプロパティ［セレクター］から開くこともできます）❸。

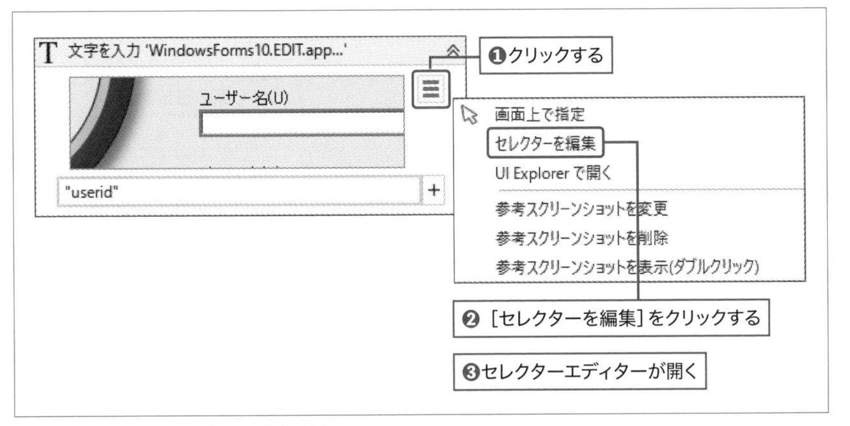

図3.13：セレクターエディターを起動する

セレクターエディターを開くと、どのようなセレクターが生成されているのかを見ることができます。セレクターは次の構造を持っています。

```
<ノード_1 />
<ノード_2 />
.
.
.
<ノード_N />
```

「<」と「/>」までの文字列を「ノード」と呼びます。最後のノード（<ノード_N>）は対象となるUI要素を表しています。その前のノード（<ノード_1>、<ノード_2>など）は対象となるUI要素の親要素を表しています（**図3.14**）

ほとんどの場合、セレクターはUiPath Studioによって自動的に生成されます。「ワークフローを実行するたびに、操作するUI要素を変更したい」といったケースでなければ、生成されたセレクターについてユーザーが手を入れる必要はありません（セレクターに変数を使って動的に操作するUI要素を変える方法については、「4.2　選択するカレンダーの日付を動的に変更する」を参照してください）。

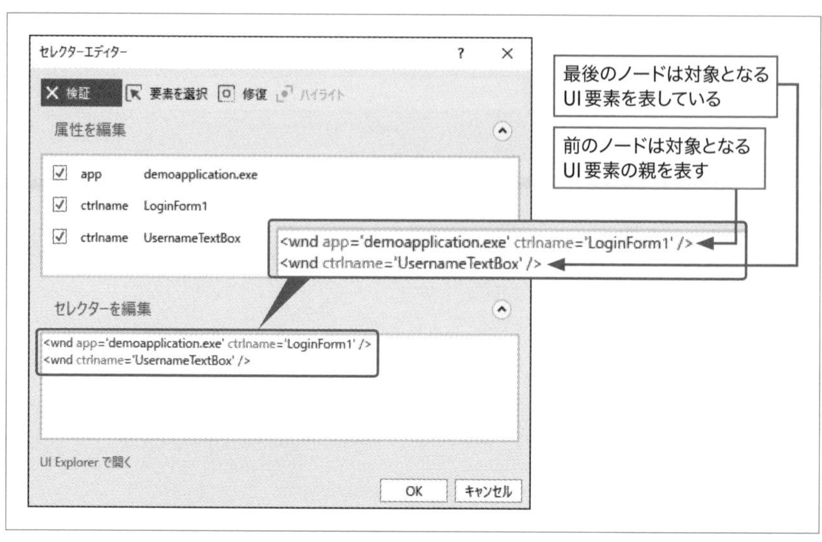

図3.14：セレクターの構造

3.1.6 ベーシックレコーディングとデスクトップレコーディングの違い

アプリケーションの入力ボックスにユーザー名を入力する、[文字を入力（Type Into)] アクティビティ（図3.12）を例に違いを見てみましょう。

ベーシックレコーディングで生成したワークフローのセレクターは次のようになっています。1行目のノードはデモアプリケーションのログイン画面を表しています。2行目のノードはログイン画面内のユーザー名を入力するテキストボックスを表しています。2行目の親となるノードは1行目ですが、1行目の親となるノードは存在しません。1行目のノードはアプリケーションの構造上で最上位の要素を表しています。このように最上位に位置するノードのことを「ルートノード」と呼びます。このようにルートノードを含む形式のセレクターを完全セレクターといいます。

[文字を入力（Type Into)] アクティビティに設定された完全セレクター

```
<wnd app='demoapplication.exe' ctrlname='LoginForm1' />
<wnd ctrlname='UsernameTextBox' />
```

一方、デスクトップレコーディングで生成したワークフローのセレクターは、次のように、ルートノードが変更できません（灰色の背景部分）。このようにルートノードを含まない形式のセレクターを部分セレクターといいます。

［文字を入力（Type Into）］アクティビティに設定された部分セレクター

```
<wnd app='demoapplication.exe' ctrlname='LoginForm1' />
<wnd ctrlname='UsernameTextBox' />
```

［文字を入力（Type Into）］アクティビティのコンテナーとなっている［アプリケーションを開く（Open Application）］アクティビティのセレクターは次のようになっており、［文字を入力（Type Into）］アクティビティに設定された部分セレクターと合わせると、完全セレクターと同じになります。

［アプリケーションを開く（Open Application）］アクティビティに設定されたセレクター

```
<wnd app='demoapplication.exe' ctrlname='LoginForm1' />
```

MEMO どちらのレコーディングを使うべきか

複数のウィンドウを切り替えながら操作する場合は、ベーシックレコーディングを使うことで、シンプルなワークフローを作成することができます。
1つのアプリケーションウィンドウの中の複数のUI要素を操作する場合は、デスクトップレコーディングで作成されたワークフローの方が高速に動作します。またデスクトップレコーディングは、共通する親UI要素が、コンテナーとなるアクティビティのセレクターでくくられているため、より保守しやすい形になっています。

3.1.7 関連セクション

業務プロセスの単位については、以下のセクションを参考にしてください。

➡2.5　信頼性の高いワークフローを効率的に作成する

セレクターに変数を使用するワークフローについては、以下のセクションを参考にしてください。

➡4.2　選択するカレンダーの日付を動的に変更する

UI要素が認識できないときの自動化テクニック

3.2.1 UI要素が認識できないときは、画像認識を使う

UiPathは高い精度でUI要素を認識することができますが、以下の場合はUI要素が認識できません。

- リモートデスクトップ接続し、アプリケーションを操作する場合（HINT参照）
- Flashで作成されたアプリケーションを操作する場合
- その他、UI要素認識でうまく動作しないアプリケーションを操作する場合

HINT　リモートデスクトップ先のコンピューターの操作について

Windowsリモートデスクトップ拡張機能をローカルコンピューターにインストールし、リモート先のコンピューターにUiPath Remote Runtimeをインストールすることで、ネイティブなセレクターの取得（UI要素の認識）が可能です。
本セクションでは、Windowsリモートデスクトップ拡張機能を使用していない前提で、リモート先のアプリケーションを操作するサンプルを解説します。
リモート先のコンピューターにUiPath Remote Runtimeをインストールしていないので、以下のエラーが出ますが、[OK] をクリックして操作を続けてください（図3.15）。

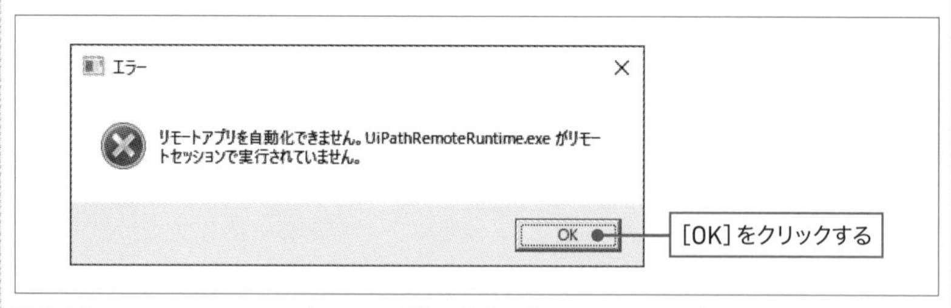

図3.15：Windowsリモートデスクトップ拡張機能を使用していない場合のエラー

MEMO サンプルワークフローは付属していません

当セクションのワークフローは、リモート環境に依存するためサンプルワークフローは付属してません。本書を参考にワークフローを作成してください。

リモート先のコンピューターに接続してアプリケーションを操作するワークフローについて解説します。

3.2.2 リモート先のアプリケーションを画像認識で操作する

リモート先のコンピューターにリモートデスクトップ接続して、リモート先のデスクトップ上に保存してある「demo.txt」というテキストファイルをメモ帳で開き、文字を入力後、メモ帳を保存せずに閉じる、というワークフローを作成します。

「3.1　デスクトップ作業を自動的に記録する」とは違い、アプリケーションのUI要素が認識できない場合を想定したワークフローです。

HINT リモートデスクトップ環境の構築について

リモートデスクトップ接続はWindowsを実行しているコンピューターから、同じネットワークまたはインターネットに接続されているWindowsを実行する別のコンピューターに接続する機能です。環境構築の手順を解説します。

1. リモート先のコンピューターのリモート接続を許可する。
   - リモート先のコンピューターがWindows 10 (※) の場合、[スタート] ボタン→[設定] → [システム] → [リモートデスクトップ] の順に選択し、[リモートデスクトップを有効にする] をオンにする。

   (※) Windows 10 Homeはリモートデスクトップのリモート先（ホスト）として利用できませんのでご注意ください。

2. UiPath Studioがインストールされているコンピューターからリモートデスクトップを使って接続する。
   - Windows 10の場合は タスク バーの検索ボックスに、「リモート デスクトップ接続」と入力すると、[リモート デスクトップ接続] アイコンが表示されるので、ダブルクリックする。
   - [リモート デスクトップ接続] 画面にて、リモート先のコンピューター名もしくはIPアドレスを入力し、[接続] をクリックする。

1 完成図

リモート先のコンピューターにリモートデスクトップ接続して、「demo.txt」をメモ帳で開き、文字を入力後メモ帳を保存せずに閉じる、というワークフローです(図3.16)。

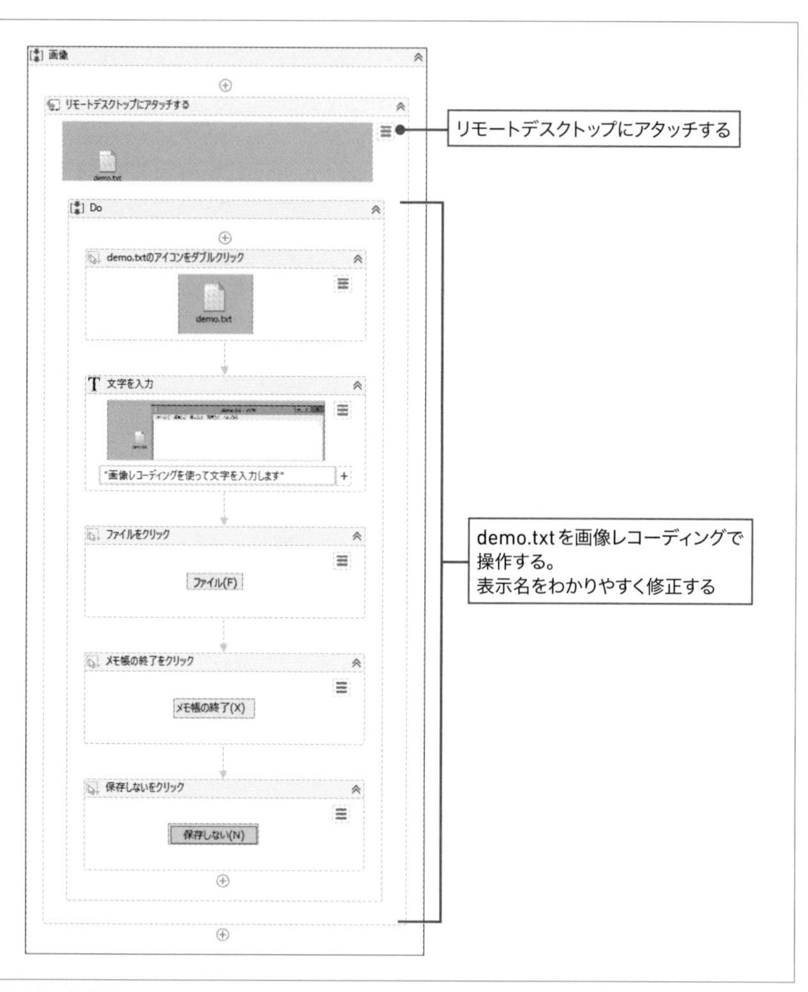

図3.16：完成図

2 作成準備

STEP1 リモート先のデスクトップ上で右クリックし、メニューから［新規作成］→［テキストドキュメント］を選択する。

STEP2 「新しいテキストドキュメント.txt」が作成されるので、「demo.txt」に名前を変更する。リモート先のデスクトップ上に「demo.txt」という空のテキストファイルが作成される（図3.17）。

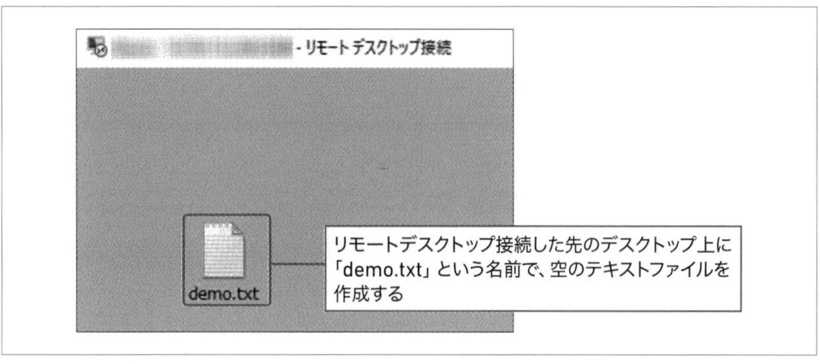

図3.17：「demo.txt」を作成する

3 作成手順

STEP1 UiPath Studioを起動し、新たにプロジェクトを作成する。

STEP2 Main.xamlを開く。

STEP3 ［デザイン］リボンの［レコーディング］をクリックし（図3.18❶）、［画像］をクリックする❷。

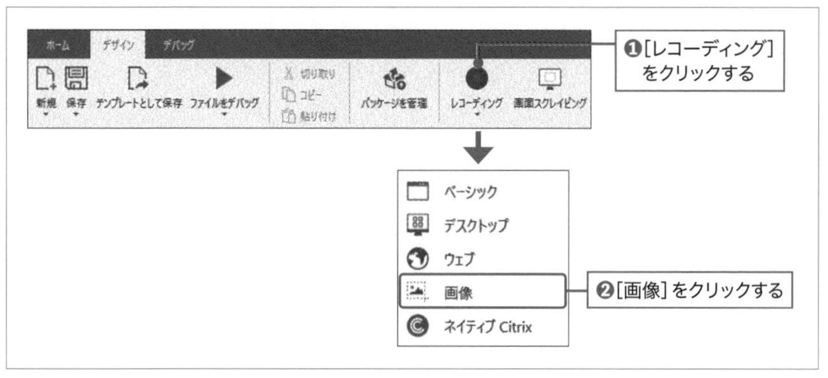

図3.18：［レコーディング］→［画像］をクリックする

STEP4 画像レコーディングツールバーが表示される（図3.19）。

図3.19：画像レコーディングツールバー

［demo.txt］を起動するワークフローを作成します。

STEP5 ［画像］をクリックし、［マウス］→［ダブルクリック］をクリックする（図3.20）。画像を選択できるモードに移行するので、デスクトップ上にある［demo.txt］のアイコンの画像を囲むように選択する（図3.21❶）。ポップアップが表示されるので、［OK］をクリックすると❷、「demo.txt」が起動する。

図3.20：［画像］→［マウス］→［ダブルクリック］をクリックする

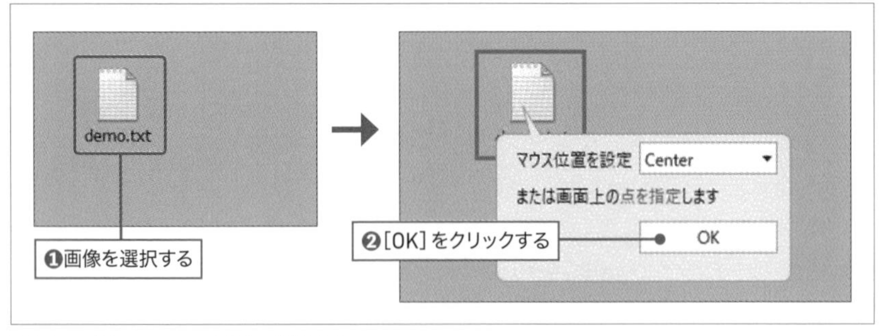

図3.21：「demo.txt」の画像を選択する

STEP6 画像レコーディングツールバーの［タイプ］→［タイプ］をクリックする。［demo.txt］を選択し、任意で文字列を入力する。リモートコンピューターにUiPath Remote Runtimeをインストールしていない場合はエラーが出るので、［OK］をクリックする。

STEP7 ［画像をクリック］をクリックし、［demo.txt］のメニュー［ファイル］を範囲選択し（図3.22❶）、［OK］をクリックする❷。同じ要領で、「メモ帳の終了」を選択する（図3.23❶❷）。保存を確認するダイアログが表示される。

図3.22：［ファイル］を範囲選択する

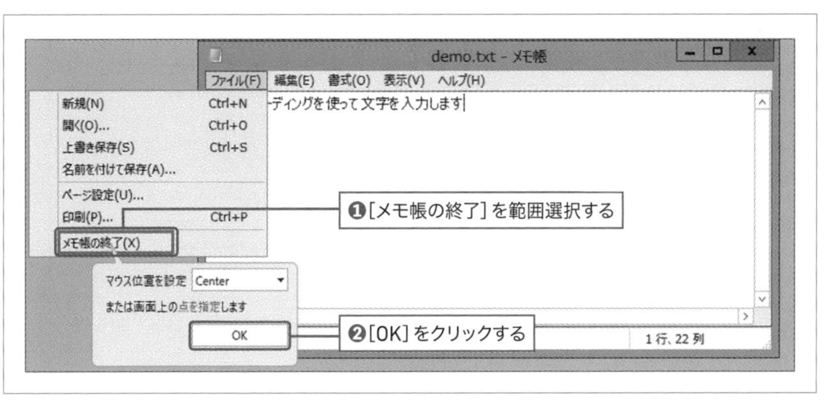

図3.23：［メモ帳の終了］を範囲選択する

STEP8 **STEP7** と同じ操作を行い、保存を確認するダイアログの［保存しない］を範囲選択する。

STEP9 画像レコーディングツールバーの［保存&終了］をクリックする。ワークフローが自動的に生成される。

HINT ホットキーを使用する

ホットキーを有効利用すると画像認識を使用しないので、マウスによるクリック操作よりも安定します（図3.24）。

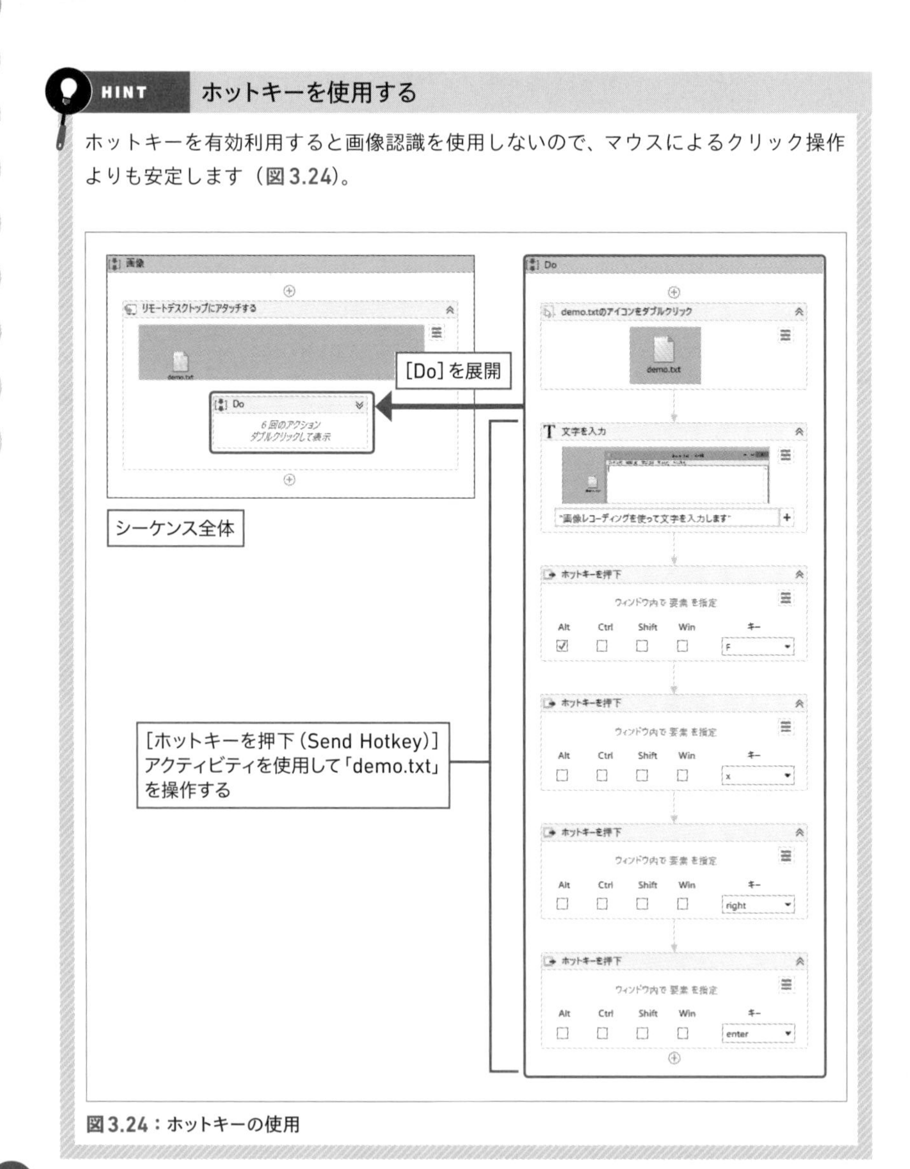

図3.24：ホットキーの使用

ワークフローが作成できたら、実行してください。リモート先コンピューターのデスクトップ上の「demo.txt」をダブルクリックしてメモ帳で開き、文字列を書き込み、保存せずに終了する一連の動作が行われれば成功です。

3.2.3 相対位置でクリックする

画像で対象を認識する場合の弱点は、同じ画像が複数存在するときに区別が付かないことです。この場合は相対位置で要素をクリックすることで回避することができます。[画像レコーディング] 画面の [画像をクリック] をクリックするところまでは同じです。その先を解説します（図3.25）。

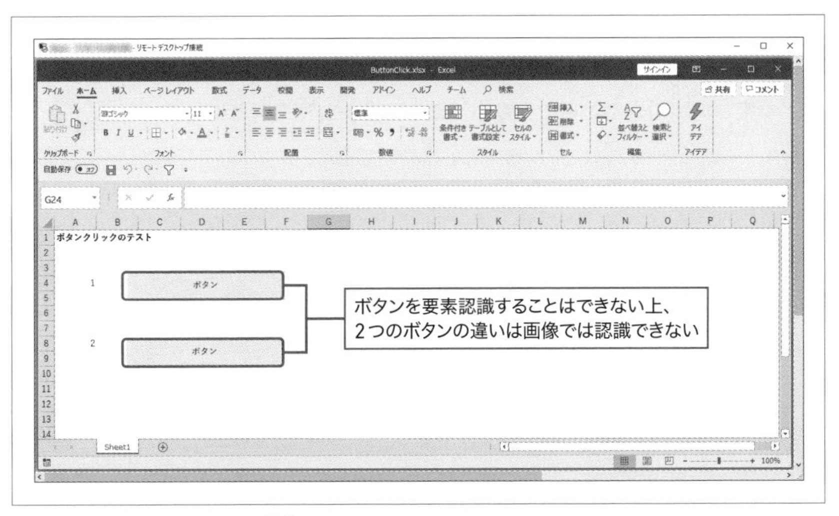

図3.25：リモート先のExcelを操作する※3

STEP1 一意に認識できる画像を選択する（この例では「1」を選択する）。

STEP2 ポップアップが表示されるので、[点を指定] をクリックし（図3.26❶）、本当にクリックしたい点をクリックする❷。

※3　当ファイルは本書のサンプルフォルダー「サンプルファイル」→「Chapter3」→「3.2」に「ButtonClick.xlsx」という名前で格納されています。

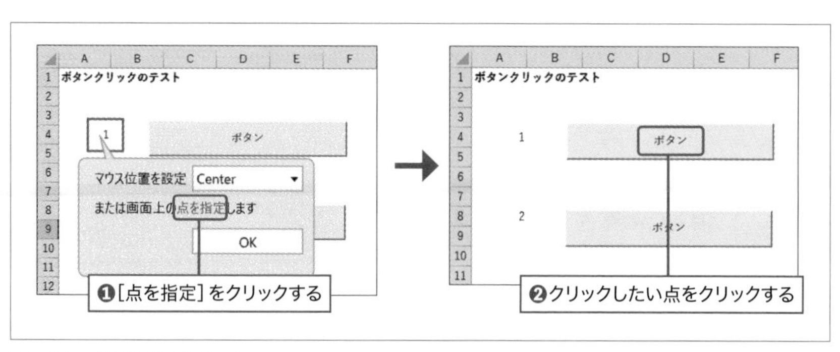

図3.26：相対位置でクリック

3.2.4 関連セクション

UI要素が認識できるときの自動化は次のセクションを参考にしてください。

➡3.1　デスクトップ作業を自動的に記録する

ファイル操作を極める

業務のオートメーションでよく行われる以下の4パターンのファイル操作について解説します。

1. 新規ファイルを作成する
2. ファイルを削除する
3. ファイルの存在チェックで処理を変える
4. フォルダー内のファイル一覧とその情報を取得する

最初に新規ファイルを作成する方法について解説します。

3.3.1 新規ファイルを作成する

以下の3種類のファイルを作成する方法を解説します。

1. Excelファイルを作成する
2. CSVファイルを作成する
3. テキストファイルを作成する

1 Excelファイルを作成する

新規のExcelファイルを作成するワークフローです。新規のExcelファイルを作成する際にシートに値を書き込みます（図3.27）。

完成図

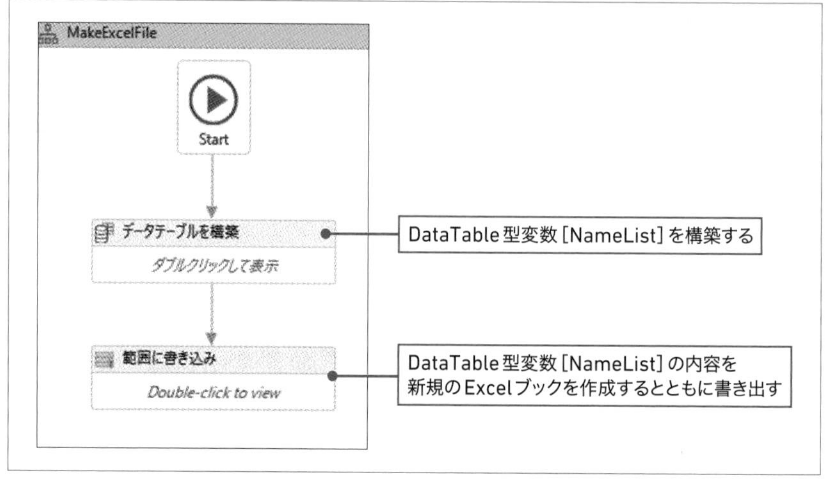

図3.27：完成図

作成手順

STEP1 UiPath Studioを起動し、新たにプロジェクトを作成する。

STEP2 [デザイン] リボンの [新規] → [フローチャート] をクリックし、新規のワークフローを作成する。名前を「MakeExcelFile」にする。

STEP3 フローチャート上に以下の2つのアクティビティを追加し、順番に流れ線で結ぶ

❶ [データテーブルを構築（Build Data Table)] アクティビティを追加する。

❷ [範囲に書き込み（Write Range)] アクティビティ（[アクティビティ] パネルの [使用可能] → [システム] → [ファイル] → [ワークブック]。もしない場合は、アクティビティを検索する）を追加する。

STEP4 [データテーブルを構築] をダブルクリックして展開する。

❶ [データテーブルを構築] をクリックする。

❷ [データテーブルを構築] 画面が表示されるので列を修正する。
[/] をクリックし、[列を編集] 画面を開いて項目名を記入する（図3.28❶）。列 [氏名] の [データ型] は [String] を選択する。列 [年齢] の [データ型] は [Int32] を選択する。

❸ [×] をクリックし最初から存在する行を削除する。
❹ 図3.28❶を参考にして行に値を入力する。
❺ 表が完成したら [OK] をクリックして、画面を閉じる❷。

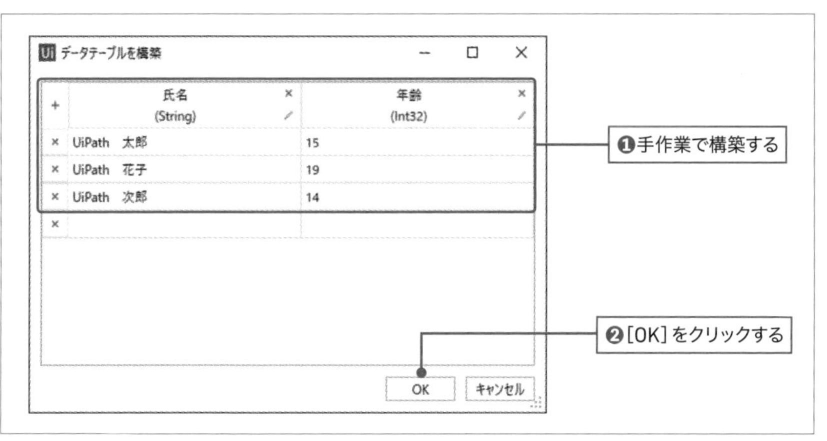

図3.28：データテーブルを構築

STEP5 [データテーブルを構築] のプロパティ [データテーブル] の入力ボックスにカーソルをあてた状態で [Ctrl] + [K] キーを押し、[変数を設定] に「NameList」と入力し、[Enter] キーを押す。

MEMO データテーブル(DataTable)とは?

データテーブル（DataTable）とは、行と列で構成される表形式のデータを扱うクラス（型、定義または設計書と説明されることが多い）のことです。
DataTableクラスが「型」であり、この型にデータを入れた「実体」が、図3.29のDataTable型変数 [NameList] となります。

	Item(0) or Item("氏名")	Item(1) or Item("年齢")
	氏名	年齢
Rows(0)	UiPath　太郎	15
Rows(1)	UiPath　花子	19
Rows(2)	UiPath　次郎	14

DataTable型変数[NameList]

図3.29：DataTableのイメージ

DataTable型変数［NameList］内のデータにアクセスするにはDataTableクラスのプロパティについて理解する必要があります。
DataTableクラスには、DataRowCollection型のRowsプロパティがあり、DataRowオブジェクトを参照できます（図3.30）。
DataRowオブジェクトは1行分のデータです。DataTable型変数［NameList］の最初の行は「NameList.Rows(0)」という表記でアクセスできます。

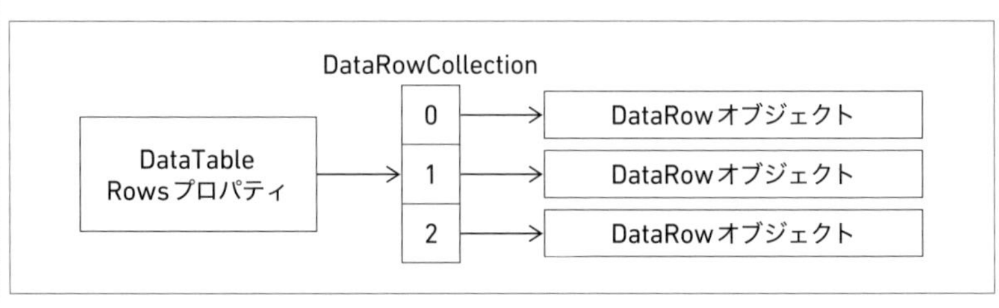

図3.30：DataTableクラスのRowsプロパティとDataRowオブジェクト

DataRowクラスには、Itemプロパティがあり、列のインデックス番号、または列の名前を用いて列データにアクセスできます。
DataTable型変数［NameList］の氏名列のデータ「UiPath　太郎」には、「NameList.Rows(0).Item(0)」または、「NameList.Rows(0).Item("氏名")」という表記で、アクセスすることができます。

STEP6 ［MakeExcelFile］フローチャートに戻り、［範囲に書き込み］をダブルクリックして展開する（図3.31）。

❶ プロパティ［ブックのパス］に「"氏名と年齢.xlsx"」と入力する。
❷ プロパティ［データテーブル］にDataTable型変数［NameList］を設定する。
❸ プロパティ［ヘッダーの追加］にチェックを付ける。

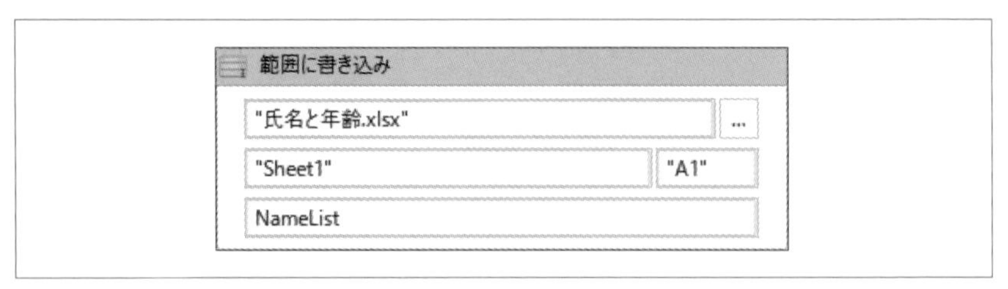

図3.31：［範囲に書き込み］の設定

実行する

［デザイン］リボンまたは［デバッグ］リボンの［ファイルを実行］をクリックして、ワークフローを実行してください。

プロジェクトフォルダー内に、「氏名と年齢.xlsx」が作成され、ファイル内にはDataTable型変数［NameList］のデータが書き出されています。

使用する変数

ワークフロー内で使用する変数は表3.2の通りです。

表3.2：使用する変数

名前	変数の型	スコープ	既定値
NameList	DataTable	MakeExcelFile	—

2 CSVファイルを作成する

完成図

新規のCSVファイルを作成するワークフローです。新規のCSVファイルを作成する際に値を書き込みます（図3.32）。

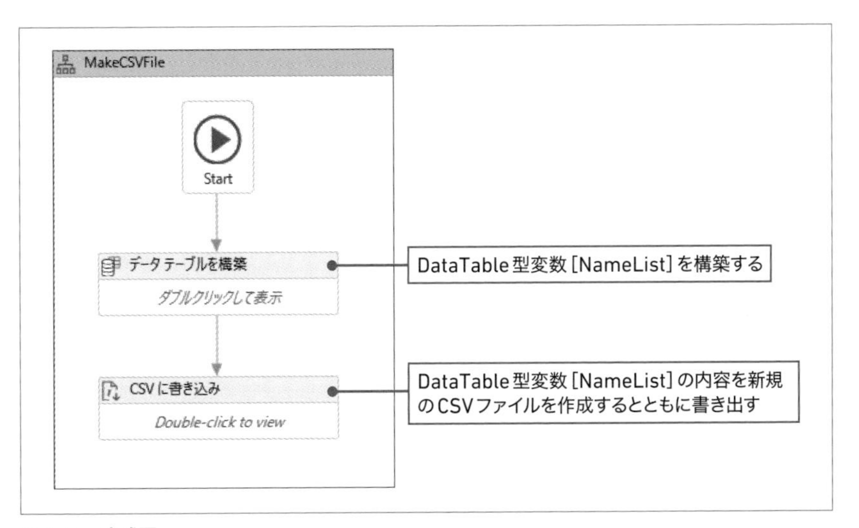

図3.32：完成図

作成手順

STEP1 「1 Excelファイルを作成する」で作成したプロジェクトを利用する。

STEP2 ［デザイン］リボンの［新規］→［フローチャート］をクリックし、新規のワークフローを作成する。名前を「MakeCSVFile」にする。

STEP3 フローチャート上に以下の2つのアクティビティを追加し、順番に流れ線で結ぶ。

❶［データテーブルを構築（Build Data Table)］アクティビティを追加する。
❷［CSVに書き込み（Write CSV)］アクティビティを追加する。

STEP4 ［データテーブルを構築］の「ダブルクリックして表示」をダブルクリックする。「1 Excelファイルを作成する」を参照して、データテーブルを構築する。

STEP5 ［データテーブルを構築］のプロパティ［データテーブル］の入力ボックスにカーソルをあてた状態で［Ctrl］＋［K］キーを押し、［変数を設定］に「NameList」と入力し、［Enter］キーを押す。

STEP6 ［MakeCSVFile］フローチャートに戻り、［CSVに書き込み］をダブルクリックして展開する（図3.33）。

❶ プロパティ［ファイルのパス］に「"氏名と年齢.csv"」と入力する。
❷ プロパティ［データテーブル］にDataTable型変数［NameList］を設定する。
❸ プロパティ［ヘッダーの追加］にチェックを付ける。

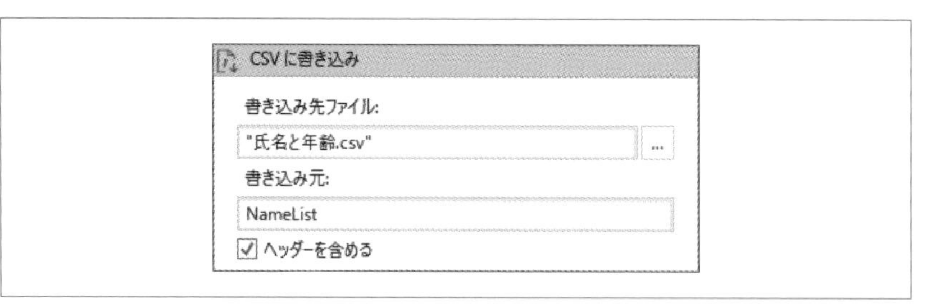

図3.33：［CSVに書き込み］の設定

実行する

［デザイン］リボンまたは［デバッグ］リボンの［ファイルを実行］をクリックして、ワークフローを実行してください。

プロジェクトフォルダー内に、「氏名と年齢.csv」が作成され、ファイル内にはDataTable型変数［NameList］のデータが書き出されています。

使用する変数

ワークフロー内で使用する変数は**表3.3**の通りです。

表3.3：使用する変数

名前	変数の型	スコープ	既定値
NameList	DataTable	MakeCSVFile	—

3 テキストファイルを作成する

新規のテキストファイルを作成するワークフローです。新規のテキストファイルを作成する際に値を書き込みます（**図3.34**）。

完成図

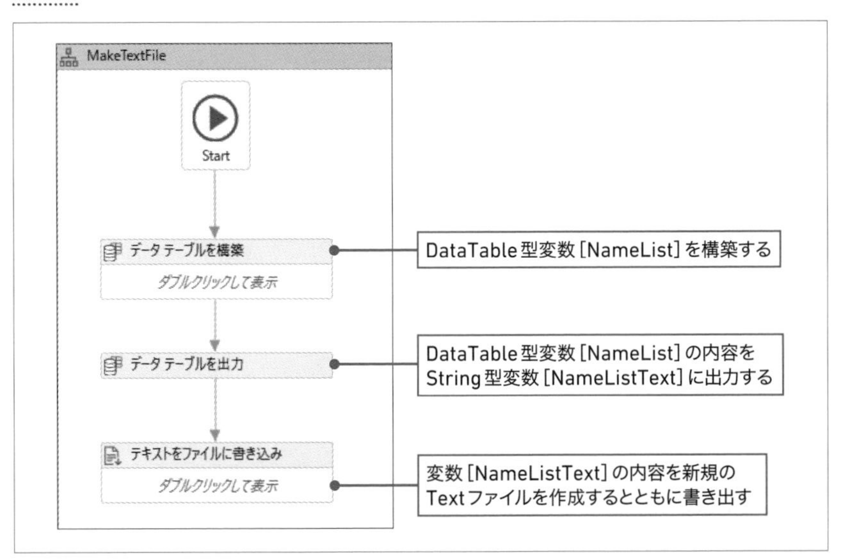

図3.34：完成図

作成手順

STEP1 「1 Excelファイルを作成する」で作成したプロジェクトを利用する。

STEP2 [デザイン] リボンの [新規] → [フローチャート] をクリックし、新規のワークフローを作成する。名前を「MakeTextFile」にする。

STEP3 フローチャート上に以下の3つのアクティビティを追加し、順番に流れ線で結ぶ。

❶ [データテーブルを構築 (Build Data Table)] アクティビティを追加する。
❷ [データテーブルを出力 (Output Data Table)] アクティビティを追加する。
❸ [テキストをファイルに書き込み (Write Text File)] アクティビティを追加する。

STEP4 [データテーブルを構築] の「ダブルクリックして表示」をダブルクリックする。「1 Excelファイルを作成する」を参照して、データテーブルを構築する。

STEP5 [データテーブルを構築] のプロパティ [データテーブル] の入力ボックスにカーソルをあてた状態で [Ctrl] + [K] キーを押し、[変数を設定] に「NameList」と入力し、[Enter] キーを押す。

STEP6 [データテーブルを出力] のプロパティ [データテーブル] にDataTable型変数 [NameList] を設定する。プロパティ [テキスト] の入力ボックスにカーソルをあてた状態で [Ctrl] + [K] キーを押し、[変数を設定] に「NameListText」と入力し、[Enter] キーを押す。

STEP7 [テキストをファイルに書き込み] の [ダブルクリックして表示] をダブルクリックし、プロパティ [ファイル名] に「"氏名と年齢.txt"」と入力する。プロパティ [テキスト] にString型変数 [NameListText] を設定する。

実行する

[デザイン] リボンまたは [デバッグ] リボンの [ファイルを実行] をクリックして、ワークフローを実行してください。プロジェクトフォルダー内に、「氏名と年齢.txt」が作成され、ファイル内にはDataTable型変数 [NameList] のデータが書き出されています。

使用する変数

ワークフロー内で使用する変数は**表3.4**の通りです。

表3.4：使用する変数

名前	変数の型	スコープ	既定値
NameList	DataTable	MakeTextFile	—
NameListText	String	MakeTextFile	—

3.3.2 ファイルを削除する

完成図

テキストファイルを削除するワークフローです（**図3.35**）。

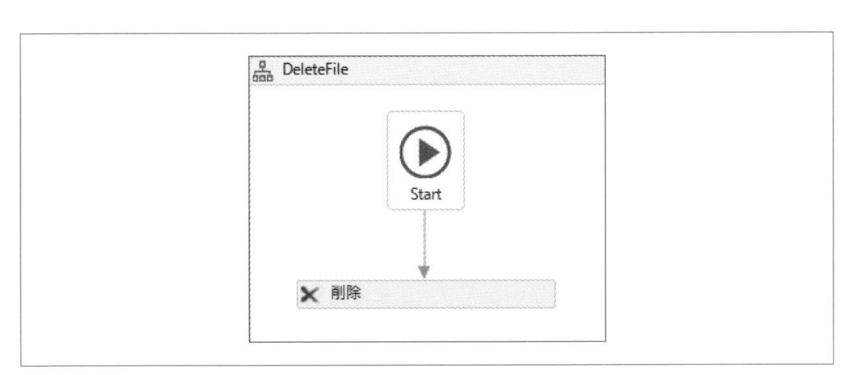

図3.35：完成図

作成手順

STEP1 「1 Excelファイルを作成する」で作成したプロジェクトを利用する。

STEP2 プロジェクトフォルダーの中で本書のサンプルフォルダー「サンプルファイル」→「Chapter3」→「3.3」→「3.3.2」に格納されている「Test.txt」をコピーする。

STEP3 ［デザイン］リボンの［新規］→［フローチャート］をクリックし、新規のワークフローを作成する。名前を「DeleteFile」にする。

STEP4 ［削除（Delete)］アクティビティを追加し、StartNodeに設定する。
STEP5 プロパティ［パス］に「"Test.txt"」と入力する。

実行する

［デザイン］リボンまたは［デバッグ］リボンの［ファイルを実行］をクリックして、ワークフローを実行してください。

ワークフローが成功すると、プロジェクトフォルダー内の「Test.txt」が削除されます。

3.3.3 ファイルの存在チェックで処理を変える

「%UserProfile%¥Documents」にテキストファイル「Test.txt」が存在するかどうかで処理を分岐するワークフローを作成します（OSはWindows 10を前提として解説しています)。

ファイルが存在するときはファイルを削除し、存在しないときにはファイルを作成するワークフローです。実行するたびに存在有メッセージと存在無メッセージが交互に表示されます。

このワークフローは以下のような処理で応用できます。

- ワークフローの実行に必ず必要なマスタファイルなどの存在をチェックして、存在していない場合は処理を中断する。
- ワークフローを実行するか否かをファイルの有無でコントロールする。

MEMO 「%UserProfile%¥Documents」とは

UserProfile（ユーザープロファイル）とは、Windowsのユーザーごとの設定情報や保存したファイルなどを1箇所にまとめたものです。UserProfileのパスは環境変数（OSの設定を保存した変数のこと）で設定されており、「%UserProfile%」という書式で参照することができます。Windows10の場合、「%UserProfile%」は「C:¥Users¥<ユーザー名>」です。
<ユーザー名>の部分はユーザーによって異なります。例えば、ユーザー名が「rpa」であった場合、「%UserProfile%¥Documents」は、「C:¥Users¥rpa¥Documents」となります。

完成図

「Test.txt」が存在するときは削除し、存在しないときには「Test.txt」を作成するワークフローです。実行するたびに存在有メッセージと存在無メッセージが交互に表示されます（図3.36）。

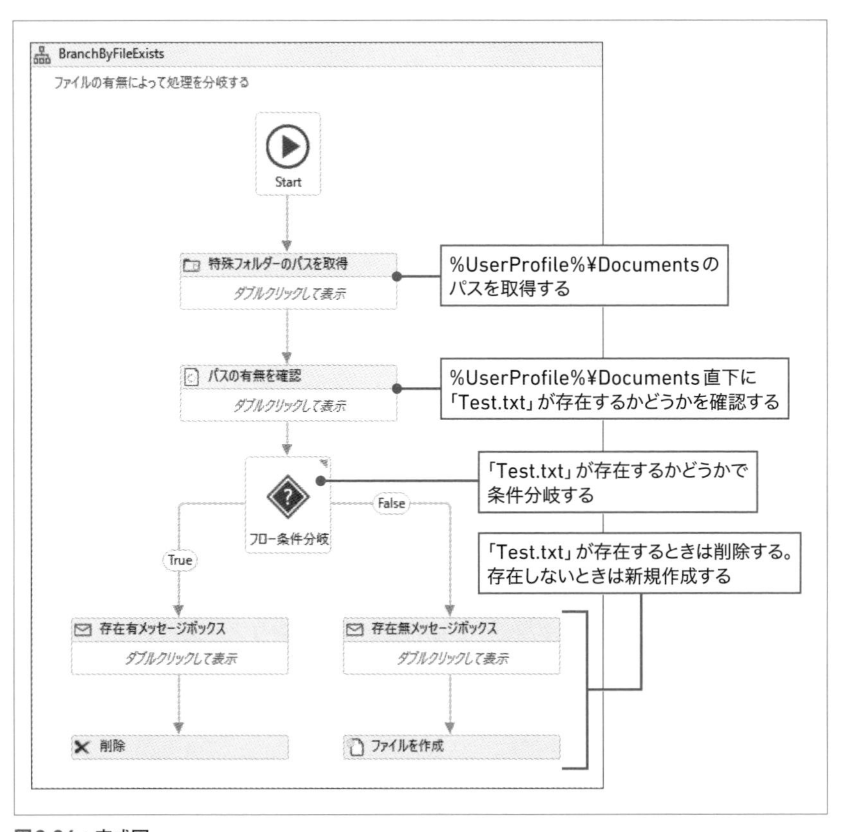

図3.36：完成図

作成手順

STEP1 「1 Excelファイルを作成する」で作成したプロジェクトを利用する。

STEP2 ［デザイン］リボンの［新規］→［フローチャート］をクリックし、新規のワークフローを作成する。名前を「BranchByFileExists」にする。［注釈］に「ファイルの有無によって処理を分岐する」と記入する。

STEP3 以下のアクティビティを追加する。

❶ [特殊フォルダーのパスを取得 (Get Environment Folder)] アクティビティを追加し、StartNodeに設定する。
❷ [パスの有無を確認 (Path Exists)] アクティビティを追加し、[特殊フォルダーのパスを取得] と流れ線でつなぐ。
❸ [フロー条件分岐 (Flow Decision)] アクティビティを追加し、[パスの有無を確認] と流れ線でつなぐ。
❹ [メッセージボックス (Message Box)] アクティビティを追加し、表示名を「存在有メッセージボックス」に変更する。[フロー条件分岐] の [True] の線とつなぐ。
❺ [メッセージボックス (Message Box)] アクティビティを追加し、表示名を「存在無メッセージボックス」に変更する。[フロー条件分岐] の [False] の線とつなぐ。
❻ [削除 (Delete)] アクティビティを追加し、[存在有メッセージボックス] と流れ線でつなぐ。
❼ [ファイルを作成 (Create File)] アクティビティを追加し [存在無メッセージボックス] と流れ線でつなぐ。

STEP4 **[特殊フォルダーのパスを取得] の [ダブルクリックして表示] をダブルクリックする。**

❶ プロパティ [特殊フォルダー] はドロップダウンリストで選択できるので、[MyDocuments] を選択する。
❷ プロパティ [フォルダーパス] の入力ボックスにカーソルをあてた状態で [Ctrl] + [K] キーを押し、[変数を設定] に「DocumentPath」と入力し、[Enter] キーを押す。変数 [DocumentPath] には、「%UserProfile%¥Documents」のパスが格納される。

STEP5 **[変数] パネルで変数 [TextFileName] を作成する。変数の型は [String] にする。既定値に「"Test.txt"」と入力する。**

STEP6 **[パスの有無を確認] の [ダブルクリックして表示] をダブルクリックする。**

❶ プロパティ [パス] に「System.IO.Path.Combine(DocumentPath,TextFileName)」と入力する。

❷ プロパティ［要素の有無］の入力ボックスにカーソルをあてた状態で［Ctrl］＋［K］キーを押し、［変数を設定］に「IsExistTestFile」と入力し、［Enter］キーを押す。

MEMO　System.IO.Path.Combineとは

複数の文字列を１つのパスに結合する.NETのメソッドです。

STEP7 ［フロー条件分岐］のプロパティ［条件］にBoolean型変数［IsExistTestFile］を設定する。

STEP8 ［存在有メッセージボックス］のプロパティ［テキスト］に「TextFileName + "は存在します"」と入力する。

STEP9 ［存在無メッセージボックス］のプロパティ［テキスト］に「TextFileName + "は存在しません"」と入力する。

STEP10 ［削除］のプロパティ［パス］に「System.IO.Path.Combine(DocumentPath,TextFileName)」と入力する。

STEP11 ［ファイルを作成］のプロパティ［パス］にString型変数［DocumentPath］を設定する。プロパティ［名前］にString型変数［TextFileName］を設定する。

実行する

［デザイン］リボンまたは［デバッグ］リボンの［ファイルを実行］をクリックして、ワークフローを実行してください。

実行するたびに存在有メッセージと存在無メッセージが交互に表示されます。

使用する変数

ワークフロー内で使用する変数は**表3.5**の通りです。

表3.5：使用する変数

名前	変数の型	スコープ	既定値
DocumentPath	String	BranchByFileExists	—
IsExistTestFile	Boolean	BranchByFileExists	—
TextFileName	String	BranchByFileExists	"Test.txt"

3.3.4 フォルダー内のファイル一覧とその情報を取得する

「%UserProfile%¥Documents」※4内のファイルの一覧とファイルの最終更新日を［出力］パネルに出力するワークフローを作成します（図3.37）。

完成図

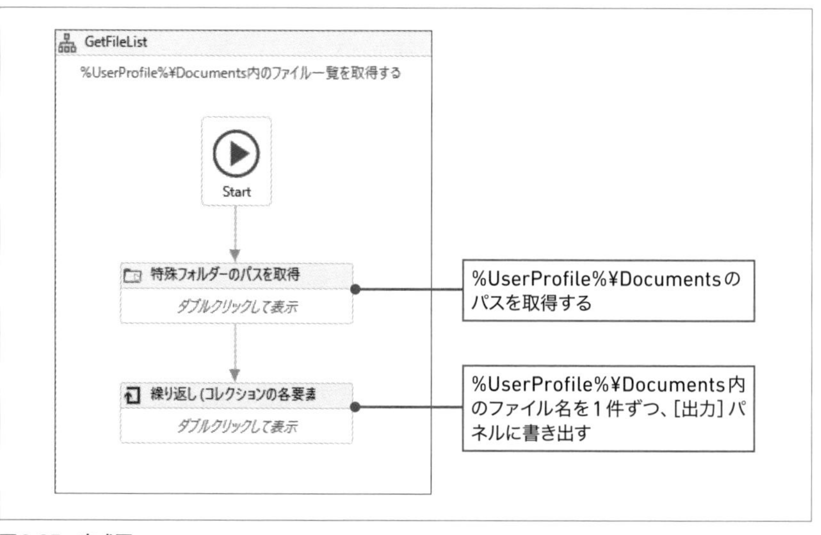

図3.37：完成図

作成手順

STEP1 「1 Excelファイルを作成する」で作成したプロジェクトを利用する。

STEP2 ［デザイン］リボンの［新規］→［フローチャート］をクリックし、新規のワークフローを作成する。名前を「GetFileList」にする。［注釈］に「%UserProfile%¥Documents内のファイル一覧を取得する」と記入する。

STEP3 ［特殊フォルダーのパスを取得 (Get Environment Folder)］アクティビティを追加する。

※4 「%UserProfile%¥Documents」については、「3.3.3 ファイルの存在チェックで処理を変える」を参照してください。

❶ [Start] と流れ線で結ぶ。
❷ [特殊フォルダーのパスを取得] をダブルクリックして展開する。
❸ プロパティ[特殊フォルダー] のドロップダウンリストで、[MyDocuments] を選択する。
❹ プロパティ [フォルダーパス] の入力ボックスにカーソルをあてた状態で [Ctrl] + [K] キーを押し、[変数を設定] に「DocumentPath」と入力し、[Enter] キーを押す。

STEP4 [GetFileList] フローチャートに戻り [繰り返し (コレクションの各要素) (For Each)] アクティビティを追加する。

❶ [特殊フォルダーのパスを取得] と流れ線で結ぶ。
❷ [繰り返し (コレクションの各要素)] をダブルクリックして展開する。
❸ [繰り返し (コレクションの各要素)] のプロパティ [値] に「System.IO.Directory.GetFiles(DocumentPath)」と入力する。プロパティ [Type Argument] を [String] とする。[要素] はデフォルトの「item」のままとする。

STEP5 [繰り返し (コレクションの各要素)] の [本体] に [1 行を書き込み (Write Line)] アクティビティを追加し、プロパティ [テキスト] に「item + ":" + System.IO.Directory.GetLastWriteTime(item).ToString」と記述する。

実行する

[デザイン] リボンまたは [デバッグ] リボンの [ファイルを実行] をクリックして、ワークフローを実行してください。

[出力] パネルに「%UserProfile%¥Documents」内のファイルの名称と最終更新日が書き出されます。

HINT　System.IO.Directoryについて

Directoryクラスには［GetFiles］メソッドや［GetLastWriteTime］メソッドの他にも、パスが存在しているかを確認する［Exists］メソッドや指定したフォルダー以下にあるフォルダーとファイルの両方を取得できる［GetFileSystemEntries］メソッドなど数多くのメソッドが用意されています。「.NET System.IO.Directory」で検索するとMicrosoftのヘルプが見つかります。

使用する変数

ワークフロー内で使用する変数は**表3.6**の通りです。

表3.6：使用する変数

名前	変数の型	スコープ	既定値
DocumentPath	String	GetFileList	—

3.3.5　正常処理のときだけファイルを移動する

あるフォルダー内のファイルをある条件により判定して、別フォルダーに移動させるワークフローを作ってみましょう。

このワークフローは以下のような処理で応用できます。

フォルダー内に保存してある予算ファイルをすべてExcelの一覧表に転記する

- 正常に転記できたファイルは「Completed」フォルダーに移動する
- 異常があったファイルは「Work」フォルダーに残ったままとする

これにより、処理終了後に異常があったファイルの調査が簡単になります。すべてのファイルが「Completed」フォルダーに移動するまで、ファイルを正しく修正していき、ワークフローを実行します。

完成図

「Work」フォルダー内にあるファイルの件数分ループします。「test1.xlsx」のみを「Completed」フォルダーに移動します（**図3.38**）。

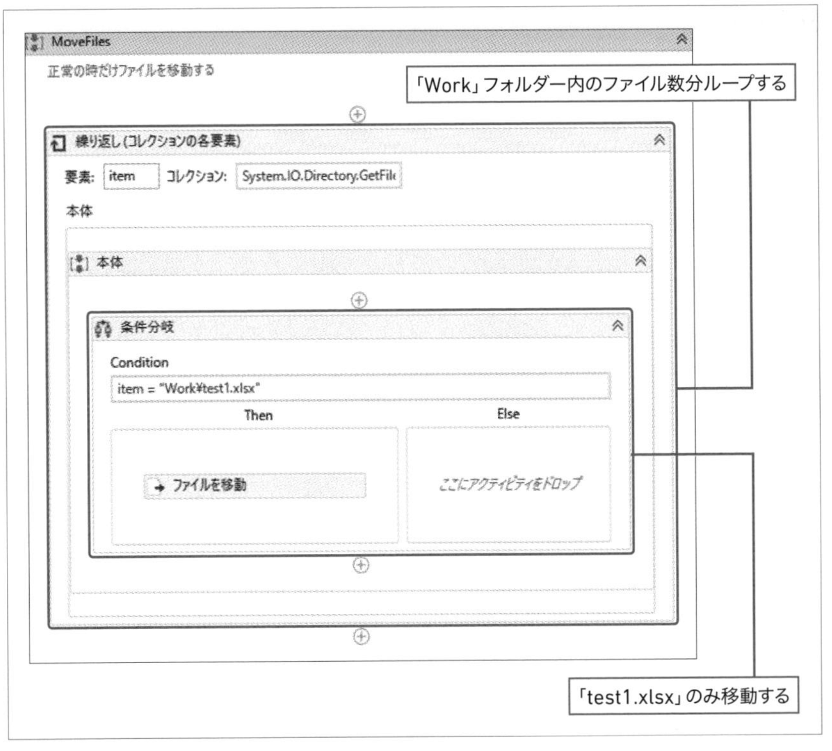

図3.38：完成図

作成準備

STEP1 「**1** Excelファイルを作成する」で作成したプロジェクトを利用する。

STEP2 ［デザイン］リボンの［新規］→［シーケンス］をクリックし、新規のワークフローを作成する。名前を「MoveFiles」にする。注釈に「正常のときだけファイルを移動する」と記入する。

STEP3 作成したプロジェクトフォルダーの中に、本書のサンプルフォルダー「サンプルファイル」→「Chapter3」→「3.3」→「3.3.5」に格納されているフォルダーとファイルをコピーする（「Work」と「Completed」というフォルダーがあり、「Work」フォルダー直下に3つのExcelファイル「test1.xlsx」「test2.xlsx」「test3.xlsx」がある）。

作成手順

STEP1 [MoveFiles] シーケンスに [繰り返し (コレクションの各要素) (For Each)] アクティビティを追加する。

❶ [繰り返し (コレクションの各要素)] のプロパティ [値] に「System.IO.Directory.GetFiles("Work")」と入力する。
❷ プロパティ [TypeArgument] を [String] とする。[要素] はデフォルトの「item」のままとする。

STEP2 [繰り返し (コレクションの各要素)] の [本体] アクティビティに [条件分岐 (If)] アクティビティを追加する。

❶ [条件分岐] のプロパティ [条件] に「item = "Work¥test1.xlsx"」と入力する。
❷ [条件分岐] の [Then] ボックスに [ファイルを移動(Move File)] アクティビティを追加する。
❸ [ファイルを移動] のプロパティ [パス] に「item」と入力する。
❹ プロパティ [保存先] に「"Completed"」と入力する。

実行する

[デザイン] リボンまたは [デバッグ] リボンの [ファイルを実行] をクリックして、ワークフローを実行してください。

「test1.xlsx」だけ「Completed」フォルダーに移動され、残りのファイルは「Work」フォルダーに残ります。

3.3.6 関連セクション

DataTableについては以下のセクションでも使用していますので、参照してください。

➡4.3　Web画面上の表のデータを読み取って出力する
➡Chapter5のすべてのセクション

日付時間の操作を極める

3.4.1 現在時刻を表示する

現在時刻を取得してメッセージボックスに表示するワークフローを解説します（図3.39）。

完成図

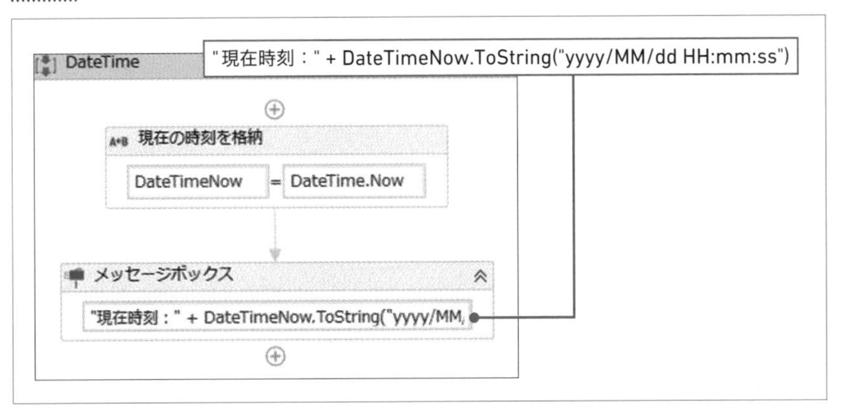

図3.39：完成図

作成手順

STEP1 UiPath Studioを起動し、新たにプロジェクトを作成する。

STEP2 Main.xamlを開き、[シーケンス（Sequence）] アクティビティを追加し、表示名を「DateTime」に変更する。

STEP3 [DateTime] シーケンスを選択した状態で、[変数] パネルを表示する。

❶ 「変数を作成」をクリックし、名前に「DateTimeNow」と入力する。

❷ [変数の型] のドロップダウンリストより、[型の参照] をクリックし、[参照して.Netの種類を選択] 画面を表示する。[型の名前] に「system.datetime」と入力し（図3.40❶）、[DateTime] を選択後❷、[OK] をクリックする❸。

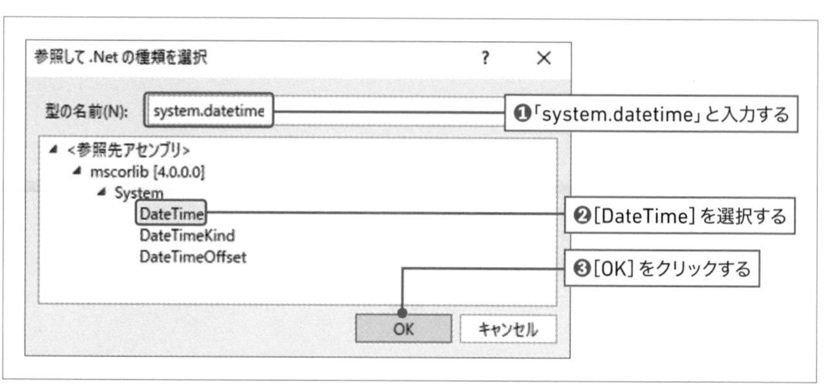

図3.40：[参照して.Netの種類を選択]画面

STEP4 [代入（Assign)] アクティビティを追加し、表示名を「現在の時刻を格納」に変更する。

❶ プロパティ［左辺値（To)］にDateTime型変数［DateTimeNow］を設定する。

❷ プロパティ［右辺値（Value)］に「DateTime.Now」と入力する。

STEP5 [メッセージボックス（Message Box)] アクティビティを追加する。

❶ プロパティ［テキスト］に「"現在時刻：" + DateTimeNow.ToString("yyyy/MM/dd HH:mm:ss")」と入力する。

❷ プロパティ［キャプション］に「"日付操作"」と入力する。

実行する

ワークフローを実行すると、メッセージボックスが表示されます。
本日の日付と現在の時刻が表示されていることが確認できます。

3.4.2 その他の日付を表示する

［代入（Assign)］アクティビティの右辺値を変更することで、様々な日付、時刻を表示することができます（表3.7）。

表3.7：様々な日付、時刻を表示できる［代入（Assign）］アクティビティの右辺値

日時	［代入（Assign）］アクティビティの右辺値
現在の時刻	DateTimeNow= DateTime.Now
昨日	Yesterday = DateTimeNow.AddDays(-1)
当月月初	FOMonth =DateTime.Parse(DateTimeNow.ToString("yyyy/MM/01"))
前月月初	FOLastMonth = DateTime.Parse(DateTimeNow.AddMonths(-1).➡ ToString("yyyy/MM/01"))
来月月初	FONextMonth = DateTime.Parse(DateTimeNow.AddMonths(1).➡ ToString("yyyy/MM/01"))
今月末日	EOMonth = FONextMonth.AddDays(-1)
今月末日 （その2）	EODate = DateTime.DaysInMonth(DateTimeNow.Year, ➡ DateTimeNow.Month) EOMonth2 = New DateTime(DateTimeNow.Year, ➡ DateTimeNow.Month, EODate)

3.4.3 タイムスパンの減算

タイムスパンの減算のサンプルを作成します（図3.41）。

完成図

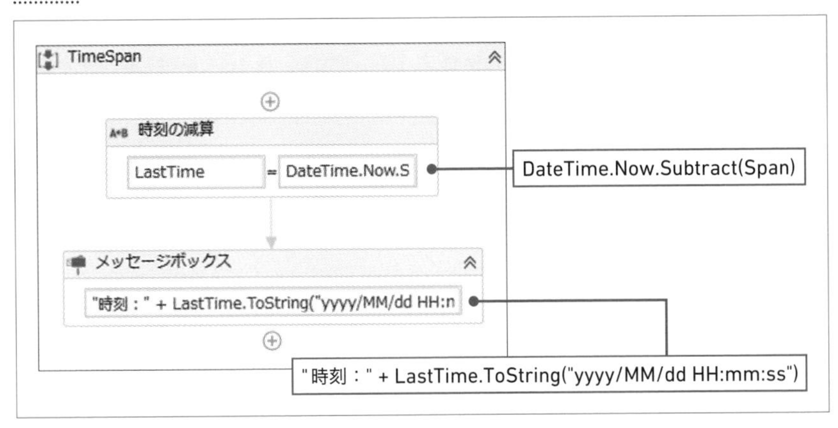

図3.41：完成図

作成手順

STEP1 **新規シーケンスワークフローを作成し、表示名を「TimeSpan」に変更する。**

STEP2 **[TimeSpan] シーケンスを選択した状態で、[変数] パネルを表示する。**

❶ 「変数を作成」をクリックし、名前に「Span」と入力する。
❷ [変数の型] のドロップダウンリストより、[型の参照] をクリックし、[参照して.Netの種類を選択] 画面を表示する。[型の名前] に「system.timespan」と入力し、「TimeSpan」を選択後、[OK] をクリックする。
❸ TimeSpan型変数 [Span] の既定値を「01:00:00」とする。これは1時間を表す。

STEP3 **[TimeSpan] シーケンスを選択した状態で、[変数] パネルを表示する。**

❶ 「変数を作成」をクリックし、名前に「LastTime」と入力する。
❷ [変数の型] のドロップダウンリストより、[System.DateTime] を選択する（「3.4.1　現在時刻を表示する」の手順を実施していることが前提です）。

STEP4 **[代入 (Assign)] アクティビティを追加し、表示名を「時刻の減算」に変更する。**

❶ プロパティ [左辺値 (To)] にDateTime型変数 [LastTime] を設定する。
❷ プロパティ [右辺値 (Value)] に「DateTime.Now.Subtract(Span)」と入力する。

STEP5 **[メッセージボックス (Message Box)] アクティビティを追加する。**

❶ プロパティ [テキスト] に以下の文字列を入力する。「" 時刻 : " + LastTime.ToString("yyyy/MM/dd HH:mm:ss")」
❷ プロパティ [キャプション] に「"日付操作"」と入力する。

実行する

［デザイン］リボンまたは［デバッグ］リボンの［ファイルを実行］をクリックして、ワークフローを実行してください。現在時刻より1時間前の時刻がメッセージボックスに表示されます。

HINT タイムスパンを加算するには

「Subtract」はタイムスパンを減算するメソッドです。逆にタイムスパンを加算するメソッドは「Add」です。

3.4.4 曜日の表示

曜日も複数の形式で取得することができます。メッセージボックスやログに書き込む際に文字列として組み込んで使用します。実行日の曜日を複数の形式で表示する方法を掲載します（**表3.8**）。

表3.8：実行日の曜日を表示する式

式	表示される文字列の例
DateTime.Now.ToString("ddd")	Tue
DateTime.Now.ToString("dddd")	Tuesday
DateTime.Now.ToString("dddd",New Globalization.➡CultureInfo("ja-JP"))	火曜日

3.4.5 使用する変数

ワークフロー内で使用する変数は**表3.9**、**表3.10**の通りです。

表3.9：Main.xaml

名前	変数の型	スコープ	既定値
DateTimeNow	DateTime	DateTime	—
Yesterday	DateTime	DateTime	—
FOMonth	DateTime	DateTime	—
FOLastMonth	DateTime	DateTime	—
FONextMonth	DateTime	DateTime	—
EOMonth	DateTime	DateTime	—
EODate	DateTime	Int32	—
EOMonth2	DateTime	DateTime	—

表3.10：TimeSpan.xaml

名前	変数の型	スコープ	既定値
Span	TimeSpan	TimeSpan	—
LastTime	DateTime	TimeSpan	—

3.4.6 関連セクション

DateTime型変数を利用した実践的なワークフローは、以下のセクションが参考になります。

➡4.2　選択するカレンダーの日付を動的に変更する

不定期に出現する現象に対応する

本セクションでは、[リトライスコープ（Retry Scope)] アクティビティを使用しますので、リトライについて詳しくない読者は「9.1　失敗する可能性のある処理をリトライ実行する」のワークフローを先に作成してください。

3.5.1 不定期に出現する現象には[並列(Pararell)]アクティビティを使う

予期できないタイミングで出現する現象に対応するには、[並列（Pararell)] アクティビティを使用するとよいです。

MEMO 不定期に出現する現象の例

- アプリケーションのバージョンアップ。更新確認ウィンドウがポップアップする。
- アプリケーションの操作中、アラート画面がたまに出る。

条件分岐のアクティビティを用いる方法もあります。この場合のロジックは以下の手順になります。

① 不定期に出現する画面の存在有無を確認する
② 画面の存在有無によってシナリオを分岐させる

出現を一定秒数待って判断するため、オートメーションが遅くなります。また、使用するアクティビティの数も多くなり、可読性も下がります。

3.5.2 アプリケーションのバージョンアップに対応する

業務で使用する基幹システムなどのアプリケーションの起動時にバージョンアップが検知されると、バージョンアップ確認画面が表示されるケースに対応するワークフローを作成します。

フロー図は図3.42のようになります。

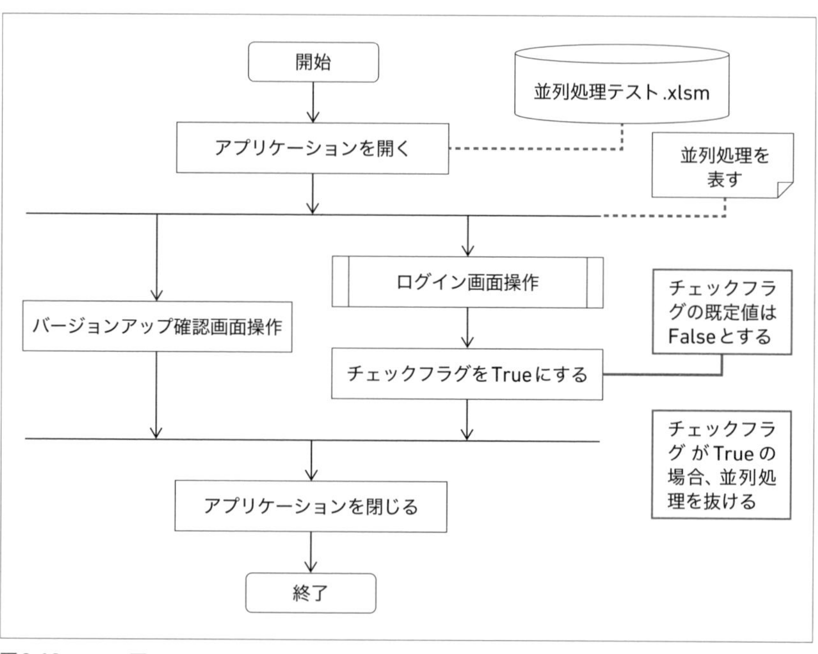

図3.42：フロー図

バージョンアップ確認画面操作とログイン画面操作が並列で実行されます。アプリケーションのバージョンアップ確認画面が出現するとバージョンアップ確認画面操作が実行され、その後、ログイン画面操作が完了するとチェックフラグがTrueになり、並列処理を抜けます。

アプリケーションのバージョンアップ確認画面が出現しなくても、ログイン画面操作が行われ並列処理を抜けます。最後にアプリケーションを閉じて終了します。ワークフローの完成図は図3.43です。

完成図

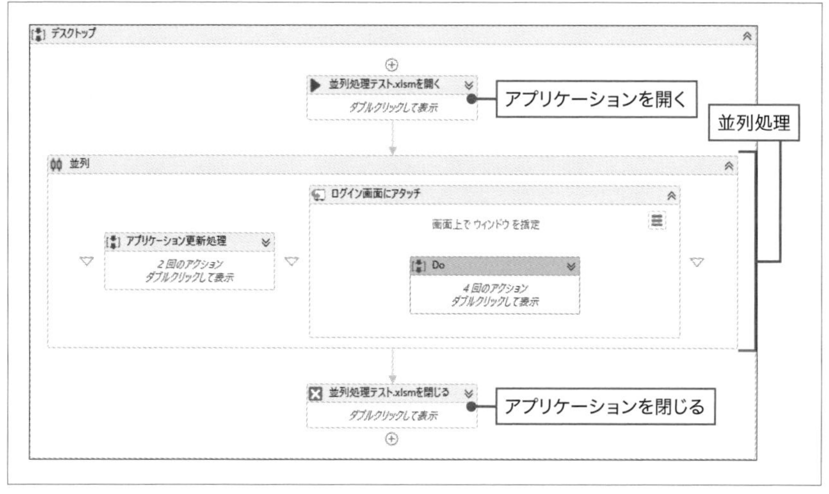

図3.43：完成図

作成手順

STEP1 UiPath Studioを起動し、新たにプロジェクトを作成する。

STEP2 作成したプロジェクトフォルダーの直下の本書のサンプルフォルダー「サンプルファイル」→「Chapter3」→「3.5」に格納されている「並列処理テスト.xlsm」をコピーする。

STEP3 「並列処理テスト.xlsm」を手動で起動する。

❶ [保護ビュー] が表示された場合は、[編集を有効にする] をクリックする。セキュリティの警告で「マクロが無効にされました。」と表示された場合は、[コンテンツの有効化] をクリックする。

❷ 起動すると同時に [ログイン] 画面が表示されるので、[キャンセル] をクリックする。

❸ [ログイン] 画面が表示されずに、[利用可能な更新があります] 画面が表示された場合は [スキップ] をクリックし、[ログイン] 画面の [キャンセル] をクリックする。

作成手順

STEP1 Main.xamlを開く。

STEP2 UiPath Studioの［デザイン］リボンの［レコーディング］から［デスクトップ］をクリックし、デスクトップレコーディングツールバーを表示する。

❶［アプリを開始］をクリックし、選択モードになったら、「並列処理テスト.xlsm」をクリックする。

❷［アプリケーションのパス］が自動で取得されるので、［OK］をクリックする（図3.44）。

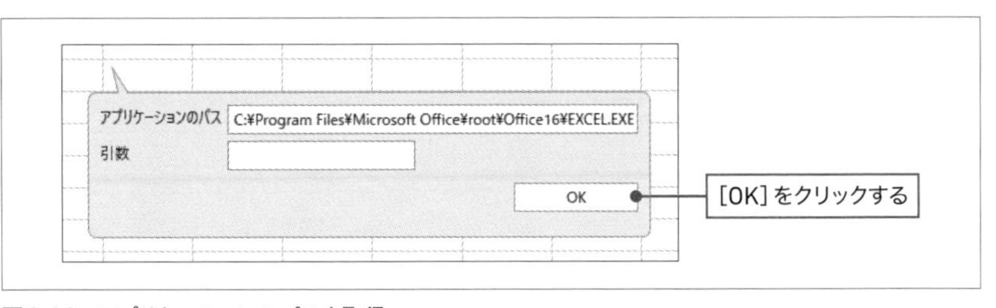

図3.44：アプリケーションのパスを取得

STEP3 デスクトップレコーディングツールバーに戻るので、［保存＆終了］をクリックし、操作を保存する。

STEP4 ［デスクトップ］シーケンスの中に、［アプリケーションを開く（Open Application)］アクティビティが自動で追加されているので、［アプリケーションを開く］を選択する。

❶ 表示名を「並列処理テスト.xlsmを開く」に変更する。

❷ プロパティ［引数］に「"並列処理テスト.xlsm"」と入力する。

STEP5 「並列処理テスト.xlsm」を閉じた後、［デザイン］リボンまたは［デバッグ］リボンの［ファイルをデバッグ］→［実行］をクリックして、ワークフローを実行する。

❶「並列処理テスト.xlsm」が起動するが、［保護ビュー］が表示され、［編集を有効にする］のクリックを求められる。

❷ [並列テスト.xlsmを開く] の [Do] の中に [クリック (Click)] アクティビティを追加する。

❸ [ウィンドウ内で要素を指定] をクリックし、「並列処理テスト.xlsm」の [編集を有効にする] を指定する (図3.45)。

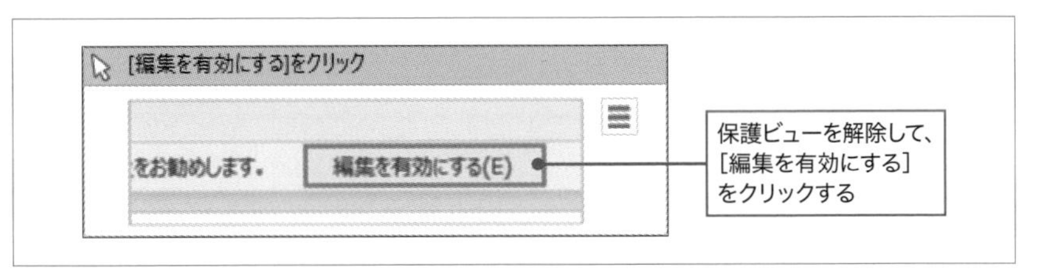

図3.45：[編集を有効にする] をクリック

❹ [クリック] アクティビティの表示名を「[編集を有効にする] をクリック」に変更する。

[編集を有効にする] のクリックを求められない環境にするために以下のプロパティを設定します。

❺ プロパティ [エラー発生時に実行を継続] に「True」と入力する。

❻ プロパティ [タイムアウト] に「3000」と入力する。

STEP6 [保護ビュー] が表示されたときは、Excelのタイトルが変わるため [並列処理テスト.xlsmを開く] のセレクターエディターを表示し、セレクターを「<wnd app='excel.exe' cls='XLMAIN' title='並列処理テスト.xlsm*' />」に変更する (図3.46)。(セレクターについては、「3.1.5 セレクターとは」を参照してください)。

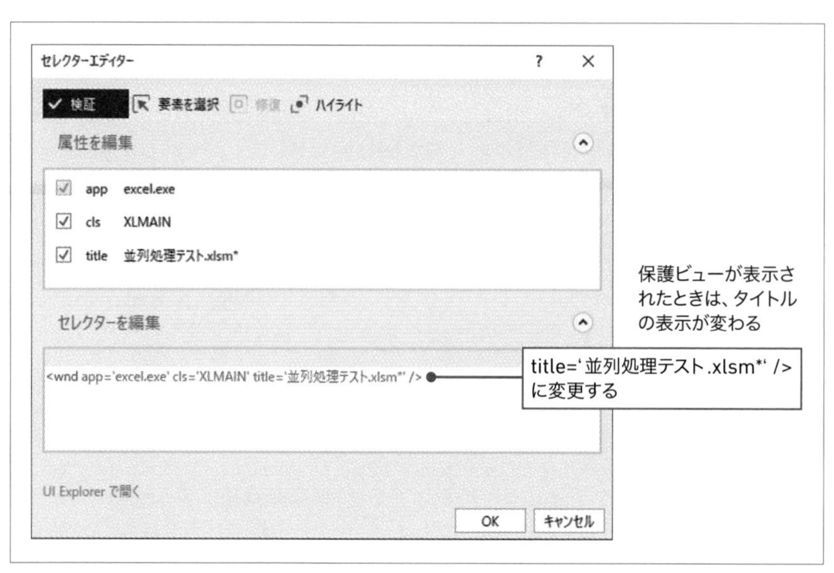

図3.46：[並列処理テスト.xlsmを開く]のセレクターを変更する

STEP7 [並列処理テスト.xlsmを開く] の後に、[並列 (Parallel)] アクティビティを追加する。

❶ プロパティ [条件] の入力ボックスにカーソルをあてた状態で [Ctrl] + [K] キーを押し、[変数を設定] に「CheckFlg」と入力し、[Enter] キーを押す。

❷ プロパティ [条件] に「CheckFlg」と入力された状態になるので、続けて「CheckFlg=True」となるように入力する。「CheckFlg=True」が [並列] を抜ける条件となる（図3.47）。

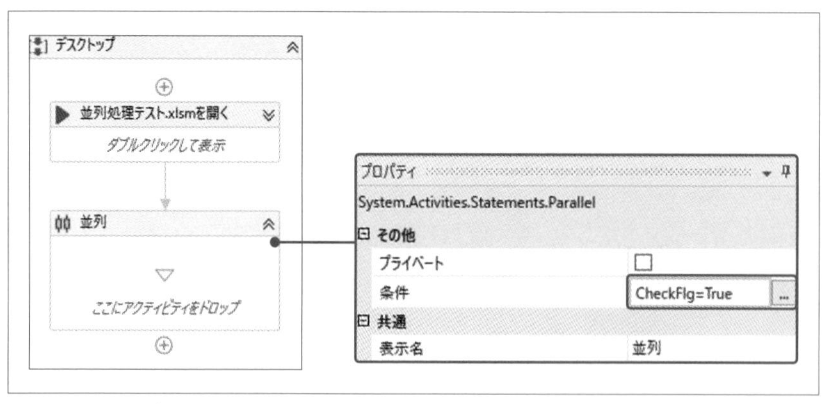

図3.47：並列のプロパティ

❸ ［変数］パネルを開き、［CheckFlg］のスコープを［デスクトップ］に変更し、既定値に「False」と入力する。

ここまで手順通りに操作していると、「並列処理テスト.xlsm」がデスクトップ上で開いた状態になっています。「並列処理テスト.xlsm」の［編集を有効にする］をクリックして、［ログイン］画面を表示してください（［ログイン］画面が表示されずに、［利用可能な更新があります］画面が表示された場合は［スキップ］をクリックしてください）。

STEP8 **図3.48❶❷❸を参考にログイン操作をデスクトップレコーディングする（デスクトップレコーディングについては、「3.1　デスクトップ作業を自動的に記録する」を参照してください）。**

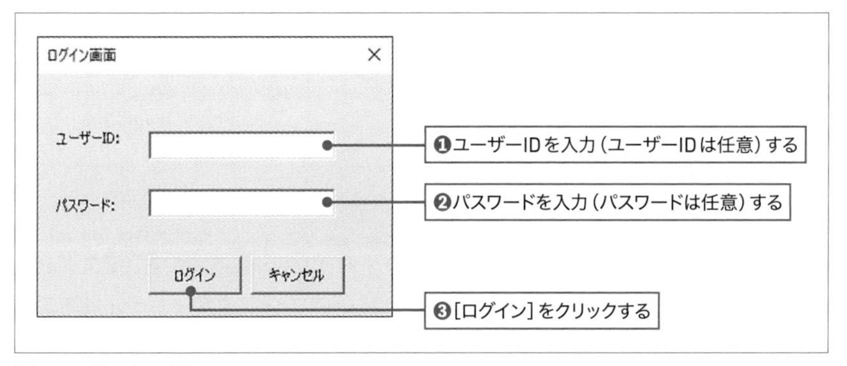

図3.48：［ログイン］画面

STEP9 **図3.49を参考にして、デスクトップレコーディングで生成されたアクティビティの表示名を変更する。**

STEP10 **［［ログイン］をクリック］の後に、［代入(Assign)］アクティビティを追加する（図3.49）。**

❶ プロパティ［左辺値(To)］にBoolean型変数［CheckFlg］を設定する。
❷ プロパティ［右辺値(Value)］に「True」と入力する。

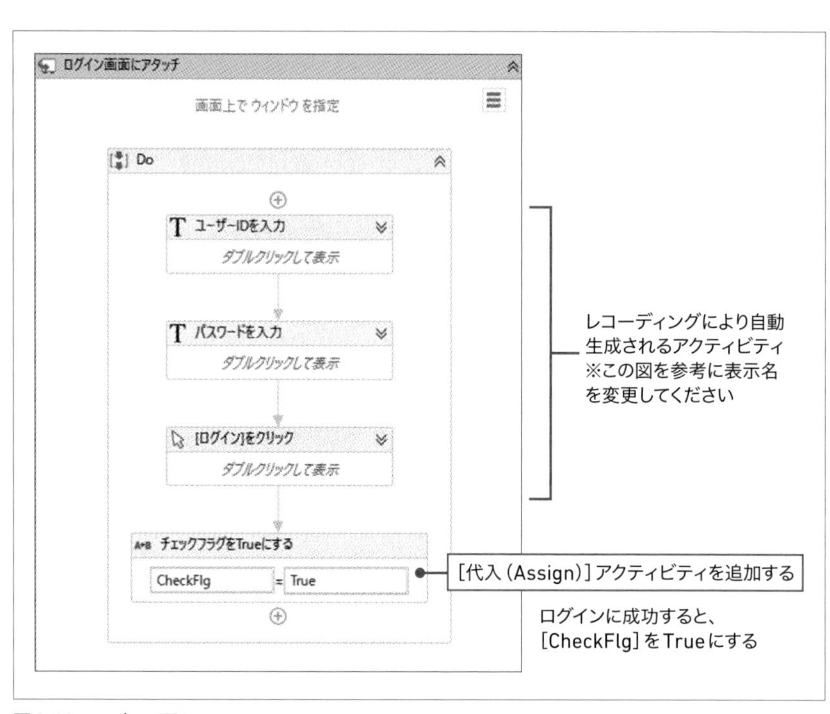

図3.49：ログイン画面のワークフロー

STEP11 作成した［ログイン画面にアタッチ］を［並列］に追加する（デスクトップレコーディングで自動生成されたシーケンスアクティビティ［デスクトップ］は削除する）。

次に、アプリケーション更新処理のレコーディングを行います。アプリケーション更新処理もデスクトップレコーディングを利用します。［利用可能な更新があります］画面が表示されるまで、「並列処理テスト.xlsm」の［ログイン画面表示］をクリックしてください。デスクトップレコーディングの手順を説明します。

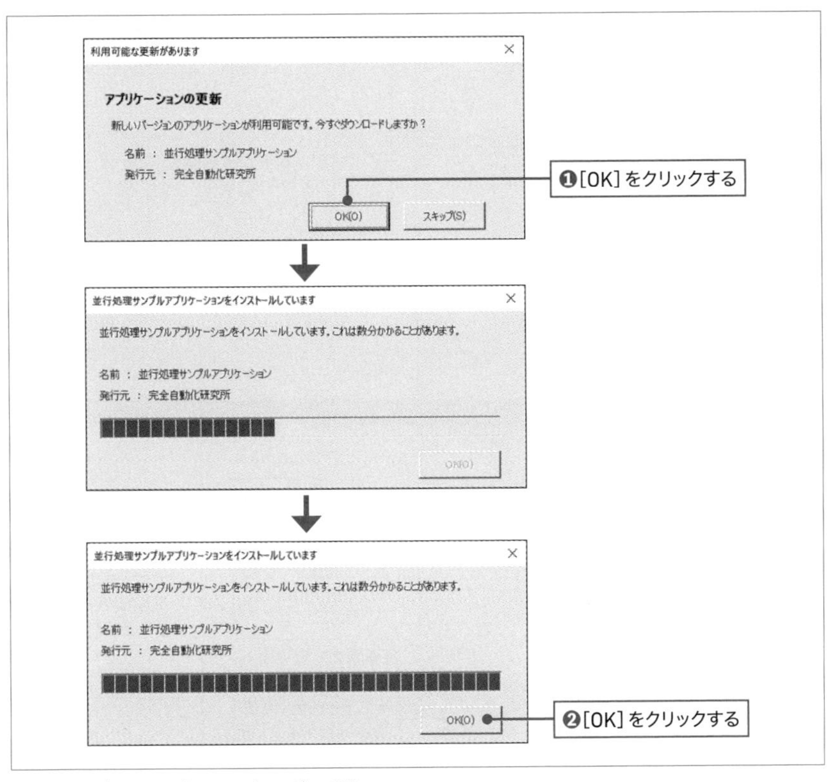

図3.50：デスクトップレコーディングの手順

［利用可能な更新があります］画面の［OK］をクリックします（図3.50❶）。［並行処理サンプルアプリケーションをインストールしています］画面は、ステータスバーの更新が終わったら［OK］をクリックします❷。

デスクトップレコーディングはここで終了です。［Esc］キーを押し、［保存＆終了］をクリックします。「並列処理テスト.xlsm」の［ログイン］画面は［キャンセル］をクリックして閉じます。

ステータスバーの更新が終わるまで［OK］がクリックできない仕様を利用して、ログイン画面が表示されるまで、リトライします（リトライについては、「9.1　失敗する可能性のある処理をリトライ実行する」を参考にしてください）。図3.51のワークフローを完成させます。

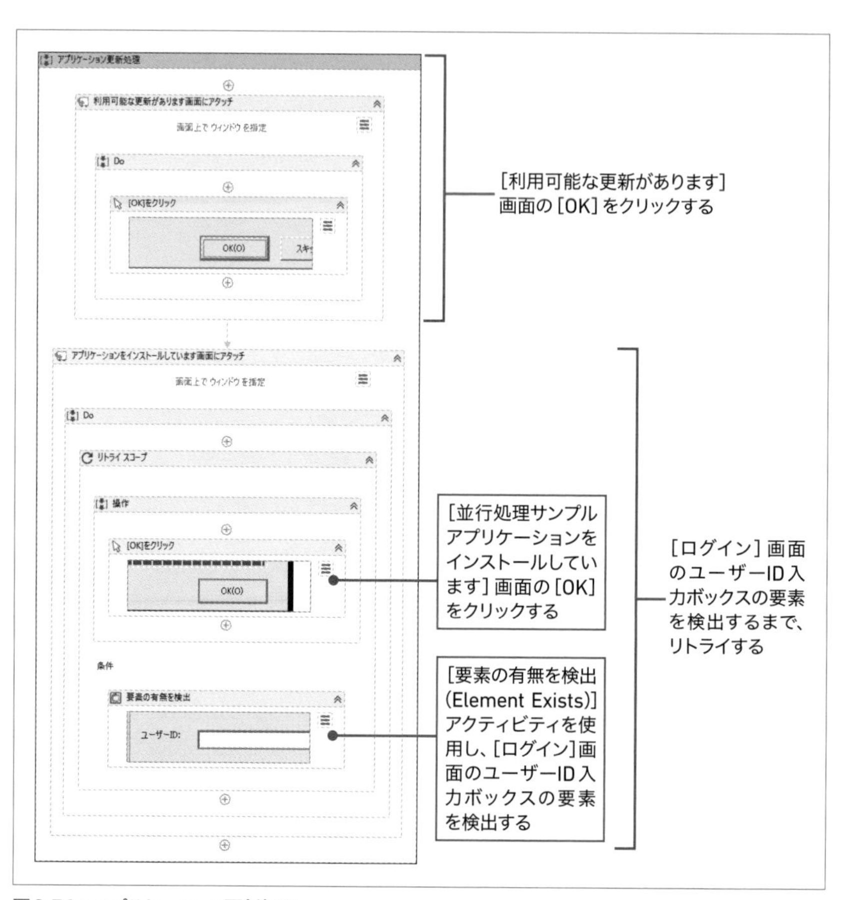

図3.51：アプリケーション更新処理

次にプロパティの設定を行います。

STEP12 ［リトライスコープ］を選択する。

❶ プロパティ［リトライの回数］に「5」と入力する。

❷ プロパティ［リトライの間隔］に「00:00:03」と入力する。

STEP13 ［要素の有無を検出］のプロパティ［ターゲット］→［タイムアウト（ミリ秒）］に「1000」と入力する。

STEP14 作成したシーケンス［アプリケーション更新処理］を［並列］に追加する。

完成したワークフローは図3.52のようになります。

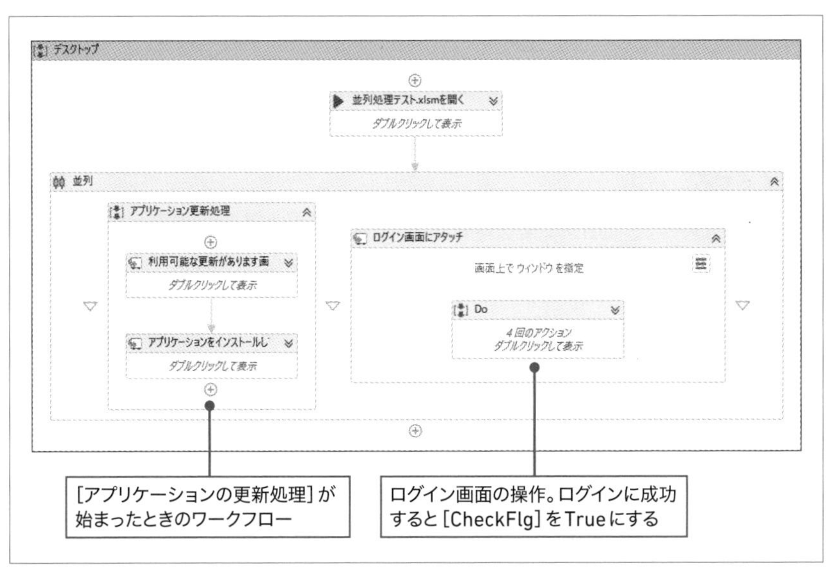

図3.52：並列が完成

STEP15 ［並列］の後に、［アプリケーションを閉じる（Close Application）］アクティビティを追加する。

❶ 表示名を「並列処理テスト.xlsmを閉じる」に変更する。

❷ ［画面上で指定］をクリックし、選択モードになったら、「並列処理テスト.xlsm」をクリックする（完成図は図3.43を参照してください）。

実行する

何度か実行し、アプリケーション更新処理が表示されるパターンと表示されないパターンの両方に対応できていることを確認してください。

MEMO 本書のサンプルワークフローを実行するときには

「並列処理テスト.xlsm」を一度手動で起動し、セキュリティの警告で「マクロが無効にされました。」と表示されるので、[コンテンツの有効化] をクリックしてください。[利用可能な更新があります] 画面または [ログイン] 画面が表示されますので、画面を [X] をクリックして閉じてください。その後で、「並列処理テスト.xlsm」を閉じてください。

使用する変数

ワークフロー内で使用する変数は**表3.11**の通りです。

表3.11：使用する変数

名前	変数の型	スコープ	既定値
CheckFlg	Boolean	デスクトップ	False

3.5.3 関連セクション

デスクトップレコーディングを利用する方法とセレクターについては、以下のセクションで解説しています。

➲3.1　デスクトップ作業を自動的に記録する

リトライについては以下のセクションで詳しく解説しています。

➲9.1　失敗する可能性のある処理をリトライ実行する

ブラウザーを使う業務を効率化する5つのテクニック

基幹システムと新しいクラウドシステムをつなぐ業務が増えています。ブラウザーの操作を自動化できれば、確実に業務負荷を減らすことができるでしょう。UiPathにはブラウザー操作を簡単に自動化する機能がたくさん用意されています。

ブラウザー操作を簡単に自動化する

4.1.1 ウェブレコーディング機能を使って操作を記録する

ブラウザーを使う作業を自動化する一番簡単な方法はウェブレコーディング機能を使うことです。ウェブレコーディング機能を使って、ウェブシステムにログインするワークフローを作成します（図4.1）。

4.1.2 完成図

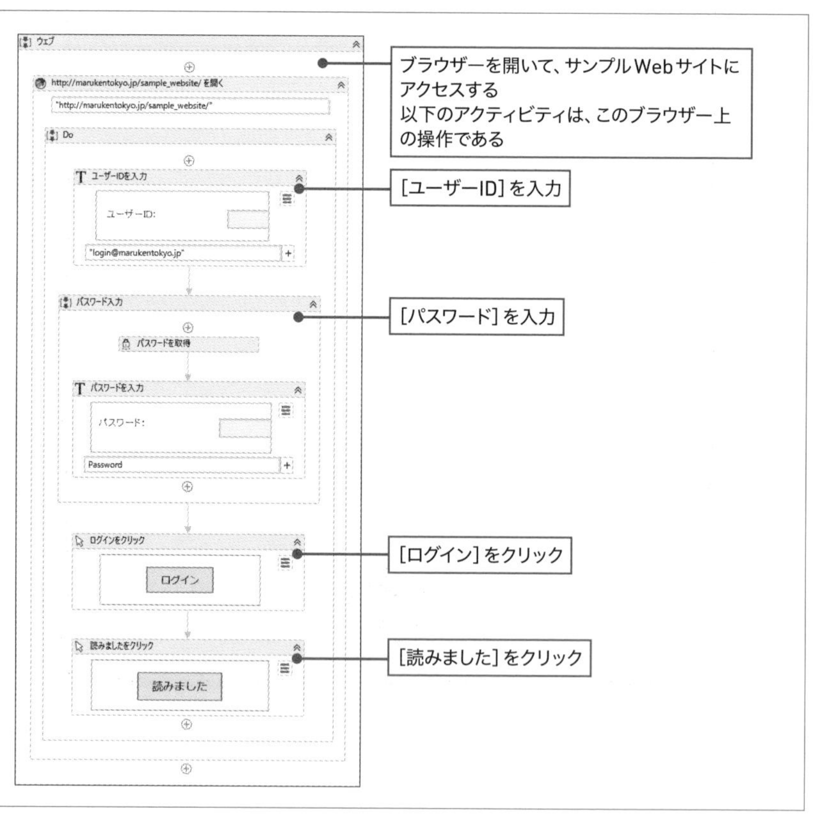

図4.1：完成図

4.1.3 作成準備

本書ではブラウザーはGoogle社のChromeを使用します。まず、Google ChromeにUiPathの拡張機能をインストールすることから始めましょう。なおインストール前にGoogle Chromeを閉じておいてください（Windowsのタスクマネージャーで Google Chromeのタスクが残っていればタスクを終了してください）。

STEP1 UiPath Studioを起動し、UiPath Studioの［スタート］リボンの［ツール］タブをクリックし（図4.2❶）、［UiPath 拡張機能］の［Chrome］をクリックする❷。

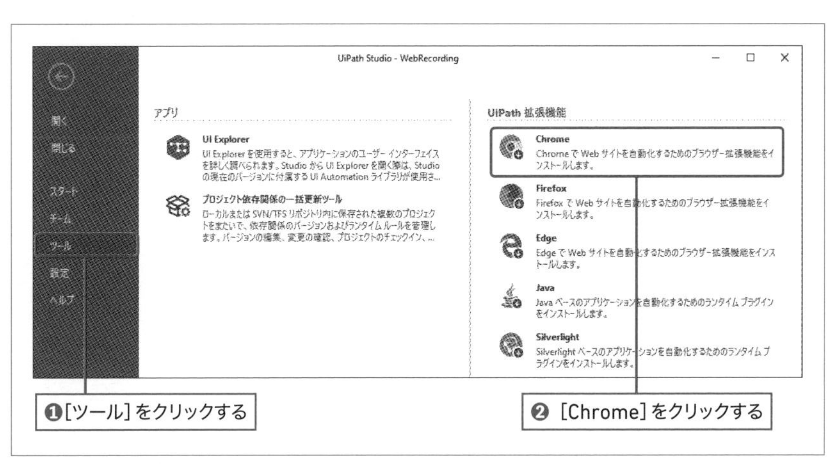

図4.2：［UiPath拡張機能］の［Chrome］をクリック

STEP2 ［拡張機能を設定］画面が表示されるので、［OK］をクリックする。

STEP3 Google Chromeを起動すると［「UiPath Web Automation」が追加されました］がポップアップするので、［拡張機能を有効にする］をクリックする（図4.3）。このポップアップが表示されなかった場合は、Google Chromeで［UiPath Web Automation］を有効化する（Google Chromeの［設定］→［拡張機能］で表示される）。

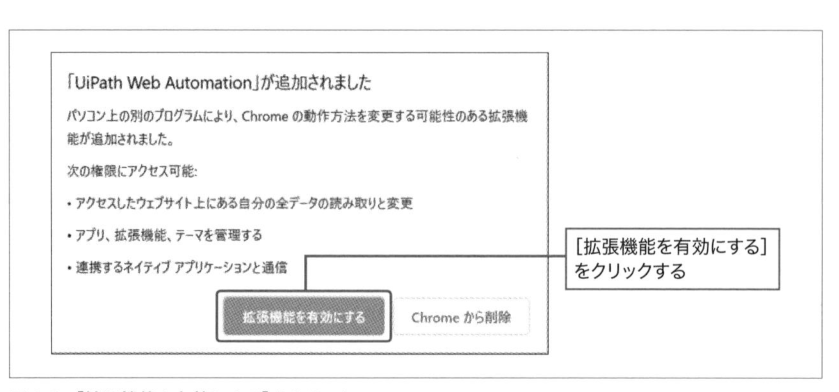

図4.3：[拡張機能を有効にする] をクリック

STEP4 Google Chromeの右上部にUiPathのアイコンが表示されていることを確認する（図4.4）。

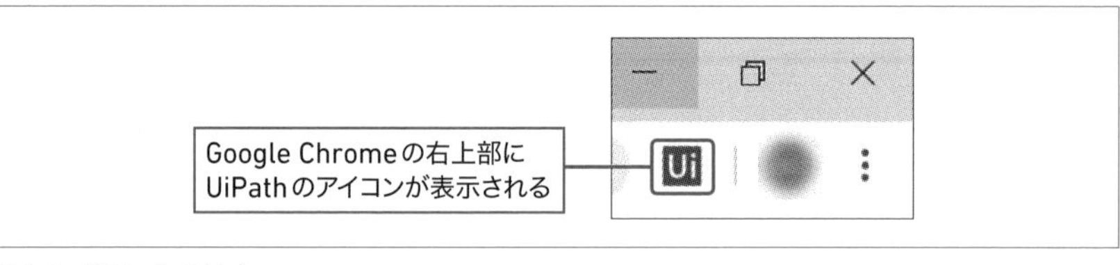

図4.4：UiPathのアイコン

4.1.4 作成手順

1 ウェブレコーディング※1を行う

サンプルWebサイトにログインする操作をレコーディングします。

STEP1 UiPath Studioを起動し、新たにプロジェクトを作成する。

STEP2 Main.xamlを開く。

STEP3 サンプルWebサイト（URL http://marukentokyo.jp/sample_website/）をGoogle Chromeで開く（図4.5）。

※1 本書では、ウェブレコーディングなど、UiPathの機能名として表記されている部分に関しては、表記統一せずにそのまま掲載しています。

サンプルWebサイト

ログイン画面

ユーザーID:

パスワード:

ログイン

図4.5：サンプルWebサイト

STEP4 [デザイン] リボンの [レコーディング] をクリックし、[ウェブ] をクリックする。ウェブレコーディングツールバーが表示される。

STEP5 [ブラウザーを開く] をクリックすると（図4.6）、ブラウザーを選択するモードに遷移する。

❶ 先ほどGoogle Chromeで開いたサンプルWebサイトを選択する。
❷ [URL] ポップアップが出現するので、URLを確認して [OK] をクリックする。

図4.6：[ブラウザーを開く] をクリック

STEP6 [レコーディング] をクリックすると、ブラウザーの要素を選択するレコーディングモードに遷移する。

❶ 「半角 / 全角」キーで日本語変換をOFFにし、半角入力にする。
❷ サンプルWebサイトの [ユーザーID] を入力するボックスをクリックする。[入力値を入力してください] ポップアップが出現するので、「login@marukentokyo.jp」と入力（図4.7❶）、[フィールド内を削除する] にチェックを付けて❷、[Enter] キーを押す❸。

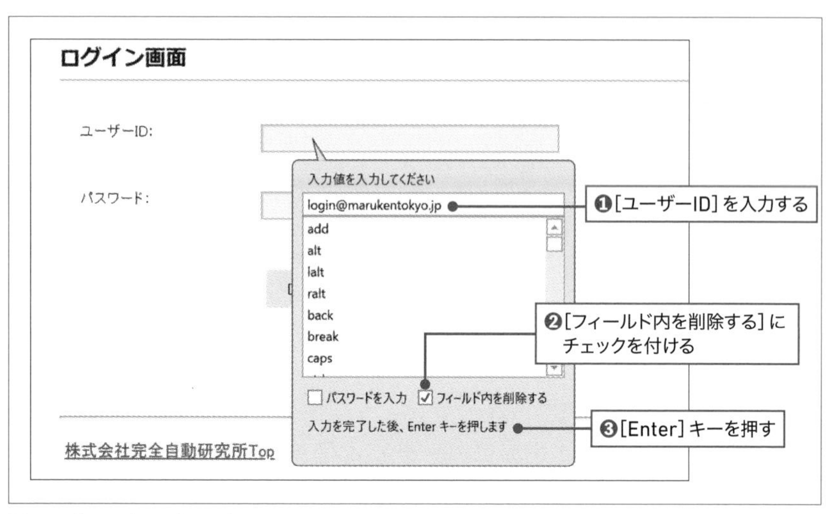

図4.7：[ユーザーID]を入力

❸ [パスワード] を入力するボックスをクリックする。[入力値を入力してください] ポップアップが出現するので、「password」と入力する（図4.8❶）。[パスワードを入力] と [フィールド内を削除する] にチェックを付けて❷、[Enter] キーを押す❸。

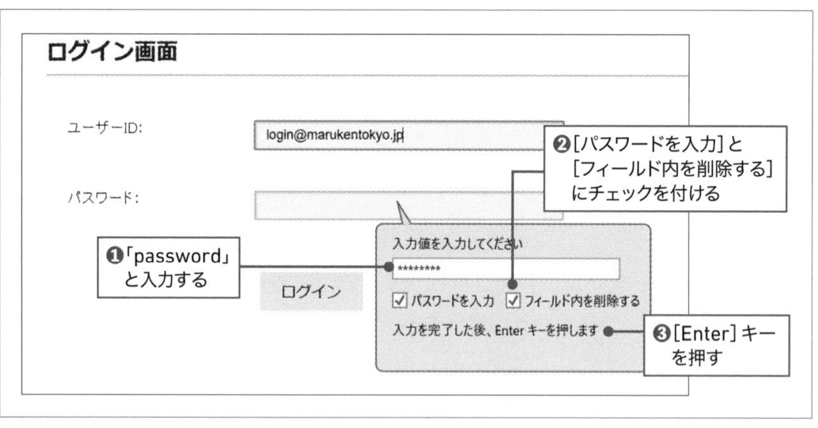

図4.8：[パスワード]にパスワードを入力

❹ [ログイン] をクリックする。[お知らせ] 画面になる。パスワード保存ダイアログが表示されるが、この時点では操作しない。

MEMO ［お知らせ］画面に遷移しなかった方へ

サンプルWebサイトは3分の1の確率でログインに失敗するように設計されています。その場合は図4.9のエラーメッセージが表示されます。一度レコーディングを中止して、やり直してください。

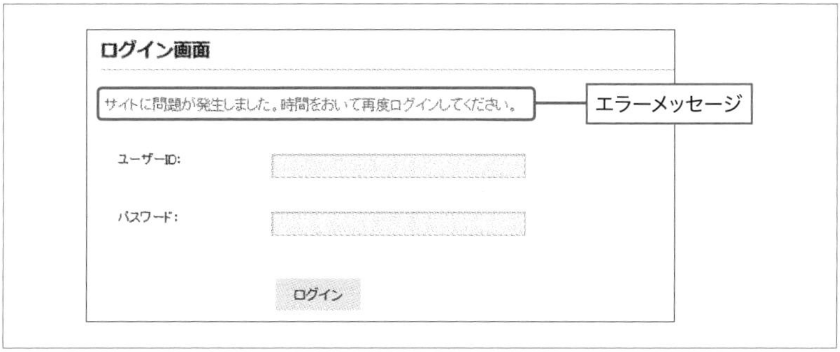

ログイン画面

サイトに問題が発生しました。時間をおいて再度ログインしてください。 ― エラーメッセージ

ユーザーID:

パスワード:

ログイン

図4.9：エラーメッセージ

［Esc］キーを押すとウェブレコーディングツールバーが表示されます。ウェブレコーディングツールバーが表示された状態で、もう一度［Esc］キーを押します。「レコーディング結果を保存しますか？」と質問されるので、［いいえ］を選択すると、レコーディングを中止できます。
エラーが発生しても、再度ログインを試みる方法については、「9.1　失敗する可能性のある処理をリトライ実行する」を参照してください。

［お知らせ］画面の下部の方にスクロールしていくと［読みました］というボタンがあります。レコーディングモードのままでは、画面を下にスクロールすることはできません。

［読みました］をクリックするレコーディングを行うには、❺❻のような遅延レコーディングのテクニックを使います。

❺ ［F2］キーを押す。画面右下に3秒間のカウントが表示される。この間、レコーディングは中断されるので、画面の下までスクロールする。
❻ 3秒経つとレコーディングモードに戻るので、［読みました］をクリックする。

レコーディングはここまでです。

STEP7 [Esc] キーを押すとウェブレコーディングツールバーが表示される。
STEP8 [保存&終了] をクリックする。

[Main] タブに自動的に生成されたワークフローが表示されます。このままでは可読性が低いので、自動生成されたワークフローを変更します。

Google Chrome上のパスワード保存ダイアログの [使用しない] をクリックしてください。

2 ワークフローを変更する

アクティビティの表示名を変更します。

STEP1 [文字を入力 'INPUT userid'] の表示名を「ユーザーIDを入力」に変更する。
STEP2 [文字を入力 'INPUT password'] の表示名を「パスワードを入力」に変更する。
STEP3 スクリーンショットに [ログイン] が表示されている [クリック 'INPUT'] の表示名を「ログインをクリック」に変更する。
STEP4 スクリーンショットに [読みました] が表示されている [クリック 'INPUT'] の表示名を「読みましたをクリック」に変更する。

次に参照スクリーンショットを入れ替えます。

STEP5 サンプルWebサイトはメニュー画面に遷移しているので、[ログオフ] をクリックし、ログイン画面に戻しておく。
STEP6 [ユーザーIDを入力] のスクリーンショットが、何を示すかわからない画像になっていることがわかる。図4.10❶の横棒3本のアイコンをクリックする。メニューが表示されるので、[参照スクリーンショットを変更] をクリックする❷。

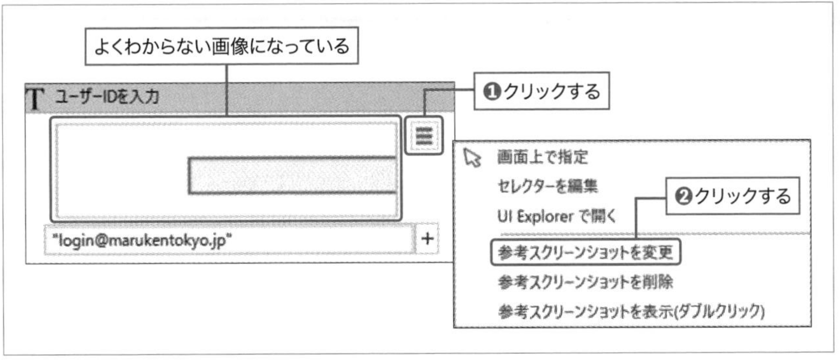

図4.10：参照スクリーンショット入れ替え前

STEP7 スクリーンショットを撮り直すと、アクティビティに表示されるスクリーンショットが変更され、わかりやすくなる（図4.11）。

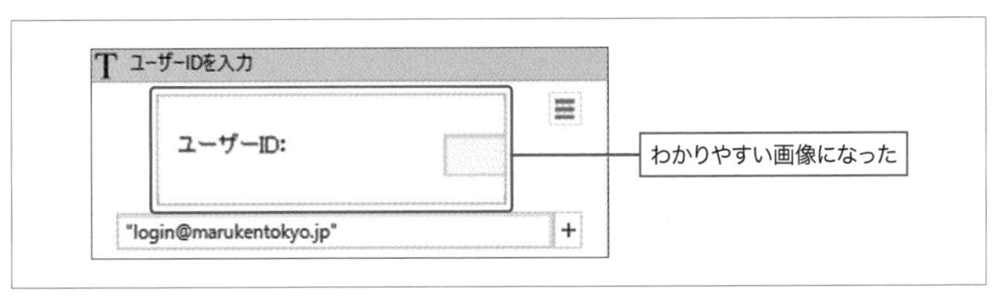

図4.11：参照スクリーンショット入れ替え後

STEP8 同様に［パスワードを入力］も参照スクリーンショットを入れ替える。

MEMO 参照スクリーンショットを入れ替える意味

参照スクリーンショットは自動で生成され、これ自体がワークフローの動作に影響を与えることはありません。しかし、わかりやすい画像に入れ替えておくことで、ワークフローを見ただけで、直感的に処理内容を理解できるようになります。

HINT パスワードを秘密にする方法と注意点

「1 ウェブレコーディングを行う」の STEP6 ❸で、[パスワードを入力] にチェックを付けたことにより、[パスワードを入力] が生成されています。これは、パスワードをWindowsのログインユーザー情報を使って暗号化し、同一Windowsのログインユーザーであればパスワードを復号できるという [パスワードを取得 (Get Password)] アクティビティを利用しています (図4.12)。

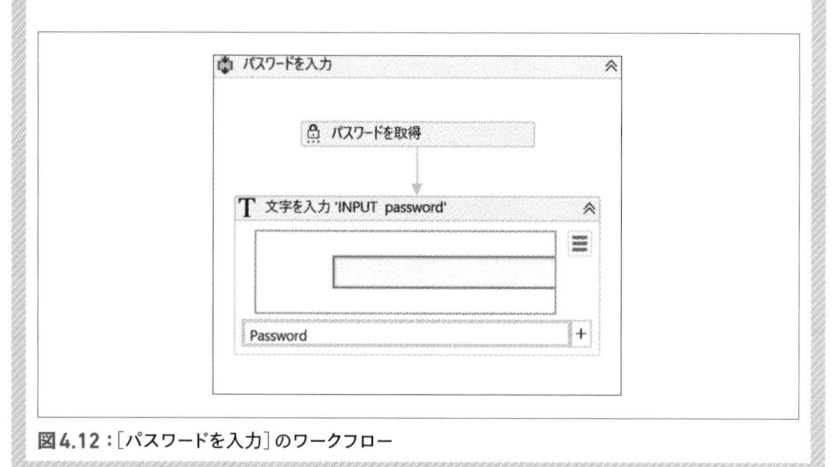

図4.12：[パスワードを入力] のワークフロー

4.1.5 実行する

Google Chromeを終了させてから、[デザイン] リボンまたは [デバッグ] リボンの [ファイルをデバッグ] → [実行] をクリックして、ワークフローを実行してください。

Webサイトが起動し、ログイン後、[読みました] をクリックする動作が行われます。本書のサンプルワークフローを実行する場合は、[パスワードを取得] のプロパティ [パスワード] の入力ボックスに「password」と入力してください (最初に入力されている「*******」は削除)。

4.1.6 使用する変数

ワークフロー内で使用する変数は表4.1の通りです。

表4.1：使用する変数

名前	変数の型	スコープ	既定値
Password	String	パスワードを入力	—

4.1.7 関連セクション

成功するまでログインを再試行する方法は、次のセクションを参考にしてください。

➔9.1　失敗する可能性のある処理をリトライ実行する

4.2 選択するカレンダーの日付を動的に変更する

4.2.1 変数を使ってセレクターを動的に変動させる

「当日日付」や「ユーザーによる入力」など、ワークフローの動作ごとに変化する値をワークフローに記述するためには変数を使います。変数をプロパティに設定する方法は「2.4　制御フローは非常に大事」で解説しています。本セクションではアクティビティのプロパティではなく、アクティビティのセレクターに変数を埋め込む方法について解説します。

DateTime型（日付型）の変数の値を設定することでセレクターが動的に変動し、カレンダーの日付が選択されます（図4.13）。

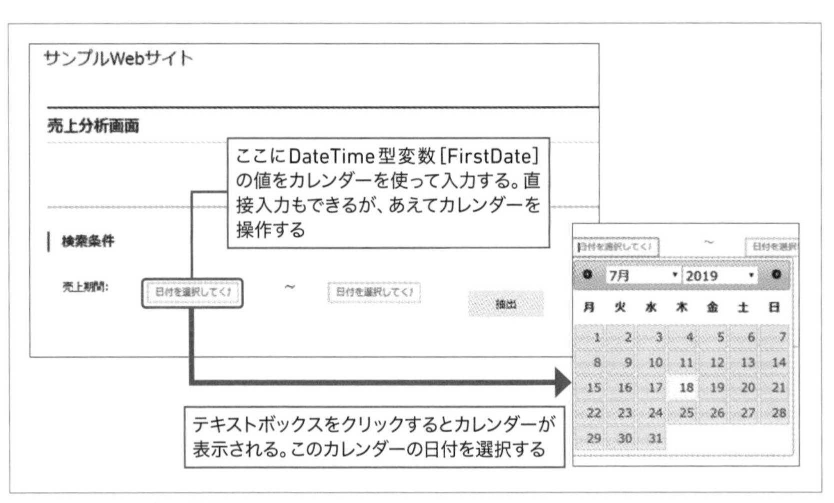

図4.13：カレンダーを操作する

4.2.2 完成図

サンプルWebサイトの開始日付をクリックするとカレンダーが表示されます。カレンダーを操作して日付を入力するワークフローを作成します（図4.14）。

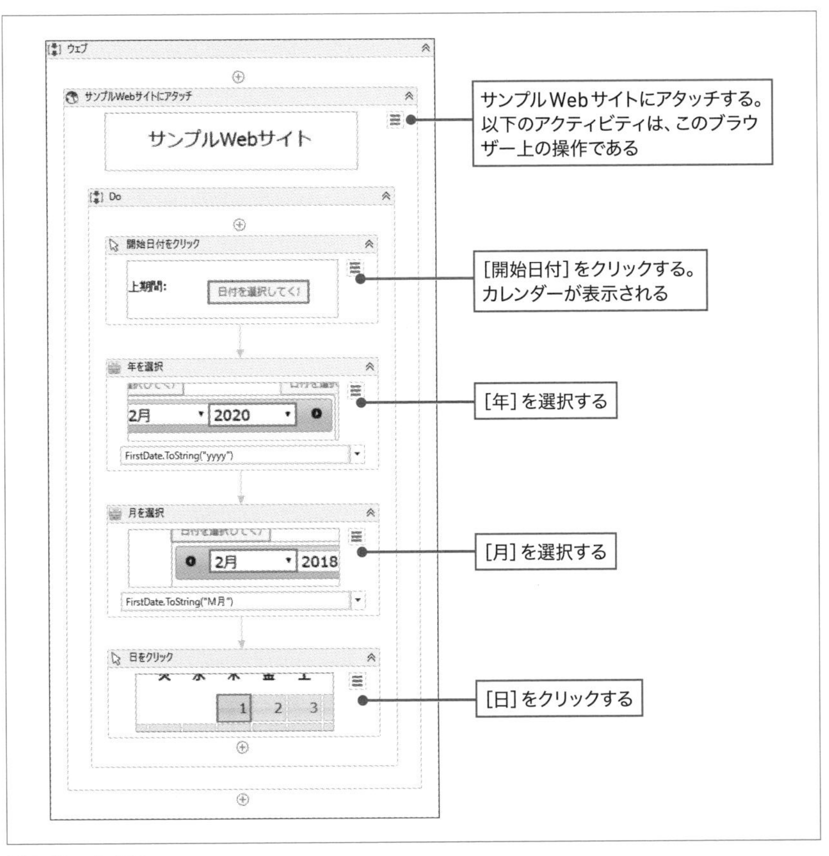

図4.14：完成図

4.2.3 作成準備

STEP1 Google ChromeでサンプルWebサイト（URL http://marukentokyo.jp/sample_website/）を開く。

STEP2 「4.1　ブラウザー操作を簡単に自動化する」を参考にして、ログインから、[読みました] のクリックまでを手作業で行う。

STEP3 メニュー画面が表示されるので、[売上分析] をクリックする。売上分析画面に遷移する（図4.15）。

図4.15：売上分析画面

4.2.4 ウェブレコーディングを行う

サンプルWebサイトの売上分析画面は開いている前提で解説していきます。

STEP1 UiPath Studioを起動し、新たにプロジェクトを作成する。

STEP2 Main.xamlを開く。

STEP3 [デザイン] リボンの [レコーディング] をクリックし、[ウェブ] をクリックする。ウェブレコーディングツールバーが表示される。

❶ ウェブレコーディングツールバー上の [クリック] の下にある三角マークをクリックし、表示されるメニューの中にある [クリック] をクリックする。レコーディングモードに遷移するので、[売上期間] の左側の入力ボックスをクリックする（図4.16❶）。カレンダーが表示される❷。

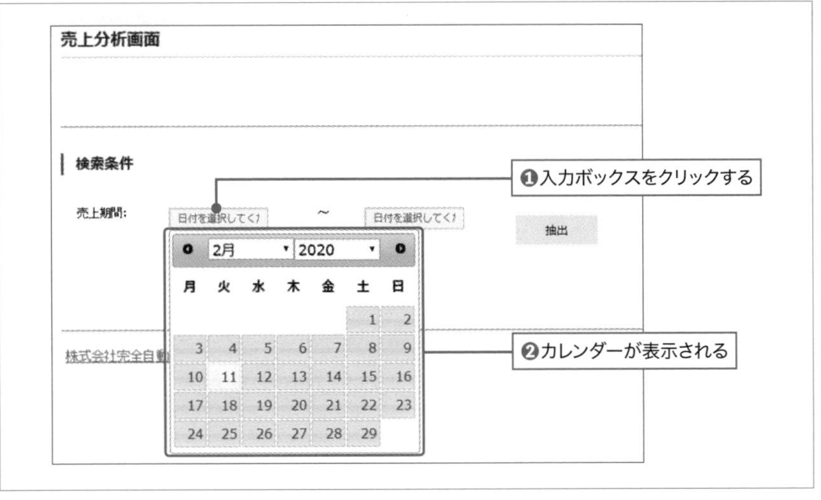

図4.16：カレンダーを表示する

STEP4 [レコーディング] をクリックする（図4.17）。

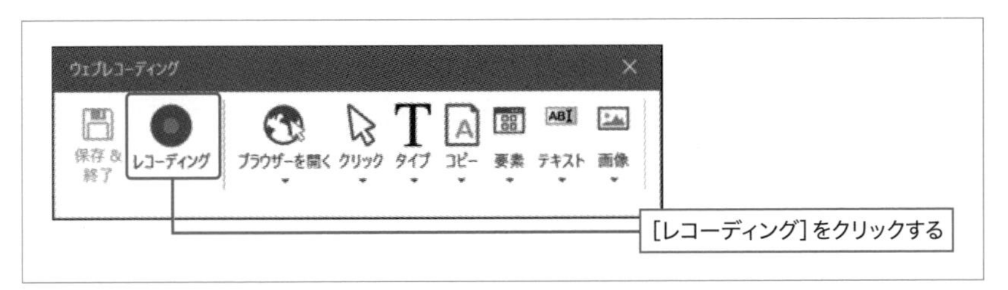

図4.17：[レコーディング]をクリック

❶ カレンダーの［年］を選択する。ドロップダウンリストが表示されるので、「2018」を選択する。

❷ 「アンカーを使いますか？」というメッセージが表示されるが、［このレコーディングでは、再度このダイアログは表示しない］にチェックを付けて［いいえ］をクリックする。

❸ カレンダーの［月］を選択する。ドロップダウンリストが表示されるので、「11月」を選択する。

❹ ［日］をカレンダーから選択する。ドロップダウンリストが表示されるので、「1」を選択する。

レコーディングはここまでです。

STEP5 [Esc] キーを押すとウェブレコーディングツールバーが表示される。

STEP6 [保存&終了] をクリックする。

1
2
3
4
5
6
7
8
9
10
11
ブラウザーを使う業務を効率化する5つのテクニック

4.2.5 変数を作成する

STEP1 [変数] パネルを開き、[変数の作成] をクリックし、名前に「FirstDate」と入力する。

STEP2 [変数の型] のドロップダウンリストから [型の参照] をクリックし、[参照して.Netの種類を選択] 画面を呼び出す。[型の名前] に「system.datetime」と入力し、[System.DateTime] を選択する。[OK] をクリックする。

STEP3 [既定値] に「2018/11/1」と入力する。

4.2.6 ワークフローを変更する

自動生成されたワークフローのアクティビティ表示名を変更します。

STEP1 [ブラウザーにアタッチ ‘　　Web Page’] の表示名を「サンプルWebサイトにアタッチ」に変更する。

STEP2 [クリック ‘INPUT date-input1’] を選択する。表示名を「開始日付をクリック」に変更する。

STEP3 [項目を選択 ‘SELECT’] は2つ生成されているが、最初の [項目を選択 ‘SELECT’] の表示名を「年を選択」に変更する。

STEP4 次の [項目を選択 ‘SELECT’] の表示名を「月を選択」に変更する。

STEP5 [クリック ‘A #’] の表示名を「日をクリック」に変更する。

次に参照スクリーンショットを変更します。

STEP6 「4.1　ブラウザー操作を簡単に自動化する」の「4.1.4　作成手順 / 2 ワークフローを更新する」を参考にして、[サンプルWebサイトにアタッチ] の参照スクリーンショットを「サンプルWebサイト」の文字がはっきり認識できるように変更する。

次にカレンダーの年月日を選択するアクティビティのプロパティを変数に変更します。

STEP7 ［年を選択］のプロパティ［項目］を「FirstDate.ToString("yyyy")」に変更する。

STEP8 ［月を選択］のプロパティ［項目］を「FirstDate.ToString("M月")」に変更する。

STEP9 ［日をクリック］の右上の横棒3本のアイコンをクリックし、メニューから［セレクターを編集］をクリックする。［セレクターエディター］を確認する。「aaname='1'」は日付を表している。ここを変化させれば、選択する日付を変えることができる（図4.18）。

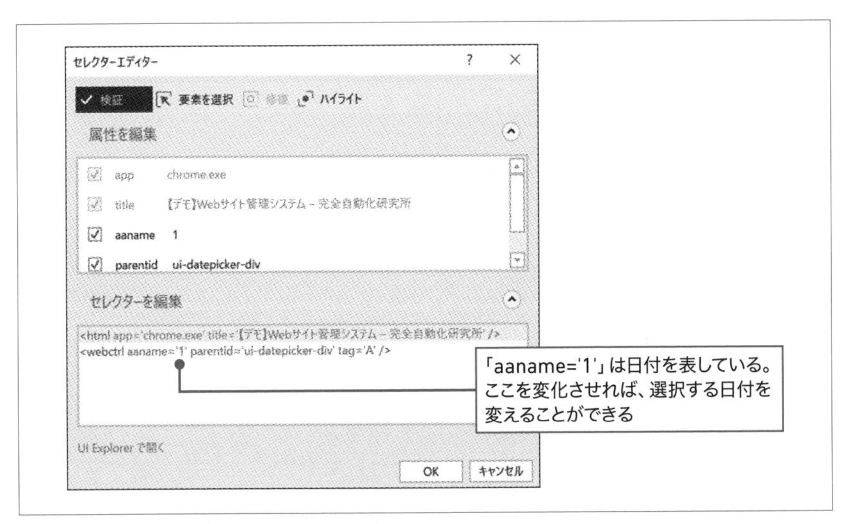

図4.18：［日をクリック］のセレクターエディター

STEP10 セレクターエディター内で変数を組み込むことはできないため、セレクターエディターは閉じる。プロパティ［セレクター］の入力ボックス内で編集する。日付部分を削除する（図4.19❶）。別の場所をクリックし入力ボックスからフォーカスを外す。入力ボックスの右側の［...］をクリックする❷。

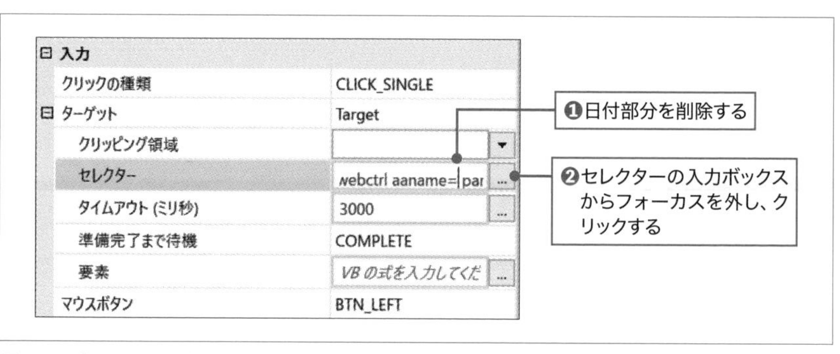

図4.19：[日をクリック]のセレクター

STEP11 [式エディター] が表示されるので [セレクター (文字列)] を編集する。日付部分に「'" + FirstDate.ToString("%d") + "'」と入力する（図4.20 ❶)。[OK] をクリックする❷。

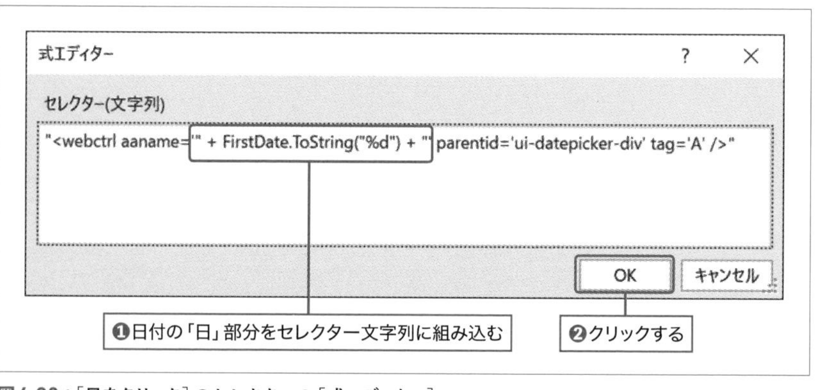

図4.20：[日をクリック]のセレクターの[式エディター]

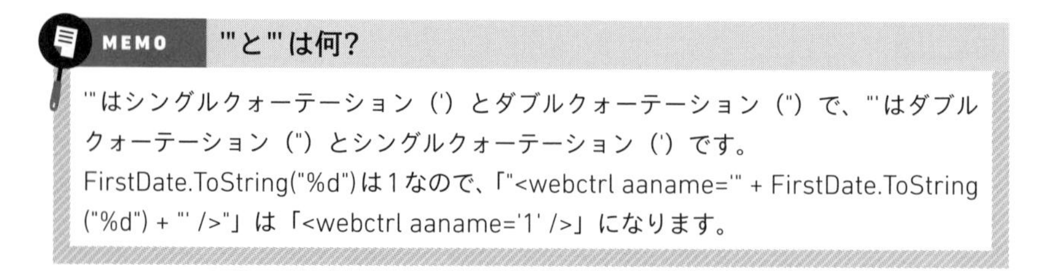

MEMO '"と"'は何?

'"はシングルクォーテーション (') とダブルクォーテーション (") で、"'はダブルクォーテーション (") とシングルクォーテーション (') です。
FirstDate.ToString("%d")は1なので、「"<webctrl aaname='" + FirstDate.ToString("%d") + "' />"」は「<webctrl aaname='1' />」になります。

4.2.7 実行する

ワークフローを実行すると、売上期間の開始日に図4.21のように日付が入力されます。

図4.21：売上期間に日付が入力された状態

4.2.8 試してみよう

1. DateTime型変数［FirstDate］を変更して試してみよう。
2. DateTime型変数［SecondDate］を作り、サンプルWebサイトに終了日付を入力するワークフローも作ってみよう。

4.2.9 使用する変数

ワークフロー内で使用する変数は表4.2の通りです。

表4.2：使用する変数

名前	変数の型	スコープ	既定値
FirstDate	DateTime	ウェブ	2018/11/1

4.2.10 関連セクション

セレクターについては、以下のセクションを参考にしてください。

➲3.1.5　セレクターとは

日付の操作については、以下のセクションで詳しく解説しています。

➲3.4　日付時間の操作を極める

サンプルWebサイトの操作については、以下のセクションを参考にしてください。

➲4.1　ブラウザー操作を簡単に自動化する

Web画面上の表のデータを読み取って出力する

4.3.1 データスクレイピングで構造化データを読み取る

データスクレイピング機能を使用することで、Web画面から構造化データを簡単に取得できます（図4.22）。このセクションでは、Web画面の表から取得したデータをExcelに書き出すワークフローを解説します。

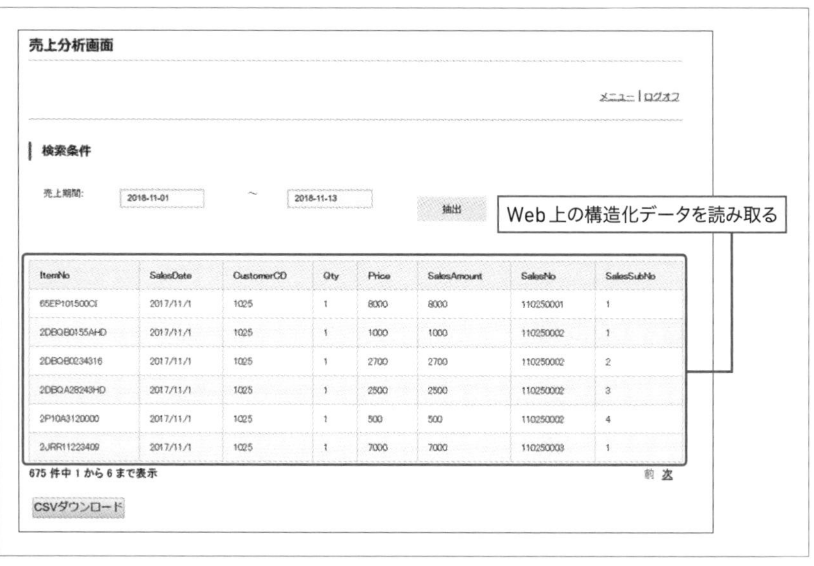

ItemNo	SalesDate	CustomerCD	Qty	Price	SalesAmount	SalesNo	SalesSubNo
65EP101500CI	2017/11/1	1025	1	8000	8000	110250001	1
2DBQB0155AHD	2017/11/1	1025	1	1000	1000	110250002	1
2DBQB0234316	2017/11/1	1025	1	2700	2700	110250002	2
2DBQA28243HD	2017/11/1	1025	1	2500	2500	110250002	3
2P10A3120000	2017/11/1	1025	1	500	500	110250002	4
2JRR11223409	2017/11/1	1025	1	7000	7000	110250003	1

図4.22：構造化データを読み取る

4.3.2 完成図

サンプルWebサイトの売上分析画面に表示される売上明細表を読み取り、Excelファイルに書き込むワークフローを作成します（図4.23）。

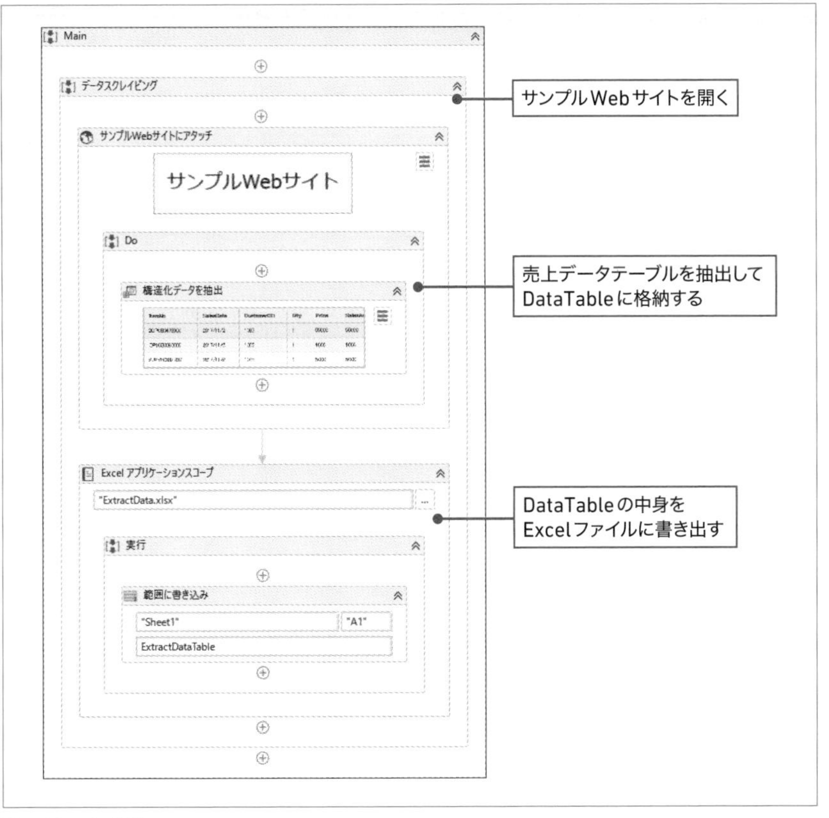

図4.23：完成図

4.3.3 作成準備

STEP1 Google ChromeでサンプルWebサイト（URL http://marukentokyo.jp/sample_website/）を開く。

STEP2 「4.1　ブラウザー操作を簡単に自動化する」を参考にして、ログインから、[読みました] のクリックまでを手作業で行う。

STEP3 メニュー画面が表示されるので、[売上分析] をクリックする。売上分析画面に遷移する。

STEP4 売上期間の開始日と終了日を入力（任意で入力）し（図4.24❶）、[抽出]をクリックする❷。データが表示される❸。

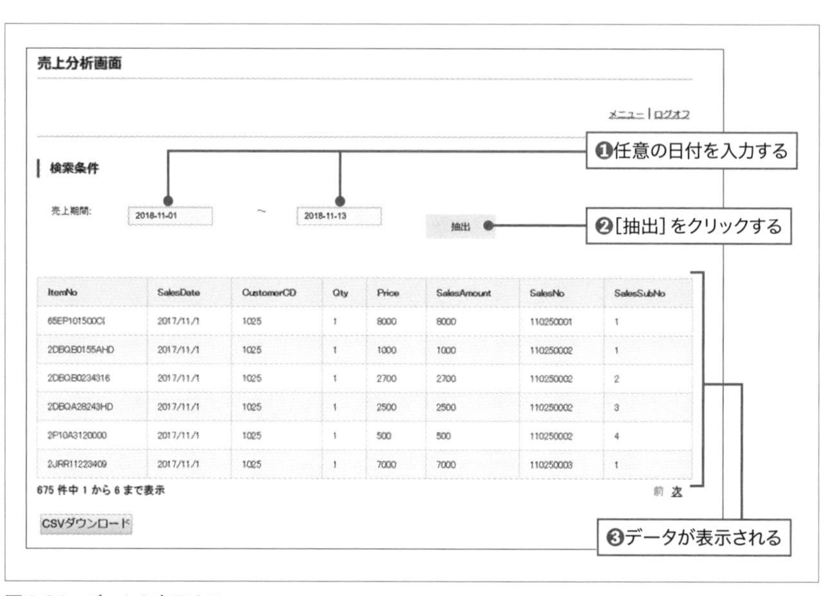

図4.24：データを表示する

4.3.4 データスクレイピングを行う

STEP1 UiPath Studioを起動し、新たにプロジェクトを作成する。

STEP2 Main.xamlを開く。

❶ ［シーケンス（Sequence)］アクティビティを追加する。

❷ 表示名を「Main」に変更する。

STEP3 ［デザイン］リボンの［データスクレイピング］をクリックする（図4.25）。

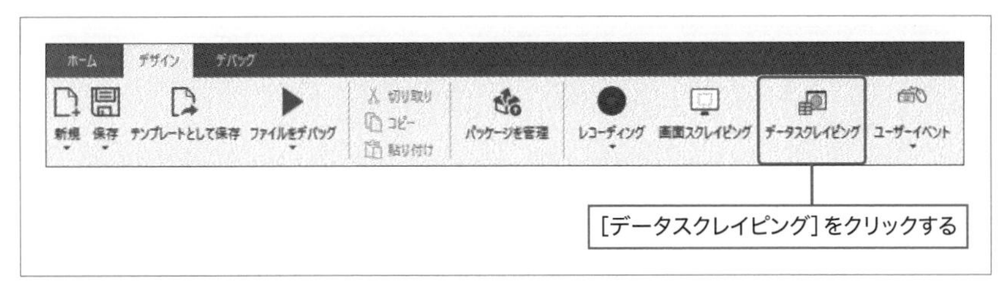

図4.25：[データスクレイピング]をクリック

STEP4 [取得ウィザード] 画面が表示されるので、[次へ] をクリックする。画面要素を選択するモードに移行する。

STEP5 サンプルWebサイトに表示されている売上データの任意の場所をクリックする（図4.26）。

ItemNo	SalesDate	CustomerCD	Qty	Price	SalesAmount	SalesNo	SalesSubNo
65EP101500CI	2017/11/1	1025	1	8000	8000	110250001	1
2DBQB0155AHD	2017/11/1	1025	1	1000	1000	110250002	1
2DBQB0234316	2017/11/1	1025	1	2700	2700	110250002	2
2DBQA28243HD	2017/11/1	1025	1	2500	2500	110250002	3
2P10A3120000	2017/11/1	1025	1	500	500	110250002	4
2JRR11223409	2017/11/1	1025	1	7000	7000	110250003	1

675 件中 1 から 6 まで表示　前 次

CSVダウンロード

売上データの任意の場所をクリックする

図4.26：売上データをクリックする

STEP6 [表形式データを抽出] 画面が表示される。「表のセルを選択しました。表全体からデータを抽出しますか？」とメッセージが表示されるので、[はい] を選択する。

STEP7 [取得ウィザード] 画面が表示される。当サンプルでは100件のデータを取得する。[結果件数の最大値] をデフォルトのまま「100」とし（図4.27❶)、[終了] をクリックする❷。

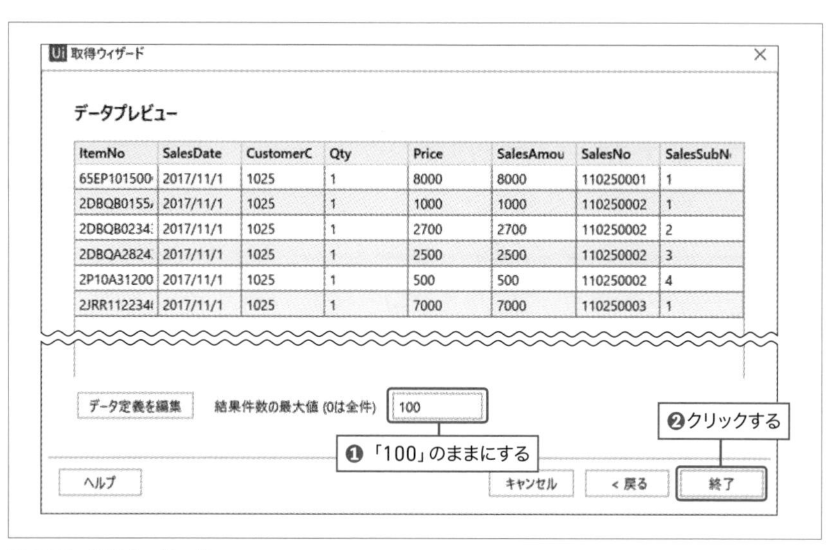

ItemNo	SalesDate	CustomerC	Qty	Price	SalesAmou	SalesNo	SalesSubN
65EP101500	2017/11/1	1025	1	8000	8000	110250001	1
2DBQB0155	2017/11/1	1025	1	1000	1000	110250002	1
2DBQB0234	2017/11/1	1025	1	2700	2700	110250002	2
2DBQA2824	2017/11/1	1025	1	2500	2500	110250002	3
2P10A31200	2017/11/1	1025	1	500	500	110250002	4
2JRR112234	2017/11/1	1025	1	7000	7000	110250003	1

図4.27：取得ウィザード

STEP8 ［次のリンクを指定］画面が表示される。「データは複数ページにわたりますか？次のページへ移動できる要素を指定してください。要素は次へのボタンや矢印（ページ番号以外）となります。指定するには、はいを押してください。」とメッセージが表示されるので、［はい］を選択する。

STEP9 要素選択モードに遷移するので、サンプルWebサイトの［次］をクリックする（図4.28）。

ItemNo	SalesDate	CustomerCD	Qty	Price	SalesAmount	SalesNo	SalesSubNo
65EP101500CI	2017/11/1	1025	1	8000	8000	110250001	1
2DBQB0155AHD	2017/11/1	1025	1	1000	1000	110250002	1
2DBQB0234316	2017/11/1	1025	1	2700	2700	110250002	2
2DBQA28243HD	2017/11/1	1025	1	2500	2500	110250002	3
2P10A3120000	2017/11/1	1025	1	500	500	110250002	4
2JRR11223409	2017/11/1	1025	1	7000	7000	110250003	1

編集
675 件中 1 から 6 まで表示
前 次
CSVダウンロード
クリックする

図4.28：［次］をクリックする

4.3.5 ワークフローを変更する

UiPath Studioの画面に戻り、ワークフローが自動生成されます。ワークフローを変更していきましょう。

STEP1 [ブラウザーにアタッチ '　Web Page'] の表示名を「サンプルWebサイトにアタッチ」に変更する。

STEP2 [参照スクリーンショット] もわかりやすく変更する（「4.1　ブラウザー操作を簡単に自動化する」を参照）。

STEP3 [構造化データを抽出 '<テーブル名>'] の表示名を「構造化データを抽出」に変更する。

STEP4 プロパティ [データテーブル] を確認すると、DataTable型変数 [ExtractDataTable] が生成されている。

4.3.6 Excelに書き出す

DataTable型変数 [ExtractDataTable] に格納したデータをExcelに書き出します。

STEP1 [サンプルWebサイトにアタッチ] の後に [Excel アプリケーションスコープ (Excel Application Scope)] アクティビティを追加し、プロパティ [ブックのパス] に「"ExtractData.xlsx"」と入力する。

STEP2 [実行] の中に [範囲に書き込み (Write Range)] アクティビティ（[アクティビティ] パネルの [使用可能] → [アプリの連携] → [Excel]）を追加する。

❶ プロパティ [データテーブル] にDataTable型変数 [ExtractDataTable] を設定する。

❷ プロパティ [ヘッダーの追加] にチェックを付ける。

4.3.7 実行する

実行してみましょう。Web画面上のデータが読み取られ、プロジェクトフォルダー内に「ExtractData.xlsx」が保存されます。

「ExtractData.xlsx」を開くと図4.29のようにデータが100件取り込まれていることが確認できます。

	A	B	C	D	E	F	G	H
1	ItemNo	SalesDate	CustomerCD	Qty	Price	SalesAmount	SalesNo	SalesSubNo
2	16EP00923400	2017/11/1	1025	1	4500	4500	110250009	1
3	21PWB0803940	2017/11/1	1025	1	10000	7000	110250010	1
4	22FR02560007	2017/11/1	1029	1	4500	4500	110290001	1
5	25RI02993907	2017/11/1	1031	1	11000	11000	110310001	1
6	22FR02993917	2017/11/1	1031	1	10000	10000	110310001	2
7	23PRB041HS45	2017/11/1	1031	1	18000	18000	110310002	1
8	O11LB0010000	2017/11/1	1031	1	1000	1000	110310003	1
9	22FN00160040	2017/11/1	1031	1	2500	2500	110310004	1
10	22FL02233913	2017/11/1	1031	1	5000	5000	110310005	1
11	22SR09303911	2017/11/1	1031	1	9000	9000	110310006	1

図4.29：ExtractData.xlsx

4.3.8 使用する変数

ワークフロー内で使用する変数は表4.3の通りです。

表4.3：使用する変数

名前	変数の型	スコープ	既定値
ExtractDataTable	DataTable	データスクレイピング	New System.Data.DataTable

4.3.9 関連セクション

サンプルWebサイトの操作については、以下のセクションを参考にしてください。

➔4.1　ブラウザー操作を簡単に自動化する

Webサイトから ファイルをダウンロードする

4.4.1 ダウンロード先が固定されている場合はHTTP要求を使う

Webサイトからのファイルのダウンロード先が固定されている場合は、[HTTP要求（HTTP Request)] アクティビティを使うと簡単に自動化することができます。

[HTTP要求（HTTP Request)] アクティビティを使って、Webサイトからダウンロード先が固定されているファイルをダウンロードするワークフローを作成します（図**4.30**）。

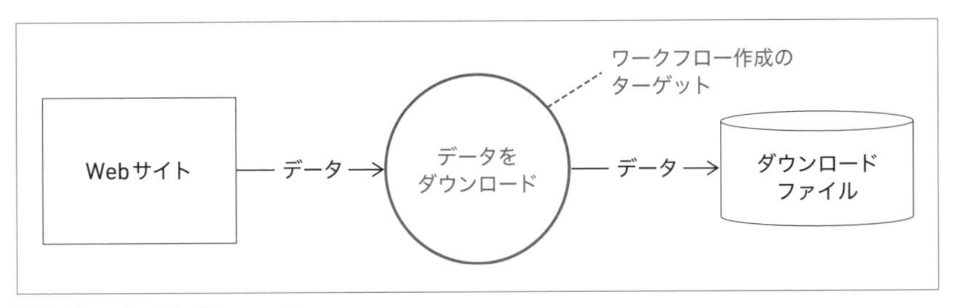

図4.30：データをダウンロード

4.4.2 完成図

[特殊フォルダーのパスを取得（Get Environment Folder)] アクティビティと[HTTP要求（HTTP Request)] アクティビティだけで構成します（図**4.31**）。

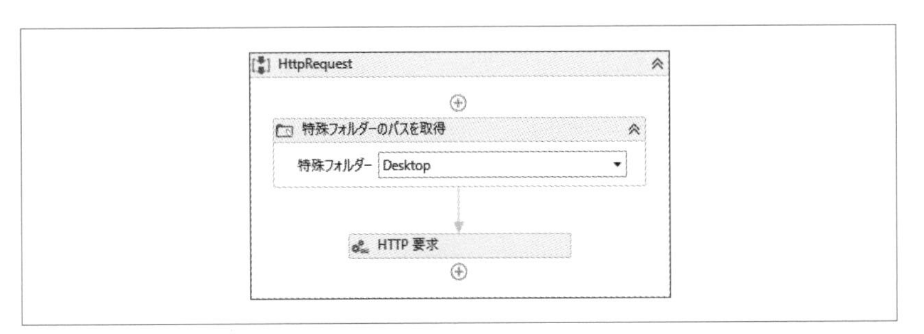

図4.31：完成図

4.4.3 作成準備

STEP1 Google Chromeでサンプルサイト（URL http://marukentokyo.jp/sample_website/）を開く。

STEP2 「4.1　ブラウザー操作を簡単に自動化する」を参考にして、ログインから、[読みました] のクリックまでを手作業で行う。

STEP3 メニュー画面が表示されるので、[マスタダウンロード] をクリックする。[マスタダウンロード] に遷移する。

UiPath.Web.Activitiesを追加します。

STEP4 UiPath Studioを起動し、新たにプロジェクトを作成する。

STEP5 Main.xamlを開く。

❶ [シーケンス（Sequence）] アクティビティを追加する。
❷ 表示名を「HttpRequest」とする。

STEP6 アクティビティの検索ボックスに「http」と入力し、[HTTP要求（HTTP Request）] アクティビティが見つからない場合は（[Orchestratorへの HTTP要求（Orchestrator HTTP Request）] アクティビティとは別のアクティビティです）、[デザイン] リボンの [パッケージを管理] をクリックする。

❶ [パッケージを管理] 画面が表示されるので、[オフィシャル] タブをクリックする（図4.32❶）。
❷ 検索ボックスに「uipath.web」と入力する❷。
❸ [UiPath.Web.Activities] を選択する❸。
❹ 画面右上にある [インストール] をクリックした後❹、[保存] をクリックする❺。

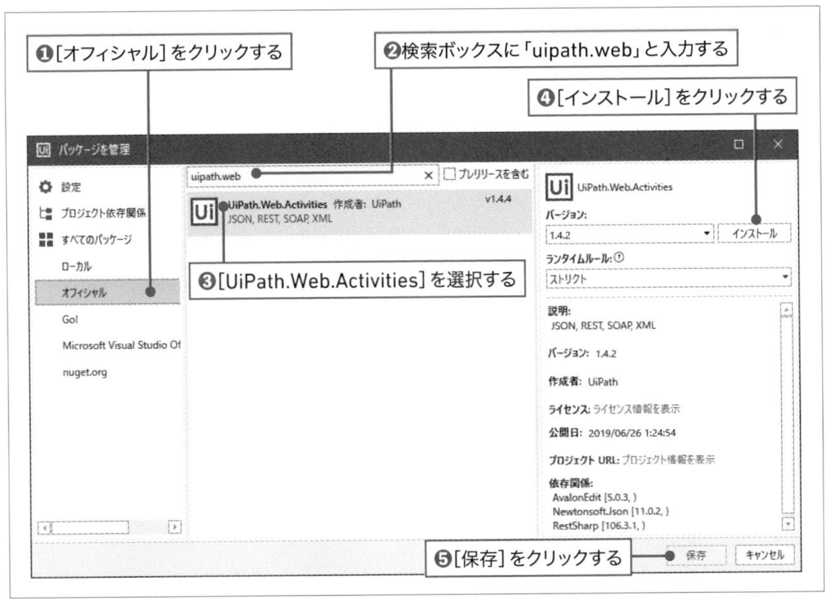

図4.32：パッケージを管理

STEP7 [ライセンスへの同意] 画面が表示されるので、[同意する] をクリックする。

4.4.4 作成手順

STEP1 [特殊フォルダーのパスを取得 (Get Environment Folder)] アクティビティを [HttpRequest] に追加する。

❶ プロパティ [特殊フォルダー] は [Desktop] のままとする。

❷ プロパティ [フォルダーパス] の入力ボックスにカーソルをあてた状態で [Ctrl] + [K] キーを押し、[変数の設定] に「DesktopPath」と入力し、[Enter] キーを押す。

STEP2 サンプルWebサイトを選択し、[担当者マスタ] のリンクを右クリックし（図4.33❶)、[リンクのアドレスをコピー] をクリックする❷。

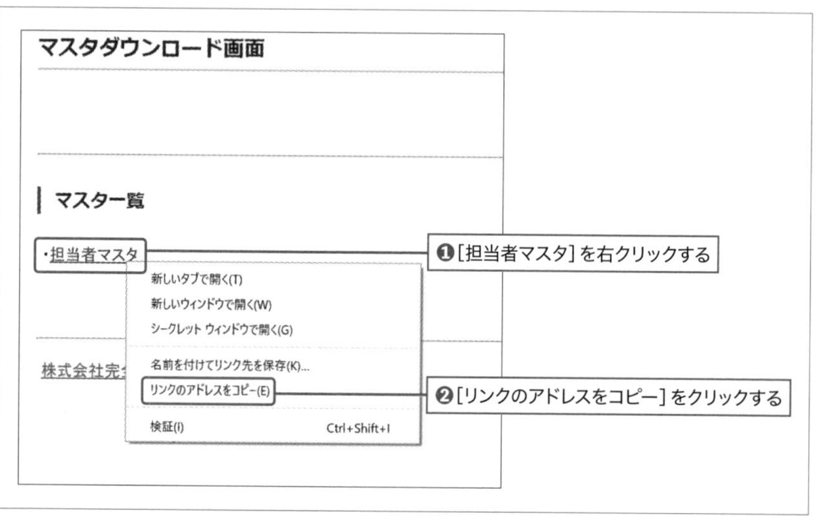

図4.33：[担当者] マスタのリンクのアドレスをコピー

STEP3 [HTTP要求 (HTTP Request)] アクティビティを [HttpRequest] シーケンスに追加する。[HTTP要求ウィザード] が表示される。

❶ [要求ビルダー] タブの [エンドポイント] の入力ボックス上で [Ctrl] + [V] キーを押し、先ほどコピーしたリンクのアドレスを貼り付ける（図4.34❶)。

❷ [プレビュー] をクリックする❷。

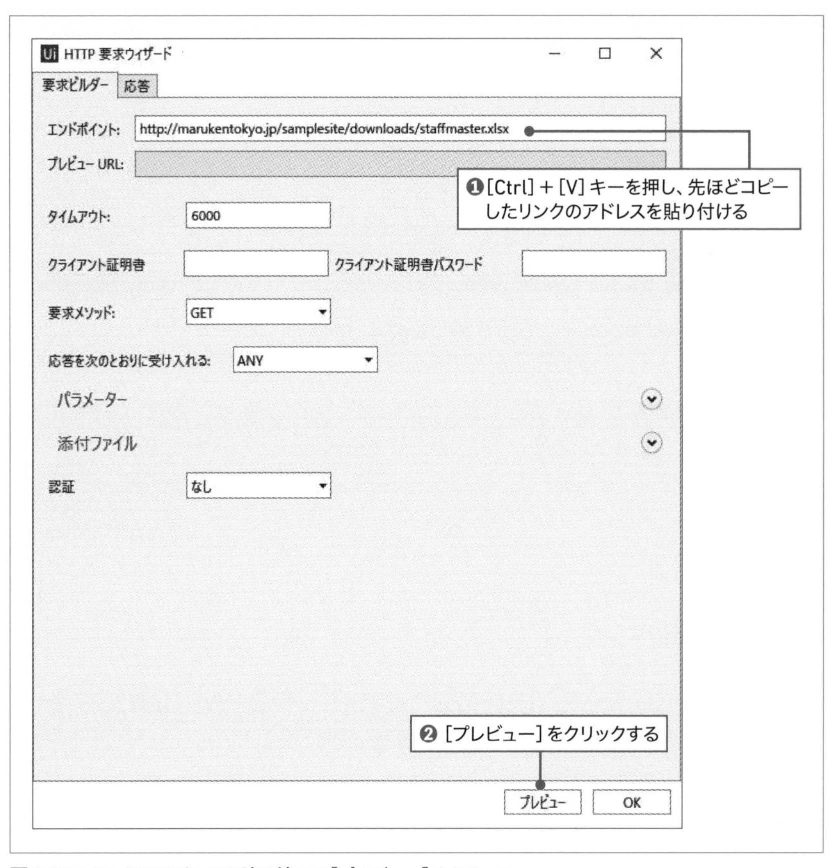

図4.34：リンクのアドレスを貼り付けて［プレビュー］をクリック

❸ ［応答］タブが開く。［OK］をクリックし、ウィザードを終了する。

STEP4 ［HTTP要求］のプロパティ［リソースパス］に「DesktopPath + ¥"staffmaster.xlsx"」と入力する。
これにより、Webからダウンロードされたファイルがデスクトップ上に「staffmaster.xlsx」という名前で保存される。

4.4.5 実行する

ワークフローを実行する。デスクトップ上に「staffmaster.xlsx」がダウンロードできていれば成功です。

4.4.6 使用する変数

ワークフロー内で使用する変数は**表4.4**の通りです。

表4.4：使用する変数

名前	変数の型	スコープ	既定値
DesktopPath	String	HttpRequest	—

4.4.7 関連セクション

サンプルWebサイトの操作については、以下のセクションを参考にしてください。

➡4.1　ブラウザー操作を簡単に自動化する

ボタンをクリックしてデータをダウンロードする

ブラウザー画面上のボタンをクリックしてファイルをダウンロードする処理を自動化します。ブラウザーによって自動化する方法が異なるので、Google ChromeとInternet Explorer11の場合について、それぞれ解説します。

4.5.1 ボタンをクリックしてダウンロード（Google Chromeの場合）

ブラウザー画面上のボタンをクリックするとダウンロードファイルが生成される場合の、ダウンロード方法を解説します（図4.35）。

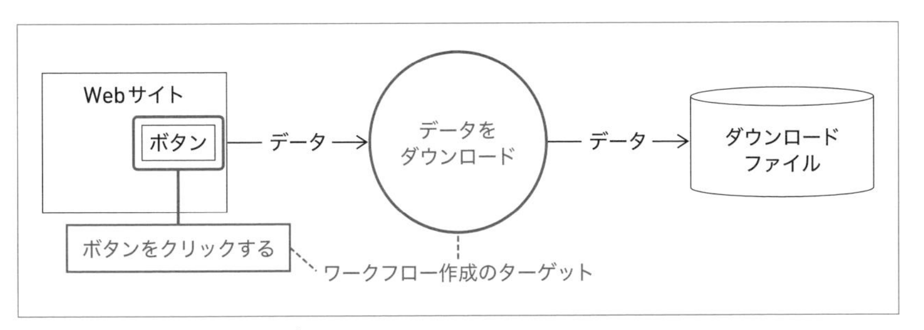

図4.35：ボタンをクリックしてダウンロード

1 完成図

Google Chromeで開いたサンプルWebサイト内の［CSVダウンロード］をクリックするワークフローを作成します（図4.36）。

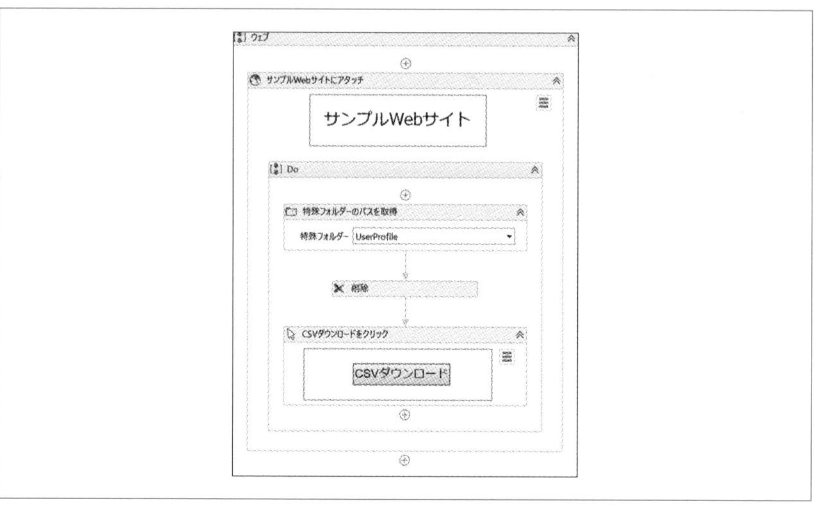

図4.36：完成図

2 作成準備1：Google Chromeのダウンロード設定を行う

デフォルトの設定ではダウンロード時に［保存］ダイアログが表示され、保存場所を入力し、［保存］をクリックする操作が必要です。

この操作を自動化することはできますが、実行のたびにダイアログがポップアップすると、ブラウザー画面を最小化したままで実行させておきたい場合に支障が出ます。ダイアログがポップアップしてこない設定にしましょう。

STEP1 Google Chromeの［設定］→［詳細設定］と進み、［ダウンロード］をクリックする。

STEP2 ［保存先］が「%UserProfile%\Downloads」であることを確認し、［ダウンロード前に各ファイルの保存場所を確認する］をOFFにする（「%UserProfile%」はユーザー環境変数です。Windows 10の場合、「%UserProfile%」は「C:¥Users¥<ユーザー名>」となります。Google Chromeでは¥は\で表示されています）。

3 作成準備2：サンプルWebサイトで売上分析画面を表示する

STEP1 Google ChromeでサンプルWebサイト（URL http://marukentokyo.jp/sample_website/）を開く。

STEP2 「4.1　ブラウザー操作を簡単に自動化する」を参考にして、ログインから、[読みました] のクリックまでを手作業で行う。

STEP3 メニュー画面が表示されるので、[売上分析] をクリックする。売上分析画面に遷移する。

STEP4 売上期間の開始日と終了日を入力（任意で入力）し、[抽出] をクリックする。

4 ウェブレコーディングを行う

STEP1 UiPath Studioを起動し、新たにプロジェクトを作成する。

STEP2 Main.xamlを開く。

STEP3 [シーケンス (Sequence)] アクティビティを追加し、表示名を「Button Click1」に変更する。

STEP4 [デザイン] リボンの [レコーディング] をクリックし、[ウェブ] をクリックする。ウェブレコーディングツールバーが表示される。

STEP5 [レコーディング] をクリックすると、ブラウザーの要素を選択できるモードになる。サンプルWebサイトの [CSVダウンロード] をクリックする。

MEMO　UiPath拡張機能がインストールされていることが前提

ウェブレコーディングは、Google ChromeにUiPath拡張機能がインストールされていることが前提です。未インストールの場合は、「4.1　ブラウザー操作を簡単に自動化する」を参考にして、UiPath拡張機能をインストールしてください。

ウェブレコーディングを終了します。

STEP6 [Esc] キーを押すとウェブレコーディングツールバーが表示される。

STEP7 [保存&終了] をクリックする。

5 ワークフローを変更する

自動的に作成されたワークフローが表示されます。ここから、自動作成されたワークフローを更新していきます。

STEP1 [ブラウザーにアタッチ '　　Web Page'] の表示名を「サンプルWebサイトにアタッチ」に変更する。

STEP2 **［クリック 'BUTTON'］の表示名を「CSVダウンロードをクリック」に変更する。**

6 CSVファイルを削除する

先ほどのレコーディング時にCSVファイル（CusSalesData.csv）が「%UserProfile%¥Downloads」に保存されているので削除します。

STEP1 **［CSVダウンロードをクリック］の前に［特殊フォルダーのパスを取得(Get Environment Folder)］アクティビティを追加する。**

❶ プロパティ［特殊フォルダー］のドロップダウンリストで［UserProfile］を選択する。

❷ プロパティ［フォルダーパス］の入力ボックスにカーソルをあてた状態で［Ctrl］＋［K］キーを押し、［変数を設定］に「UserProfilePath」と入力し、［Enter］キーを押す。String型変数［UserProfilePath］が生成される。

STEP2 **［特殊フォルダーのパスを取得］の後に［削除（Delete)］アクティビティ（［アクティビティ］パネルの［使用可能］→［システム］→［ファイル］）を追加する。プロパティ［パス］に「System.IO.Path.Combine(UserProfilePath, "Downloads","CusSalesData.csv")」と入力する。**

このまま実行すると、CSVファイル（CusSalesData.csv）が「%UserProfile%¥Downloads」に存在しないときにエラーが発生しますので、以下の設定を行います。

STEP3 **［削除］のプロパティ［エラー発生時に実行を継続］に「True」と入力する。**

7 実行する

「%UserProfile%¥Downloads」に「CusSalesData.csv」が保存されます。

「<Webサイト>が次の許可を求めています」とメッセージが表示され、ダウンロードがブロックされた場合は、［許可］」をクリックしてください。

一度許可すると、次からはブロックされずに動作します。

8 使用する変数

ワークフロー内で使用する変数は表**4.5**の通りです。

表4.5：使用する変数

名前	変数の型	スコープ	既定値
UserProfilePath	String	Do	—

4.5.2 ボタンをクリックしてダウンロード（Internet Explorer11の場合）

Internet Explorer11の場合はChromeと少し動作が異なります。

1 完成図

Internet Explorer11で開いたサンプルWebサイト内の[CSVダウンロード]をクリックして、ダウンロードしたCSVファイルを保存するワークフローを作成します（図4.37）。

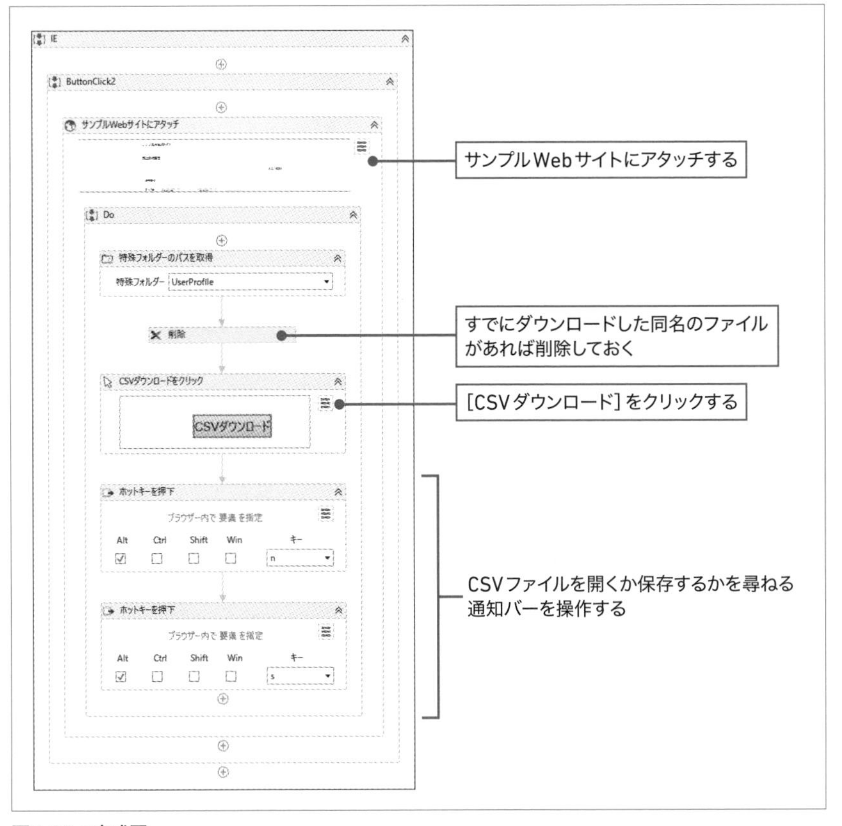

図4.37：完成図

2 作成準備1：ダウンロード完了の通知を非表示にする

ダウンロードが完了したことを通知するバーが残り、次の処理を行う際に支障をきたすことがあります（図4.38）。

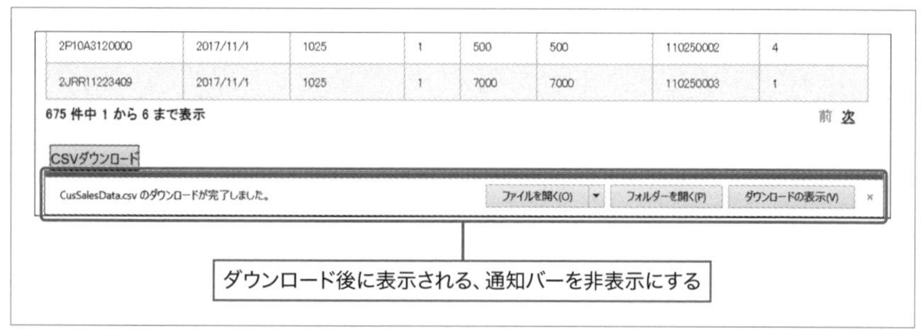

図4.38：通知バーを非表示にする

STEP1 Internet Explorer 11の画面を選択し、[Alt] キーを押し、メニューバーを表示する。

STEP2 [ツール] メニューの [ダウンロードの表示] をクリックする。[ダウンロードの表示] 画面が起動する。

STEP3 [オプション] をクリックする。[ダウンロードオプション] 画面が起動する。

STEP4 [既定のダウンロード フォルダー] が [ダウンロード] であることを確認し、[ダウンロードが完了したら知らせる] のチェックを外す。

STEP5 [OK] をクリックして、[ダウンロードオプション] 画面を閉じる。

STEP6 [閉じる] をクリックして、[ダウンロードの表示] 画面を閉じる。

3 作成準備2：サンプルWebサイトの売上分析画面を表示する

STEP1 Internet Explorer 11でサンプルWebサイトを開く。

STEP2 以下、Google Chromeの場合を参考にして、サンプルWebサイトを操作する。

STEP3 [デザイン] リボンの [新規] → [シーケンス] をクリックし、新規のワークフローを作成する。名前を「IE」にする。

4 ホットキーを使う

「4.5.1 6 CSVファイルを削除する」までGoogle Chromeの場合と同じです。続きから解説します。CSVファイルを開くか保存するか尋ねる通知バーを操作します（図4.39）。

図4.39：通知バーを操作する

STEP1 ［CSVダウンロードをクリック］の後に［ホットキーを押下（Send Hotkey)］アクティビティを追加する。［Alt］にチェックを付け、［キー］に「n」と入力する。これにより、通知バーにフォーカスが移る。

STEP2 ［ホットキーを押下］の後に［ホットキーを押下（Send Hotkey)］アクティビティを追加する。［Alt］にチェックを付け、［キー］に「s」と入力する。これにより、［保存］をクリックされたのと同じ動作を行う。

5 実行する

「%UserProfile%¥Downloads」に「CusSalesData.csv」が保存されます。

6 使用する変数

ワークフロー内で使用する変数は**表4.6**の通りです。

表4.6：使用する変数

名前	変数の型	スコープ	既定値
UserProfilePath	String	Do	—

4.5.3 関連セクション

サンプルWebサイトの操作については、以下のセクションを参考にしてください。

➡4.1　ブラウザー操作を簡単に自動化する

業務成果に直結する Excel操作5つの技

定型業務に使われることの多いExcelを操作する基本的なワークフローから、データベースを使った本格的なソフトウェア開発方法まで解説します。

CSVファイルを読み込んでExcel帳票を作成する

5.1.1 毎日のExcel作業を自動化しよう

毎日、データの入ったファイルとマスタの入ったファイルをExcel上で開いて、VLOOKUP関数を使って結合させて、1つのファイルにする作業を行っていませんか？　慣れてしまえば簡単な作業なのですが、自動化できたら楽になりますよね。企業としても、毎日何人もが行っているこの作業が自動化できることは**生産性向上に大きな効果**が見込めます。本セクションではこの作業を自動化するテクニックを解説します。

5.1.2 業務イメージ

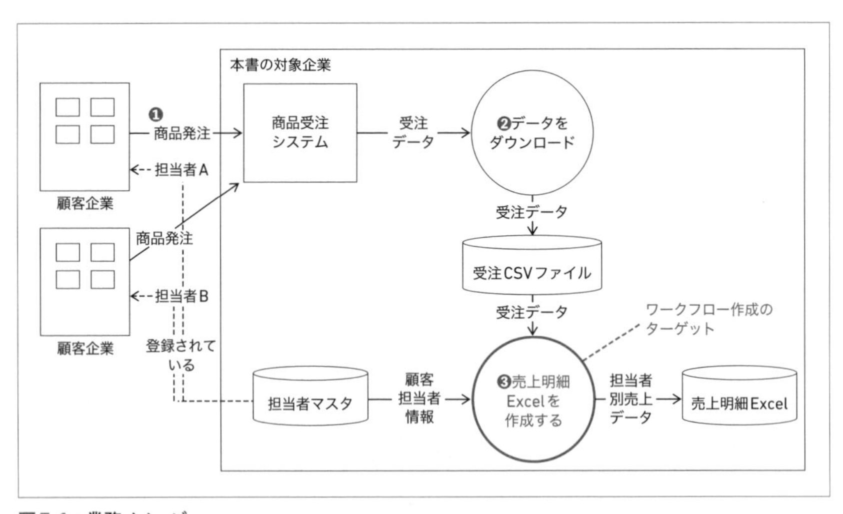

図5.1：業務イメージ

ここで紹介する例（**図5.1**）は商品を卸しているBtoBの企業です。顧客企業が商品受注システムを使って発注します❶。

本セクションの対象企業では、商品受注システムからデータをCSV形式でダウンロードし❷、顧客ごとの営業担当者が記載された担当者マスタ（Excelファイル）と結合させて、売上明細Excelを作成しています❸。

❶〜❸を具体的なイメージで表したのが、**図5.2**です。

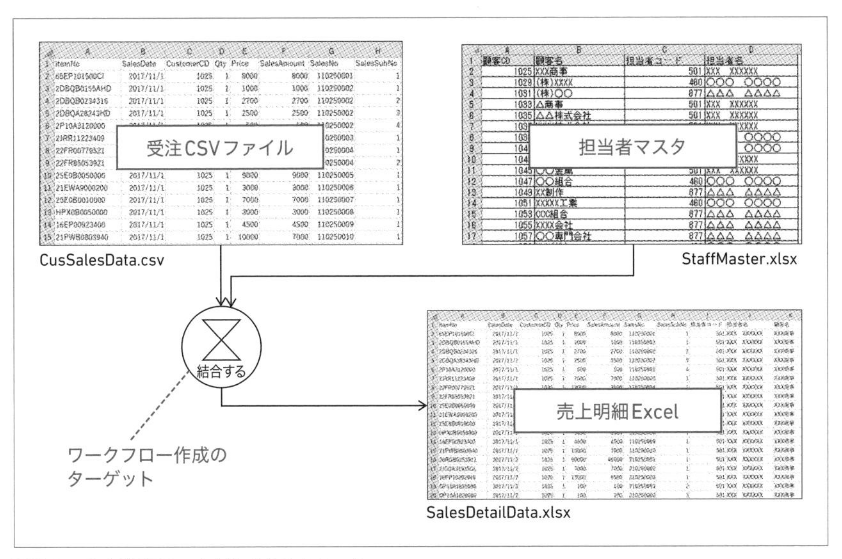

図5.2：売上明細Excelを作成するイメージ

本セクションでは商品受注システムからダウンロード済みの受注CSVファイルと担当者マスタを結合させて、売上明細Excelを作成するワークフローを作成します。

同じような業務を行っている読者は、参考にして自分の業務に応用してください。

5.1.3 完成図

ワークフローは4つのパートで構成されます。[受注CSV読み込み] で受注CSVファイルを読み込み、[担当者マスタ読み込み] で担当者マスタを読み込みます。[テーブルの結合] で2つのファイルを結合させて、[Excelに書き込み] で売上明細をExcelファイルに書き込みます（**図5.3**）。

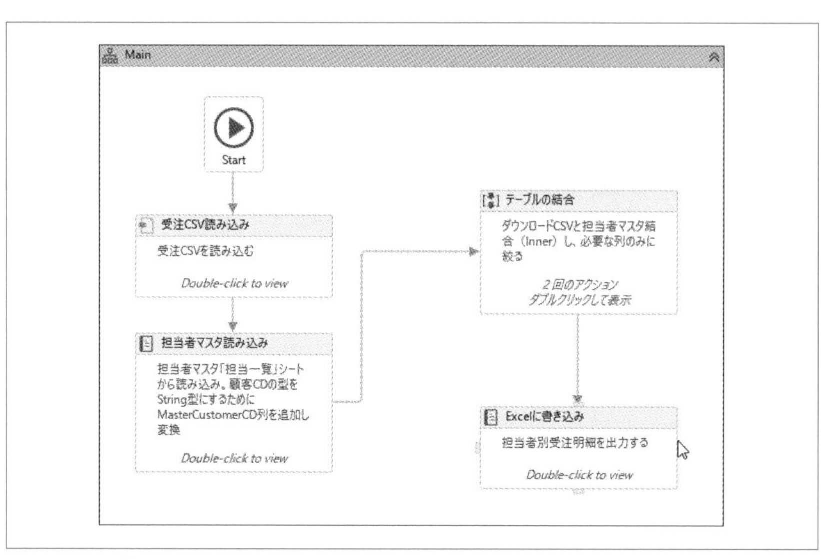

図5.3：Excel帳票を作成するワークフローの完成図

5.1.4 作成準備

STEP1 UiPath Studioを起動し、新たにプロジェクトを作成する。

STEP2 作成したプロジェクトフォルダーの中に、本書のサンプルフォルダー「サンプルファイル」→「Chapter5」→「5.1」に格納されている「CusSalesData.csv」と「staffmaster.xlsx」をコピーする。

5.1.5 作成手順

1 全体の枠を作る

STEP1 Main.xamlを開く。

❶ ［フローチャート(Flowchart)］アクティビティを追加する。
❷ 表示名を「Main」に変更する。

STEP2 ［Main］フローチャートをダブルクリックして展開し、［Main］フローチャート上に以下の4つのアクティビティを追加し、順番に流れ線で結ぶ。

❶ [CSVを読み込み（Read CSV）] アクティビティを追加し、表示名を「受注CSV読み込み」にする。
❷ [Excel アプリケーションスコープ（Excel Application Scope）] アクティビティを追加し、表示名を「担当者マスタ読み込み」にする。
❸ [シーケンス（Sequence）] アクティビティを追加し、表示名を「テーブルの結合」にする。
❹ [Excel アプリケーションスコープ（Excel Application Scope）] アクティビティを追加し、表示名を「Excelに書き込み」にする（**図5.4**）。

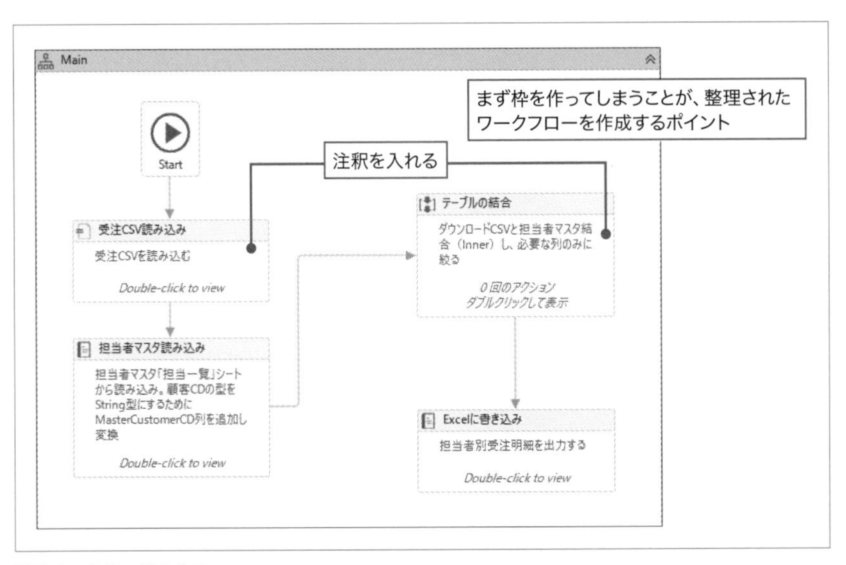

図5.4：全体の枠を作る

2 受注CSV読み込み

STEP1 [受注CSV読み込み] をダブルクリックし、アクティビティを展開する。[ファイルのパス] 入力ボックスの右側にあるボタンをクリックして、ファイル　選択ダイアログを表示し、「CusSalesData.csv」を選択する（プロパティ [ファイルのパス] に直接入力してもよい。この場合「"（ダブルクォーテーション）」でパスを囲むことを忘れずに）。

STEP2 プロパティ [データテーブル] の入力ボックスにカーソルをあてた状態で [Ctrl] + [K] キーを押し、[変数を設定] に「CusSalesData」と入力し、[Enter] キーを押す。DataTable型変数 [CusSalesData] が設定される。

3 担当者マスタ読み込み

STEP1 [Main] フローチャートに戻り、[担当者マスタ読み込み] をダブルクリックし展開する。[ブックのパス] 入力ボックスの右側にあるボタンをクリックして、ファイル選択ダイアログを表示し、「staffmaster.xlsx」を選択する（プロパティ [ブックのパス] に直接入力してもよい）。

STEP2 [実行] の表示名を「担当者マスタデータ加工」に変更する。

STEP3 [担当者マスタデータ加工] に以下の3つのアクティビティを配置する。

❶ [範囲を読み込み（Read Range)] アクティビティを追加し、表示名を「担当一覧をDataTableに格納」に変更する。

❷ [データ列を追加（Add Data Column)] アクティビティを追加し、表示名を「MasterCustomerCD追加」に変更する。

❸ [繰り返し（各行）(For Each Row)] アクティビティを追加し、表示名を「顧客コード転記ループ」に変更する。

STEP4 [担当者一覧をDataTableに格納] を選択する（図5.6❶）。

❶ プロパティ [シート名] に「"担当一覧"」を設定する。

❷ プロパティ [データテーブル] の入力ボックスにカーソルをあてた状態で [Ctrl] ＋ [K] キーを押し、[変数を設定] に「StaffMasterData」と入力し、[Enter] キーを押す。

❸ [変数] パネルを開き、DataTable型変数 [StaffMasterData] のスコープを [Main] に変更する。

MEMO これから作成するワークフローって何?

受注CSVは、CSV形式のファイルです。DataTableに読み込む際、受注CSV のすべての列のDataColumn クラスのDataType プロパティはString型となります。
一方、担当者マスタはExcelファイルです。Excelファイルを読み込み、DataTableを生成する際は、すべての列のDataColumn クラスのDataType プロパティがObject型になります。
後ほど、2つのDataTableを突合させたいのですが、[CustomerCD] と [顧客コード] のDataType プロパティの型がそれぞれ、String型とObject型であるため型が一致しません。
そのため、DataTable型変数 [StaffMasterData] の [顧客コード] を取得し、Data

Typeプロパティを String 型に変換したのち、新しい列［MasterCustomerCD］に挿入しています。
これにより、DataTable型変数［SalesFileData］の［CustomerCD］とDataTable型変数［StaffMasterData］の［MasterCustomerCD］のDataTypeプロパティが同じString型になるため、結合ルールに使えるようになります（図5.5）。

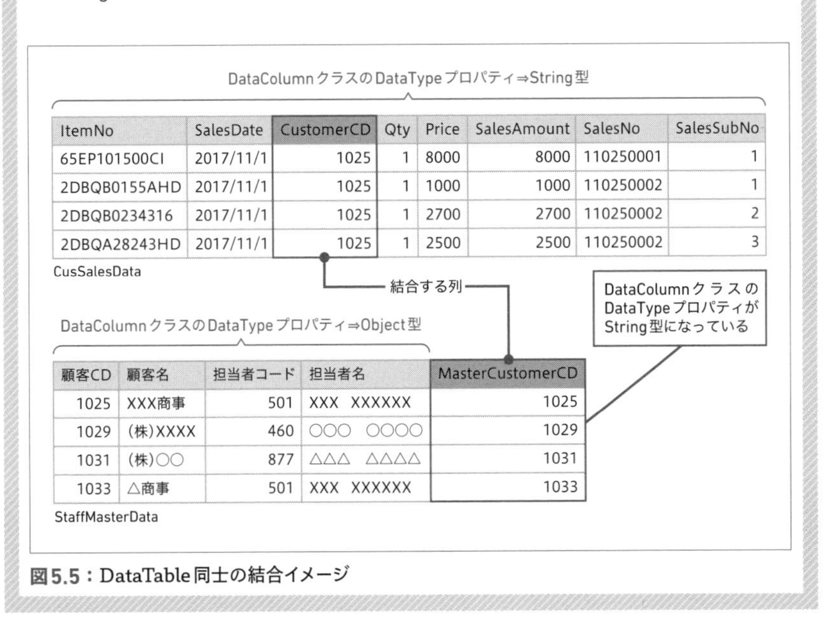

ItemNo	SalesDate	CustomerCD	Qty	Price	SalesAmount	SalesNo	SalesSubNo
65EP101500CI	2017/11/1	1025	1	8000	8000	110250001	1
2DBQB0155AHD	2017/11/1	1025	1	1000	1000	110250002	1
2DBQB0234316	2017/11/1	1025	1	2700	2700	110250002	2
2DBQA28243HD	2017/11/1	1025	1	2500	2500	110250002	3

顧客CD	顧客名	担当者コード	担当者名	MasterCustomerCD
1025	XXX商事	501	XXX　XXXXXX	1025
1029	(株)XXXX	460	○○○　○○○○	1029
1031	(株)○○	877	△△△　△△△△	1031
1033	△商事	501	XXX　XXXXXX	1033

図5.5：DataTable同士の結合イメージ

STEP5 ［MasterCustomerCD追加］を選択する（図5.6❷）。

❶ プロパティ［データテーブル］にDataTable型変数［StaffMasterData］を設定する。
❷ プロパティ［列名］に「"MasterCustomerCD"」と入力する。これにより、DataTable型変数［StaffMasterData］に1列追加される。

STEP6 ［顧客コード転記ループ］を選択する（図5.6❸）。

❶ プロパティ［データテーブル］にDataTable型変数［StaffMasterData］を設定する。
❷ ［Body］に［代入（Assign）］アクティビティを追加する。

❸ [代入] のプロパティ [左辺値 (To)] に「row.Item("MasterCustomerCD")」と入力する。

❹ [代入] のプロパティ [右辺値 (Value)] に「row.Item("顧客CD").ToString」と入力する。

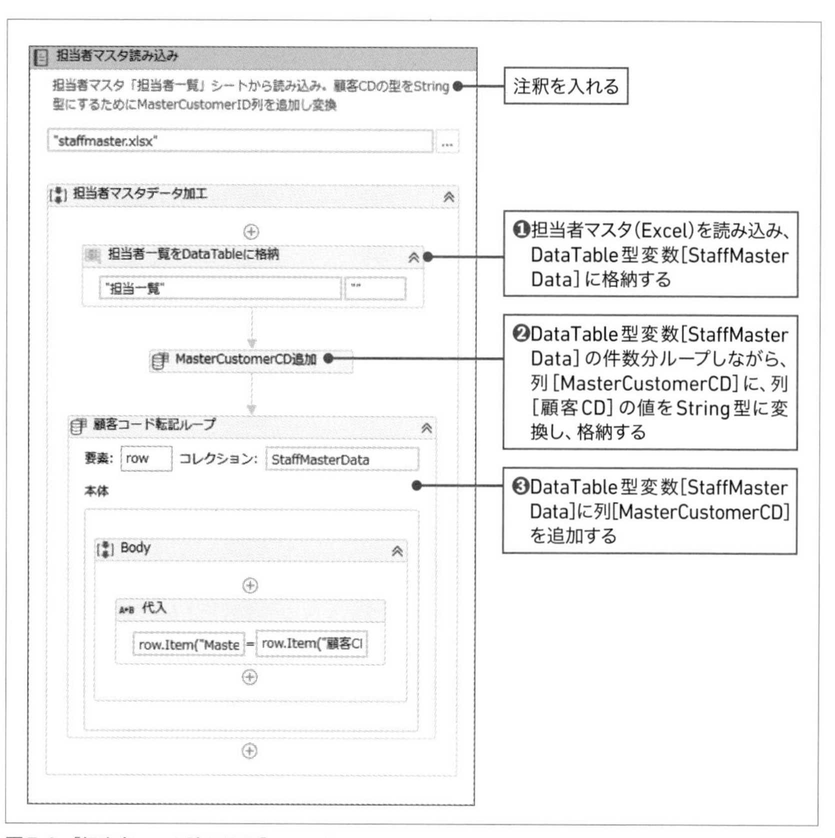

図5.6：[担当者マスタ読み込み] のワークフロー

4 テーブルの結合

STEP1 メインのフローチャートに戻り、[テーブルの結合] の「ダブルクリックして表示」をダブルクリックし展開する。以下の2つのアクティビティを追加する。

❶ [データテーブルを結合] アクティビティ

❷ [データテーブルをフィルタリング（Filter Data Table)］アクティビティ

STEP2 [データテーブルを結合］の［結合ウィザード］をクリックし、[結合ウィザード］画面を起動する（図5.7）。

❶ [入力データテーブル1］にDataTable型変数［CusSalesData]、[入力データテーブル2］にDataTable型変数［StaffMasterData］を設定する。
❷ [出力データテーブル］の入力ボックスにカーソルをあてた状態で［Ctrl］＋［K］キーを押し、[変数を設定］に「SalesDetailData」と入力し、[Enter］キーを押す。
❸ 結合型は［Inner］を選択する。
❹ [列テーブル1］には「"CustomerCD"」と入力する。
❺ [操作］は「=（イコール)」を選択する。
❻ [列テーブル2］には「"MasterCustomerCD"」と入力する。
❼ 入力が完了したら［OK］をクリックする。

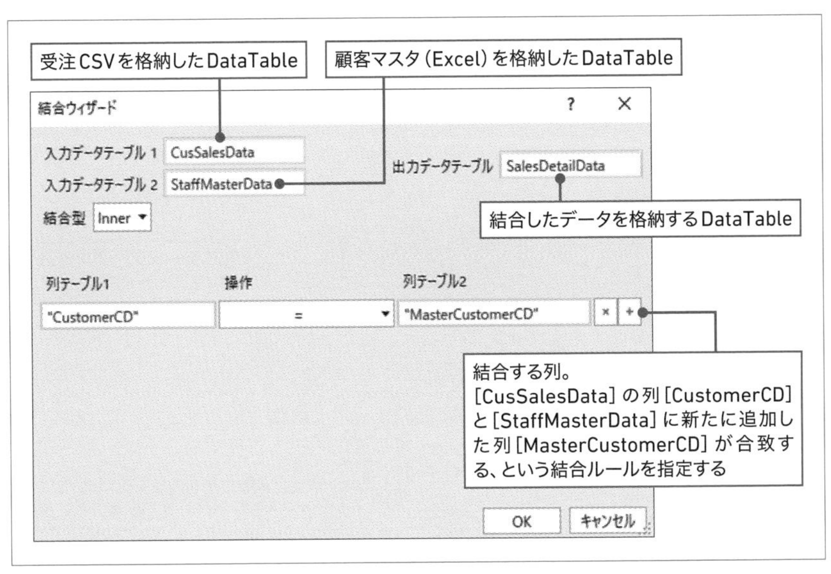

図5.7：[結合ウィザード］画面

❽ [変数］パネルを開き、変数［SalesDetailData］のスコープを［Main］に変更する。

HINT 結合型

結合型には次の3つがあります。

1. Inner：結合ルールに一致する［入力データテーブル1］と［入力データテーブル2］のすべての行が保持されます。ルールに一致しない行はすべて、［出力データテーブル］から削除されます。
2. Left：［入力データテーブル1］のすべての行と結合ルールに一致する［入力データテーブル2］の値のみが保持されます。一致しない場合null値が挿入されます。
3. Full：結合条件の一致/不一致にかかわらず、［入力データテーブル1］と［入力データテーブル2］のすべての行が保持されます。両方のデータテーブルの条件に一致しない行には、null値が挿入されます。

STEP3 ［データテーブルをフィルタリング］の［フィルターウィザード］をクリックし、［フィルターウィザード］画面を起動する。

❶［入力データテーブル］と［出力データテーブル］にはDataTable型変数［SalesDetailData］を設定する。
❷［出力列］タブをクリックし、図5.8のように入力する。
❸ 入力が完了したら［OK］をクリックする。

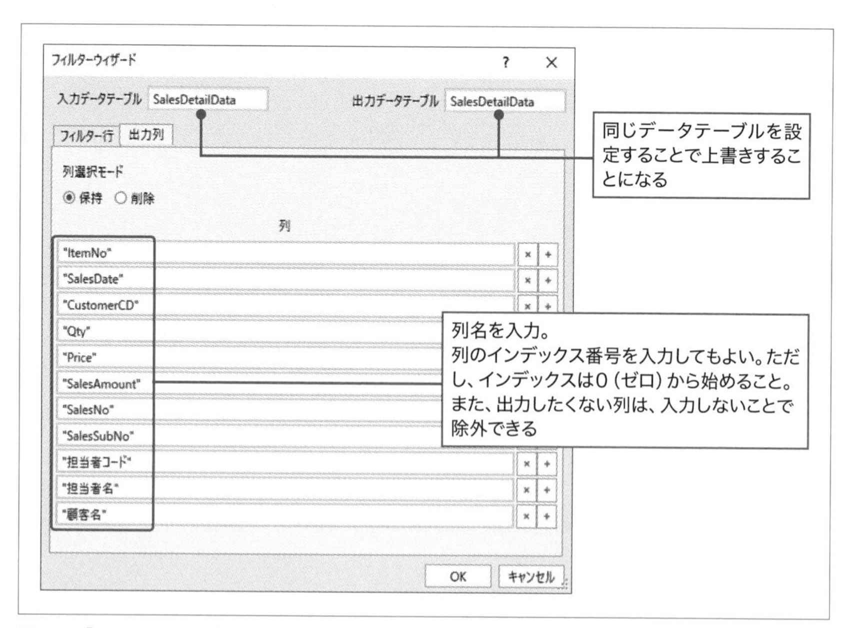

図5.8：［フィルターウィザード］画面

5 Excelに書き込み

STEP1 [Main] フローチャートに戻り、[Excelに書き込み] をダブルクリックし展開する。

❶ プロパティ [ワークブックのパス] に「"SalesDetailData.xlsx"」と入力する。
❷ [実行] の表示名を「Excelに書き込みを実行」に変更する。

STEP2 [Excelに書き込みを実行] に、[範囲に書き込み (Write Range)] アクティビティ ([アクティビティ] パネルの [使用可能] → [アプリの連携] → [Excel]) を追加する。

❶ プロパティ [データテーブル] にDataTable型変数 [SalesDetailData] を設定する。
❷ プロパティ [ヘッダーの追加] にチェックする。

5.1.6 実行する

ワークフローの実行に成功すると、プロジェクトフォルダーに「SalesDetailData.xlsx」が生成されます。

5.1.7 使用する変数

ワークフロー内で使用する変数は**表5.1**の通りです。

表5.1：使用する変数

名前	変数の型	スコープ	既定値
CusSalesData	DataTable	Main	—
StaffMasterData	DataTable	Main	—
SalesDetailData	DataTable	Main	—

HINT 変数の作成方法とタイミング

変数は [変数] パネルであらかじめ作成してもよいですが、各アクティビティの [プロパティ] パネルで作成する方法もあります。後者であれば、変数の型を選択することなく、デフォルトでDataTable変数となりますので、手順が少なくて済みます。

5.1.8 運用のポイント

1 マスタファイルは共有フォルダーに格納する

担当者マスタ「staffmaster.xlsx」は、当プロジェクトフォルダーの直下に配置されていますが、実際の運用時には運用者が加工・修正できるフォルダーに配置しましょう。部署内で共有する場合は部内の共有フォルダーに配置することになるでしょう。その場合、「5.1.5　作成手順/3 担当者マスタ読み込み」のSTEP1のプロパティ［ブックのパス］を修正してください。

2 担当者マスタはメンテナンスされている前提

「5.1.5　作成手順/4 テーブルの結合」で解説しているように、担当者マスタと受注CSVの結合条件は「Inner join」です。受注CSVの列［CustomerCD］のすべてが、担当者マスタの［顧客CD］になかった場合、その行は出力されません。もし、担当者マスタのメンテナンス漏れも検知したい場合は、結合条件を「Left Join」にし、合致せずにNull値が挿入されている行を探す、というロジックを入れなければなりません。

このように、実際の業務に使うロジックは長くなりがちです。現実的な対応方法として、担当者マスタが正しくメンテナンスされていることを確認するためだけのワークフローを作成することをお勧めします。

運用時には、まず確認用ワークフローを実行し、確認ができた後に、本セクションのワークフローを実行します。

5.1.9 関連セクション

売上明細Excelが作成できましたが、ここで業務は終わりません。売上明細Excelをさらに集計して担当者別の売上実績を作成する、といった業務もあります。この方法については、以下のセクションを参考にしてください。

➡5.4　引数付きのExcelマクロを実行する

また、本セクションでは受注データダウンロードは対象としていませんが、この業務プロセスも自動化できます。

➡4.1　ブラウザー操作を簡単に自動化する
➡4.5　ボタンをクリックしてデータをダウンロードする
➡11.1　WebシステムからのCSVダウンロードプロセス

データテーブル（DataTable）について、以下のセクションで詳しく解説しています。

➡3.3　ファイル操作を極める

フィルターをかけてExcelシートを分割する

5.2.1 業務イメージ

「5.1　CSVファイルを読み込んでExcel帳票を作成する」と同じBtoBの企業をイメージします。前セクションで、下図の「SalesDetailData.xlsx」という名前のExcelファイルを作成しました。このExcelファイルを担当者別に分割して（図5.9❶)、新たなExcelファイルとして保存します❷。

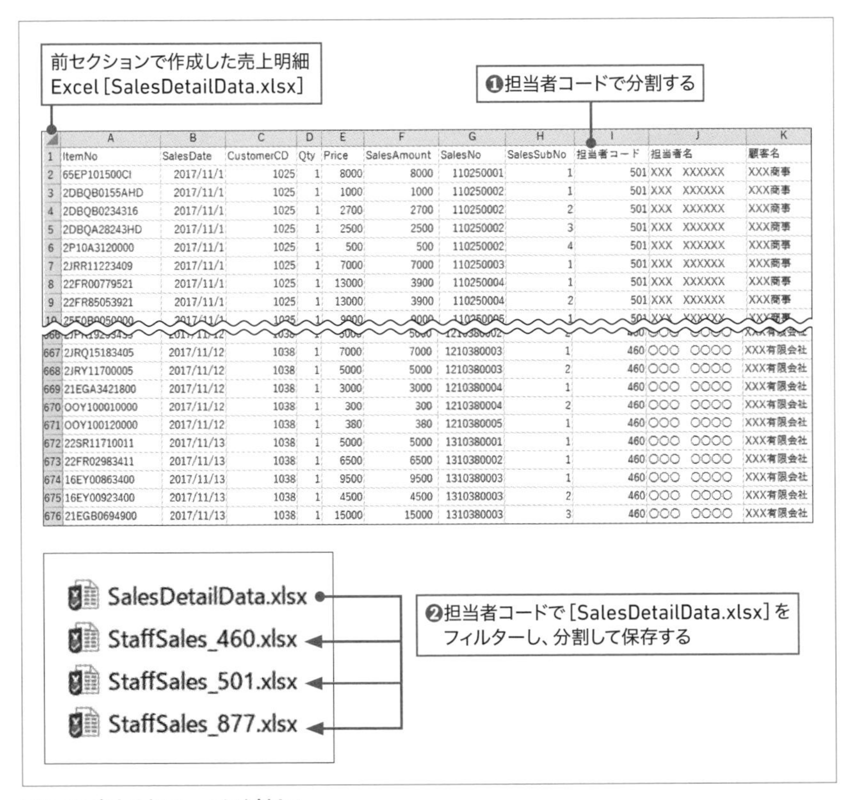

	A	B	C	D	E	F	G	H	I	J	K
1	ItemNo	SalesDate	CustomerCD	Qty	Price	SalesAmount	SalesNo	SalesSubNo	担当者コード	担当者名	顧客名
2	65EP101500CI	2017/11/1	1025	1	8000	8000	110250001	1	501	XXX　XXXXXX	XXX商事
3	2DBQB0155AHD	2017/11/1	1025	1	1000	1000	110250002	1	501	XXX　XXXXXX	XXX商事
4	2DBQB0234316	2017/11/1	1025	1	2700	2700	110250002	2	501	XXX　XXXXXX	XXX商事
5	2DBQA28243HD	2017/11/1	1025	1	2500	2500	110250002	3	501	XXX　XXXXXX	XXX商事
6	2P10A3120000	2017/11/1	1025	1	500	500	110250002	4	501	XXX　XXXXXX	XXX商事
7	2JRR11223409	2017/11/1	1025	1	7000	7000	110250003	1	501	XXX　XXXXXX	XXX商事
8	22FR00779521	2017/11/1	1025	1	13000	3900	110250004	1	501	XXX　XXXXXX	XXX商事
9	22FR85053921	2017/11/1	1025	1	13000	3900	110250004	2	501	XXX　XXXXXX	XXX商事
10	25F0B0050000	2017/11/1	1025	1	9000	9000	110250005	1	501	XXX　XXXXXX	XXX商事
666	[illegible]	2017/11/12	1038	1	5000	5000	1210380002	2	460	○○○　○○○○	XXX有限会社
667	2JRQ15183405	2017/11/12	1038	1	7000	7000	1210380003	1	460	○○○　○○○○	XXX有限会社
668	2JRY11700005	2017/11/12	1038	1	5000	5000	1210380003	2	460	○○○　○○○○	XXX有限会社
669	21EGA3421800	2017/11/12	1038	1	3000	3000	1210380004	1	460	○○○　○○○○	XXX有限会社
670	OOY100010000	2017/11/12	1038	1	300	300	1210380004	2	460	○○○　○○○○	XXX有限会社
671	OOY100120000	2017/11/12	1038	1	380	380	1210380005	1	460	○○○　○○○○	XXX有限会社
672	22SR11710011	2017/11/13	1038	1	5000	5000	1310380001	1	460	○○○　○○○○	XXX有限会社
673	22FR02983411	2017/11/13	1038	1	6500	6500	1310380002	1	460	○○○　○○○○	XXX有限会社
674	16EY00863400	2017/11/13	1038	1	9500	9500	1310380003	1	460	○○○　○○○○	XXX有限会社
675	16EY00923400	2017/11/13	1038	1	4500	4500	1310380003	2	460	○○○　○○○○	XXX有限会社
676	21EGB0694900	2017/11/13	1038	1	15000	15000	1310380003	3	460	○○○　○○○○	XXX有限会社

図5.9：売上明細Excelを分割する

5.2.2 完成図

ワークフローは3つのパートで構成されます。[売上明細Excelを読み込む] で売上明細Excelを読み込み、[データ加工] で担当者コードのリストを作成します。[担当者別Excel書き出し] で担当者コードをキーにして、担当者別データをExcelファイルに書き込みます（**図5.10**）。

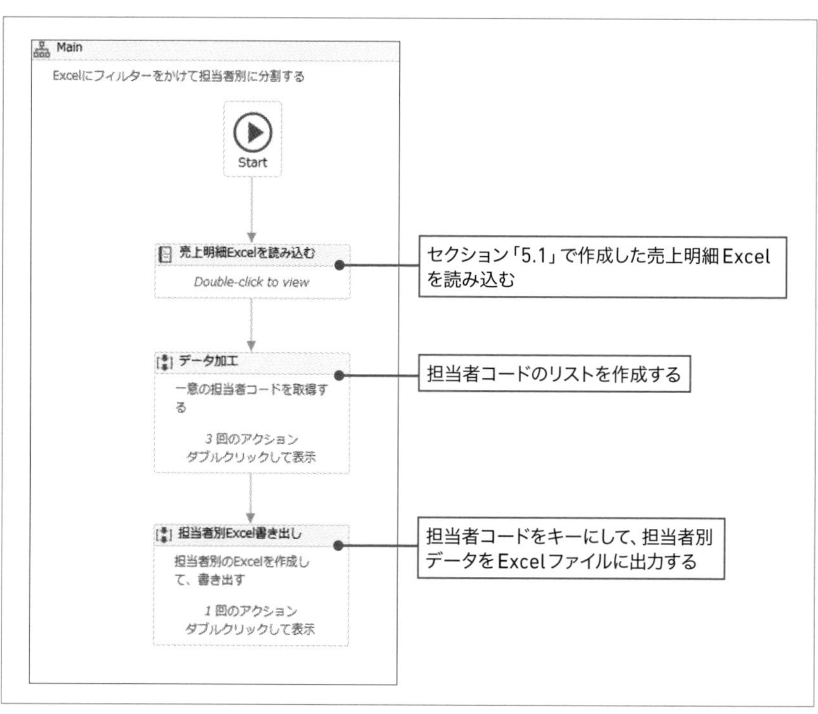

図5.10：Excelファイルを分割するワークフローの完成図

5.2.3 作成準備

STEP1 UiPath Studioを起動し、新たにプロジェクトを作成する。

STEP2 作成したプロジェクトフォルダーの中に、本書のサンプルフォルダー「サンプルファイル」→「Chapter5」→「5.2」に格納されている「SalesDetailData.xlsx」をコピーする。

5.2.4 作成手順

1 Mainフローチャート

STEP1 Main.xamlを開く。

STEP2 [フローチャート (Flowchart)] アクティビティを追加し、名前を「Main」とする。

STEP3 [Main] フローチャートをダブルクリックして展開し、フローチャート上に以下の3つのアクティビティを追加する。

❶ [Excel アプリケーションスコープ (Excel Application Scope)] アクティビティを追加し、表示名を「売上明細Excelを読み込む」にする。

❷ [シーケンス (Sequence)] アクティビティを追加し、表示名を「データ加工」にする。

❸ [シーケンス (Sequence)] アクティビティを追加し、表示名を「担当者別Excel書き出し」にする。

STEP4 図5.10の完成図を参照し、[Start] → [売上明細Excelを読み込む] → [データ加工] → [担当者別Excel書き出し] の順に流れ線で結ぶ。

2 売上明細Excelを読み込む

売上明細Excel「SalesDetailData.xlsx」を読み込み、DataTable型変数 [SalesDetailData] に出力します（図5.11）。

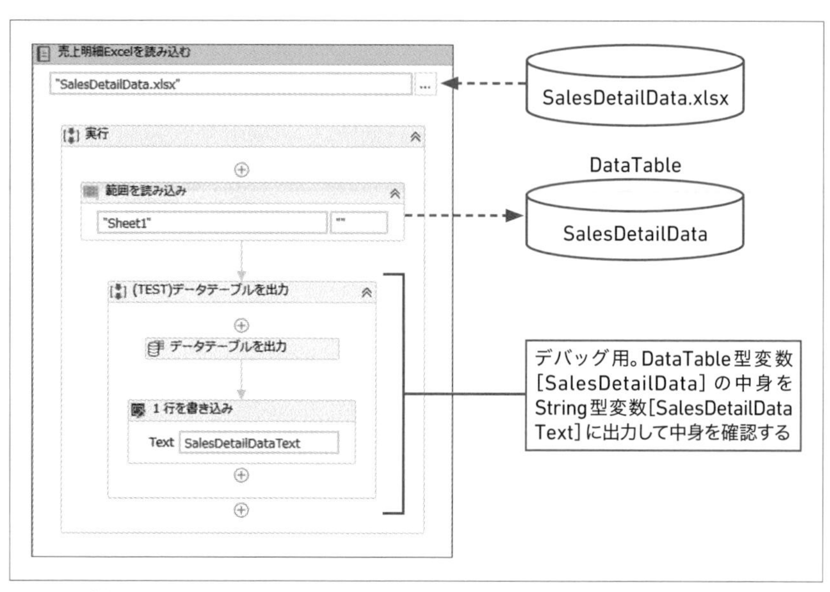

図5.11：［売上明細Excelを読み込む］のワークフロー

STEP1 ［売上明細Excelを読み込む］をダブルクリックし、アクティビティを展開する。［…］をクリックして、「SalesDetailData.xlsx」を選択する（［ファイルのパス］プロパティに直接入力してもよい。この場合「"（ダブルクォーテーション）」でパスを囲むことを忘れずに）。プロパティ［可視］のチェックを外す。

HINT プロパティ［可視］

プロパティ［可視］のチェックを外すとExcelの動作が画面上に表示されなくなります。ワークフローの動作を見たいという方はチェックを付けたままにしてください。

STEP2 ［実行］の中に［範囲を読み込み（Read Range）］アクティビティを追加する。［データテーブル］プロパティの入力ボックスにカーソルをあてた状態で［Ctrl］＋［K］キーを押し、［変数を設定］に「SalesDetailData」と入力し、［Enter］キーを押す。DataTable型変数［SalesDetailData］が作成される。

STEP3 [変数] パネルを開き、[SalesDetailData] の [スコープ] を [Main] に変更する。

売上明細Excelの読み込みはこれで完了ですが、DataTable型変数 [SalesDetail Data] の中身を確認したいところです。その場合はテスト用のアクティビティを追加して、DataTableの中身を書き出しましょう。

STEP4 [実行] の中に [シーケンス (Sequence)] アクティビティを追加し、表示名を「(TEST) データテーブルを出力」に変更する。

STEP5 [(TEST) データテーブルを出力] の中に [データテーブルを出力 (Output Data Table)] アクティビティを追加する。

❶ プロパティ [データテーブル] にDataTable型変数 [SalesDetailData] を設定する。

❷ プロパティ [テキスト] の入力ボックスにカーソルをあてた状態で [Ctrl] + [K] キーを押し、[変数を設定] に「SalesDetailDataText」と入力し、[Enter] キーを押す。String型変数 [SalesDetailDataText] が生成される。

STEP6 [データテーブルを出力] の後に、[1行を書き込み (Write Line)] アクティビティを追加する。プロパティ [テキスト] にString型変数 [Sales DetailDataText] を設定する。これによりDataTable型変数 [Sales DetailData] の中身を [出力] パネルに出力して確認することができる。

HINT テスト用のアクティビティのコメントアウト

テスト用に作成した［(TEST) データテーブルを出力］は本番では使用しませんので、本番運用時はコメントアウトしておきましょう。ワークフローの改修時にはまた使用するかもしれませんので、削除せずに残しておきます（図5.12）

［(TEST) データテーブルを出力］を選択して、［Ctrl］＋［D］キーを押してコメントアウトすることができます（右クリック→［アクティビティを無効にする］でも同じ)。

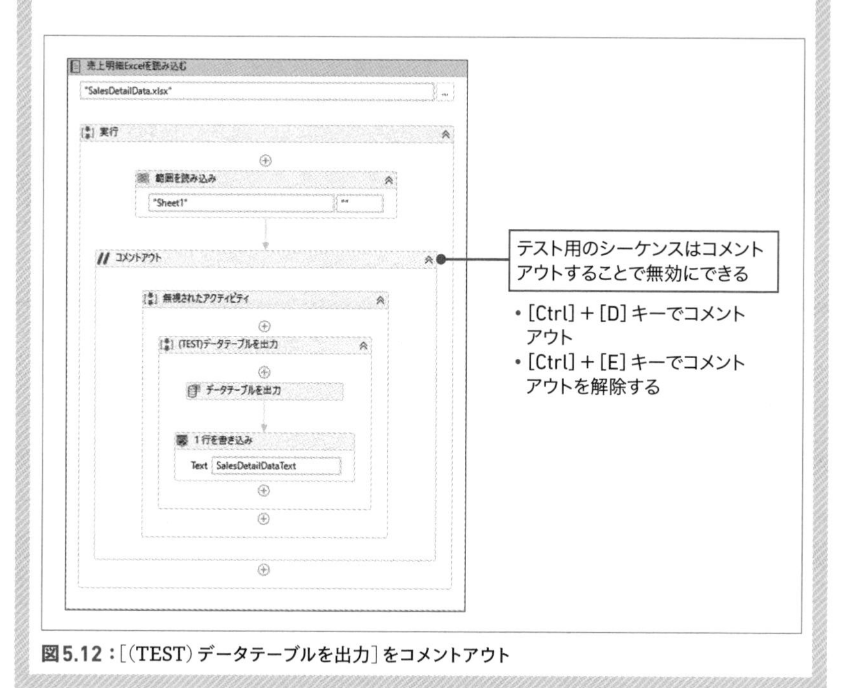

図5.12：［(TEST) データテーブルを出力］をコメントアウト

3 データ加工

DataTable型変数［SalesDetailData］から担当者コードのリストを作成します（図5.13）。

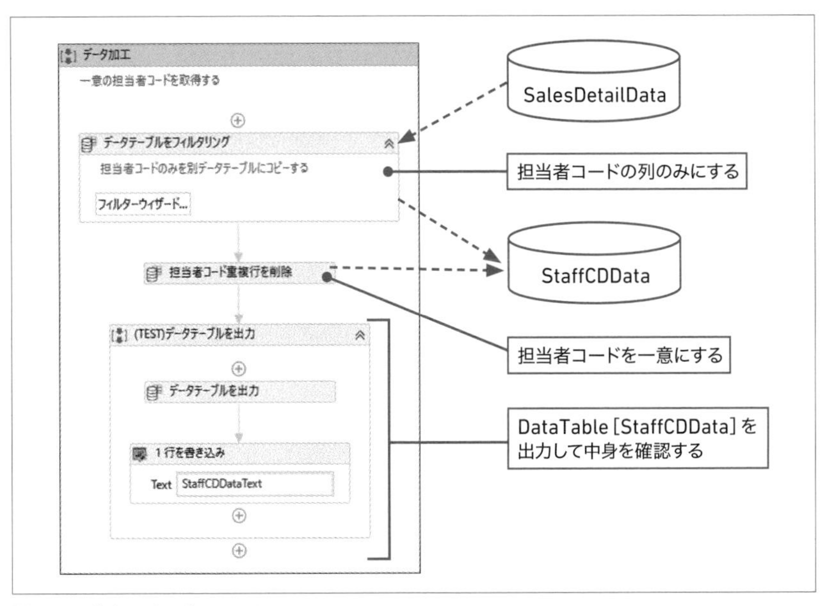

図5.13：［データ加工］のワークフロー

STEP1 ［Main］フローチャートに戻り、［データ加工］をダブルクリックし展開する。

STEP2 ［データテーブルをフィルタリング（Filter Data Table)］アクティビティを追加する。

❶ ［フィルターウィザード］をクリックし、［フィルターウィザード］画面を表示する。

❷ ［フィルターウィザード］画面の［入力データテーブル］にDataTable型変数［SalesDetailData］を設定する（図5.14❶）。

❸ ［出力データテーブル］の入力ボックスにカーソルをあてた状態で［Ctrl］＋［K］キーを押し、［変数を設定］に「StaffCDData」と入力し、［Enter］キーを押す❷。DataTable型変数［StaffCDData］が作成される。

❹ ［フィルターウィザード］画面の［出力列］タブを選択し❸、入力ボックスに「"担当者コード"」と入力する。これにより、DataTable型変数［StaffCDData］

にはDataTable型変数［SalesDetailData］の担当者コードの列のみが格納された状態となる❹。

❺ ［OK］をクリックして画面を閉じる❺。

❻ ［変数］パネルを開き、［StaffCDData］の［スコープ］を［Main］に変更する。

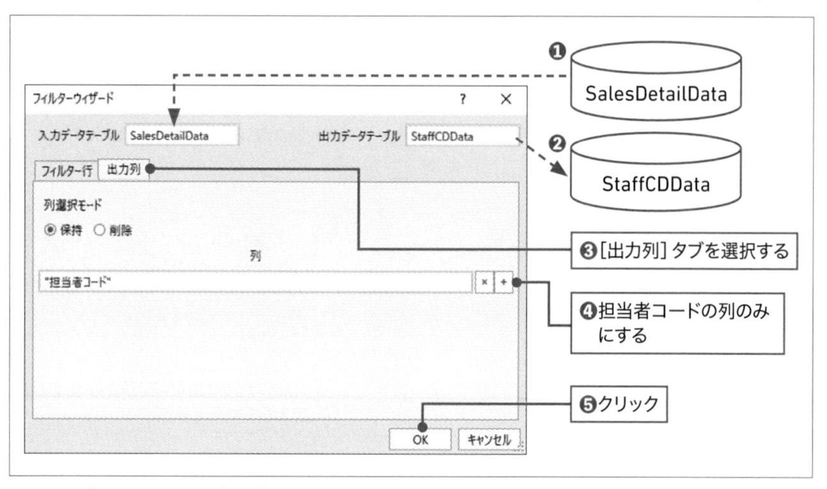

図5.14：［フィルターウィザード］画面

STEP3 ［重複行を削除（Remove Duplicate Range)］アクティビティ（［アクティビティ］パネルの［使用可能］→［プログラミング］→［データテーブル］）を追加する。

❶ 表示名を「担当者コード重複行を削除」に変更する。

❷ プロパティ［入力/データテーブル］にDataTable型変数［StaffCDData］を設定する。

❸ プロパティ［出力/データテーブル］にDataTable型変数［StaffCDData］を設定する。

STEP4 ［売上明細Excelを読み込む］でも作成したように、DataTable型変数［StaffCDData］の中身を確認するワークフローも作成する。［実行］の中に［シーケンス（Sequence)］アクティビティを追加し、表示名を「(TEST）データテーブルを出力」に変更する。

STEP5 ［(TEST）データテーブルを出力］の中に［データテーブルを出力（Output Data Table)］アクティビティを追加する。

❶ プロパティ［データテーブル］にDataTable型変数［StaffCDData］を設定する。

❷ プロパティ［テキスト］の入力ボックスにカーソルをあてた状態で［Ctrl］+［K］キーを押し、［変数を設定］に「StaffCDDataText」と入力し、［Enter］キーを押す。String型変数［StaffCDDataText］が生成される。

STEP6 **［データテーブルを出力］の後に［1行を書き込み（Write Line）］アクティビティを追加し、プロパティ［テキスト］にString型変数［StaffCDlDataText］を設定する。これによりDataTable型変数［StaffCDData］の中身を［出力］パネルに出力して確認することができる。**

4 担当者別Excel書き出し

担当者コードでDataTable型変数［SalesDetailData］を絞り込み、絞り込んだデータをExcelファイルに書き込みます（図**5.15**）。

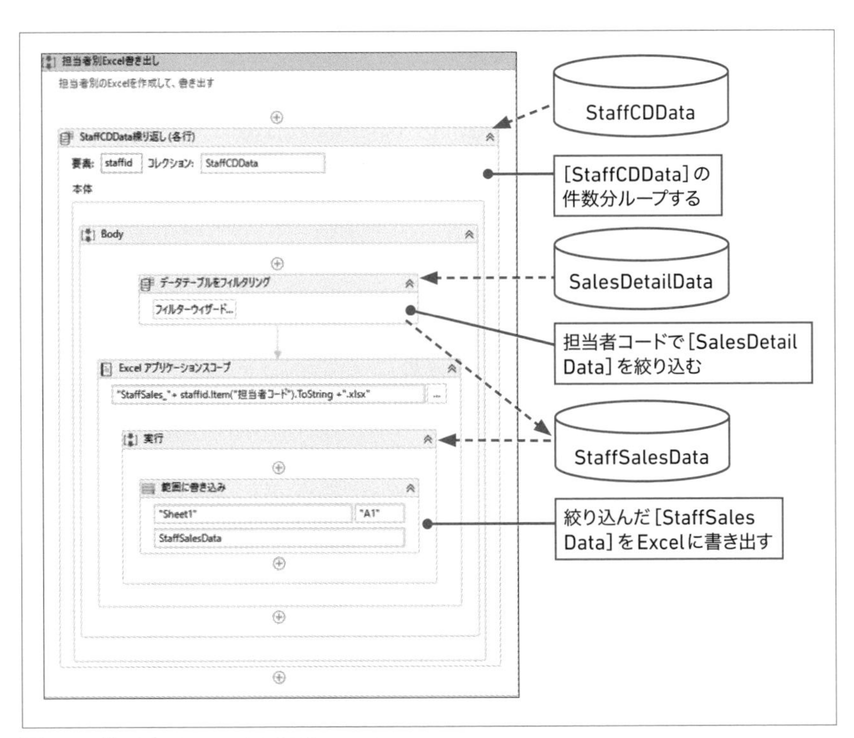

図5.15：［担当者別Excel書き出し］のワークフロー

STEP1 [Main] フローチャートに戻り、[担当者Excel書き出し] をダブルクリックし展開する。

STEP2 [繰り返し (各行) (For Each Row)] アクティビティを追加する。

❶ 表示名を「StaffCDData繰り返し (各行)」に変更する。
❷ プロパティ [データテーブル] にDataTable型変数 [StaffCDData] を設定する。
❸ [要素] を「staffid」に変更する。

STEP3 [StaffCDData繰り返し (各行)] の [Body] に [データテーブルをフィルタリング (Filter Data Table)] アクティビティを追加する。

❶ [フィルターウィザード] をクリックし、[フィルターウィザード] 画面を表示する。
❷ [フィルターウィザード] 画面の [入力データテーブル] にDataTable型変数 [SalesDetailData] を設定する (**図5.16❶**)。
❸ [出力データテーブル] の入力ボックスにカーソルをあてた状態で [Ctrl] + [K] キーを押し、[変数を設定] に「StaffSalesData」と入力し、[Enter] キーを押す。DataTable型変数 [StaffSalesData] が作成される❷。
❹ [行フィルターモード] に [保持] と [削除] を選択するラジオボタンがあるので [保持] を選択する。
❺ [フィルターウィザード] 画面の [フィルター行] タブを選択し、[列] に「"担当者コード"」と入力する。[操作] に「=」を選択し、[値] に「staffid.Item("担当者コード")」と入力する❸。
❻ [OK] をクリックして画面を閉じる❹。

これにより、DataTable型変数 [SalesDetailData] が1人の担当者に絞り込まれ、DataTable型変数 [StaffSalesData] に格納されました。

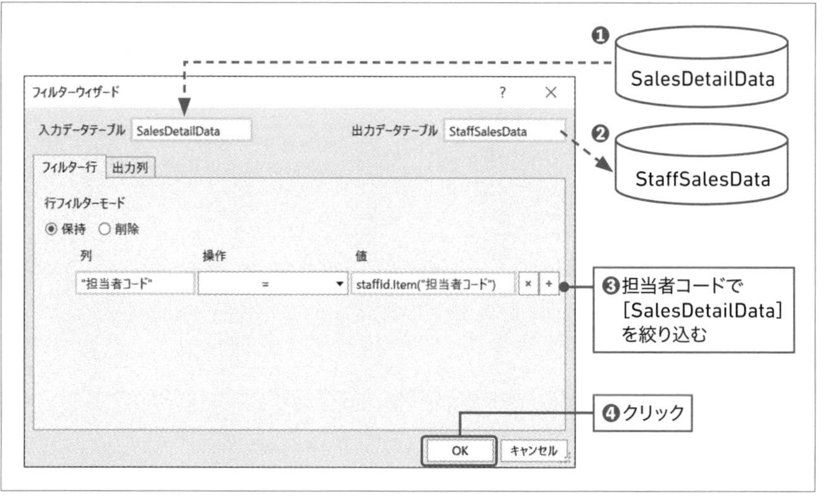

図5.16：データテーブルをフィルタリング

STEP4 [データテーブルをフィルタリング] の後に [Excel アプリケーションスコープ (Excel Application Scope)] アクティビティを追加し、プロパティ [ブックのパス] に「"StaffSales_"+ staffid.Item("担当者コード").ToString +".xlsx"」と入力する。

STEP5 [Excel アプリケーションスコープ] の [実行] の中に [範囲に書き込み (Write Range)] アクティビティ ([アクティビティ] パネルの [使用可能] → [アプリの連携] → [Excel]) を追加し、プロパティ [データテーブル] にDataTable型変数 [StaffSalesData] を設定する。

5.2.5 実行する

実行すると図5.17のように、担当者コードが付いたファイルがプロジェクトフォルダーに作成されます。ファイルの中を見ると、担当者別に絞り込まれていることが確認できます。

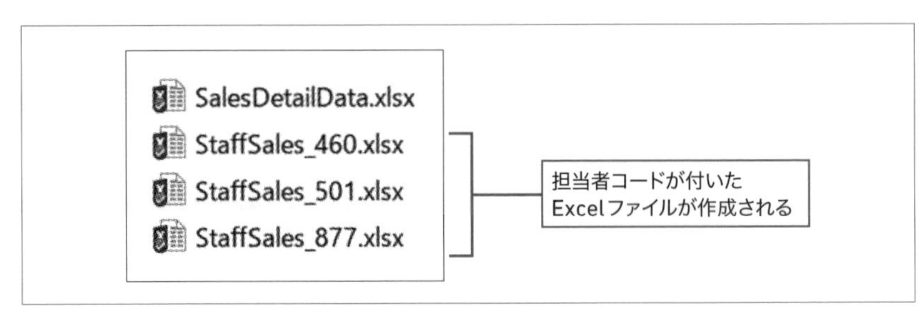

図5.17：実行後のExcelファイル

5.2.6 使用する変数

ワークフロー内で使用する変数は表**5.2**の通りです。

表5.2：使用する変数

名前	変数の型	スコープ	既定値
SalesDetailData	DataTable	Main	―
SalesDetailDataText	String	（TEST）データテーブルを出力	―
StaffCDData	DataTable	Main	―
StaffCDDataText	String	（TEST）データテーブルを出力	―
StaffSalesData	DataTable	［担当者別Excel書き出し］内のBody	―

5.2.7 関連セクション

データテーブル（DataTable）について、以下のセクションで詳しく解説しています。

➡3.3　ファイル操作を極める

Excelデータをアクティビティだけで集計する

Excelファイル内のデータをアクティビティだけで集計する方法を解説します。この方法ではExcelの集計機能やマクロを利用せずに集計できます。RPAというよりアプリケーション開発に近くなります。UiPathの可能性の幅を知るためにもよいサンプルとなるでしょう（**図5.18**）。

5.3.1 完成図

ワークフローは、[売上明細を読み込む] [グルーピング] [合計値の追加] の3つのパートで構成されます（**図5.18**）。

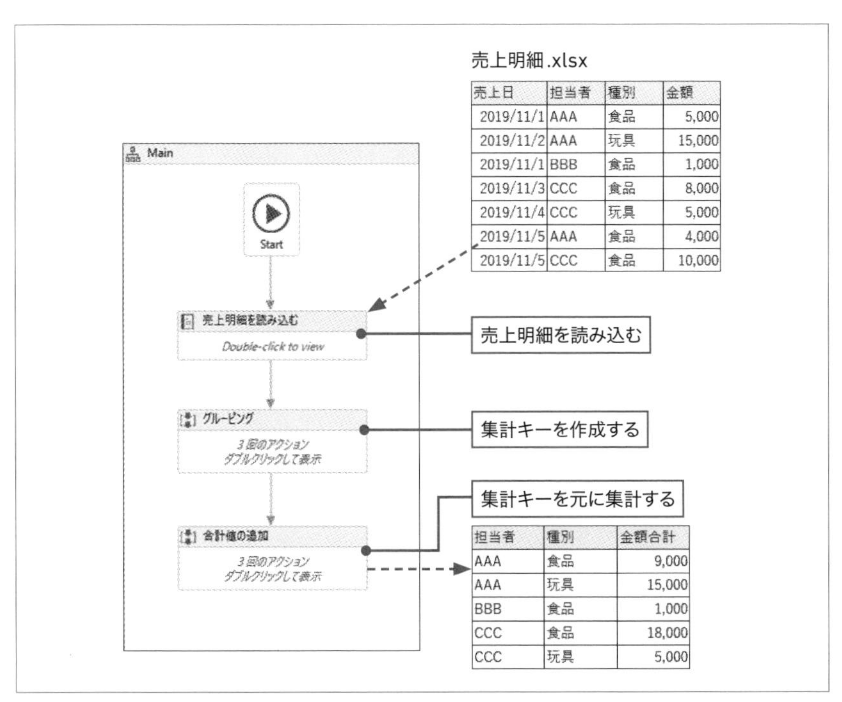

売上日	担当者	種別	金額
2019/11/1	AAA	食品	5,000
2019/11/2	AAA	玩具	15,000
2019/11/1	BBB	食品	1,000
2019/11/3	CCC	食品	8,000
2019/11/4	CCC	玩具	5,000
2019/11/5	AAA	食品	4,000
2019/11/5	CCC	食品	10,000

担当者	種別	金額合計
AAA	食品	9,000
AAA	玩具	15,000
BBB	食品	1,000
CCC	食品	18,000
CCC	玩具	5,000

図5.18：Excelデータを集計する

5.3.2 作成準備

STEP1 UiPath Studioを起動し、新たにプロジェクトを作成する。

STEP2 本書のサンプルフォルダー「サンプルファイル」→「Chapter5」→「5.3」から「売上明細.xlsx」を取得し、プロジェクトフォルダー直下に配置する。

5.3.3 作成手順

1 全体の枠を作成する

STEP1 Main.xamlを開く。

STEP2 Main.xamlに［フローチャート（Flowchart)］アクティビティを追加し、表示名を「Main」に変更する。

STEP3 ［Main］フローチャートをダブルクリックして展開し、3つのアクティビティを追加する。

❶ ［Excel アプリケーションスコープ（Excel Application Scope)］アクティビティを追加し、表示名を「売上明細を読み込む」に変更する。

❷ ［シーケンス（Sequence)］アクティビティを追加し、表示名を「グルーピング」に変更する。

❸ ［シーケンス（Sequence)］アクティビティを追加し、表示名を「合計値の追加」に変更する。

2 売上明細を読み込む

［売上明細を読み込む］から作成します（図5.19）。

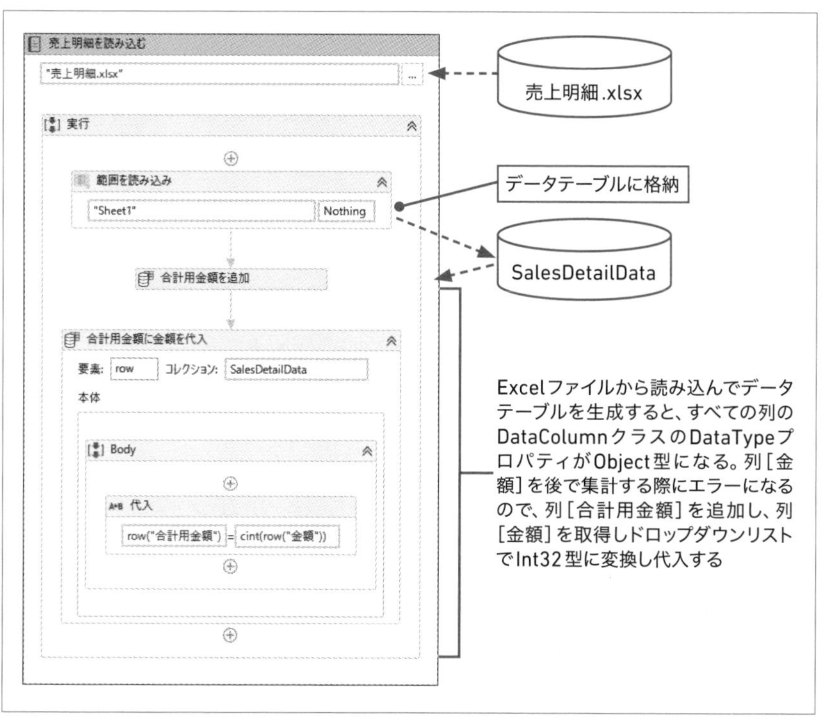

図5.19：［売上明細を読み込む］のワークフロー

STEP1 ［売上明細を読み込む］のプロパティ［ブックのパス］に「"売上明細.xlsx"」と入力する。プロパティ［可視］のチェックを外す。

STEP2 ［実行］の中に［範囲を読み込み（Read Range)］アクティビティを追加し、ダブルクリックして展開する。

❶ プロパティ［データテーブル］の入力ボックスにカーソルをあてた状態で［Ctrl］＋［K］キーを押し、［変数を設定］に「SalesDetailData」と入力し、［Enter］キーを押す。

❷ ［変数］パネルで変数［SalesDetailData］のスコープを［Main］に変更する。

DataTable型変数［SalesDetailData］の列のDataColumnクラスのDataTypeプロパティがObject型になります。Object型のままだと、後ほど合計値を集計する際にエラーが発生してしまいます。新しい列［合計用金額］を追加して、列［金額］を取得し、Int32型に変換して代入します。

STEP3 ［範囲を読み込み］の後に［データ列を追加（Add Data Column)］アクティビティを追加する。

❶ 表示名を「合計用金額を追加」に変更する。
❷ プロパティ［データテーブル］にDataTable型変数［SalesDetailData］を設定する。
❸ プロパティ［列名］に「"合計用金額"」と入力する。
❹ プロパティ［TypeArgument］のドロップダウンリストで［Int32］を選択する。

STEP4 ［合計用金額を追加］の後に［繰り返し（各行）(For Each Row)］アクティビティを追加する。

❶ 表示名を「合計用金額に金額を代入」に変更する。
❷ プロパティ［データテーブル］にDataTable型変数［SalesDetailData］を設定する。

STEP5 ［合計用金額に金額を代入］の［Body］に［代入（Assign)］アクティビティを追加する。

❶ プロパティ［左辺値（To)］に「row("合計用金額")」と入力する。
❷ プロパティ［右辺値（Value)］に「cint(row("金額"))」と入力する。

3 グルーピング

DataTable型変数［SalesDetailData］から集計キーを作成します（図5.20）。

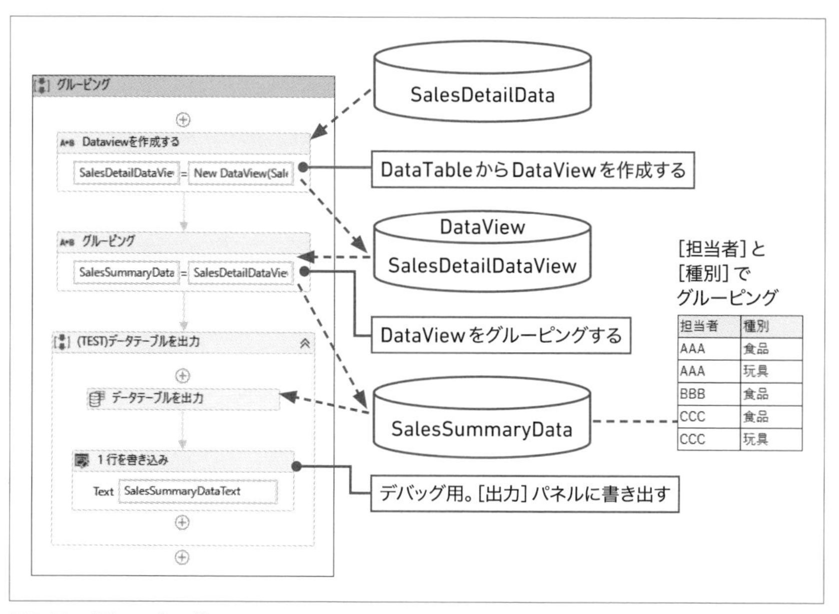

図5.20：[グルーピング]のワークフロー

［変数］パネルを開き、変数を4つ作成します（表5.3）。

表5.3：作成する変数

名前	変数の型	スコープ	既定値
SalesDetailDataView	DataView	Main	—
SalesSummaryData	DataTable	Main	—
isDistinct	Boolean	Main	True
ColumnName	String []	Main	{"担当者","種別"}

HINT　DataViewが変数の型に見つからないとき

1. ［型の参照］をクリックし、［参照して.Netの種類を選択］画面を表示する。
2. ［変数の名前］に「System.Data.Dataview」と入力する。
3. ［System.Data.Dataview］を選択後、［OK］をクリックする。

MEMO DataViewとは

DataViewとは、DataTableを元に作成した仮想テーブルのことです。条件に該当する特定のレコードだけの抽出や並び替えを行うことができます。

HINT String[ ]の設定方法

1. 変数の型のドロップダウンリストで［Array of [T]］をクリックする。
2. ［型の選択］画面が表示されるので、ドロップダウンリストから［String］を選択する。

［グルーピング］の中にアクティビティを追加していきます。

STEP1 ［グルーピング］をダブルクリックして展開し、［代入（Assign)］アクティビティを追加し、表示名を「DataViewを作成する」に変更する。

❶ プロパティ［左辺値］に「SalesDetailDataView」と入力する。
❷ プロパティ［右辺値］に「New DataView（SalesDetailData)」と入力する。

STEP2 ［代入（Assign)］アクティビティを追加し、表示名を「グルーピング」に変更する。

❶ プロパティ［左辺値（To)］に「SalesSummaryData」と入力する。
❷ プロパティ［右辺値（Value)］に「SalesDetailDataView.ToTable(isDistinct,ColumnName)」と入力する（図5.21）。

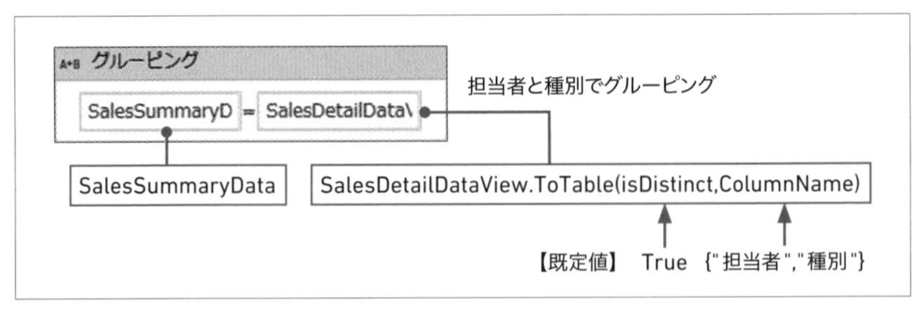

図5.21：グルーピング

デバッグ用にデータテーブルの中身を［出力］パネルに書き出します。データテーブルの中身を書き出す方法は「5.2.4　作成手順/❷ 売上明細Excelを読み込む」を参照してください。

❹ 合計値の追加

集計キーを元にDataTable型変数［SalesSummaryData］を集計します（図5.22）。

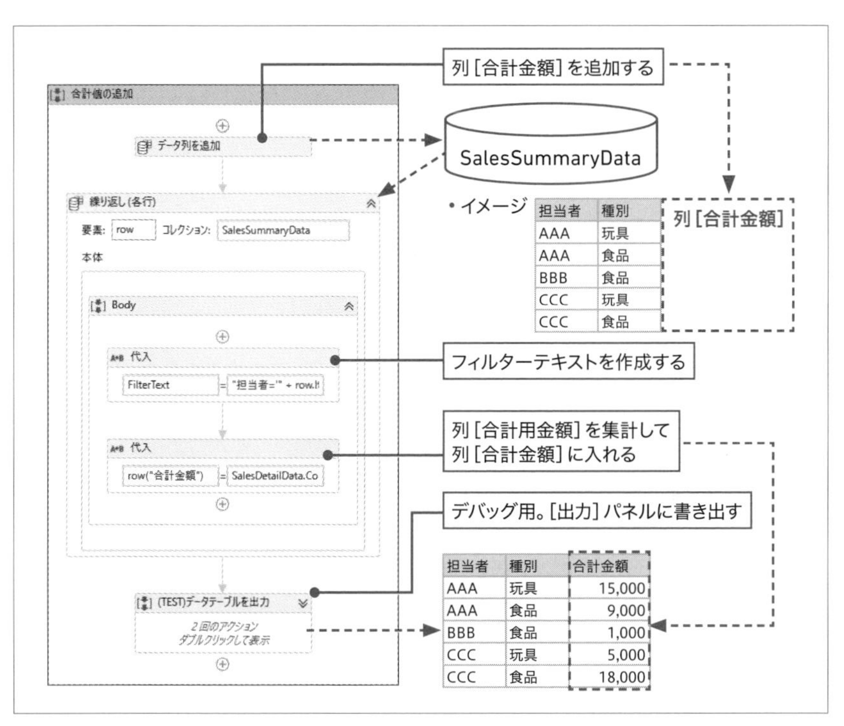

担当者	種別
AAA	玩具
AAA	食品
BBB	食品
CCC	玩具
CCC	食品

担当者	種別	合計金額
AAA	玩具	15,000
AAA	食品	9,000
BBB	食品	1,000
CCC	玩具	5,000
CCC	食品	18,000

図5.22：［合計値の追加］のワークフロー

［合計値の追加］の中にアクティビティを追加します（図5.22）。

STEP1 ［データ列を追加（Add Data Column）］アクティビティを追加する。

❶ プロパティ［データテーブル］にDataTable型変数［SalesSummaryData］を設定する。

❷ プロパティ［列名］に「"合計金額"」と入力する。

❸ プロパティ［TypeArgument］のドロップダウンリストから［Int32］を選択する。

STEP2 ［繰り返し（各行）（For Each Row）］アクティビティを追加する。プロパティ［データテーブル］にDataTable型変数［SalesSummaryData］を設定する。

STEP3 ［繰り返し（各行）］の［Body］に［代入（Assign）］アクティビティを追加する。

❶ プロパティ［左辺値（To）］の入力ボックスにカーソルをあてた状態で［Ctrl］＋［K］キーを押し、［変数を設定］に「FilterText」と入力し、［Enter］キーを押す。

❷ プロパティ［右辺値（Value）］に「"担当者='" + row.Item("担当者").ToString + "' AND 種別='" + row.Item("種別").ToString + "'"」と入力する。（「AND」と「種別」の間には半角スペースが入ります）

STEP4 ［Body］にもう1つ［代入（Assign）］アクティビティを追加する。

❶ プロパティ［左辺値（To）］に「row("合計金額")」と入力する。

❷ プロパティ［右辺値（Value）］に「SalesDetailData.Compute("Sum(合計用金額)", FilterText)」と入力する。

5.3.4 実行する

デバッグ用にDataTable型変数［SalesSummaryData］の中身を［出力］パネルに書き出して、確認してください。最終的には、**図5.23**の内容が出力されます。［担当者］と［種別］で金額が集計されています。

```
担当者,種別,合計金額
AAA,食品,9000
AAA,玩具,15000
BBB,食品,1000
CCC,食品,18000
CCC,玩具,5000
```

図5.23：出力される内容

5.3.5 使用する変数

ワークフロー内で使用する変数は**表5.4**の通りです。

表5.4：使用する変数

名前	変数の型	スコープ	既定値
SalesDetailDataView	DataView	Main	—
SalesDetailData	DataTable	Main	—
SalesSummaryData	DataTable	Main	—
ColumnName	String []	Main	{"担当者","種別"}
isDistinct	Boolean	Main	True
FilterText	String	Body	—
SalesSummaryDataText	String	(TEST) データテーブルを出力	—

5.3.6 関連セクション

データテーブル (DataTable) の中身を[出力]パネルに出力する方法については、以下のセクションを参考にしてください。

➔5.2 フィルターをかけてExcelシートを分割する

引数付きのExcelマクロを実行する

ワークフローからExcelのマクロを実行します。「自動化の幅が広がる」「既存のマクロを有効利用できる」というメリットがあります。

5.4.1 業務イメージ

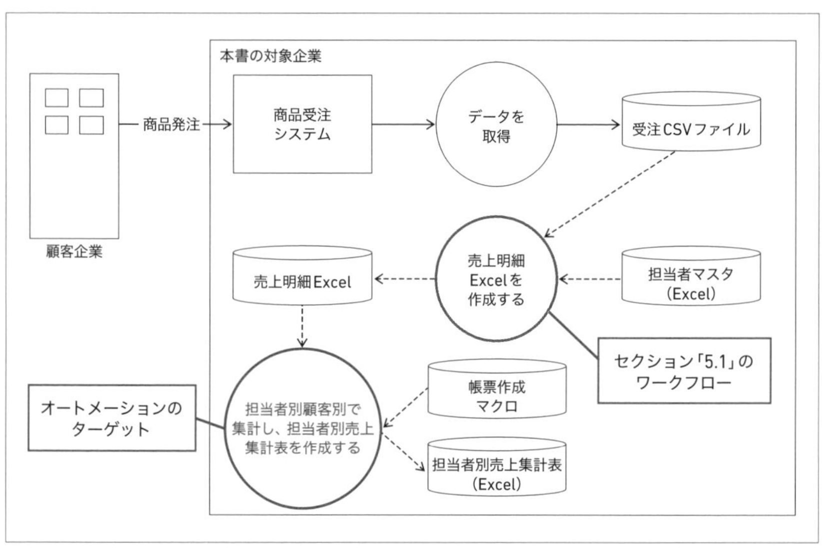

図5.24：業務イメージ

「5.1　CSVファイルを読み込んでExcel帳票を作成する」と同じBtoBの企業をイメージします。売上明細Excelを取り込んで、担当者別顧客別で集計し、担当者別売上集計表を作成するオートメーションが今回のターゲットです（**図5.24**）。

「5.1　CSVファイルを読み込んでExcel帳票を作成する」では、**図5.25**の「SalesDetailData.xlsx」という名前のExcelファイルを作成しました。このExcelファイルは、顧客コード、顧客名、担当者コード、担当者名、売上数量、売上金額などの列を持っています。

	A	B	C	D	E	F	G	H	I	J	K
1	ItemNo	SalesDate	CustomerCD	Qty	Price	SalesAmount	SalesNo	SalesSubNo	担当者コード	担当者名	顧客名
2	65EP101500CI	2017/11/1	1025	1	8000	8000	110250001	1	501	XXX　XXXXXX	XXX商事
3	2DBQB0155AHD	2017/11/1	1025	1	1000	1000	110250002	1	501	XXX　XXXXXX	XXX商事
4	2DBQB0234316	2017/11/1	1025	1	2700	2700	110250002	2	501	XXX　XXXXXX	XXX商事
5	2DBQA28243HD	2017/11/1	1025	1	2500	2500	110250002	3	501	XXX　XXXXXX	XXX商事
6	2P10A3120000	2017/11/1	1025	1	500	500	110250002	4	501	XXX　XXXXXX	XXX商事
7	2JRR11223409	2017/11/1	1025	1	7000	7000	110250003	1	501	XXX　XXXXXX	XXX商事
8	22FR00779521	2017/11/1	1025	1	13000	3900	110250004	1	501	XXX　XXXXXX	XXX商事
9	22FR85053921	2017/11/1	1025	1	13000	3900	110250004	2	501	XXX　XXXXXX	XXX商事
10	25E0B0050000	2017/11/1	1025	1	9000	9000	110250005	1	501	XXX　XXXXXX	XXX商事
667	2JRQ15183405	2017/11/12	1038	1	7000	7000	1210380003	1	460	○○○　○○○○	XXX有限会社
668	2JRY11700005	2017/11/12	1038	1	5000	5000	1210380003	2	460	○○○　○○○○	XXX有限会社
669	21EGA3421800	2017/11/12	1038	1	3000	3000	1210380004	1	460	○○○　○○○○	XXX有限会社
670	OOY100010000	2017/11/12	1038	1	300	300	1210380004	2	460	○○○　○○○○	XXX有限会社
671	OOY100120000	2017/11/12	1038	1	380	380	1210380005	1	460	○○○　○○○○	XXX有限会社
672	22SR11710011	2017/11/13	1038	1	5000	5000	1310380001	1	460	○○○　○○○○	XXX有限会社
673	22FR02983411	2017/11/13	1038	1	6500	6500	1310380002	1	460	○○○　○○○○	XXX有限会社
674	16EY00863400	2017/11/13	1038	1	9500	9500	1310380003	1	460	○○○　○○○○	XXX有限会社
675	16EY00923400	2017/11/13	1038	1	4500	4500	1310380003	2	460	○○○　○○○○	XXX有限会社
676	21EGB0694900	2017/11/13	1038	1	15000	15000	1310380003	3	460	○○○　○○○○	XXX有限会社

図5.25：セクション「5.1」で作成した売上明細Excel［SalesDetailData.xlsx］

「SalesDetailData.xlsx」を**図5.26**の帳票作成マクロブック「担当者別売上集計表作成マクロ.xlsm」の［明細］シートに書き込みます（帳票作成マクロは、本書のサンプルとして提供しているため、作成する必要はありません）。

［集計データ］シートには、［明細］シートのデータを元にしたピボットテーブル［StaffSalesPivot］が用意されており（**図5.27**）、更新すると自動的に集計される仕組みです。

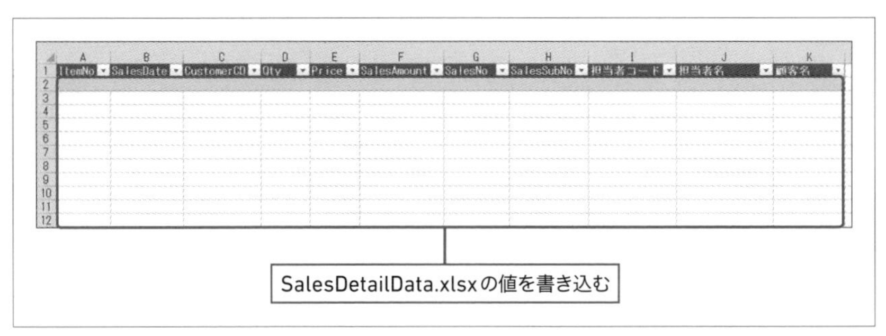

図5.26：帳票作成用マクロブックのシート［明細］

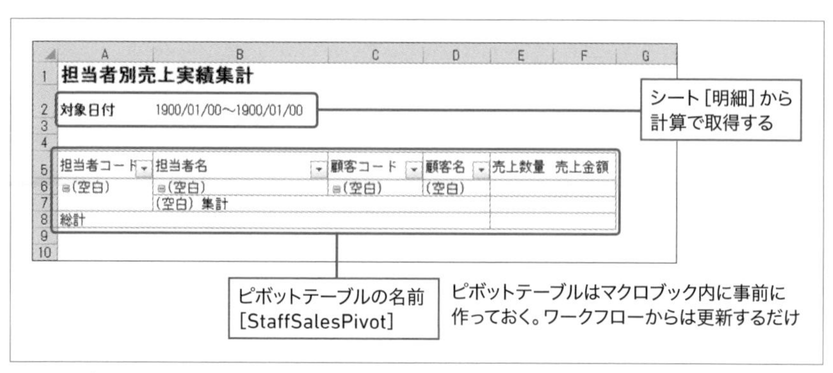

図5.27：帳票作成マクロブックのシート[集計データ]

帳票作成マクロブック「担当者別売上集計表作成マクロ.xlsm」には、マクロが組み込まれており（「帳票作成マクロ」と呼ぶ）、帳票作成マクロを実行すると図5.28の集計帳票「担当者別売上集計表.xlsx」が自動的に作成され、保存されます。

	A	B	C	D	E	F
1	担当者別売上実績集計					
2	対象日付	2017/11/01～2017/11/13				
3						
4						
5	担当者コード	担当者名	顧客コード	顧客名	売上数量	売上金額
6	460	○○○　○○○○	1029	(株)XXXX	57	365,700
7			1038	XXX有限会社	117	732,780
8		○○○　○○○○ 集計			174	1,098,480
9	501	XXX　XXXXXX	1025	XXX商事	138	996,068
10			1035	△△株式会社	131	1,523,900
11		XXX　XXXXXX 集計			269	2,519,968
12	877	△△△　△△△△	1031	(株)○○	228	1,783,920
13		△△△　△△△△ 集計			228	1,783,920
14	総計				671	5,402,368
15						

図5.28：帳票作成マクロにより作成される帳票「担当者別売上集計表.xlsx」

MEMO マクロとは

本書ではExcelのマクロと呼んでいますが、正確にはVBA（Visual Basic for Applications）と呼んだ方がよいでしょう。マクロとはアプリケーションソフトウェアの操作を自動化する技術によく使われる名称であり、Microsoft Office製品独自の名称ではありません。ただし、一般的にマクロといえば、Office製品のVBAのことを指している場合が多く、今回のようにExcelを利用する場面でマクロといえば、VBAと同義語だという認識でよいと思います。従って、本書ではマクロと呼びます。

帳票作成マクロの中身をフロー図（図5.29）と実際のプログラムソースで示します（図5.30）。

VBAについて詳しくない方は、UiPathとは別に勉強することをお勧めします。バックオフィスの自動化には欠かせない技術だからです。UiPath StudioとVBAを組み合わせて自動化することで高速で正確なExcel操作が実現できます。

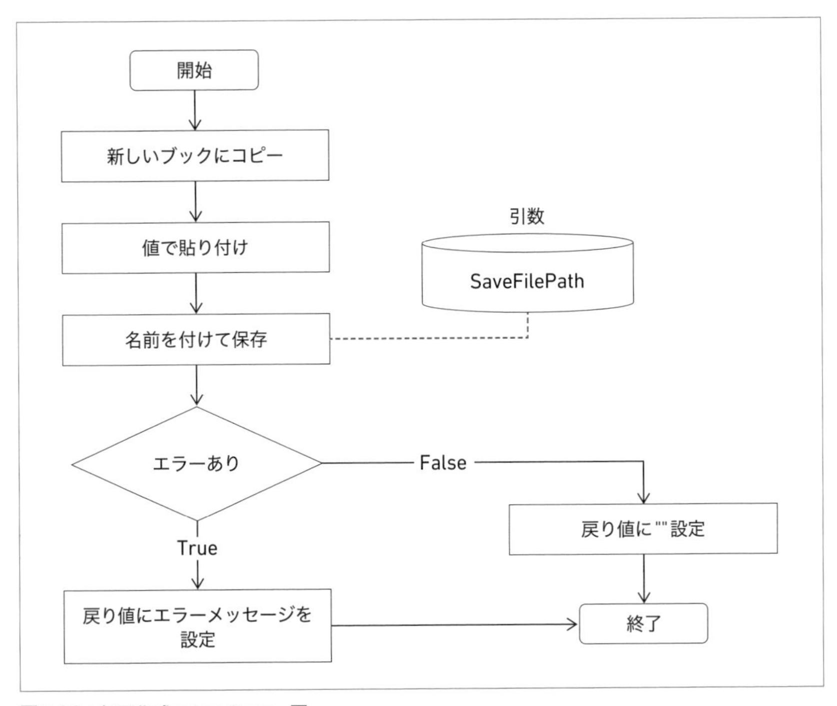

図5.29：帳票作成マクロのフロー図

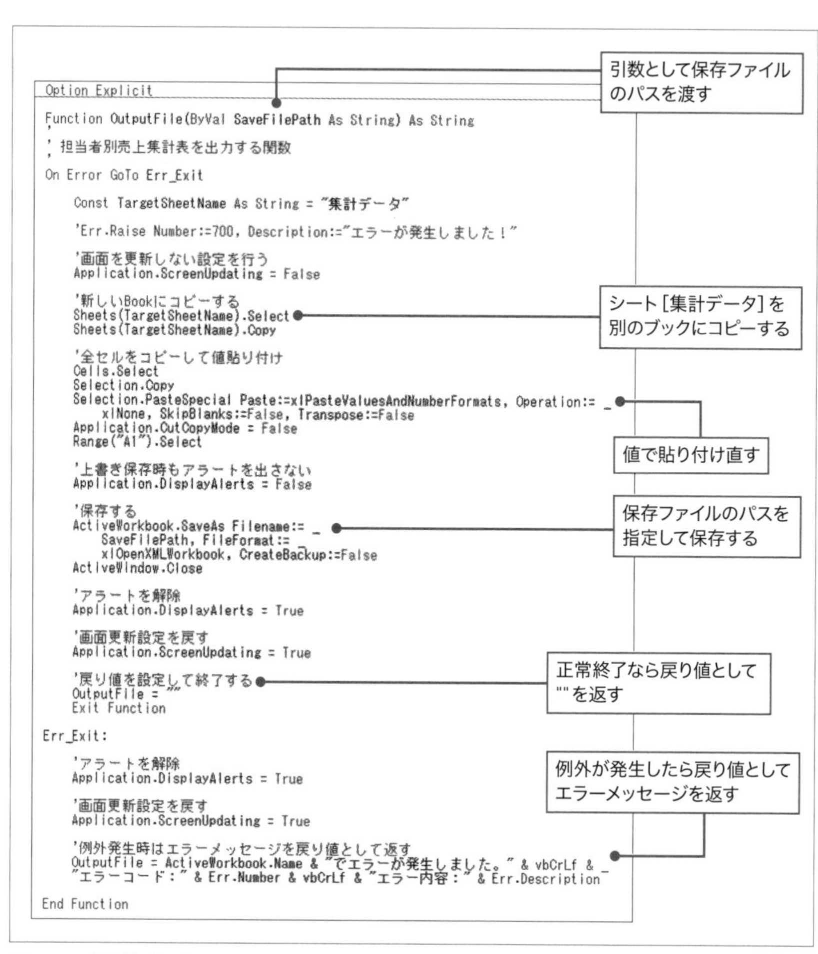

図5.30：帳票作成マクロのソースコード

5.4.2 作成準備

STEP1 UiPath Studioを起動し、新たにプロジェクトを作成する。

STEP2 作成したプロジェクトフォルダーの中の本書のサンプルフォルダー「サンプルファイル」→「Chapter5」→「5.4」に格納されている「SalesDetailData.xlsx」と「担当者別売上集計表作成マクロ.xlsm」をコピーする。

5.4.3 作成手順

1 全体枠の作成

作成準備でプロジェクトを新規作成していますので、その続きから解説します（図5.31）。

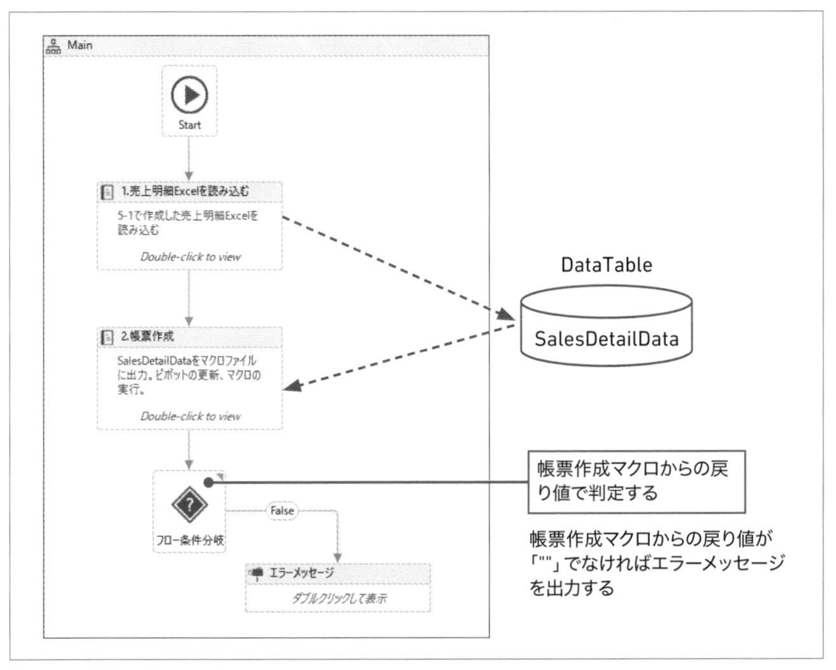

図5.31：[Main] フローチャート

STEP1 [Main.xaml] を開き、[フローチャート (Flowchart)] アクティビティを追加し、表示名を「Main」とする。

STEP2 [Main] をダブルクリックして展開し、[Main] フローチャート上に以下の4つのアクティビティを追加する。

❶ [Excel アプリケーションスコープ (Excel Application Scope)] アクティビティ を追加し、表示名を「1.売上明細Excel読み込み」にする。

❷ [Excel アプリケーションスコープ (Excel Application Scope)] アクティビティ を追加し、表示名を「2.帳票作成」にする。

❸ [フロー条件分岐（Flow Decision)] アクティビティを追加する。
❹ [メッセージボックス（Message Box)] アクティビティを追加し、表示名を「エラーメッセージ」にする。

STEP3 **[Start] → [1.売上明細Excel読み込み] → [2.帳票作成] → [フロー条件分岐] の順に流れ線で結ぶ。[フロー条件分岐] の [False] と [エラーメッセージ] を流れ線で結ぶ。**

MEMO 注釈を入れましょう

完成図を参考にして注釈を入れてください。また、最初にフロー図を描いて設計し、設計することが効率よく信頼性の高いワークフローを作成するコツです。「とりあえず作り始めて何とか動かす」のではなく、完成図がイメージできてから作成しましょう。

2 1.売上明細Excel読み込み

[1.売上明細Excel読み込み] を作成します（図5.32)。

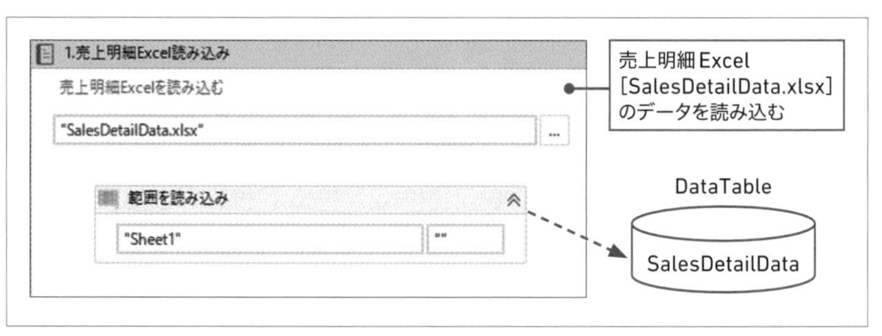

図5.32：売上明細Excel読み込み

STEP1 **[1.売上明細Excel読み込み] をダブルクリックし、アクティビティを展開する。**

❶ [...] をクリックして、「SalesDetailData.xlsx」を選択する（[ファイルのパス] プロパティに直接入力してもよい。この場合「"（ダブルクォーテーション)」でパスをくくるのを忘れずに)。
❷ プロパティ [可視] のチェックを外す。

STEP2 ［実行］の中に［範囲を読み込み（Read Range)］アクティビティを追加する。

❶ プロパティ［データテーブル］の入力ボックスにカーソルをあてた状態で［Ctrl］＋［K］キーを押し、［変数を設定］に「SalesDetailData」と入力し、［Enter］キーを押す。DataTable型変数［SalesDetailData］が作成される。
❷ ［変数］パネルでスコープを［Main］に変更する。

3 2. 帳票作成

帳票を作成します（図5.33）。

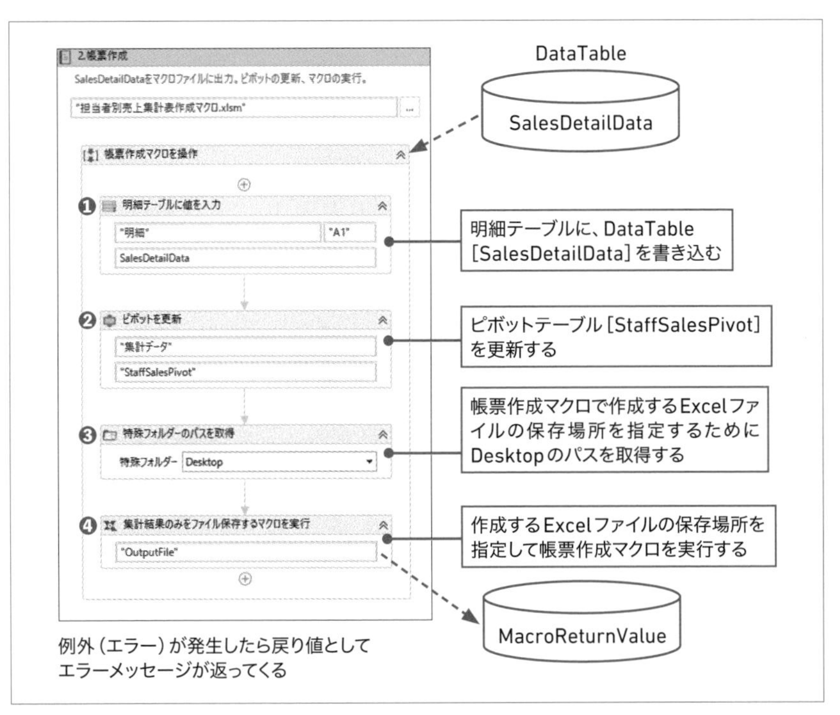

図5.33：［2. 帳票作成］のワークフロー

STEP1 ［Main］フローチャートに戻り、［2. 帳票作成］をダブルクリックし展開する。

❶ ［…］をクリックして「担当者別売上集計表作成マクロ.xlsm」を選択する

(プロパティ [ワークブックのパス] に直接入力してもよい。この場合「" (ダブルクォーテーション)」でパスをくくるのを忘れずに)。

❷ プロパティ [可視] のチェックを外す。

❸ プロパティ [自動保存] のチェックを外す。

HINT プロパティ [自動保存]

プロパティ [自動保存] のチェックを付けたままだと、[担当者別売上集計表作成マクロ.xlsm] が実行された後の状態で保存されてしまいます。[担当者別売上集計表作成マクロ.xlsm] は、作成時の状態にしておきたいので、チェックを外します。

STEP2 [実行] の表示名を「帳票作成マクロを操作」に変更する。

STEP3 [帳票作成マクロを操作] に以下の4つのアクティビティを配置する (❶～❹は図5.33の❶～❹に対応している)。

❶ [範囲に書き込み (Write Range)] アクティビティ ([アクティビティ] パネルの [使用可能] → [アプリの連携] → [Excel]) を追加し、表示名を「明細テーブルに値を入力」に変更する。

1. プロパティ [シート名] に「"明細"」と入力する。
2. プロパティ [開始セル] を「"A2"」に変更する。
3. プロパティ [データテーブル] にDataTable型変数 [SalesDetailData] を設定する。

❷ [ピボットテーブルを更新 (Refresh Pivot Table)] アクティビティを追加する。

1. プロパティ [シート名] に「"集計データ"」と入力する。
2. プロパティ [テーブル名] に「" StaffSalesPivot"」と入力する。

❸ [特殊フォルダーのパスを取得 (Get Environment Folder)] アクティビティを追加する。

1. プロパティ [特殊フォルダー] の値は [Desktop] のままとする。
2. プロパティ [フォルダーパス] の入力ボックスにカーソルをあてた状態で [Ctrl] + [K] キーを押し、[変数を設定] に「DesktopPath」と入力し、[Enter] キーを押す。String型変数 [DesktopPath] が作成される。

❹ [マクロを実行 (Execute Macro)] アクティビティを追加し、表示名を「集計結果のみをファイル保存するマクロを実行」に変更する。

1. プロパティ［マクロ名］に「"OutputFile"」と入力する。
2. プロパティ［マクロパラメーター］に「{ DesktopPath & "¥担当者別売上集計表.xlsx"}」と入力する。
3. プロパティ［マクロ出力］の入力ボックスにカーソルをあてた状態で［Ctrl］+［K］キーを押し、［変数を設定］に「MacroReturnValue」と入力し、［Enter］キーを押す。Object型変数［MacroReturnValue］が作成される。
4. ［変数］パネルで［MacroReturnValue］のスコープを［Main］に変更する。

MEMO ［マクロを実行］のプロパティ［マクロ出力］とは何か

UiPath Studioには、エラー処理のアクティビティとして［トライキャッチ（Try Catch）］アクティビティがありますが、Excelのマクロ内で発生したエラーは［トライキャッチ（Try Catch）］アクティビティではエラーに対応することができません。マクロ内で発生したエラーに対応して信頼性の高いワークフローを作成するには、独自にエラーハンドリングする必要があります。
本セクションのサンプルでは、マクロからの戻り値を受けるために［マクロ出力］に変数を設定し、変数の値により、エラーメッセージを出すか出さないかの判断を行うロジックを構築しています。

4 エラー処理

エラー処理を行います（図5.34）。

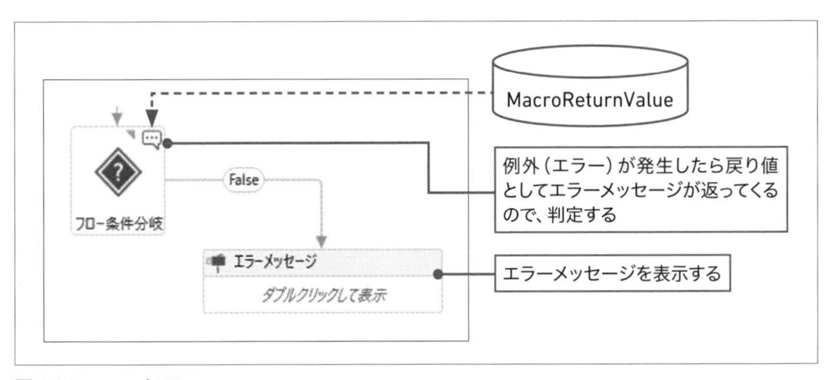

図5.34：エラー処理

STEP1 [Main] フローチャートに戻り、[フロー条件分岐] のプロパティ [条件] に「MacroReturnValue.ToString = ""」と入力する。

STEP2 [エラーメッセージ] をダブルクリックし展開する。

❶ プロパティ [テキスト] に「MacroReturnValue.ToString」と入力する。
❷ プロパティ [キャプション] に「"帳票作成マクロ内エラー"」と入力する。

エラーが発生すると、図**5.35**のようなメッセージボックスが表示されます。

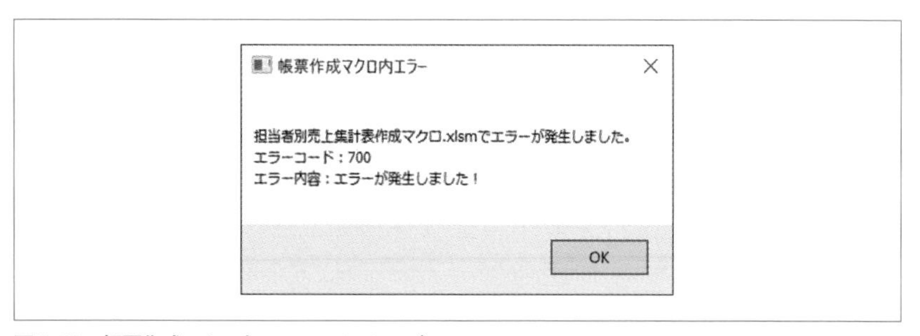

図5.35：帳票作成マクロ内エラーのメッセージ

5.4.4 実行する

ワークフローの実行に成功すると、デスクトップに「担当者別売上集計表.xlsx」が作成されます。

HINT 帳票作成マクロのエラーをテストしたい場合

帳票作成マクロのエラーをテストしたい場合は、帳票作成マクロ内の「Err.Raise Number:=700, Description:="エラーが発生しました！"」の行のコメントを外して保存し、ワークフローを実行してください（マクロの編集方法については本書の目的とずれますので割愛いたします）。

5.4.5 使用する変数

ワークフロー内で使用する変数は**表5.5**の通りです。

表5.5：使用する変数

名前	変数の型	スコープ	既定値
MacroReturnValue	Object	Main	―
SalesDetailData	DataTable	Main	―
DesktopPath	String	帳票作成マクロを操作	―

5.4.6 運用のポイント

サンプルシナリオでは、「担当者別売上集計表.xlsx」がデスクトップに作成されます。変更したい場合は、帳票作成マクロブック「担当者別売上集計表.xlsm」に渡すパラメーターを変えてください。

5.4.7 関連セクション

フロー図を描いて設計する方法については、以下のセクションで解説しています。

➡2.5　信頼性の高いワークフローを効率的に作成する

売上明細Excelを作成するワークフローについては、以下のセクションを参考にしてください。

➡5.1　CSVファイルを読み込んでExcel帳票を作成する

データベースの値をExcelに出力する

5.5.1 ワークフローからMySQLにアクセスする

データベース（MySQL）からデータを取得し、Excelに出力するワークフローを作成します（MySQLはすでにパソコンにインストールされていることを前提とします。MySQLのインストール方法については、本書の趣旨ではないため掲載していません。MySQLのバージョンは8.0.18で動作確認しています）。MySQLのダウンロードは以下のURLから行いました。

• MySQL Community Downloads
URL https://dev.mysql.com/downloads/mysql/

インストール時にセットアップタイプの選択が必要です。本書では「Full」を選択し、動作確認しています。

MySQLインストール時にデフォルトで作成されているデータベース［world］内のテーブル［city］から世界の都市の情報を取得し、Excelに書き出すワークフロー（図5.36）を解説します。

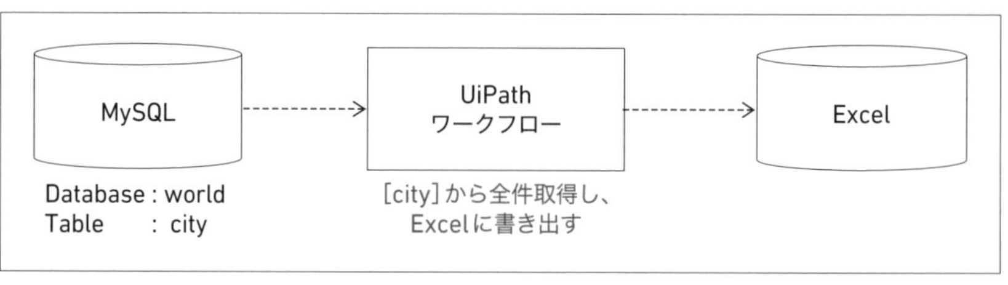

図5.36：データベースのデータをExcelに書き出すワークフロー

5.5.2 完成図

MySQLに接続して、データを取得、Excelに書き出します。最後にMySQLとの接続を切断して終了します（図5.37）。

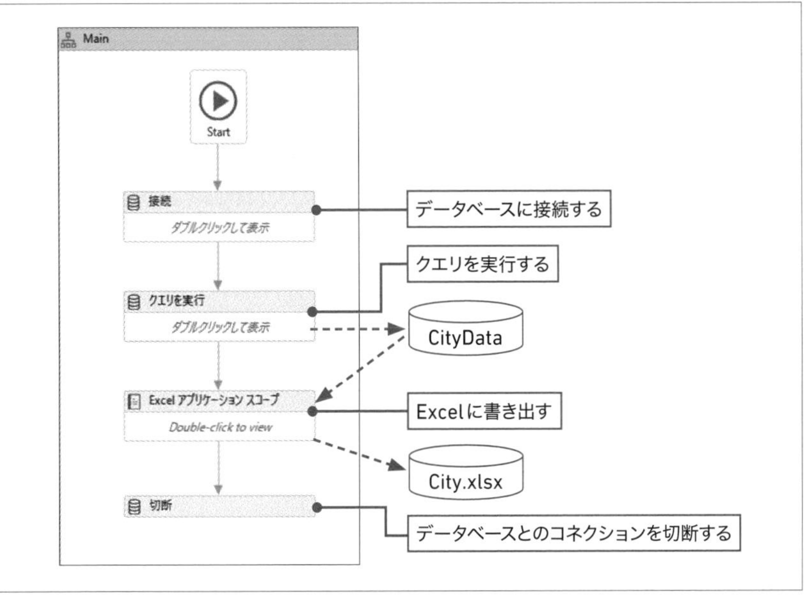

図5.37：データベースの値をExcelに出力するワークフローの完成図

5.5.3 作成準備

1 関連パッケージのインストール

STEP1 UiPath Studioを起動し、新たにプロジェクトを作成する。

STEP2 ［デザイン］リボンの［パッケージを管理］をクリックする。

❶ ［パッケージを管理］画面が表示される。

❷ ［すべてのパッケージ］タブ→［オフィシャル］をクリックする（図5.38❶）。

❸ 検索ボックスに「uipath.database.activities」と入力する❷。

❹ ［UiPath.Database.Activities］を選択する❸。

❺ ［インストール］をクリックした後❹、［保存］をクリックする❺。

❻ ［ライセンスへの同意］画面が表示されるので、［同意する］をクリックする。

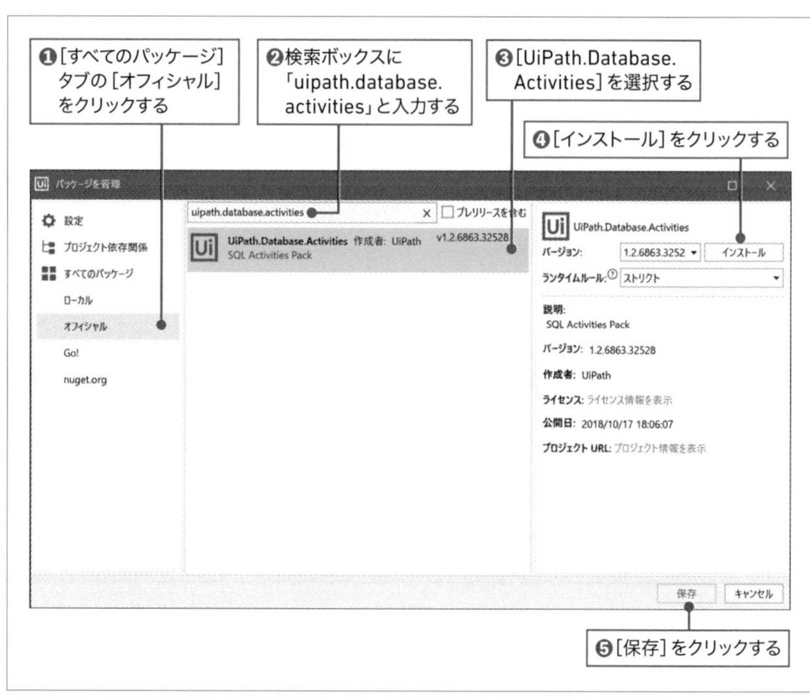

図5.38：パッケージ管理画面

STEP3 インストール完了後、[アクティビティ] パネルで「データベース」を検索すると [アプリの統合] にデータベース系のアクティビティが追加されていることが確認できる（図5.39）。

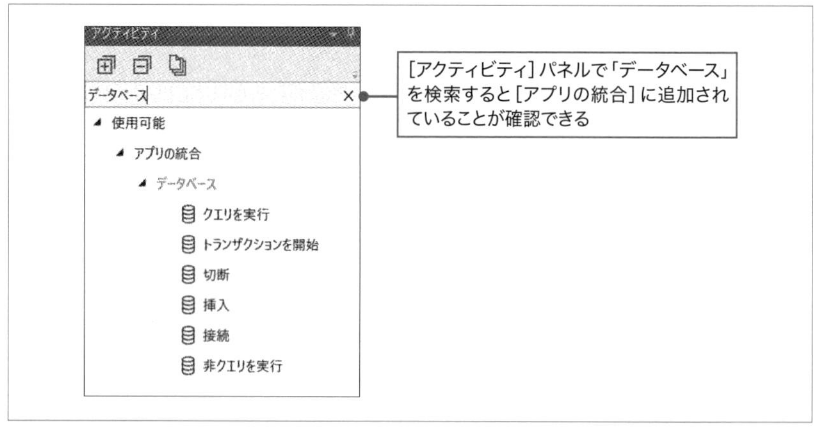

図5.39：[アクティビティ] パネル

2 ODBCドライバーのインストール

MySQLとUiPathを接続するために、MySQL専用のODBCドライバーをインストールします。

MEMO ODBCドライバーとは

ODBCとは、「Open Database Connectivity」の略で、アプリケーションがデータベースなどに接続し、データの取得や書き込み、操作などを行うための共通インターフェースです。Microsoft社が制定したもので、主に同社のWindowsで動作するデータベース関連ソフトウェアで用いられます。

STEP1 次のURLにアクセスする。

・MySQL Community Downloads
URL https://dev.mysql.com/downloads/connector/odbc/

STEP2 [MySQL Community Downloads Connector/ODBC] ページが表示される（図5.40❶）。本書ではMySQLのバージョン8.0.18で動作確認しているためアーカイブからダウンロードする。[Archives] タブをクリックする❷。[MySQL Product Archives] ページに遷移する❸。[Product Version] のドロップダウンリストから「8.0.18」を選択し❹、32bit用のインストーラーの [Download] をクリックする❺（OSが64bitの環境でも32bit用をダウンロードする）。

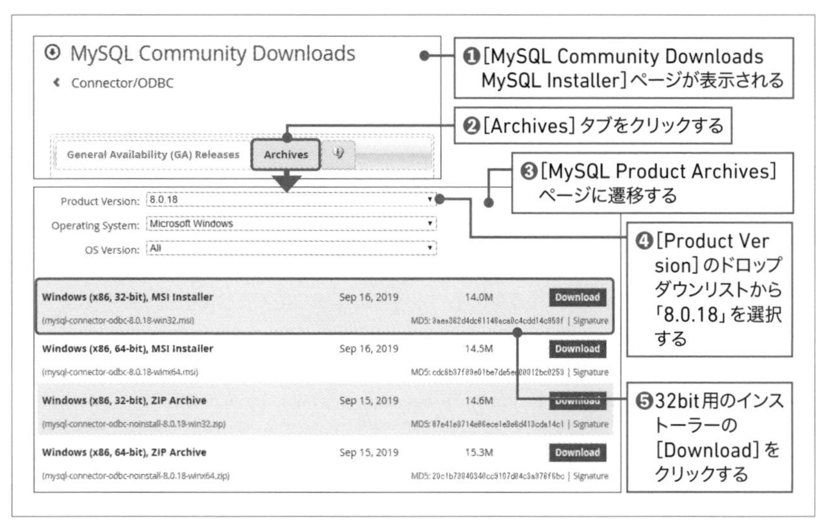

図5.40：インストーラーのダウンロード

STEP3 [Download] をクリック後、「Login Now or Sign Up for a free account」ページが表示される。ページ下部の「No thanks,just start my download.」をクリックすると、ダウンロードが開始される。

STEP4 ダウンロードしたインストーラーをダブルクリックし、インストーラーを起動する。

HINT 「The application requires Visual Studio 2015…」のエラーが出るときは

図5.41（左）のエラーが出る場合の対応方法を解説します。エラーが出たら、[OK]をクリックして❶、画面が遷移したら、[Finish] をクリックしてください❷。

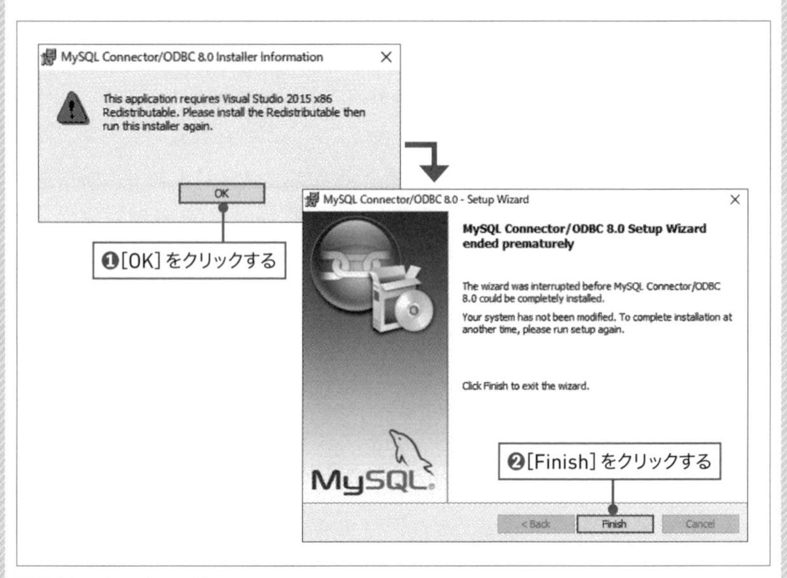

図5.41：インストール時のエラー

ODBCドライバーのインストールを一時中断して、Visual Studio 2015のVisual C++再頒布可能パッケージ（vc_redist.x86.exe）をダウンロードして、インストールしてください（OSが64bitの環境でも「x86」を選択してください）。

- Visual Studio 2015のVisual C++再頒布可能パッケージ

URL https://www.microsoft.com/ja-jp/download/details.aspx?id=48145

STEP5 [Setup Wizard] 画面が表示される（図5.42❶）。[Next] をクリックする❷。

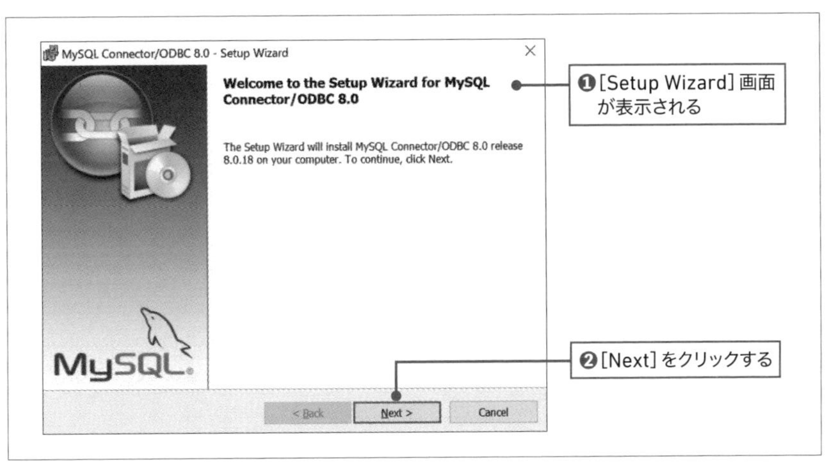

図5.42：[Setup Wizard] 画面

STEP6 [License Agreement] 画面が表示されるので（図5.43❶）、[I accept the terms in the license agreement] にチェックを付ける❷。[Next] をクリックする❸。

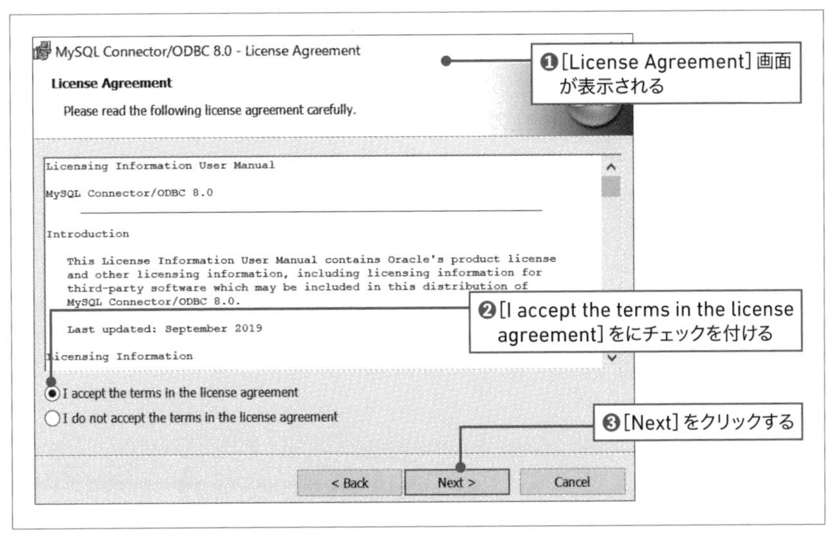

図5.43：[License Agreement] 画面

STEP7 [Setup Wizard/Setup Type] 画面が表示される（図5.44❶）。Setup Typeはデフォルトのままとし❷、[Next] をクリックする❸。

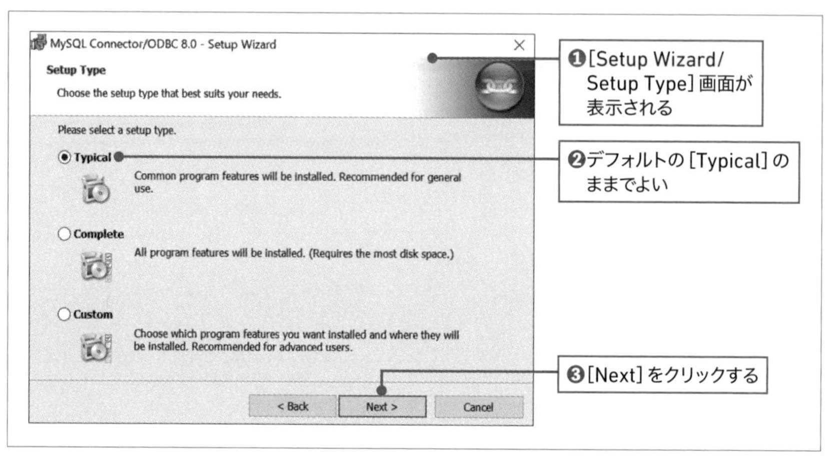

図5.44：[Setup Wizard/Setup Type]画面

STEP8 [Setup Wizard/Ready to Install the Program] 画面が表示される（図5.45❶）。[Install] をクリックする❷。インストールが完了したら、[Wizard Completed] 画面が表示されるので、[Finish] をクリックして終了する。

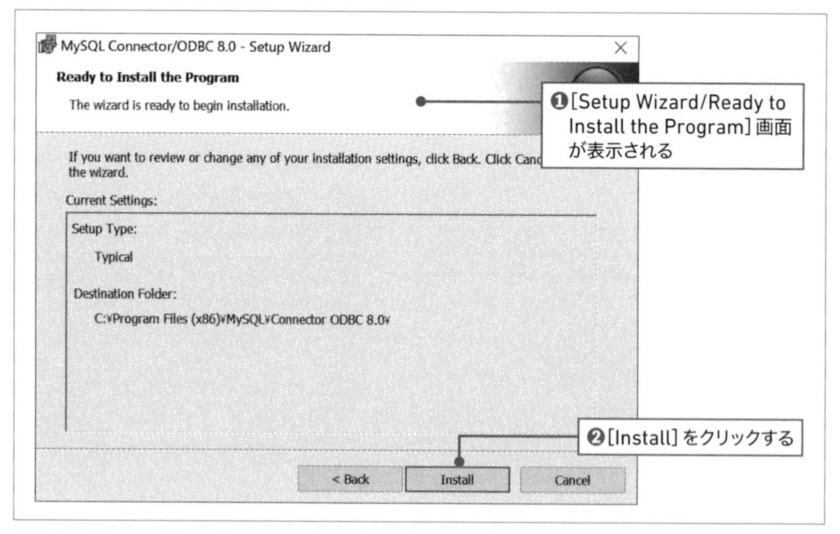

図5.45：[Setup Wizard/Ready to Install the Program]画面

3 ODBCドライバーの設定を行う

STEP1 コントロールパネルを開き、[システムとセキュリティ] → [管理ツール] と進み [ODBC Data Sources (32-bit)] をダブルクリックし、[ODBC データソースアドミニストレーター (32ビット)] 画面を起動する。

> **MEMO コントロールパネルを開くには**
>
> Windows10の場合、[スタート] ボタンをクリックし、すべてのアプリの一覧から [Windows システムツール] → [コントロールパネル] の順にクリックします。もしくは「スタート」ボタンの右にある検索ボックスをクリックし、キーボードで「コント」または「こんと」、「con」と入力すると「コントロールパネル」のアイコンが表示されるのでクリックします。

STEP2 [ユーザーDSN] タブを選択する (図5.46❶)。

❶ [追加] をクリックする❷。
❷ [データソースの新規作成] 画面が表示される❸。
❸ [MySQL ODBC 8.0 Unicode Driver] を選択する❹。
❹ [完了] をクリックする❺。

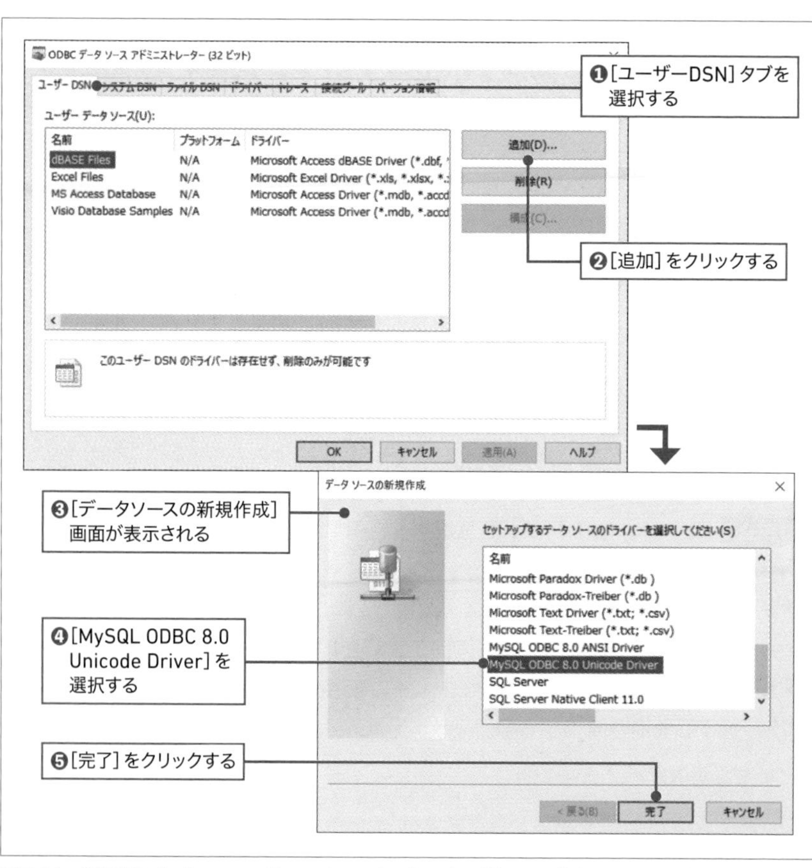

図5.46：[ODBCデータソースアドミニストレーター(32ビット)]画面→[データソースの新規作成]画面

STEP3 [MySQL Connector/ODBC Data Source Configuration] 画面が表示される。各種設定を入力する（図5.47、表5.6）。

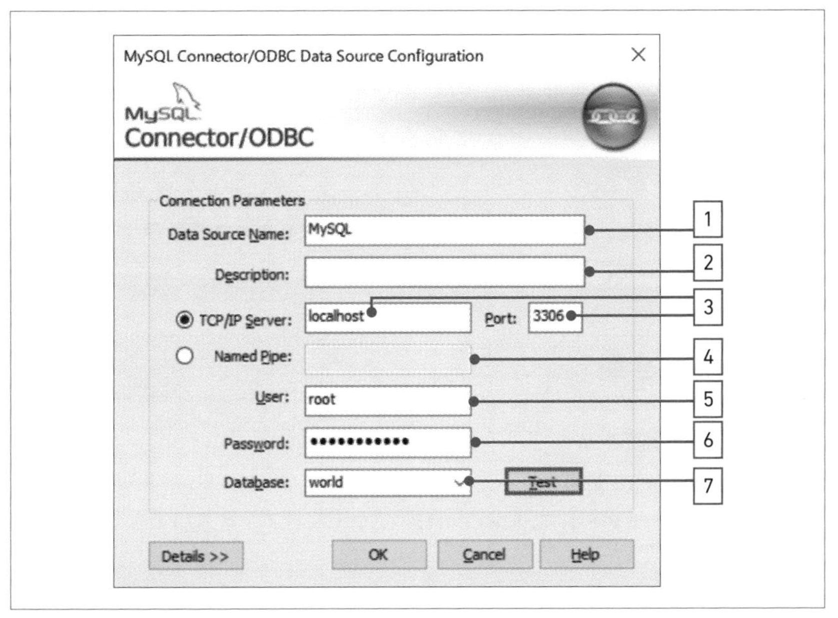

図5.47：[MySQL Connector/ODBC Data Source Configuration] 画面

表5.6：[MySQL Connector/ODBC Data Source Configuration] 画面の設定

No	名前	説明
1	Data Source Name	ODBC設定をUiPathから呼び出す際の名称。
2	Description	ODBC設定に関する説明文を記述する（必須ではない）。
3	TCP/IP Server & Port	対象となるサーバーのサーバー名（もしくはIP Address）とポート番号を入力する。
4	Named Pipe	名前付きパイプ接続を使用する場合は、こちらのラジオボタンをクリックし、対象サーバーの名前を入力する（TCP/IP Serverを使用する場合は使わない）。
5	User	MySQLにアクセスするためのユーザー名を入力する。
6	Password	MySQLにアクセスするためのパスワードを入力する。
7	Database	データベース名をドロップダウンリストより選択する（設定情報が間違っている場合は選択できない）。

STEP4 [Test] をクリックする。

❶ MySQLとの接続が成功していると、[Test Result] 画面で、「Connection Successful」と表示されるので、[OK] をクリックして閉じる。
❷ [MySQL Connector/ODBC Data Source Configuration] 画面も [OK] をクリックして閉じる。

STEP5 [ODBCデータソースアドミニストレーター (32ビット)] 画面に設定したデータソース名 (本書では「MySQL」とした) が表示されていることを確認して、[OK] をクリックして閉じる。

5.5.4 作成手順

1 MySQLに接続する

STEP1 Main.xamlを開く。
STEP2 [フローチャート (Flowchart)] アクティビティを追加する。

❶ 表示名を「Main」に変更する。
❷ [Main] をダブルクリックして展開する。

STEP3 [Main] に [接続 (Connect)] アクティビティを追加し、[Start] と流れ線で結ぶ。[接続] をダブルクリックして展開する。

❶ [接続を構成] をクリックすると (図5.48❶)、[接続設定を編集] 画面が表示される❷。
❷ [接続ウィザード] をクリックする❸。

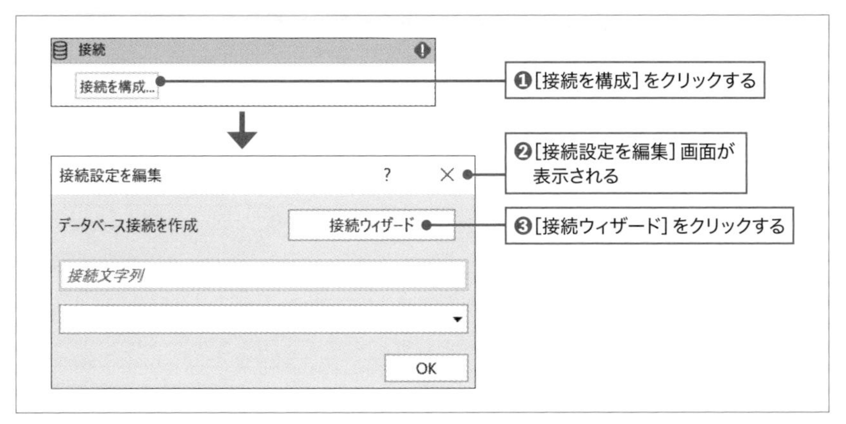

図5.48：接続

STEP4 [Choose Data Source] 画面が表示される（図5.49❶）。

❶ [Microsoft ODBC Data Source] をクリックする❷。
❷ [OK] をクリックする❸。

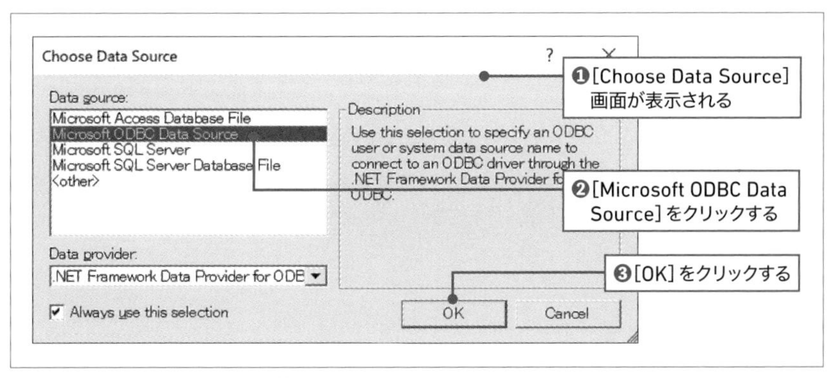

図5.49：[Choose Data Source]画面

STEP5 [Connection Properties] 画面が表示される（図5.50❶）。

❶ ODBC設定で作成したデータソース名（ここでは「MySQL」）を選択する❷。
❷ MySQLにアクセスするユーザー名❸とパスワード❹を設定する。
❸ [Test Connection] をクリックする❺。
❹ 接続成功すると、[Test results] 画面で「Test connection succeeded.」と

表示されるので、[Test results] 画面の [OK] をクリックして閉じる。
❺ [Connection Properties] 画面の [OK] をクリックして閉じる❻。
❻ [接続設定を編集] 画面に戻るので、[OK] をクリックする。

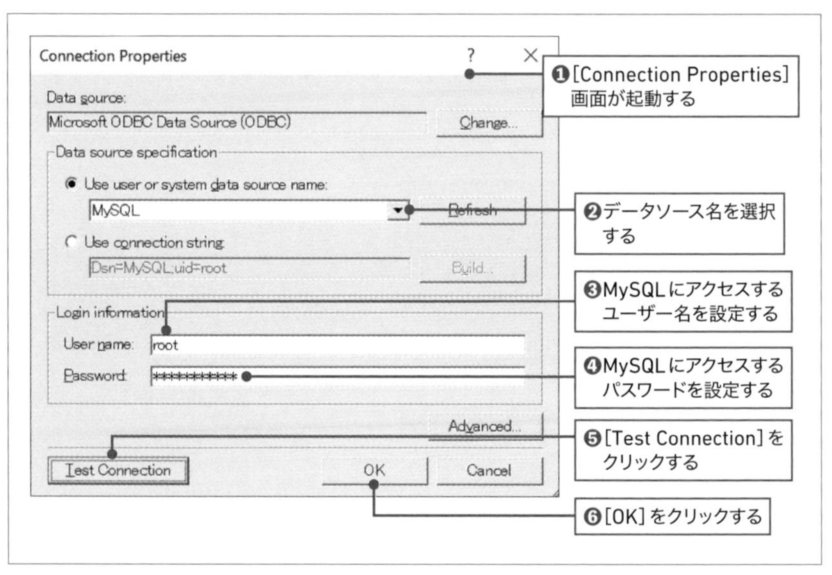

図5.50：[Connection Properties] 画面

STEP6 [Main] フローチャートに戻り、[接続] のプロパティ [データベース接続] の入力ボックスにカーソルをあてた状態で [Ctrl] + [K] キーを押し、[変数を設定] に「MySQLConnection」と入力し、[Enter] キーを押す。

2 クエリを実行する

STEP1 [接続] の後に [クエリを実行 (Execute Query)] アクティビティを追加し、[接続] と流れ線で結ぶ。データベース [world] 内のテーブル [city] から世界の都市の情報を取得する。

❶ プロパティ [Sql] に「"SELECT `ID`,`Name`,`CountryCode`,`Population` FROM `world`.`city`;"」と入力する（図5.51）。
❷ プロパティ[既存の接続] にDatabaseConnection型変数 [MySQLConnection] を設定する。

❸ プロパティ［データテーブル］の入力ボックスにカーソルをあてた状態で［Ctrl］＋［K］キーを押し、［変数を設定］に「CityData」と入力し、［Enter］キーを押す。

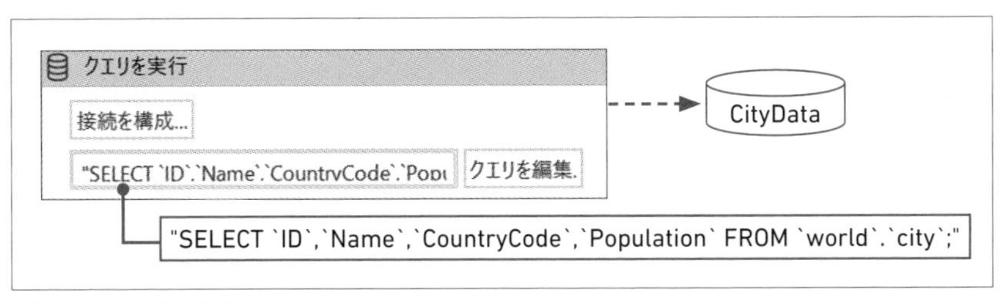

図5.51：クエリを実行

3 Excelにデータを書き出して終了する

STEP1 ［Excel アプリケーションスコープ（Excel Application Scope）］アクティビティを追加し、［クエリを実行］と流れ線で結ぶ。［Excel アプリケーション スコープ］をダブルクリックして展開する。

❶ プロパティ［ブックのパス］に「"City.xlsx"」と入力する。プロパティ［可視］のチェックを外す。

❷ ［実行］の中に［範囲に書き込み（Write Range）］アクティビティ（［アクティビティ］パネルの［使用可能］→［アプリの連携］→［Excel］）を追加し、プロパティ［データテーブル］にDataTable型変数［CityData］を設定する（図5.52）。

❸ ［範囲に書き込み］のプロパティ［ヘッダーの追加］にチェックを付ける。

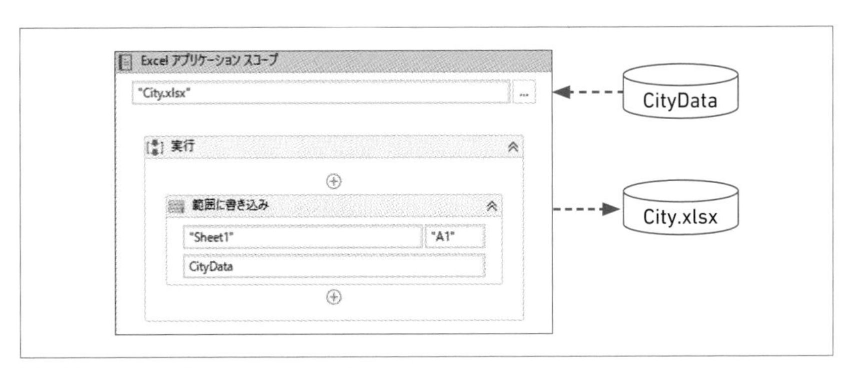

図5.52：Excel アプリケーションスコープ

STEP2 [Main] フローチャートに戻り、[Excel アプリケーションスコープ] の後に [切断 (Disconnect)] アクティビティを追加し、[Excel アプリケーションスコープ] と流れ線で結ぶ。
プロパティ [データベース接続] にDatabaseConnection型変数 [MySQLConnection] を設定する。

5.5.5 実行する

ワークフローの実行後にプロジェクトフォルダー内に「City.xlsx」(図**5.53**) が生成されていれば、成功です。

	A	B	C	D
1	ID	Name	CountryCode	Population
2	1	Kabul	AFG	1780000
3	2	Qandahar	AFG	237500
4	3	Herat	AFG	186800
5	4	Mazar-e-Sharif	AFG	127800
6	5	Amsterdam	NLD	731200
7	6	Rotterdam	NLD	593321
8	7	Haag	NLD	440900
9	8	Utrecht	NLD	234323
10	9	Eindhoven	NLD	201843

図5.53：City.xlsx

5.5.6 使用する変数

ワークフロー内で使用する変数は表**5.7**の通りです。

表5.7：使用する変数

名前	変数の型	スコープ	既定値
MySQLConnection	DatabaseConnection	Main	—
CityData	DataTable	Main	—

CHAPTER6

今日から使える！
メール業務を自動化する
5つのテクニック

UiPathを使えば、メールの送受信を簡単に自動化できます。
メールを利用する定型業務を自動化する例を解説します。

Excelの送信リストと連携してメールを送信する

6.1.1 業務イメージ

「5.4　引数付きのExcelマクロを実行する」で作成した「担当者別売上集計表.xlsx」を、送信先アドレスのリストを元に、複数の営業担当者に配信するワークフローです（図6.1）。

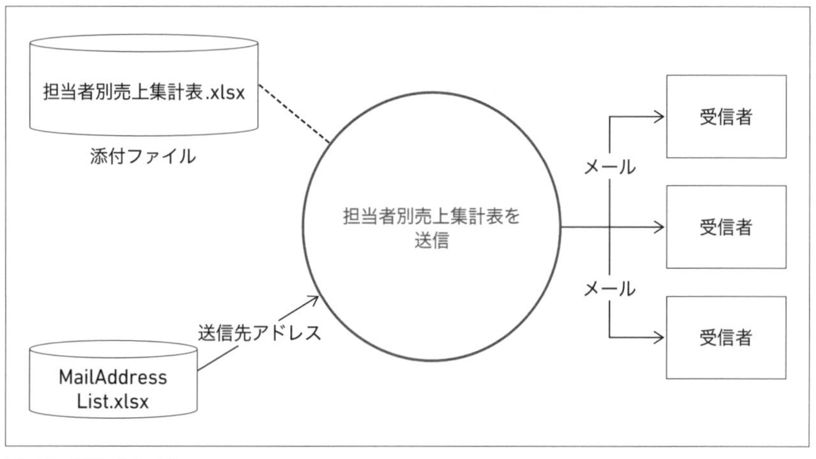

図6.1：業務イメージ

複数の営業担当者のメールアドレスを直接アクティビティに書き込むこともできます。しかし、メール送信先の変更があるたびに、UiPath Studioを起動してアクティビティの設定を修正しないといけません。

Excelファイルの別表でアドレスの一覧を保持することで、Excelファイルのメンテナンスだけで済みます。このワークフローを解説します。

6.1.2 完成図

Excelの送信リストと連携して複数の営業担当者にメール送信するワークフロー

は3つのパートから構成されます。[1.初期値の設定] でメール送信のための変数を初期設定し、[2.メールアドレスリストからデータ取得] でメールアドレスリスト（Excel）からデータを取得し、[3.Outlookメールメッセージを送信] でメールを送信します（図**6.2**）。

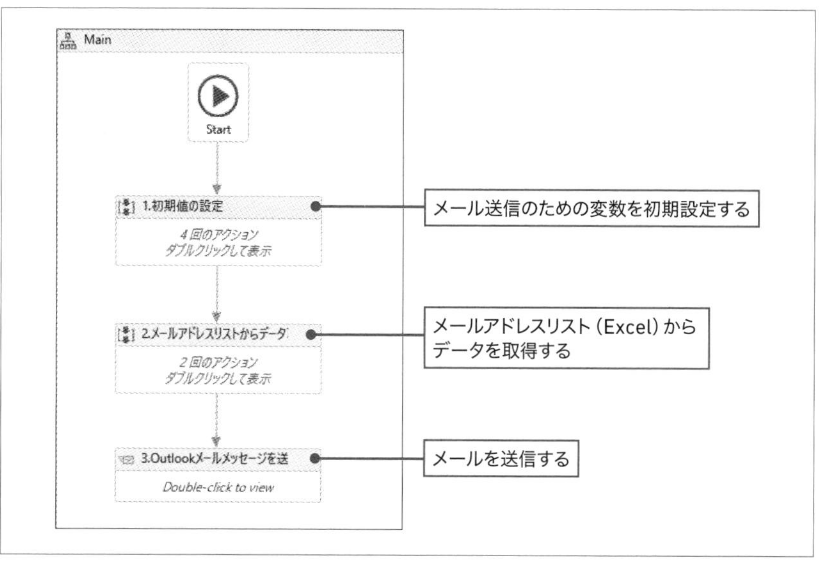

図6.2：メールアドレスリストを使ってメール送信するワークフローの完成図

6.1.3 作成準備

STEP1 UiPath Studioを起動し、新たにプロジェクトを作成する。

STEP2 作成したプロジェクトフォルダー直下に、本書のサンプルフォルダー「サンプルファイル」→「Chapter6」→「6.1」に格納されている「担当者別売上集計表.xlsx」をコピーする。

STEP3 同じく、サンプルのフォルダー「6.1」に格納されている「MailAddress List.xlsx」を（図**6.3**）、プロジェクトフォルダー直下にコピーする（メールアドレスはダミーですので、テストするときは、実際に使用できるメールアドレスに変更してください）。

STEP4 Main.xamlを開き、[フローチャート（Flowchart）] アクティビティを追加し、表示名を「Main」とする。

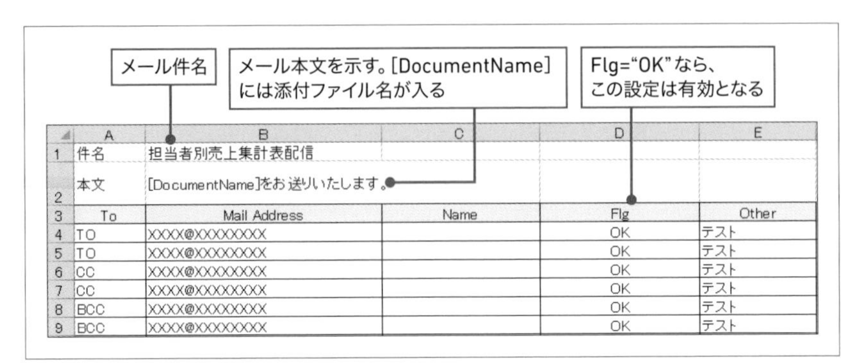

	A	B	C	D	E
1	件名	担当者別売上集計表配信			
2	本文	[DocumentName]をお送りいたします。			
3	To	Mail Address	Name	Flg	Other
4	TO	XXXX@XXXXXXXX		OK	テスト
5	TO	XXXX@XXXXXXXX		OK	テスト
6	CC	XXXX@XXXXXXXX		OK	テスト
7	CC	XXXX@XXXXXXXX		OK	テスト
8	BCC	XXXX@XXXXXXXX		OK	テスト
9	BCC	XXXX@XXXXXXXX		OK	テスト

図6.3：MailAddressList.xlsx

STEP5 ［Main］を選択した状態で、［変数］パネルを選択する。

❶ 名前に「MailDataDictionary」と入力する。

❷ 変数の型に[System.Collections.Generic.Dictionary<System.String, System.String>]を設定する。

HINT MailDataDictionaryの作成方法

［変数パネル］で新規変数を作成し、名前を「MailDataDictionary」とします。変数の型に［System.Collections.Generic.Dictionary］がない場合、［型の参照］をクリックし、［参照して.Netの種類を選択］画面を表示する。
［変数の名前］に「system.collections.generic.dictionary」と入力し（図6.4❶）、「Dictionary<TKey,TValue>」を選択すると❷、TKeyとTValueが選択できるようになるので、［String］［String］を選択し❸、［OK］をクリックする❹。

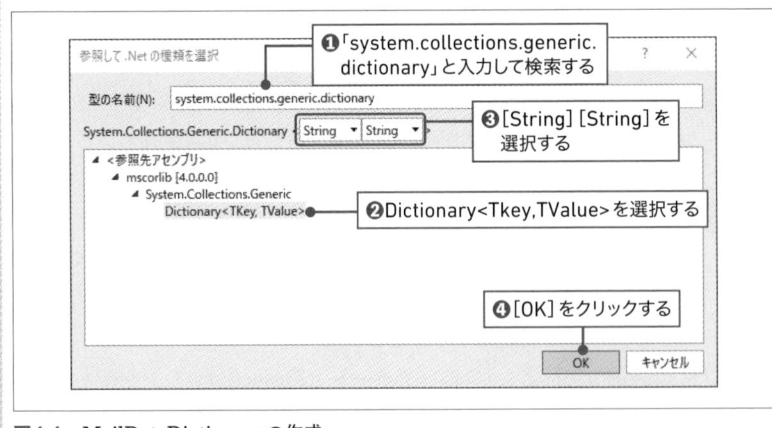

図6.4：MailDataDictionaryの作成

MEMO **Dictionary型変数とは?**

Keyと Valueの組み合わせで格納されたデータ型です。辞書、連想配列などとも呼ばれます。Dictionary型の変数には、KeyとValueが組み合わせで格納されます。**表6.1**で説明すると、Key「"a"」とValue「1」が対になっている、Key「" b "」とValue「2」が対になっている、ということです。

表6.1：Dictionary型変数

Key	Value
"a"	1
"b"	2
"c"	3

[Key] を使って [Value] を呼び出すことができます。例えば、Key="a"を指定すると、Valueである1が取得できます。

6.1.4 作成手順

1 Mainフローチャート

STEP1 [Main] フローチャートをダブルクリックして展開し、以下の3つのアクティビティを追加する。

❶ [シーケンス (Sequence)] アクティビティを追加し、表示名を「1.初期値の設定」にする。
❷ [シーケンス (Sequence)] アクティビティを追加し、表示名を「2.メールアドレスリストからデータ取得」にする。
❸ [Outlookメールメッセージを送信 (Send Outlook Mail Message)] アクティビティを追加し、表示名を「3.Outlookメールメッセージを送信」にする。

STEP2 図6.2の完成図を参考にして、[Start] → [1.初期値の設定] → [2.メールアドレスリストからデータ取得] → [3.Outlookメールメッセージを送信] を流れ線で結ぶ。

2 初期値の設定

図6.5が完成図です。

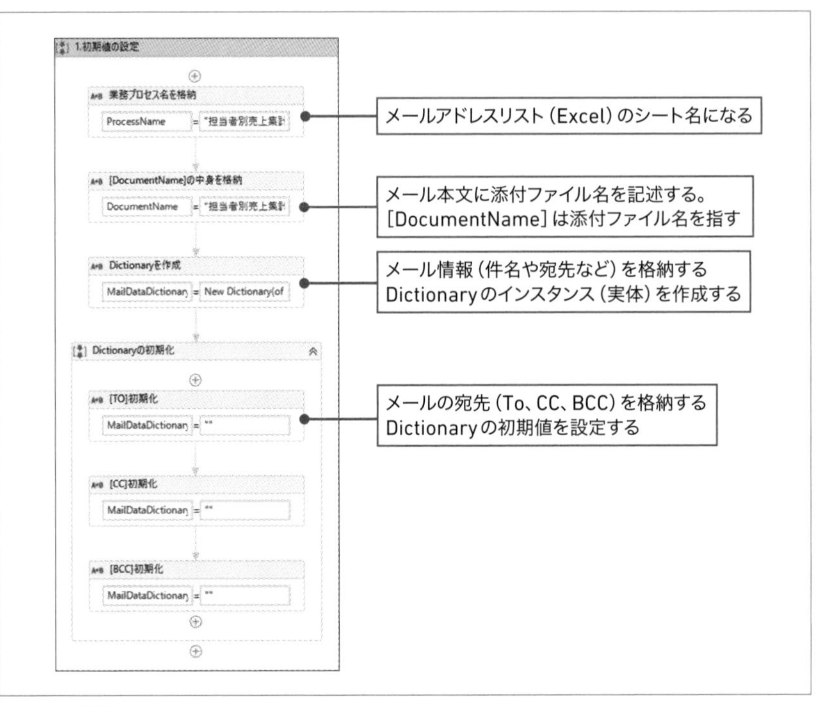

図6.5：初期値の設定

STEP1 [1.初期値の設定] をダブルクリックして展開し、[代入 (Assign)] アクティビティを追加して、表示名を「業務プロセス名を格納」とする。

❶ [業務プロセス名を格納] のプロパティ [左辺値 (To)] の入力ボックスにカーソルをあてた状態で [Ctrl] + [K] キーを押し、[変数を設定] に「ProcessName」と入力し、[Enter] キーを押す。

❷ [変数] パネルを開き、変数 [ProcessName] の変数の型を [String] に変更する。スコープを [Main] に変更する。

❸ プロパティ [右辺値 (Value)] に「"担当者別売上集計表"」と入力する。[ProcessName] はメールリスト (MailAddressList.xlsx) 内のシート名となる。

STEP2 **[業務プロセス名を格納] の後に [代入 (Assign)] アクティビティを追加し、表示名を「[DocumentName] の中身を格納」とする。**

❶ [[DocumentName] の中身を格納] のプロパティ [左辺値 (To)] の入力ボックスにカーソルをあてた状態で [Ctrl] + [K] キーを押し、[変数を設定] に「DocumentName」と入力し、[Enter] キーを押す。
❷ [変数] パネルを開き変数の型を [String] に変更する。スコープを [Main] に変更する。
❸ プロパティ [右辺値 (Value)] に「"担当者別売上集計表"」と入力する。[DocumentName] はメール本文中に記述する添付ファイル名を指す。

STEP3 **[[DocumentName] の中身を格納] の後に [代入 (Assign)] アクティビティを追加し、表示名を「Dictionaryを作成」とする。[変数] パネルで設定した変数 [MailDataDictionary] のインスタンス (実体) を作成する。**

❶ [Dictionaryを作成] のプロパティ [左辺値 (To)] にDictionary型変数 [MailDataDictionary] を設定する ([MailDataDictionary] は、作成準備で設定した変数です)。
❷ プロパティ [右辺値 (Value)] に「New Dictionary(of String, String)」と入力する。

STEP4 **[Dictionaryを作成] の後に [シーケンス (Sequence)] アクティビティを追加し、表示名を「Dictionaryの初期化」にする。3つの [代入 (Assign)] アクティビティを追加し、上から表示名を「[TO] 初期化」「[CC] 初期化」「[BCC] 初期化」とする。**

❶ [[TO] 初期化] のプロパティ [左辺値 (To)] に「MailDataDictionary("TO")」と入力する。プロパティ [右辺値 (Value)] に「""」(ダブルクォーテーションを2つ) と入力する。
❷ [[CC] 初期化] のプロパティ [左辺値 (To)] に「MailDataDictionary("CC")」と入力する。プロパティ [右辺値 (Value)] に「""」(ダブルクォーテーションを2つ) と入力する。
❸ [[BCC] 初期化] のプロパティ [左辺値 (To)] に「MailDataDictionary

("BCC")」と入力する。プロパティ［右辺値（Value)］に「""」（ダブルクォーテーションを２つ）と入力する。

3 メールアドレスリストからデータ取得

メールアドレスリスト（Excel）からデータを取得するワークフローは２つのパートで構成します。メールアドレスリストを読み込むパートと、読み込んだメールアドレスリストをメール送信に使える形に加工するパートです（図6.6）。

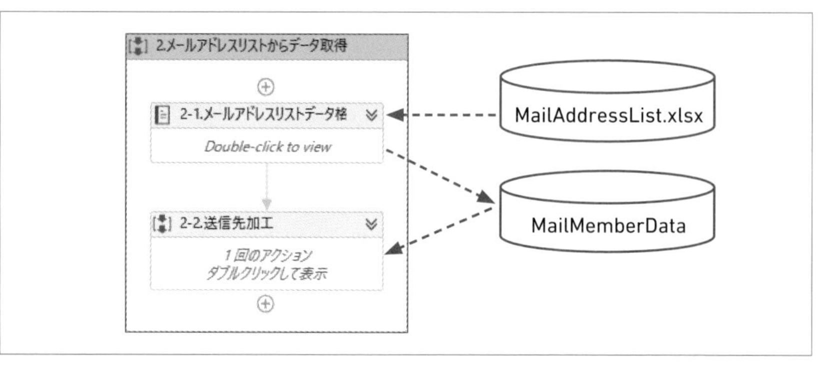

図6.6：メールアドレスリストからデータ取得

STEP1 Mainのフローチャートに戻り、［2.メールアドレスリストからデータ取得］をダブルクリックし展開する。フローチャート上に以下の２つのアクティビティを追加し、設定を変更する。

STEP2 ［Excel アプリケーションスコープ（Excel Application Scope)］アクティビティを追加し、表示名を「2-1.メールアドレスリストデータ格納」に変更する。

❶「2-1.メールアドレスリストデータ格納」のプロパティ［ブックのパス］に「"MailAddressList.xlsx"」と入力する。

❷［実行］の表示名を「Excel読み込み実行」に変更する。

STEP3 「2-1.メールアドレスリストデータ格納」の後に［シーケンス（Sequence)］アクティビティを追加し、表示名を「2-2.送信先加工」に変更する。

まず、［2-1.メールアドレスリストデータ格納］の作成を行います。

「MailAddressList.xlsx」からデータを読み取り、Dictionary型変数［MailData Dictionary］にメール件名や本文を格納します。
メール送信先のメールアドレスリストはDataTable型変数［MailMemberData］に格納します。最後にテスト用に送信先のメールアドレスリストを［出力］パネルに書き出します（図6.7）。

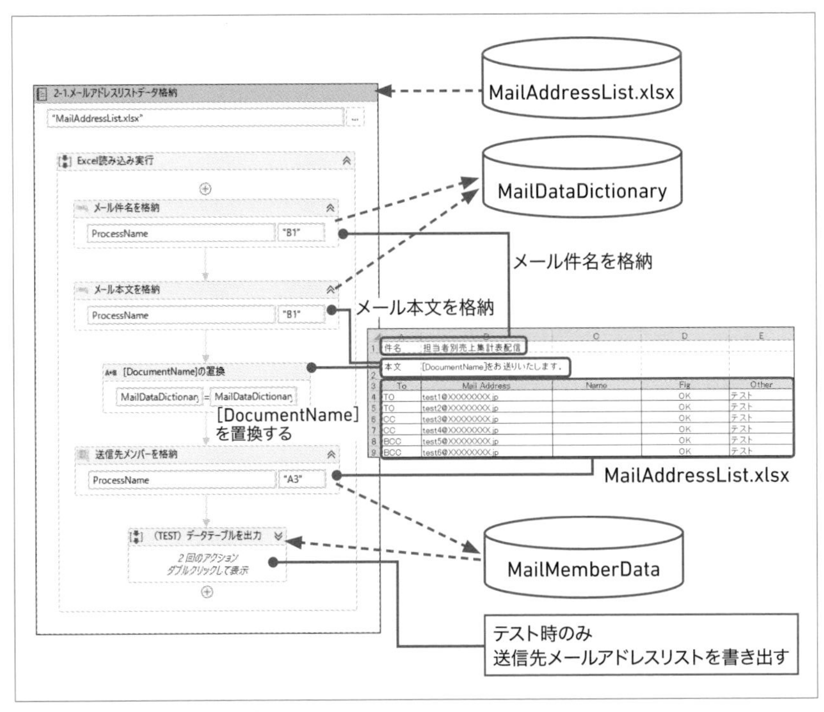

図6.7：メールアドレスリストデータ格納

STEP4 **［Excel読み込み実行］の中に［セルを読み込み（Read Cell）］アクティビティ（［アクティビティ］パネルの［使用可能］→［アプリの連携］→［Excel］）を追加し、表示名を「メール件名を格納」に変更する。**

❶ プロパティ［シート名］にString型変数［ProcessName］を設定し、プロパティ［セル］に「"B1"」と入力する。
❷ プロパティ［結果］に「MailDataDictionary("Subject")」と入力する。

STEP5 **［メール件名を格納］の後に［セルを読み込み（Read Cell）］アクティビ**

ティ（[アクティビティ] パネルの [使用可能] → [アプリの連携] → [Excel]）を追加し、表示名を「メール本文を格納」に変更する。

❶ プロパティ [シート名] にString型変数 [ProcessName] を設定し、プロパティ [セル] に「"B2"」と入力する。
❷ プロパティ [結果] に「MailDataDictionary("Body")」と入力する。

STEP6 [メール本文を格納] の後に [代入 (Assign)] アクティビティを追加し、表示名を「[DocumentName] の置換」に変更する。

❶ プロパティ [左辺値 (To)] に「MailDataDictionary("Body")」と入力する。
❷ プロパティ [右辺値 (Value)] に「MailDataDictionary("Body").Replace("[DocumentName]", DocumentName)」と入力する。これによりメール本文中の"[DocumentName]"が送信メールの添付ファイル名に置換される。

STEP7 [[DocumentName] の置換] の後に [範囲を読み込み (Read Range)] アクティビティ（[アクティビティ] パネルの [使用可能] → [アプリの連携] → [Excel]）を追加し、表示名を「送信先メンバーを格納」に変更する。

❶ プロパティ [シート名] にString型変数 [ProcessName] を設定し、プロパティ [範囲] に「"A3"」と入力する。
❷ プロパティ [データテーブル] の入力ボックスにカーソルをあてた状態で [Ctrl] + [K] キーを押し、[変数を設定] に「MailMemberData」と入力し、[Enter] キーを押す。DataTable型変数 [MailMemberData] が生成される。
❸ [変数] パネルを開き [MailMemberData] の [スコープ] を [2.メールアドレスリストからデータ取得] に変更する。

STEP8 [送信先メンバーを格納] の後に [シーケンス (Sequence)] アクティビティを追加し、表示名を「(TEST) データテーブルを出力」に変更する。

STEP9 [(TEST) データテーブルを出力] の中に [データテーブルを出力 (Output Data Table)] アクティビティを追加する。

❶ プロパティ [データテーブル] にDataTable型変数 [MailMemberData] を設定する。

❷ プロパティ［テキスト］の入力ボックスにカーソルをあてた状態で［Ctrl］＋［K］キーを押し、［変数を設定］に「MailMemberDataText」と入力し、［Enter］キーを押す。String型変数［MailMemberDataText］が生成される。

STEP10 **［データテーブルを出力］の後に、［1行を書き込み（Write Line）］アクティビティを追加する。プロパティ［テキスト］にString型変数［MailMemberDataText］を設定する。これによりDataTable型変数［MailMemberData］の中身を［出力］パネルに出力して確認することができる。**

次に、［2-2.送信先加工］の作成を行います。

DataTable型変数[MailMemberData]からメールアドレスと関連する情報を取得し、Dictionary型変数[MailDataDictionary]に格納します（図**6.8**）。

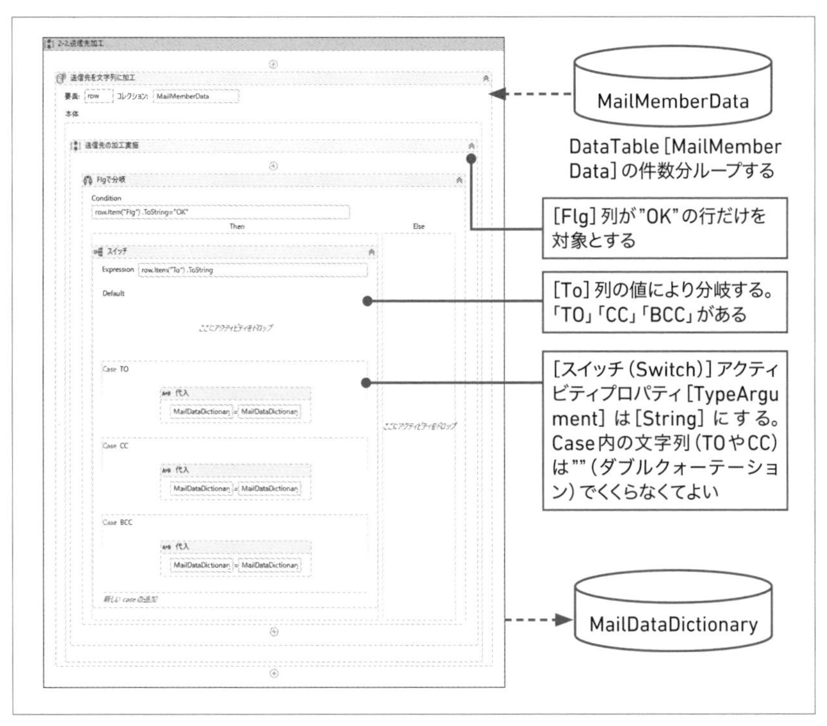

図6.8：送信先加工

STEP11 ［2-2.送信先加工］に［繰り返し（各行）（For Each Row）］アクティビティを追加する。

❶ 表示名を「送信先を文字列に加工」に変更する。
❷ プロパティ［データテーブル］に「MailMemberData」を設定する。
❸ ［Body］の表示名を「送信先の加工実施」に変更する。

STEP12 ［送信先の加工実施］の中に［条件分岐（If）］アクティビティを追加する。

❶ 表示名を「Flgで分岐」に変更する。
❷ プロパティ［条件］に「row.Item("Flg") .ToString="OK"」と入力する。

STEP13 ［Then］ブロックに［スイッチ（Switch）］アクティビティを追加する。

❶ プロパティ［式］に「row.Item("To") .ToString」と入力する。
❷ プロパティ［TypeArgument］のドロップダウンリストで［String］を選択する。

STEP14 ［スイッチ］の左下にある［新しいCaseの追加］をクリックする。

❶ ［Case値］に「TO」と入力する（文字列だがダブルクォーテーションでくくらなくてよい）。
❷ ［ここにアクティビティをドロップ］に［代入（Assign）］アクティビティを追加する。
❸ プロパティ［左辺値（To）］に「MailDataDictionary("TO")」と入力する。
❹ プロパティ［右辺値（Value）］に「MailDataDictionary("TO") + row.Item("Mail Address") .ToString+ ";"」（"Mail"と"Address"の間には半角スペースが必要）と入力する。

STEP15 ［新しいCaseの追加］をクリックする。

❶ ［Case値］に「CC」と入力する。
❷ ［ここにアクティビティをドロップ］に［代入（Assign）］アクティビティを追加する。
❸ プロパティ［左辺値（To）］に「MailDataDictionary("CC")」と入力する。
❹ プロパティ［右辺値（Value）］に「MailDataDictionary("CC") + row.Item("Mail Address") .ToString+ ";"」（"Mail"と"Address"の間には半角スペースが必要）と入力する。

STEP16 [新しいCaseの追加] をクリックする。

❶ [Case値] に「BCC」と入力する。
❷ [ここにアクティビティをドロップ] に [代入 (Assign)] アクティビティを追加する。
❸ プロパティ [左辺値 (To)] に「MailDataDictionary("BCC")」と入力する。
❹ プロパティ [右辺値 (Value)] に「MailDataDictionary("BCC") + row.Item("Mail Address") .ToString+ ";"」("Mail"と"Address"の間には半角スペースが必要) と入力する。

4 Outlookメールメッセージを送信

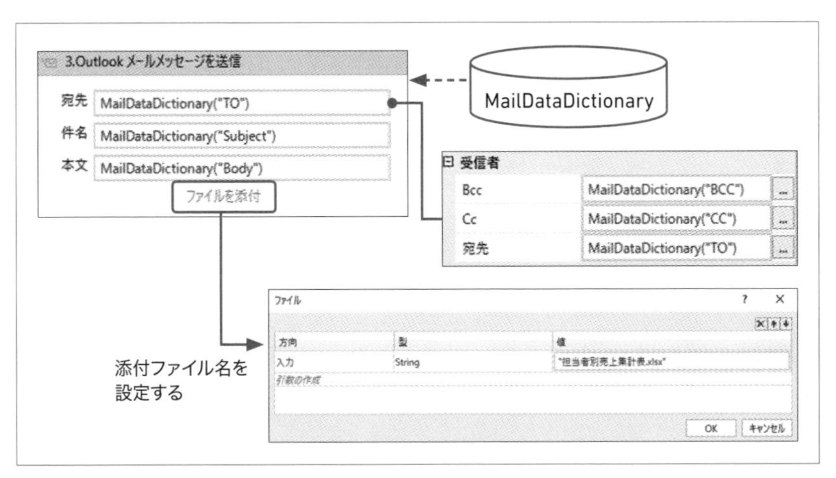

図6.9：Outlookメールメッセージを送信

STEP1 Mainのフローチャートに戻り、[3.Outlook メールメッセージを送信] をダブルクリックして展開する (図6.9)。

❶ プロパティ [宛先] に「MailDataDictionary("TO")」と入力する。
❷ プロパティ [Cc] に「MailDataDictionary("CC")」と入力する。
❸ プロパティ [Bcc] に「MailDataDictionary("BCC")」と入力する。
❹ プロパティ [件名] に「MailDataDictionary("Subject")」と入力する。
❺ プロパティ [本文] に「MailDataDictionary("Body")」と入力する。

STEP2 [ファイルを添付] をクリック。[ファイル] 画面が表示されるので、[値] に「"担当者別売上集計表.xlsx"」と入力する。

これで完成です。

メールリストがダミーなので、このままでは実行できません。実在するメールアドレスと、テスト環境を整えてテスト実行してください。Outlookから添付ファイル付きのメールが送信されます。

このメールリストの仕組みを使いこなせば、実運用の際に非常に強力な仕組みになってくれます。

6.1.5 使用する変数

ワークフロー内で使用する変数は**表6.2**の通りです。

表6.2：使用する変数

名前	変数の型	スコープ	既定値
MailDataDictionary	Dictionary<String,String>	Main	—
ProcessName	String	Main	—
DocumentName	String	Main	—
MailMemberData	DataTable	2. メールアドレスリストからデータ取得	—

6.1.6 関連セクション

「担当者別売上集計表.xlsx」を作成するワークフローは、以下のセクションで解説しています。

➡5.4　引数付きのExcelマクロを実行する

データテーブル（DataTable）の中身を[出力]パネルに出力する方法については、以下のセクションを参考にしてください。

➡5.2　フィルターをかけてExcelシートを分割する

特定のファイルを特定のメールアドレスに送信する

6.2.1 業務イメージ

「5.2　フィルターをかけてExcelシートを分割する」で担当者ごとのExcelファイルを作成しました。この担当者別のExcelファイルをそれぞれの担当者だけに配信します（図**6.10**）。

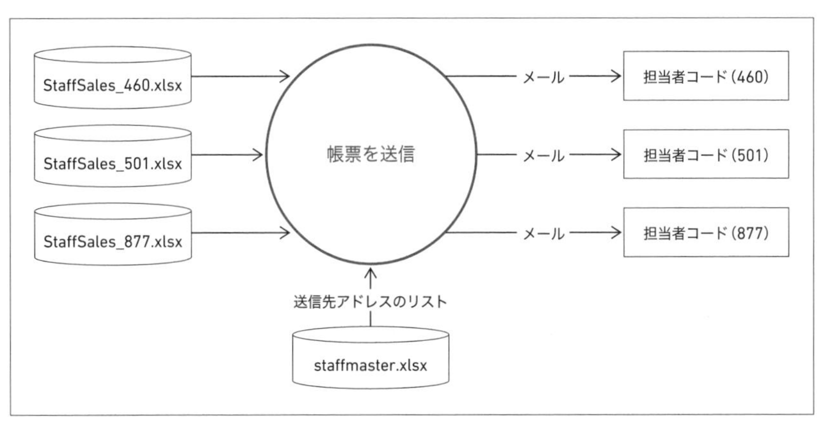

図6.10：業務イメージ

6.2.2 完成図

特定のファイルを特定のメールアドレスに送信するワークフローは2つのパートから構成されます。[1.データ取得] で担当者マスタから宛先データを取得し、[2.メール送信] でメールを送信します（図**6.11**）。

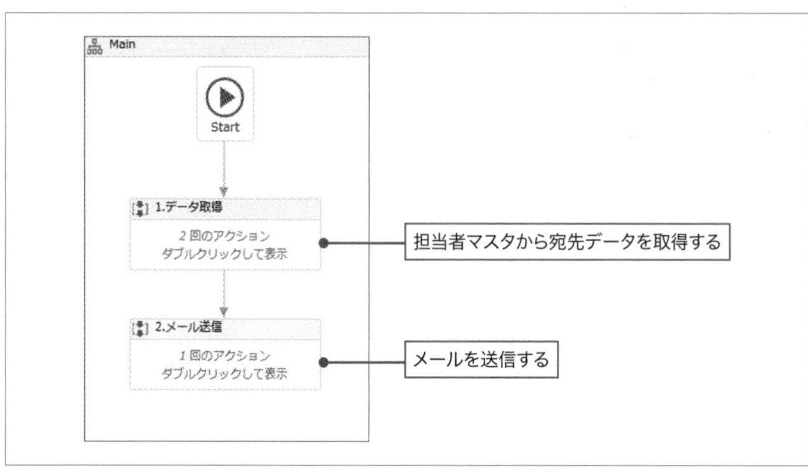

図6.11：特定のファイルを特定のメールアドレスに送信するワークフローの完成図

6.2.3 作成準備

STEP1 UiPath Studioを起動し、新たにプロジェクトを作成する。

STEP2 作成したプロジェクトフォルダーの中に、本書のサンプルフォルダー「サンプルファイル」→「Chapter6」→「6.2」に格納されている「StaffSales」フォルダーをコピーする。中には3つのExcelファイルが入っている（図6.12）。

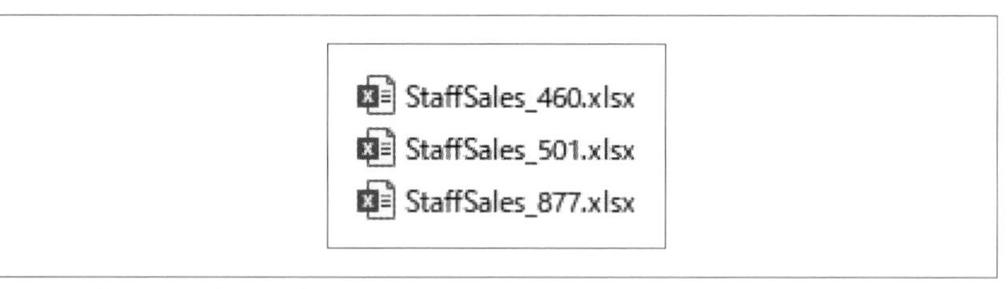

図6.12：[StaffSales] フォルダー内のファイル一覧

STEP3 本書のサンプルフォルダー「サンプルファイル」→「Chapter6」→「6.2」から担当者マスタ「staffmaster.xlsx」をプロジェクトフォルダー直下にコピーする。担当者マスタには、図6.13のように担当者コードと担当者名、メールアドレスが入っている。

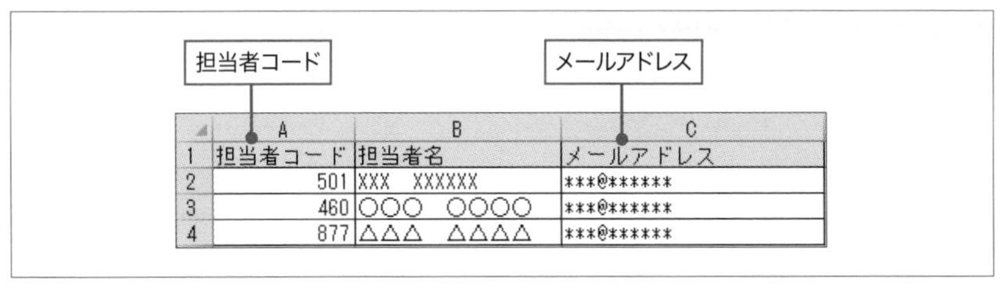

	A	B	C
1	担当者コード	担当者名	メールアドレス
2	501	XXX　XXXXXX	***@******
3	460	○○○　○○○○	***@******
4	877	△△△　△△△△	***@******

図6.13：staffmaster.xlsx

STEP4 Main.xamlを開き、[フローチャート（Flowchart）] アクティビティを追加し、表示名を「Main」とする。

STEP5 [Main] を選択した状態で、[変数] パネルを選択する。

❶ 名前に「StaffDictionary」と入力する。

❷ 変数の型に [System.Collections.Generic.Dictionary<System.String, System.String>] を設定する。

HINT　Dictionary型変数の作成方法

Dictionary型変数の作成方法は「6.1　Excelの送信リストと連携してメールを送信する」で詳しく解説していますので、参照してください。

6.2.4 作成手順

1 全体枠の作成

STEP1 [Main] フローチャートをダブルクリックして展開し、以下の2つのアクティビティを追加する。

❶ [シーケンス（Sequence）] アクティビティを追加し、表示名を「1.データ取得」にする。

❷ [シーケンス（Sequence）] アクティビティを追加し、表示名を「2.メール送信」にする。

STEP2 図6.11：完成図を参考にして、[Start] → [1.データ取得] → [2.メール送信] を流れ線で結ぶ。

2 1.データ取得

担当者マスタ「staffmaster.xlsx」の内容を読み取って、Dictionary型変数[Staff Dictionary]に格納します（図**6.14**）。

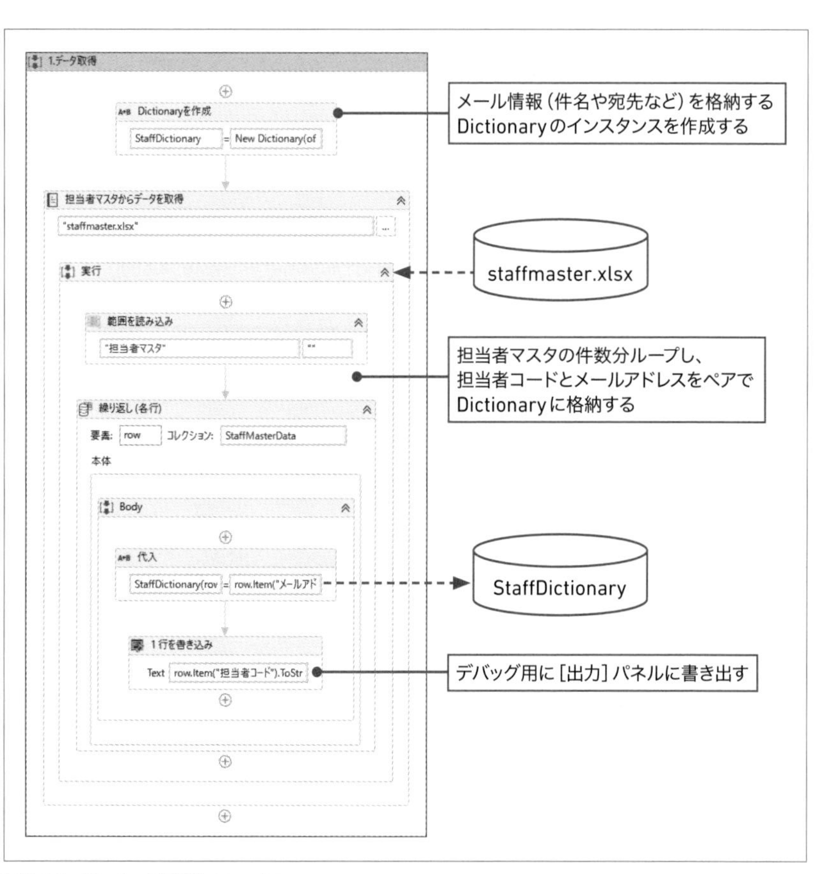

図6.14：[1.データ取得]のワークフロー

STEP1 [1.データ取得] をダブルクリックし、アクティビティを展開する。

STEP2 [1.データ取得] の中に [代入 (Assign)] アクティビティを追加する。

今日から使える！メール業務を自動化する5つのテクニック

❶ 表示名を「Dictionaryを作成」とする。
❷ プロパティ［左辺値（To）］にDictionary型変数［StaffDictionary］を設定する。
❸ プロパティ［右辺値（Value）］に「New Dictionary(of String, String)」と入力する。

STEP3 **［Dictionaryを作成］の後に［Excel アプリケーションスコープ（Excel Application Scope）］を追加する。**

❶ 表示名を「担当者マスタからデータを取得」にする。
❷ プロパティ［ブックのパス］に「"staffmaster.xlsx"」と入力する。
❸ プロパティ［可視］のチェックを外す。

STEP4 **［実行］の中に［範囲を読み込み（Read Range）］アクティビティ（［アクティビティ］パネルの［使用可能］→［アプリの連携］→［Excel］）を追加する。**

❶ プロパティ［シート名］に「"担当者マスタ"」と入力する。
❷ プロパティ［データテーブル］の入力ボックスにカーソルをあてた状態で［Ctrl］＋［K］キーを押し、［変数を設定］に「StaffMasterData」と入力し、［Enter］キーを押す。DataTable型変数［StaffMasterData］が生成される。

STEP5 **［実行］の中の［範囲を読み込み］の後に［繰り返し（各行）（For Each Row）］アクティビティを追加し、プロパティ［データテーブル］にDataTable型変数［StaffMasterData］を設定する。**

STEP6 **［繰り返し（各行）］の［Body］の中に［代入（Assign）］アクティビティを追加する。**

❶ プロパティ［左辺値（To）］に「StaffDictionary(row.Item("担当者コード").ToString)」と入力する。
❷ プロパティ［右辺値（Value）］に「row.Item("メールアドレス").ToString」と入力する。これにより、担当者コードとメールアドレスがペアでDictionary型変数［StaffDictionary］に格納される。

STEP7 デバッグ用に［Body］の中の［代入］の後に［1行を書き込み（Write Line)］アクティビティを追加する。プロパティ［テキスト］に「row.Item("担当者コード").ToString + ":" + StaffDictionary(row.Item("担当者コード").ToString)」と入力する。

ワークフローを実行し、担当者コードとメールアドレスが［出力］パネルに書き込まれることを確認します。

3 2.メール送信

プロジェクトフォルダーに配置した「StaffSales」フォルダー内にあるExcelファイルの件数（サンプルの場合3件）分、ループしながら各担当者にメール送信します（図6.15）。

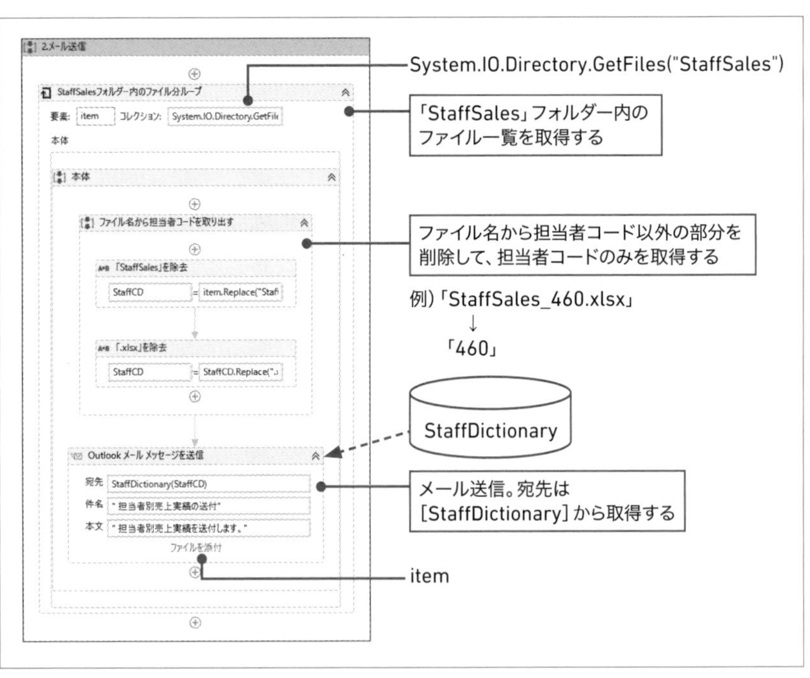

図6.15：[2.メール送信]のワークフロー

STEP1 ［Main］ワークフローに戻り、［2.メール送信］をダブルクリックし、アクティビティを展開する。

STEP2 ［繰り返し（コレクションの各要素）(For Each)］アクティビティを追加

し、ダブルクリックして展開する（図6.15）。

❶ 表示名を「StaffSalesフォルダー内のファイル分ループ」に変更する。
❷ プロパティ［値］に「system.IO.Directory.GetFiles("StaffSales")」と入力する。
❸ プロパティ［TypeArgument］のドロップダウンリストから［String］を選択する。

STEP3 ［StaffSalesフォルダー内のファイル分ループ］の［本体］に［シーケンス（Sequence）］アクティビティを追加し、表示名を「ファイル名から担当者コードを取り出す」にする。

STEP4 ［ファイル名から担当者コードを取り出す］に［代入（Assign）］アクティビティを追加する。

❶ 表示名を「「StaffSales」を除去」に変更する。
❷ プロパティ［左辺値（To）］にカーソルをあてた状態で［Ctrl］＋［K］キーを押し、［変数を設定］に「StaffCD」と入力し、［Enter］キーを押す。GenericValue型変数［StaffCD］が生成される。
❸ ［変数］パネルを開き、変数の型を［String］に変更し、スコープを［2.メール送信］に変更する。
❹ プロパティ［右辺値（Value）］に「item.Replace("StaffSales\StaffSales_", "")」と入力する。

STEP5 ［ファイル名から担当者コードを取り出す］の中の［「StaffSales」を除去］の後に［代入（Assign）］アクティビティを追加する。

❶ 表示名を「「.xlsx」を除去」に変更する。
❷ プロパティ［左辺値（To）］にString型変数［StaffCD］を設定する。
❸ プロパティ［右辺値（Value）］に「StaffCD.Replace(".xlsx","")」と入力する。これにより、String型変数［StaffCD］には担当者コードが格納される。

STEP6 ［本体］の中の［ファイル名から担当者コードを取り出す］の後に［Outlookメールメッセージを送信（Send Outlook Mail Message）］アクティビティを追加する。

❶ プロパティ［宛先］に「StaffDictionary(StaffCD)」と入力する。
❷ プロパティ［件名］に「"担当者別売上実績の送付"」と入力する。
❸ プロパティ［本文］に「"担当者別売上実績を送付します。"」と入力する。

STEP7 ［ファイルを添付］をクリックする。［ファイル］画面が表示されるので、［値］に「item」と入力する。

6.2.5 実行する

本書のサンプルファイル「staffmaster.xlsx」には、ダミーのメールアドレスが入力されているので、実在するメールアドレスを入力してテストを実行します。Outlook から Excel ファイルが添付されたメールが 3 件送信されます。

6.2.6 使用する変数

ワークフロー内で使用する変数は**表 6.3**の通りです。

表 6.3：使用する変数

名前	変数の型	スコープ	既定値
StaffCD	String	2. メール送信	—
StaffDictionary	Dictionary<String,String>	Main	—
StaffMasterData	DataTable	実行	—

6.2.7 関連セクション

「StaffSales」フォルダー内のファイルは以下のセクションで作成しています。
➔5.2　フィルターをかけて Excel シートを分割する

Dictionary 型変数の作成方法について詳しく解説しています。
➔6.1　Excel の送信リストと連携してメールを送信する

メールを受信し本文から情報を読み取る

6.3.1 業務イメージ

システムのアカウント作成業務の自動化を行います。オートメーションの概要は下図の通りです（図6.16）。

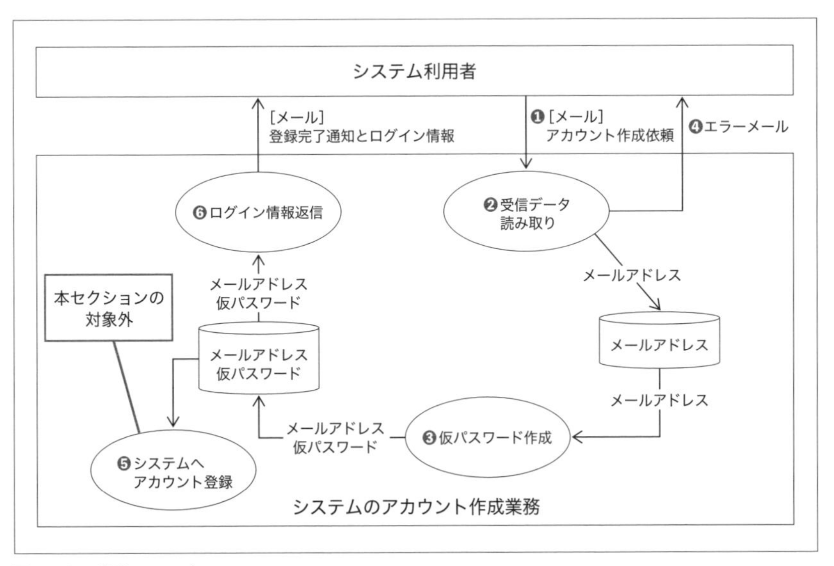

図6.16：業務イメージ

新たにシステムを利用したい人、もしくはその関係者が、アカウント作成業務担当者にメールでアカウント作成依頼を行います❶。メールには必ず、アカウント作成希望者のメールアドレスを本文中に入れるルールになっています。

アカウント作成担当者は受信したメールからメールアドレスを読み取り❷、仮パスワードを作成します❸。ルール通りにメールアドレスが入力されていなければ、エラーメールを返信します❹。

仮パスワードを作成したら、システムにアカウントを登録し❺（本セクションの対象外とします）、ログイン情報をシステム利用者に返信します❻。

システム利用者から届くメールは、**図6.17**のような内容です。

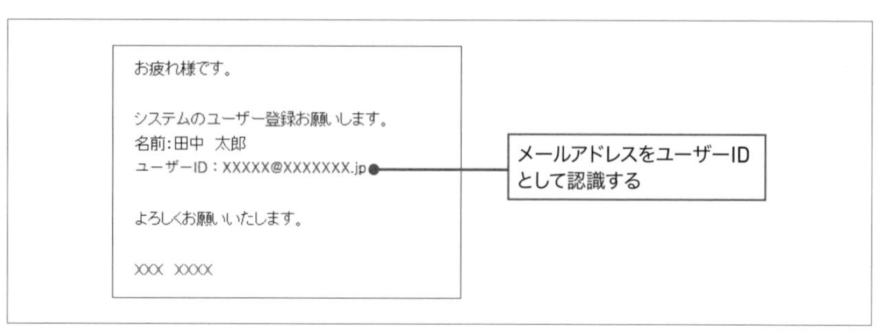

図6.17：ユーザー登録依頼メール

ルール通りのメールアドレスが入力されておらずエラーとなるメールは**図6.18**のような例です。

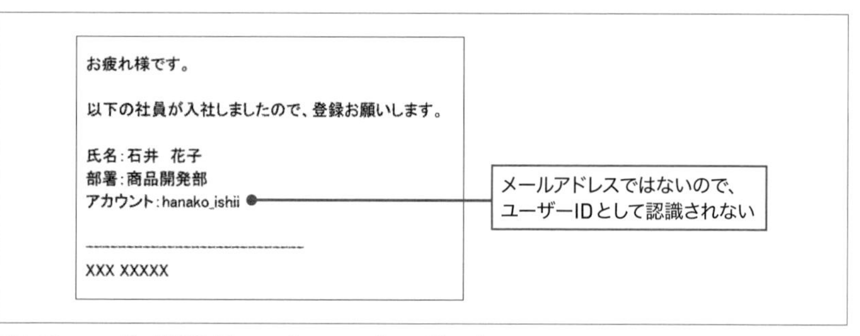

図6.18：ユーザー登録依頼メール（メールアドレスがない）

6.3.2 完成図

メールを受信し本文から情報を読み取るワークフローは2つのパートから構成されます。[1.メール受信] でメールを受信し、[2.未読メール件数分ループ] で受信した複数のメールの本文から情報を読み取ります（**図6.19**）。

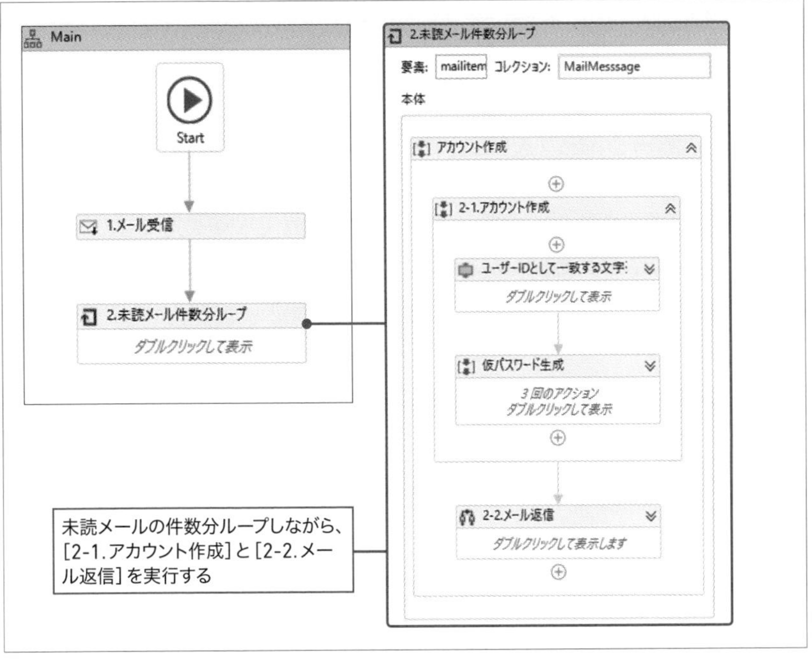

図6.19：メールを受信し本文から情報を読み取るワークフローの完成図

6.3.3 作成準備

STEP1 Outlookに「アカウント作成」というフォルダーを作成し、テスト用のメールアドレスに向けて、テスト用のメールを送信し、「アカウント作成」に格納する。
テスト用のメールは2件用意する。メール件名は任意でよい。
本文の内容は図6.17と図6.18を参考に作成する。

6.3.4 作成手順

1 全体枠の作成

STEP1 UiPath Studioを起動し、新たにプロジェクトを作成する。

STEP2 Main.xamlを開く。

STEP3 [フローチャート(Flowchart)]アクティビティを追加し、表示名を「Main」に変更し、ダブルクリックして展開する。

STEP4 [Outlookメールメッセージを取得(Get Outlook Mail Messages)]アクティビティを追加し、[Start]と流れ線で結ぶ。

❶ 表示名を「1.メール受信」に変更する。
❷ プロパティ[メールフォルダー]に「"アカウント作成"」と入力する。
❸ プロパティ[アカウント]にテスト用のメールアドレスを入力する(メールアドレスはダブルクォーテーションで囲むこと)。
❹ プロパティ[開封済みにする]のチェックボックスにチェックを付ける。
❺ プロパティ[メッセージ]の入力ボックスにカーソルをあてた状態で[Ctrl]+[K]キーを押し、[変数を設定]に「MailMessage」と入力し、[Enter]キーを押す。

STEP5 [Main]フローチャート内に[繰り返し(コレクションの各要素)(For Each)]アクティビティを追加し、[1.メール受信]と流れ線で結ぶ。

❶ 表示名を「2.未読メール件数分ループ」にする。
❷ [2.未読メール件数分ループ]をダブルクリックして展開する。
❸ プロパティ[値]に **STEP4** で設定したList<MailMessage>型変数[MailMessage]を設定する。
❹ [TypeArgument]に[System.Net.Mail.MailMessage]を設定する(設定方法はHINTを参照)。
❺ [要素]の「item」を「mailitem」に変更する。
❻ [2.未読メール件数分ループ]の[本体]の表示名を「アカウント作成」に変更する。

HINT System.Net.Mail.MailMessageが見つからない場合

[TypeArgument] のドロップダウンリストに [MailMessage] がない場合、[型の参照] をクリックし、[参照して.Netの種類を選択] 画面を表示する (図6.20❶)。[型の名前] に「system.net.mail.mailmessage」と入力し❷、[System.Net.Mail.MailMessage] を選択する❸。[OK] をクリックして画面を閉じる❹。

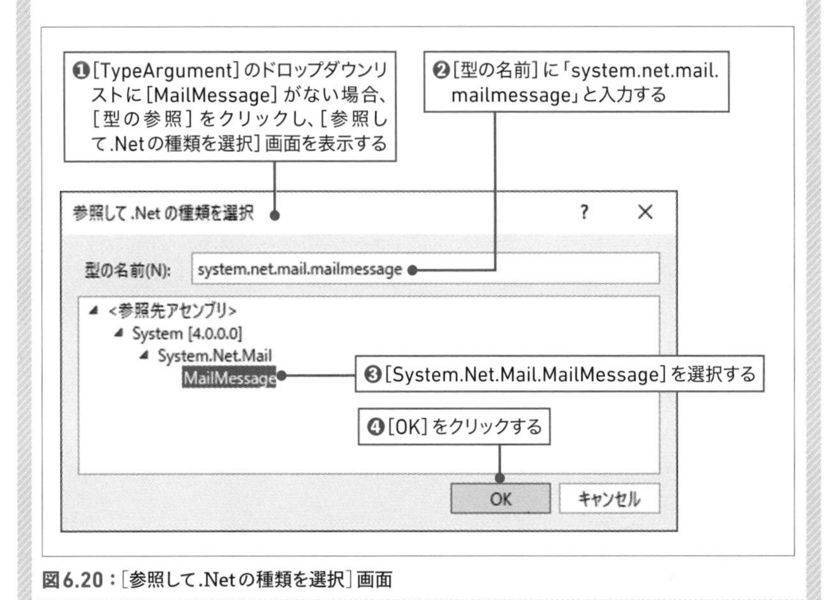

図6.20：[参照して.Netの種類を選択] 画面

2 2-1.アカウント作成

受信した複数のメールの本文からユーザーIDを取り出し、仮パスワードを作成した後、メールを返信します（図6.21）。

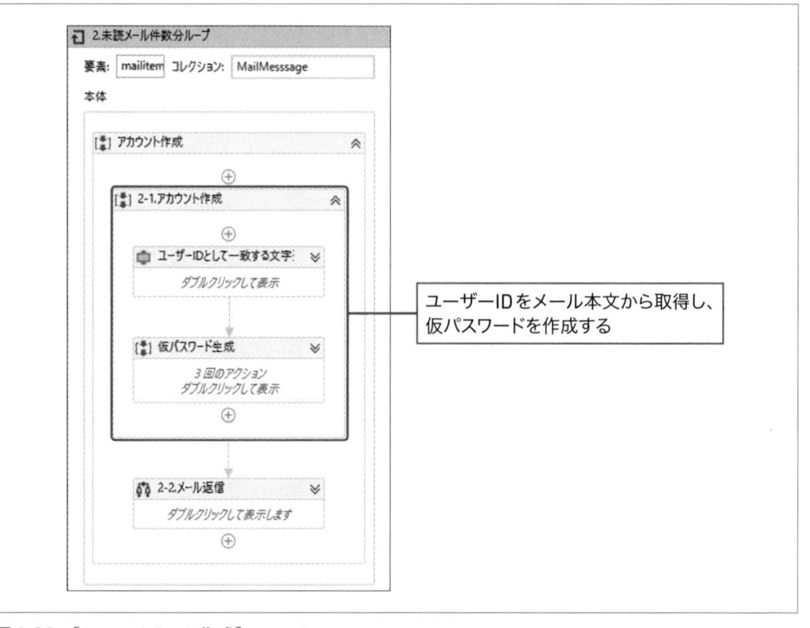

図6.21：[2-1.アカウント作成] のワークフロー

STEP1 [アカウント作成]に [シーケンス (Sequence)] アクティビティを追加し、表示名を「2-1.アカウント作成」に変更する。

STEP2 [2-1.アカウント作成] の中に [一致する文字列を取得 (Matches)] アクティビティを追加する。

❶ 表示名を「ユーザーIDとして一致する文字列を取得」に変更する。
❷ プロパティ [入力] に「mailitem.body」と入力する。
❸ プロパティ [結果] の入力ボックスにカーソルをあてた状態で [Ctrl] + [K] キーを押し、[変数を設定] に「UserID」と入力し、[Enter] キーを押す。
❹ [変数] パネルを開き、変数 [UserID] のスコープを[アカウント作成]に変更する（「2-1.アカウント作成」ではない）。
❺ [正規表現を設定] をクリックする。
❻ [正規表現ビルダー] が表示される。

❼ ［正規表現］のドロップダウンリストから［メールアドレス］を選択して（図6.22）、［保存］をクリックする。

❽ ［保存］をクリックする。

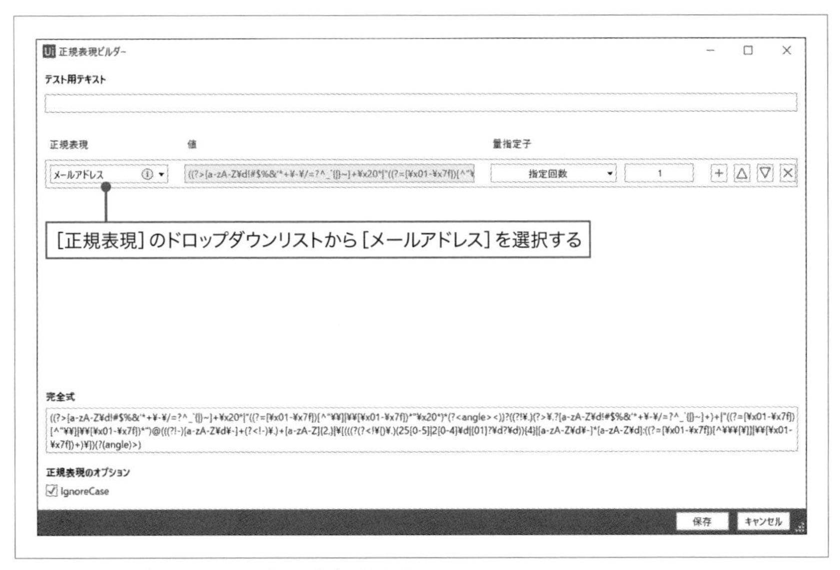

図6.22：ユーザーIDとして一致する文字列を取得

STEP3 ［2-1.アカウント作成］の中の［ユーザーIDとして一致する文字列を取得］の後に［シーケンス（Sequence）］アクティビティを追加し、表示名を「仮パスワード生成」にする（図6.23）。

STEP4 ［仮パスワード生成］の中に2つの［代入（Assign）］アクティビティと［1行を書き込み（Write Line）］アクティビティを追加する。

STEP5 1つ目の［代入］の表示名を「仮パスワードを生成する」に変更する。

❶ プロパティ［左辺値(To)］の入力ボックスにカーソルをあてた状態で［Ctrl］+［K］キーを押し、［変数を設定］に「TempPassword」と入力し、［Enter］キーを押す。

❷ ［変数］パネルを開き、変数［TempPassword］の変数の型を［String］に変更し、スコープを［アカウント作成］に変更する（「2-1.アカウント作成」ではない）。

❸ プロパティ［右辺値（Value)］に「System.Guid.NewGuid.ToString」と入力する。
String型変数［TempPassword］には、128bitのランダムな数値であるグローバル一意識別子（GUID）が格納される。

STEP6 2つ目の［代入］の表示名を「仮パスワードを8桁にする」に変更する。

❶ プロパティ［左辺値（To)］にString型変数［TempPassword］を設定する。
❷ プロパティ［右辺値（Value)］に「Left(TempPassword.Replace("-",""),8)」と入力する。ハイフォン（-）を除外し、左から8文字を取得する。

STEP7 ［1行を書き込み］のプロパティ［テキスト］に「"TempPassword:" + TempPassword」と入力する（図6.23）。［出力］パネルに［TempPassword］に設定された文字列が出力される。

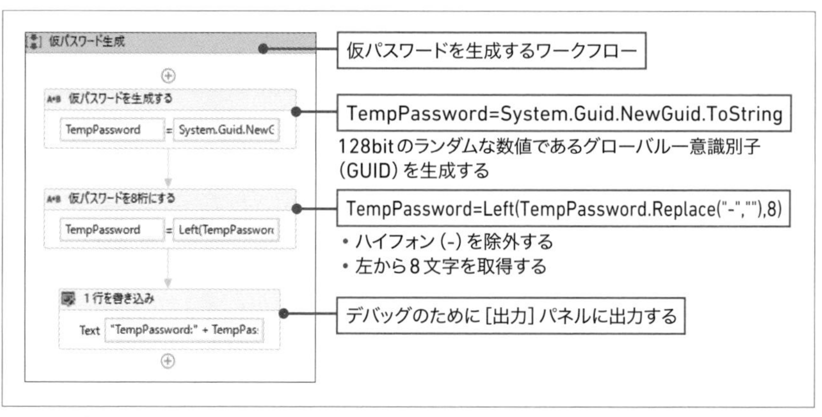

図6.23：[仮パスワード生成]のワークフロー

3 2-2.メール返信

メール本文にユーザーIDに該当する文字列が見つかった場合は、仮パスワードを返信します。見つからなかった場合はエラーメッセージを返信します（図6.24）。

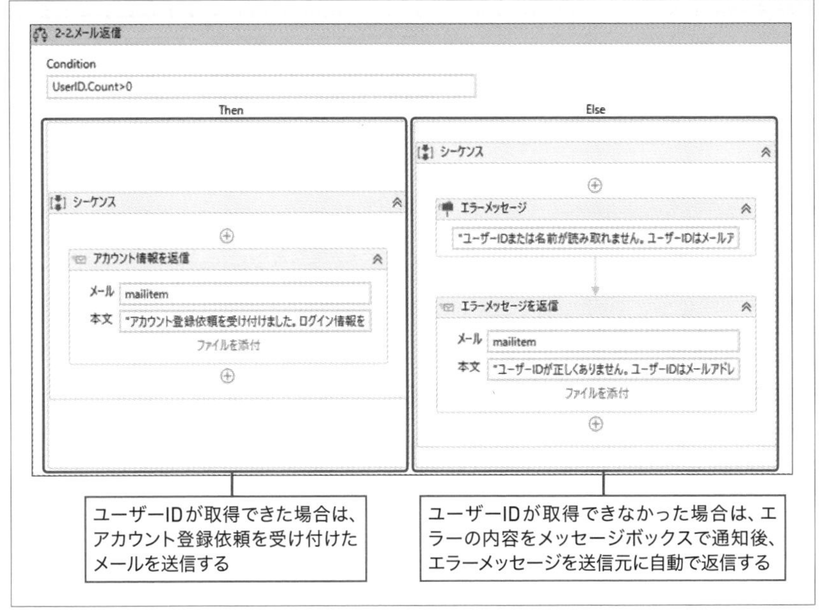

図6.24：[2-2.メール返信] のワークフロー

STEP1 [アカウント作成] に戻り、[2-1.アカウント作成] の後に [条件分岐(If)] アクティビティを追加する。

❶ 表示名を「2-2.メール返信」にする。
❷ プロパティ [条件] に「UserID.Count>0」と入力する。

STEP2 [Then] ブロックに [Outlookメールメッセージに返信 (Reply To Outlook Mail Message)] アクティビティを追加する。

❶ 表示名を「アカウント情報を返信」に変更する。
❷ プロパティ [メールメッセージ] に「mailitem」と入力する。
❸ プロパティ [本文] に以下のように入力する。

```
"アカウント登録依頼を受け付けました。ログイン情報をお送りします。ユーザーID➡
:" + UserID(0).Groups(0).Tostring + "　パスワード:" + ➡
TempPassword
```

STEP3 [Else] ブロックに、[シーケンス (Sequence)] アクティビティを追加する。

STEP4 [シーケンス] に [メッセージボックス (Message Box)] アクティビティを追加する。

❶ 表示名を「エラーメッセージ」に変更する。
❷ プロパティ [テキスト] に以下のように入力する。

```
"ユーザーIDまたは名前が読み取れません。ユーザーIDはメールアドレスです。" ➡
+ vbCrlf +
"返信メールを自動的に送ります。"+ vbCrlf + vbCrlf +
"【対象メール】"+ vbCrlf +
"送信者：" + mailitem.Sender.ToString + vbCrlf +
"件名：" + mailitem.Subject + vbCrlf +
"内容：" + mailitem.Body
```

STEP5 [シーケンス] の [エラーメッセージ] の後に [Outlookメールメッセージに返信 (Reply To Outlook Mail Message)] アクティビティを追加する。

❶ 表示名を「エラーメッセージを返信」に変更する。
❷ [Outlookメールメッセージに返信] のプロパティ [メールメッセージ] に「mailitem」と入力する。
❸ プロパティ [本文] に「"ユーザーIDが正しくありません。ユーザーIDはメールアドレスです。"」と入力する。

6.3.5 実行する

Outlookの「アカウント作成」フォルダーにテスト用メールを移動した後に実行すると、エラーメッセージも表示され、[OK] クリックによりワークフローが終了します。

エラーメールとアカウント登録依頼受付メールが返信されます。

6.3.6 使用する変数

ワークフロー内で使用する変数は**表6.4**の通りです。

表6.4：使用する変数

名前	変数の型	スコープ	既定値
MailMessage	List<MailMessage>	Main	—
TempPassword	String	アカウント作成	—
UserID	IEnumerable<Match>	アカウント作成	—

添付ファイルの件数をチェックしダウンロードする

6.4.1 業務イメージ

全国に100店舗を展開している小売業の業務です。本社の営業事務では全店舗の来月の日別の売上予算（日予算と呼ぶ）を集めるという月次業務を行っています（図6.25）。

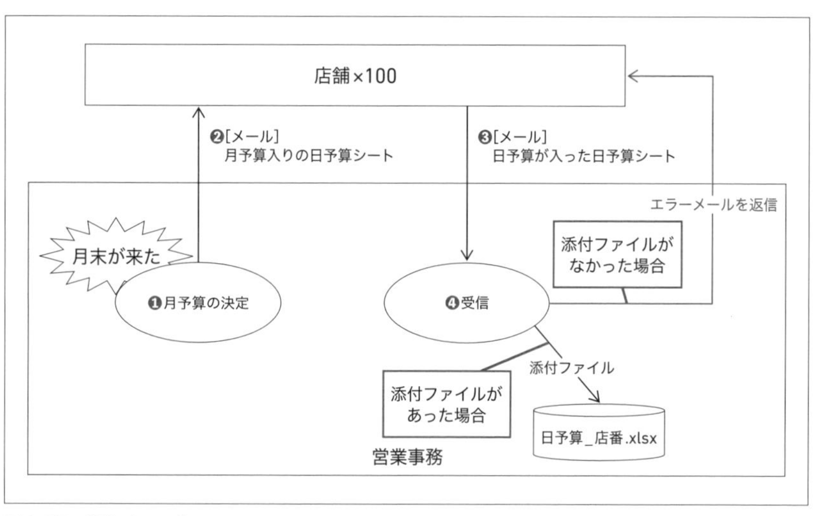

図6.25：業務イメージ

本社の営業部では月末になると来月の予算を作成します❶。各店に、その店舗の月予算が入力されたExcelファイルを送信します❷。各店は月予算を確認し、日別に割り振ります。日予算が入力されたExcelファイルを営業部宛に送信します❸。営業部ではメールを受信し❹、添付ファイルを保存します。日予算の添付を忘れることが多いため、チェックに手間がかかっていました。

そこで、添付ファイルの数をチェックして、間違っていれば自動で店舗に返信する仕組みを作ります。

6.4.2 完成図

添付ファイルの件数をチェックしダウンロードするワークフローは2つのパートから構成されます。[1.メール受信] でメールを受信し、[2.未読メール件数分ループ] で受信したメールを全件ループしながら、添付ファイルの件数をチェックし、添付ファイルが1件でない場合はエラーメールを返信します（図6.26）。

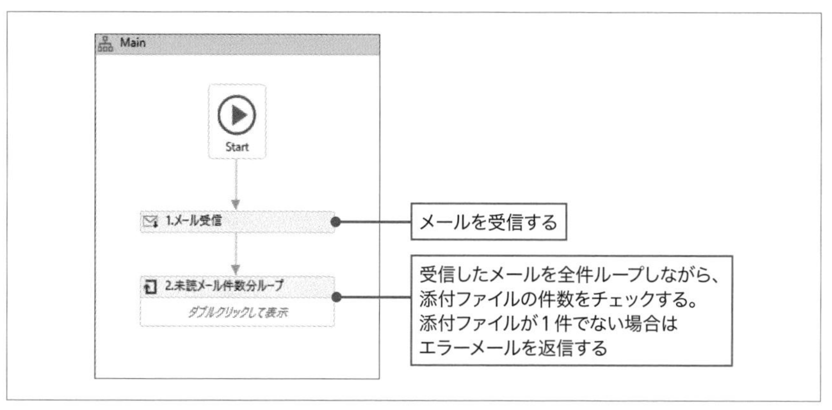

図6.26：添付ファイルの件数をチェックしダウンロードするワークフローの完成図

6.4.3 作成準備

STEP1 Microsoft Outlookに［予算書］というフォルダーを作成する。

STEP2 テスト用のメールアドレスに向けて、テストメールを送信する。メール件名にそれぞれどのようなファイルを添付したかを記載しておくと、デバッグ時に確認がしやすい。

①添付がないもの
②本書のサンプルフォルダー「サンプルファイル」→「Chapter6」→「6.4」に格納されているExcelファイル「1001_日予算設定シート.xlsx」を添付したもの
③添付はあるが、ファイル名に「日予算」という文字が入っていないもの（②と同じフォルダーにある「1002_予算書.xlsx」を添付したもの）

STEP3 受信したテストメールはMicrosoft Outlookの［予算書］フォルダーに格納する。

STEP4 UiPath Studioを起動し、新たにプロジェクトを作成する。

STEP5 プロジェクトフォルダーの直下に本書のサンプルフォルダー「サンプルファイル」→「Chapter6」→「6.4」にある「予算書」というフォルダーをコピーする。

6.4.4 作成手順

1 全体枠の作成

STEP1 Main.xamlを開く。

STEP2 ［フローチャート（Flowchart）］アクティビティを追加し、表示名を「Main」に変更する。［Main］フローチャートをダブルクリックして展開する。

STEP3 ［Main］フローチャートに［Outlookメールメッセージを取得（Get Outlook Mail Messages）］アクティビティを追加し、［Start］と流れ線で結ぶ。

❶ 表示名を「1.メール受信」に変更する。
❷ プロパティ［メールフォルダー］に「"予算書"」と入力する。
❸ プロパティ［アカウント］にテスト用のメールアドレスを入力する。
❹ プロパティ［開封済みにする］にチェックを付ける。
❺ プロパティ［メッセージ］の入力ボックスにカーソルをあてた状態で［Ctrl］＋［K］キーを押し、［変数を設定］に「MailMessage」と入力し、［Enter］キーを押す。

STEP4 ［Main］フローチャートに［繰り返し（コレクションの各要素）（For Each)］アクティビティを追加し、［1.メール受信］と流れ線で結び、ダブルクリックして展開する。

❶ 表示名を「2.未読メール件数分ループ」にする。
❷ プロパティ［値］にList<MailMessage>型変数［MailMessage］を設定する。
❸ ［TypeArgument］に［System.Net.Mail.MailMessage］を設定する。この

型については、「6.3　メールを受信し本文から情報を読み取る」で詳しく解説している。

❹ ［要素］の「item」を「mailitem」に変更する。

2 2.未読メール件数分ループ

Outlookの［予算書］フォルダーに格納されている未読メールの件数分（「6.4.3 作成準備」で格納した3件）ループしながら、プロジェクトフォルダー配下の「予算書」フォルダーに添付ファイルを保存します。添付ファイルがない、もしくは添付ファイル名に「日予算」という文字がない場合はエラーメールを返信します（図6.27）。

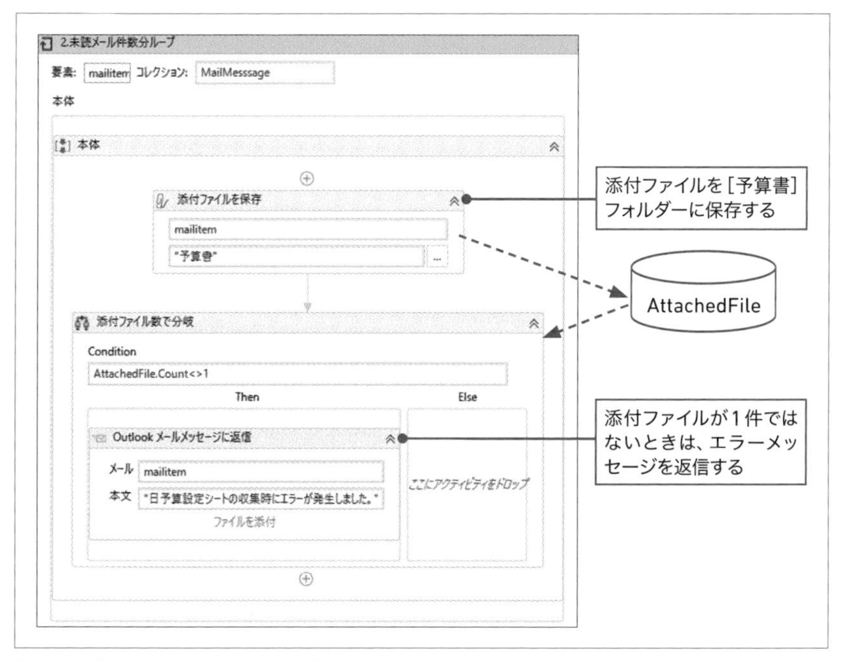

図6.27：［2.未読メール件数分ループ］のワークフロー

STEP1 ［未読メール件数分ループ］の［本体］の中に［添付ファイルを保存(Save Attachments)］アクティビティを追加する。

❶ プロパティ［フィルター］に「"日予算"」と入力する。

❷ プロパティ［フォルダーパス］に「"予算書"」と入力する。

❸ プロパティ［メッセージ］に「mailitem」と入力する。
❹ プロパティ［添付ファイル］の入力ボックスにカーソルをあてた状態で［Ctrl］＋［K］キーを押し、［変数を設定］に「AttachedFile」と入力し、［Enter］キーを押す。

STEP2 ［添付ファイルを保存］の後に［条件分岐（If）］アクティビティを追加する。

❶ 表示名を「添付ファイル数で分岐」に変更する。
❷ プロパティ［条件］に「AttachedFile.Count<>1」と入力する。
❸ ［Then］ブロックに［Outlookメールメッセージに返信］アクティビティを追加する。
❹ ［Outlookメールメッセージに返信］のプロパティ［メールメッセージ］に「mailitem」と入力する。
❺ ［Outlookメールメッセージに返信］のプロパティ［本文］に以下のように入力する。

```
"日予算設定シートの収集時にエラーが発生しました。添付資料（[日予算]が➡
付いているもの）の件数："+ AttachedFile.Count.ToString + "件"
```

6.4.5 実行する

作成準備の **STEP2** で送信したメールの中で、「①添付ファイルがないもの」「③添付ファイル名に"日予算"という文字入っていないもの」にエラーメールが返信されていることを確認してください。

また、プロジェクトフォルダー直下の「予算書」フォルダーに「1001_日予算設定シート.xlsx」が保存されていることを確認してください。

6.4.6 使用する変数

ワークフロー内で使用する変数は**表6.5**の通りです。

表6.5：使用する変数

名前	変数の型	スコープ	既定値
AttachedFile	IEnumerable<String>	本体	—
MailMessage	List<MailMessage>	Main	—

6.4.7 関連セクション

［未読メール件数分ループ］のTypeArgumentの型については、以下のセクションを参考にしてください。

➲6.3　メールを受信し本文から情報を読み取る

Gmailを操作する

Chapter6ではセクション「6.1」から「6.4」までOutlookでのメール送受信方法を解説してきました。確かにMicrosoft Outlookを使うのが一番簡単なメール操作方法ですが、他のメールソフトやサービスを利用している方も多いでしょう。

本セクションでは、UiPath Studioガイドの記事「メールアクティビティ用のGmailの有効化」を参考にして、Gmailを利用する方法を解説します。

- 「メールアクティビティ用のGmailの有効化」

URL https://studio.uipath.com/lang-ja/docs/enabling-gmail-for-email-activities

6.5.1 作成準備

1 Gmailの設定でPOP/IMAPを有効にする

STEP1 Gmailの設定画面を開く。Gmailの［設定］をクリックして（図6.28❶)、メニューの［設定］をクリックする❷。

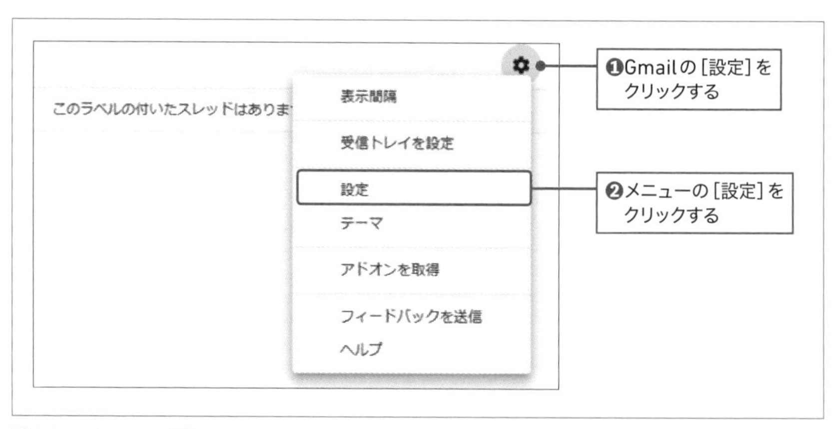

図6.28：Gmailの画面

STEP2 [メール転送と POP/IMAP] タブをクリックする（図6.29❶）。

STEP3 [すべてのメールでPOPを有効にする（ダウンロード済のメールを含む)] ❷と [IMAPを有効にする] ❸のラジオボタンをオンにする。

STEP4 [変更を保存] をクリックする❹。

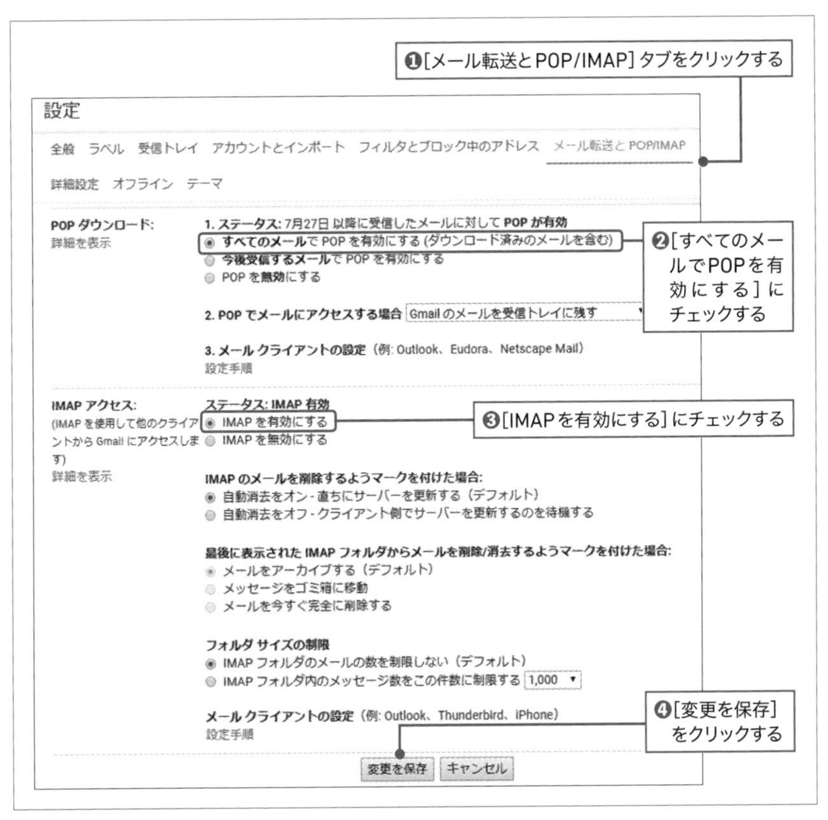

図6.29：Gmailの設定

2 アプリパスワードの生成

MEMO

Google からアプリパスワードを生成し、アプリパスワード使用する方法は、メールアドレスのアカウントに対して２段階認証が有効になっている場合にのみ有効です。

STEP1 次のGoogleのアプリパスワード生成画面にアクセスする（図6.30）。

- Googleのアプリパスワード生成画面

URL https://security.google.com/settings/security/apppasswords

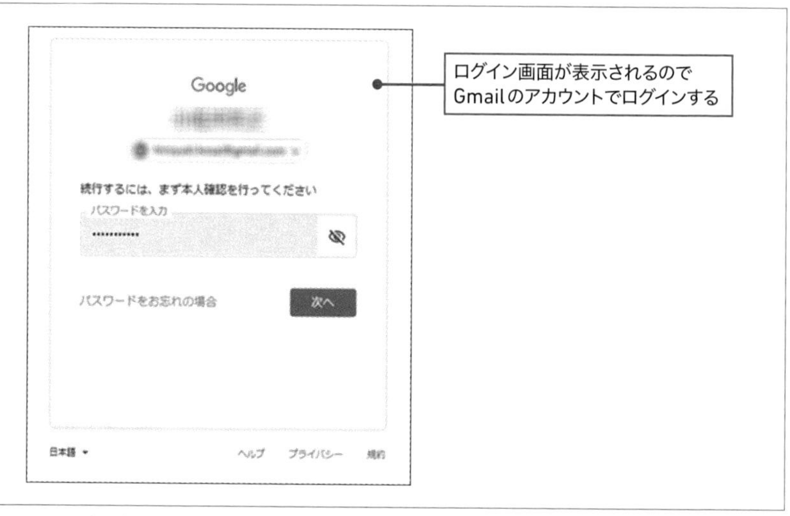

図6.30：アプリパスワード生成画面のログイン画面

STEP2 「アプリパスワードを生成するアプリとデバイスを選択してください。」という表示の下の［アプリを選択］をクリックし（図6.31❶）、［その他（名前を入力）］をクリックする❷。

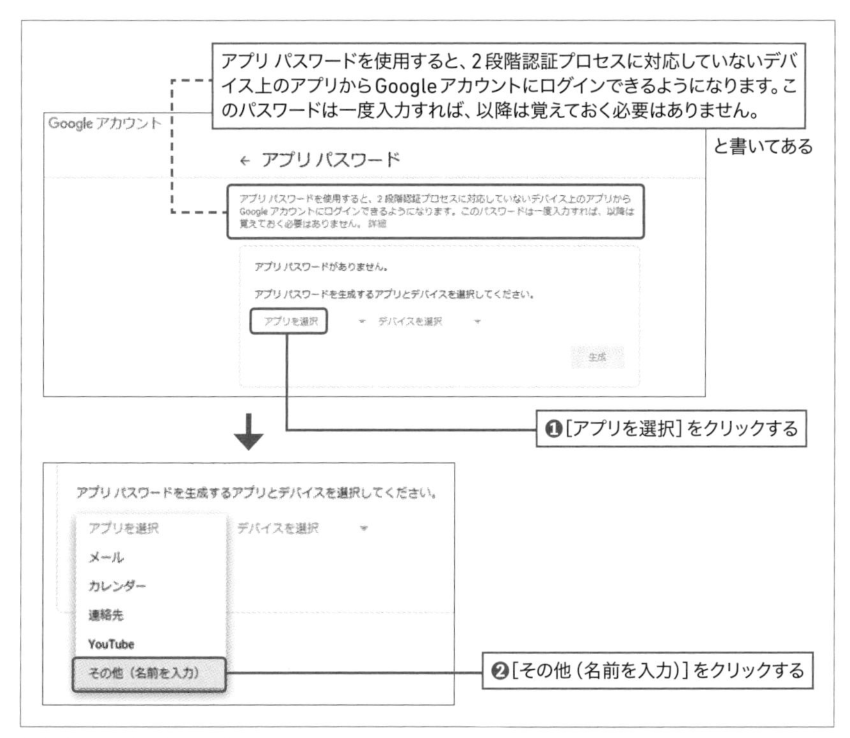

図6.31：アプリパスワード

STEP3 入力ボックスに「UiPath」と入力する（図6.32❶）。［生成］をクリックする❷。UiPath Studioで使用できる16文字のパスワードが生成されるので、保存しておく❸。［完了］をクリックする❹。

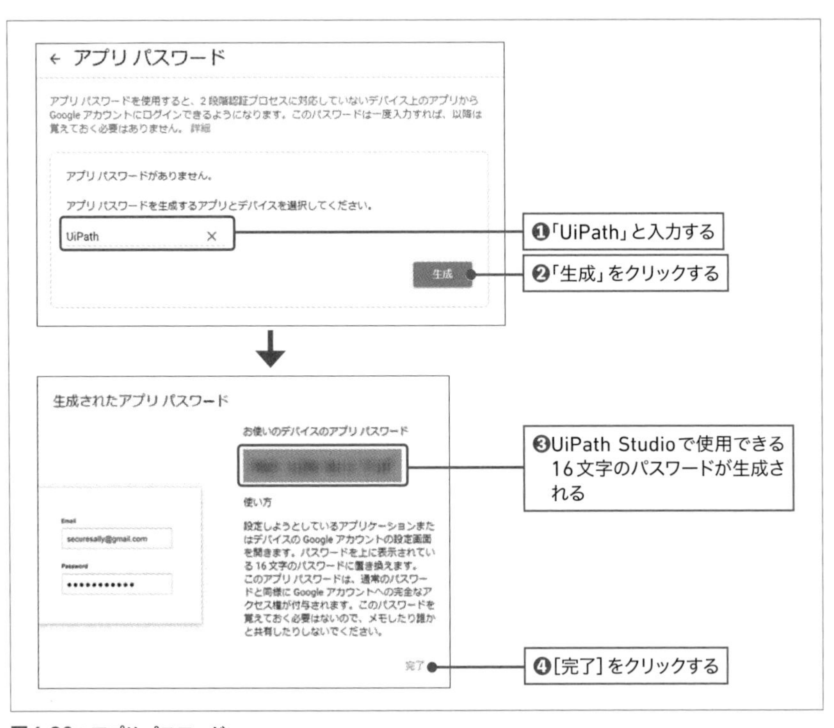

図6.32：アプリパスワード

3 Gmailの設定

Gmailの設定はGmailヘルプに詳しく書いてあります（表6.6）。

- 他のメールプラットフォームでGmailのメールをチェックする

URL https://support.google.com/mail/answer/7126229?hl=ja

表6.6：メールクライアントでSMTPとその他の設定を変更する

受信メール（IMAP）サーバー	imap.gmail.com SSLを使用する：はい ポート：993
送信メール（SMTP）サーバー	smtp.gmail.com SSLを使用する：はい TLSを使用する：はい（利用可能な場合） 認証を使用する：はい SSLのポート：465 TLS / STARTTLSのポート：587
氏名または表示名	氏名
アカウント名、ユーザー名、メールアドレス	メールアドレス
パスワード	Gmailのパスワード

6.5.2 作成手順

1 Gmailを受信する

Gmailの未読メールを最大10件受信し、[出力]パネルに書き出すワークフローを作成します（図6.33）。

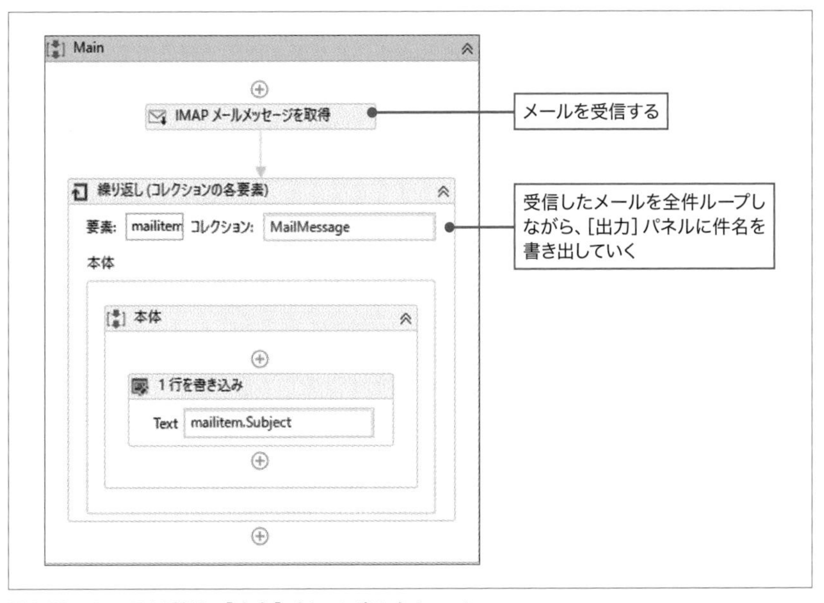

図6.33：Gmailを受信し、[出力]パネルに書き出すワークフロー

STEP1 UiPath Studioを起動し、新たにプロジェクトを作成する。

STEP2 Main.xamlを開き、[シーケンス (Sequence)] アクティビティを追加し、表示名を「Main」に変更する。

STEP3 [Main] に [IMAPメールメッセージを取得 (Get IMAP Mail Messages)] アクティビティを追加する。

❶ プロパティ [サーバー] に「"imap.gmail.com"」と入力する。
❷ プロパティ [ポート] に「993」と入力する。
❸ プロパティ [パスワード] に、「アプリパスワードの生成」で生成した16桁のパスワードを入力する（アプリパスワーはダブルクォーテーションで囲むこと）。
❹ プロパティ [メール] にGmailアドレスを入力する（Gmailアドレスはダブルクォーテーションで囲むこと）。
❺ プロパティ [未読メッセージのみ] のチェックボックスにチェックを付ける。
❻ プロパティ [上限数] に「10」と入力する。
❼ プロパティ [メッセージ] の入力ボックスにカーソルをあてた状態で [Ctrl] ＋ [K] キーを押し、[変数を設定] に「MailMessage」と入力し、[Enter] キーを押す。

STEP4 [Main] の中の [IMAP メール メッセージを取得] の後に [繰り返し（コレクションの各要素）(For Each)] アクティビティを追加する。

❶ プロパティ [値] にList<MailMessage>型変数[MailMessage]を設定する。
❷ [TypeArgument] に [System.Net.Mail.MailMessage] を設定する（この型の設定方法については「6.3　メールを受信し本文から情報を読み取る」の「HINT：System.Net.Mail.MailMessageが見つからない場合」を参照してください）。
❸ [要素] の「item」を「mailitem」に変更する。
❹ [本体] の中に [1行を書き込み (Write Line)] アクティビティを追加し、プロパティ [テキスト] に「mailitem.Subject」と入力する。

実行するとGmailの未読メールが最大10件取得され、[出力] パネルに件名が出力されます。取得件数を変更したい場合は [IMAPメールメッセージを取得] のプロパティ [上限数] を変更してください。

2 GmailのSMTPサーバーを利用して送信する方法

図6.34：[SendMail]のワークフロー

STEP1 [デザイン] リボンの [新規] → [シーケンス] をクリックし、新規のワークフローを作成する。表示名を「SendMail」にする。

STEP2 [SMTPメールメッセージを送信（Send SMTP Mail Message)] アクティビティを追加する（図6.34）。

❶ プロパティ [サーバー] に「"smtp.gmail.com"」と入力する。
❷ プロパティ [ポート] に「465」と入力する。
❸ プロパティ [パスワード] に「アプリパスワードの生成」で生成した16桁のパスワードをダブルクォーテーションで囲んで入力する。
❹ プロパティ [メール] にGmailアドレスをダブルクォーテーションで囲んで入力する。
❺ プロパティ [宛先] に送信先メールアドレスをダブルクォーテーションで囲んで入力する。
❻ プロパティ [件名] に「"UiPathからのSMTP送信です。"」とダブルクォーテーションで囲んで入力する。
❼ プロパティ [本文] に「"UiPathからのSMTP送信のテストを行います。" + vbCrlf +"SMTPサーバーはGmailを利用します。"」と入力する。

[デザイン] リボンまたは [デバッグ] リボンの [ファイルを実行] をクリックし、ワークフローを実行してください。宛先に設定したメールアドレス宛にテストメールが届いたでしょうか？　これでOutlookのみならず、他のメールサービスもUiPathから利用できることをご理解いただけたと思います。

6.5.3 使用する変数

ワークフロー内で使用する変数は**表6.7**の通りです。

表6.7：使用する変数

名前	変数の型	スコープ	既定値
MailMessage	List<MailMessage>	Main	—

6.5.4 関連セクション

［繰り返し（コレクションの各要素）］のTypeArgumentの型については、以下のセクションを参考にしてください。

➡6.3　メールを受信し本文から情報を読み取る

CHAPTER7

PDFの業務を自動化する5つのテクニック

PDFは請求書や発注書など、受け取り先で変更されてはいけない書類を送るときに利用されることが多いファイル形式です。実務で使用する機会も多いので、丁寧に解説します。

PDF関連のアクティビティを設定する

7.1.1 作成準備

UiPath Studioを起動し、新たにプロジェクトを作成する。

7.1.2 PDF関連アクティビティの追加

［アクティビティ］パネルの「アクティビティを検索」に「PDF」と入力し、アクティビティを探します。「結果が見つかりませんでした」と表示される場合は、PDFを操作するアクティビティをインストールします。

STEP1 ［デザイン］リボンの［パッケージを管理］をクリックする（図7.1❶）。［パッケージを管理］画面が表示される❷。

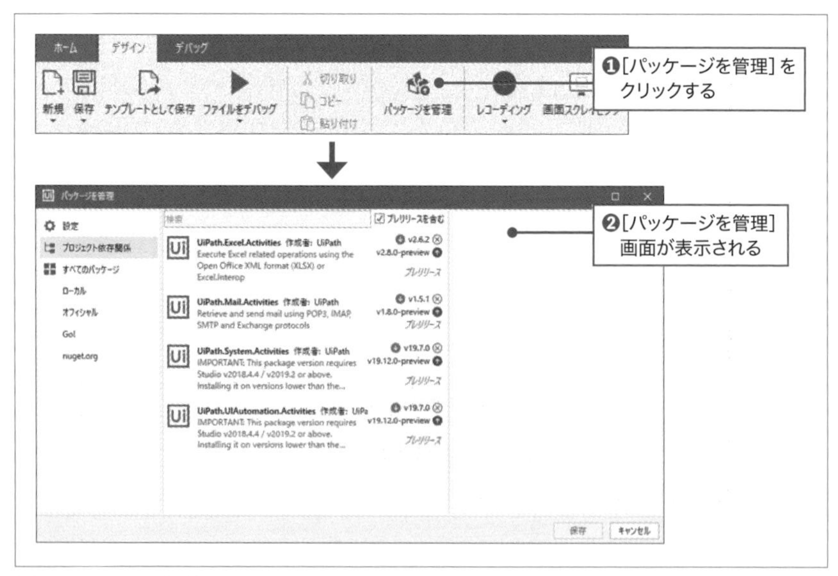

図7.1：パッケージを管理

STEP2 [すべてのパッケージ] タブ→ [オフィシャル] をクリックする（図7.2❶)。

❶ 検索ボックスに「uipath.pdf」と入力し❷、[UiPath.PDF.Activities] を選択する❸。
❷ [インストール] をクリックする❹。
❸ [保存] をクリックする❺。

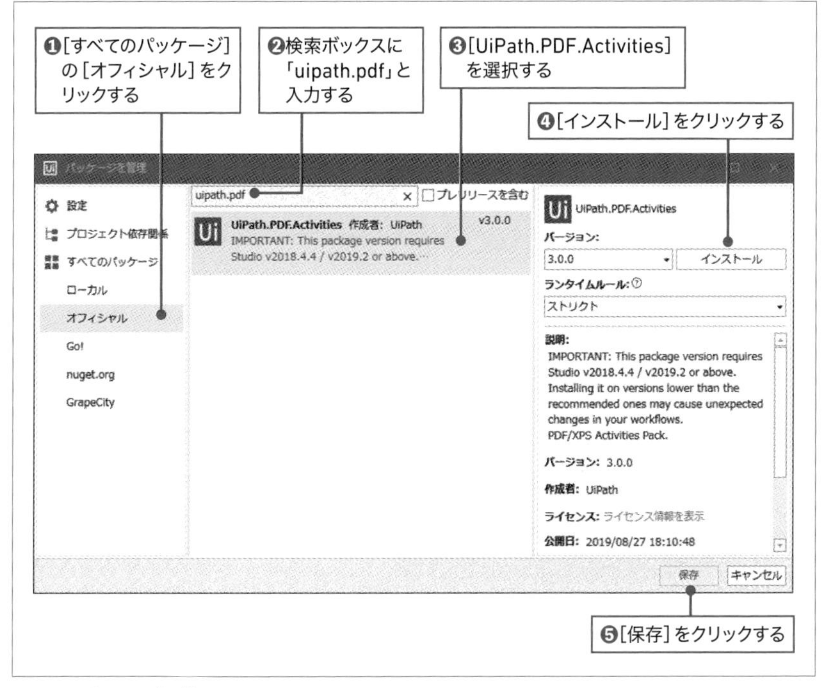

図7.2：パッケージを管理

STEP3 ［ライセンスへの同意］画面が表示されるので［同意する］をクリックする（図7.3）。

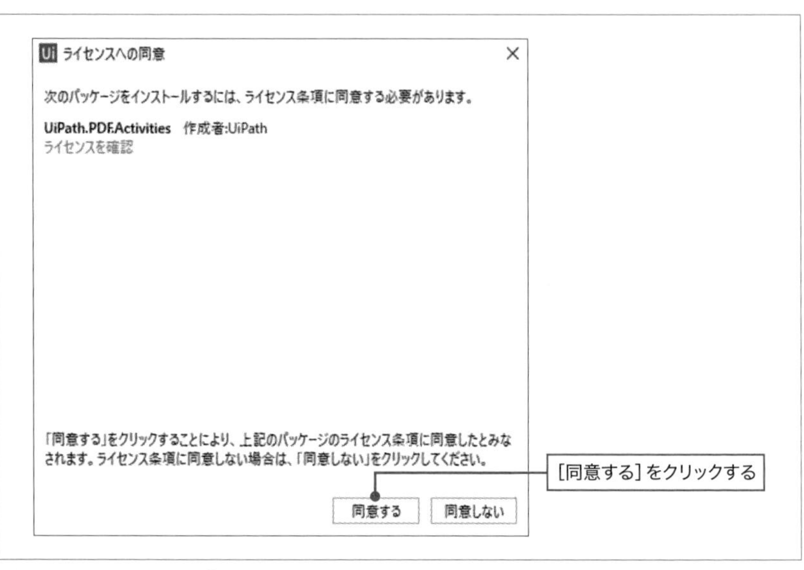

図7.3：ライセンスへの同意

STEP4 再び、［アクティビティ］パネルの「アクティビティを検索」に「PDF」と入力すると（図7.4❶）、アクティビティが表示される❷。

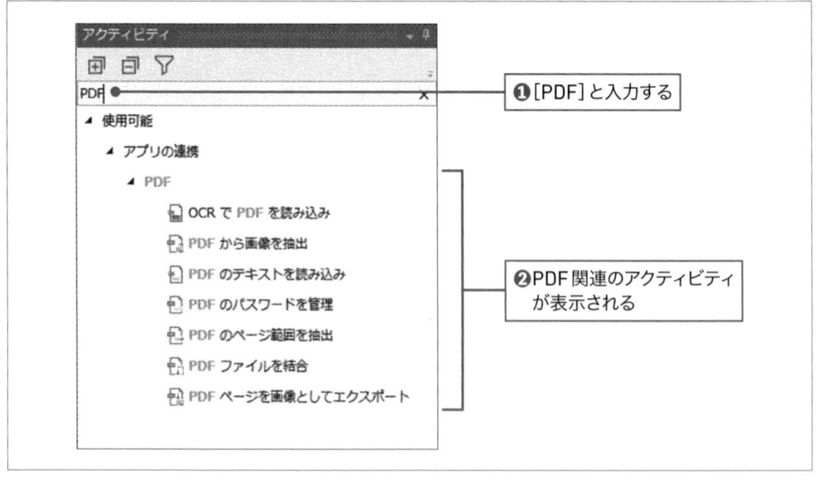

図7.4：［アクティビティ］パネル

PDFの文字情報を読み取る

PDFファイル内のデータを読み取る方法を2つ解説します。

1つは［PDFのテキストを読み込み（Read PDF Text）］アクティビティを使う方法です。紙文書をスキャンしてPDF形式に変換したファイルなど、PDFのテキストが読み取れない場合は、［OCRでPDFを読み込み（Read PDF With OCR）］アクティビティを使用します。

7.2.1 業務イメージ

営業本部が配信する売上達成率と粗利達成率を表にまとめる業務の自動化について解説します（図7.5）。

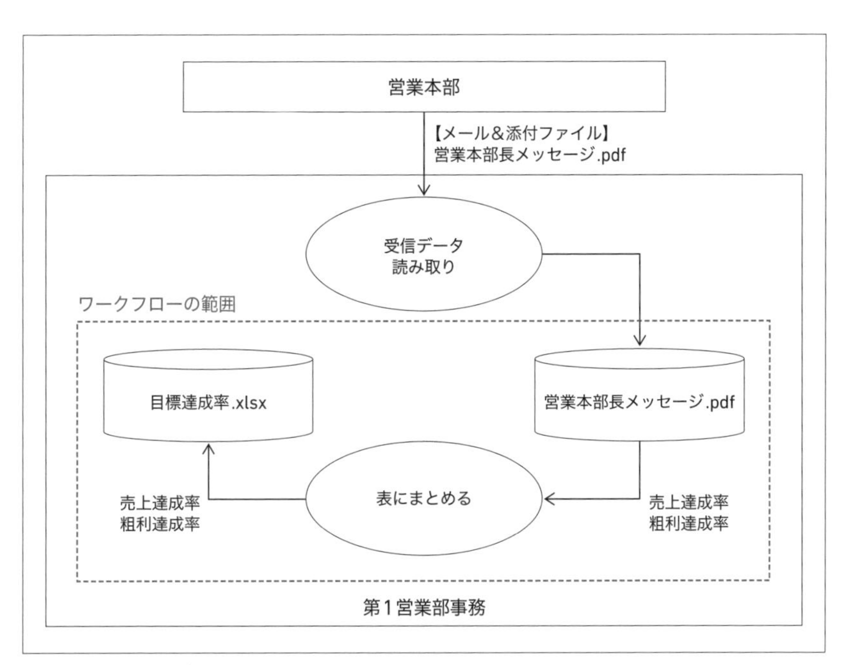

図7.5：業務イメージ

第1営業部には、月初になると本社からPDFファイル形式で前月の営業実績報告書が送られてきます（図7.6）。

4月の営業実績報告

営業本部長：XXX XXXX

日頃の業務、お疲れ様です。

4月の全社実績をご報告いたします。売上予算比97.8%、粗利予算比98.1%となりました。

営業部ごとに見ますと第1営業部は売上予算比102.3%、粗利予算比100.5%で売上、粗利ともに予算達成です。第2営業部は売上予算比98.4%、粗利予算比98.7%。第3営業部は売上予算比95.0%、粗利予算比94.6%です。

5月に向けて、全営業部一丸となり予算を達成しましょう！

図7.6：前月の営業実績報告

第1営業部では営業事務職の人が、営業実績報告書の文章中から売上予算比と粗利予算比を探して、全営業部分Excelに転記するという業務が発生しています。

目的は以下の2つです。

1. 他営業部と成績を比較する
2. 毎月の推移を知る

分析システムや基幹システムで売上や粗利を取得することはできるのですが、営業的な修正が行われているので、営業実績報告書の数値が正とされているのです。このようなことは、現場ではよくあることですが、そのために工数をとられていることはあまり知られていません。

7.2.2 作成準備

STEP1 UiPath Studioを起動し、新たにプロジェクトを作成する。

STEP2 プロジェクトフォルダー内に本書のサンプルフォルダー「サンプルファイル」→「Chapter7」→「7.2」から「Text」フォルダーとその直下の[営業本部長メッセージ.pdf]をコピーする。

STEP3 プロジェクトフォルダー内にサンプルフォルダー「サンプルファイル」→「7.2」から「Image」フォルダーとその直下の[営業本部長メッセージ.pdf]をコピーする。

STEP4 プロジェクトフォルダー内にサンプルフォルダー「サンプルファイル」→「7.2」から「目標達成率.xlsx」をコピーする。

図7.7のように配置されているはずです。

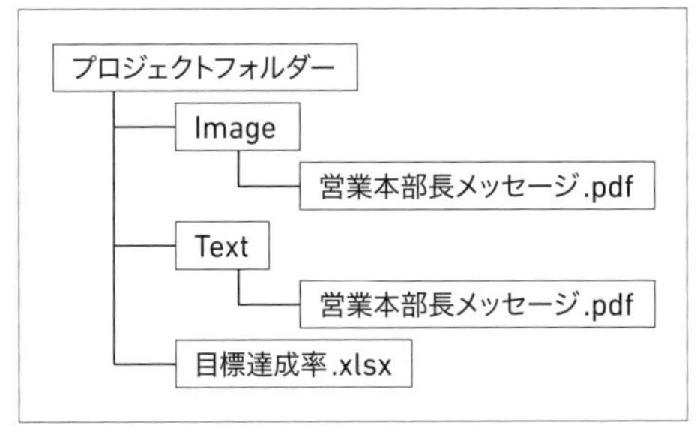

図7.7：フォルダーとファイルの配置

7.2.3 PDFのテキストを読み込む

テキストとして読み取れるPDFを読み取るワークフローを解説します（**図7.8**）。

1 完成図

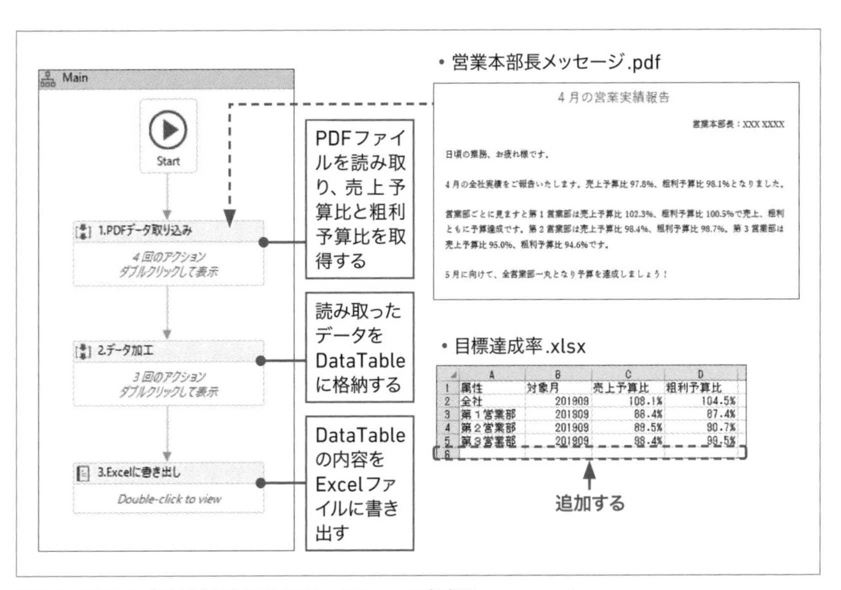

4月の営業実績報告

営業本部長：XXX XXXX

日頃の業務、お疲れ様です。

4月の全社実績をご報告いたします。売上予算比97.8%、粗利予算比98.1%となりました。

営業部ごとに見ますと第1営業部は売上予算比102.3%、粗利予算比100.5%で売上、粗利ともに予算達成です。第2営業部は売上予算比98.4%、粗利予算比98.7%。第3営業部は売上予算比95.0%、粗利予算比94.6%です。

5月に向けて、全営業部一丸となり予算を達成しましょう！

	A	B	C	D
1	属性	対象月	売上予算比	粗利予算比
2	全社	201908	108.1%	104.5%
3	第1営業部	201909	88.4%	87.4%
4	第2営業部	201909	89.5%	90.7%
5	第3営業部	201909	98.4%	99.5%
6				

図7.8：PDFの文字情報を読み取るワークフローの完成図

全体は、[1.PDFデータ取り込み][2.データ加工][3.Excelに書き出し]の3つのパートで構成されています。

2 全体の枠を作成する

STEP1 Main.xamlを開く。

STEP2 [フローチャート(Flowchart)]アクティビティを追加し、表示名を「Main」に変更する。

STEP3 [Main]フローチャートをダブルクリックして展開し、3つのアクティビティを追加する。

❶ [シーケンス(Sequence)]アクティビティを追加し、表示名を「1.PDFデータ取り込み」に変更する。

❷ [シーケンス(Sequence)]アクティビティを追加し、表示名を「2.データ加工」に変更する。

❸ [Excelアプリケーションスコープ(Excel Application Scope)]アクティビティを追加し、表示名を「3.Excelに書き出し」に変更する。

STEP4 完成図を参照し、[Start]→[1.PDFデータ取り込み]→[2.データ加工]→[3.Excelに書き出し]の順に流れ線で結ぶ。

3 1.PDFデータ取り込み

「営業本部長メッセージ.pdf」からテキストを読み込み、売上予算比と粗利予算比を取得します(図7.9)。

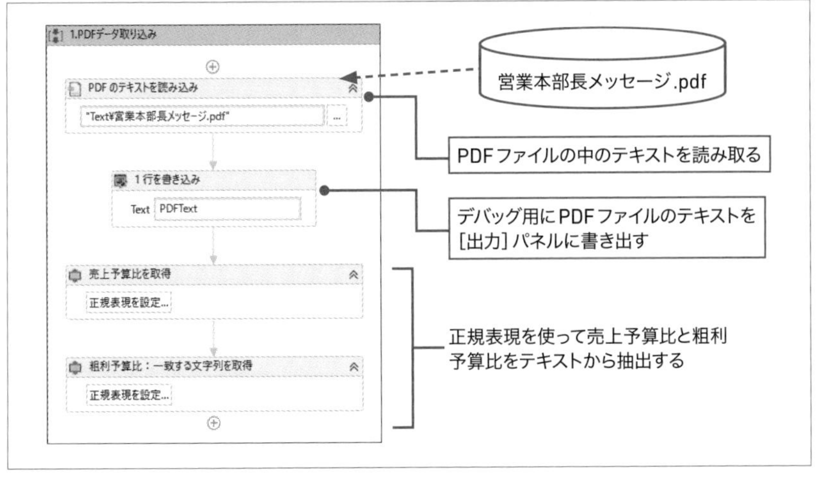

図7.9：[PDFデータ取り込み]のワークフロー

STEP1 **[1.PDFデータ取り込み] をダブルクリックして展開する。**

STEP2 **[PDFのテキストを読み込み（Read PDF Text)] アクティビティを追加する。**

❶ プロパティ [ファイル名] に「"Text¥営業本部長メッセージ.pdf"」と入力する。

❷ プロパティ [テキスト] の入力ボックスにカーソルをあてた状態で [Ctrl] + [K] キーを押し、[変数を設定] に「PDFText」と入力し、[Enter] キーを押す。

STEP3 **[PDFのテキストを読み込み] の後に [1行を書き込み（Write Line)] アクティビティを追加し、プロパティ [テキスト] に変数 [PDFText] を設定する。**

この段階で、一度ワークフローを実行して、PDFのテキストを確認しましょう。実行すると、PDFのテキストが読み込まれ、**図7.10**のように [出力] パネルに出力されます。

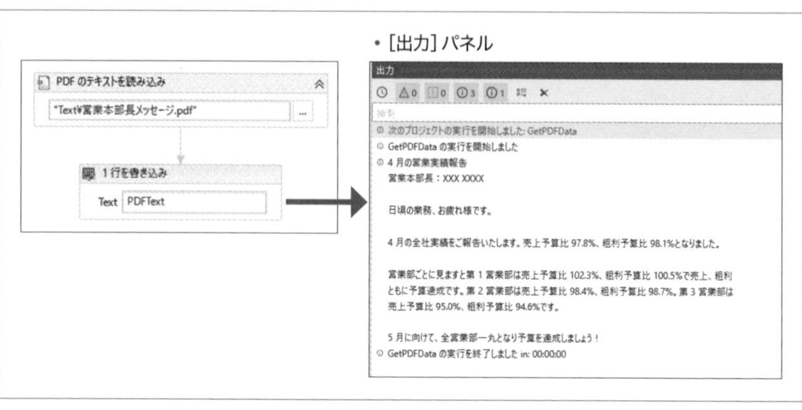

図7.10：[出力] パネルへの書き出し

MEMO　エラーのためワークフローが実行できない場合

[3.Excelに書き出し] に必要な設定がされていないので、エラーになります。[Excelに書き出し] をコメントアウトしてから実行してください。[Ctrl] ＋ [D] キーでコメントアウトできます。実行後に復元するときは、[Ctrl] ＋ [E] キーを押してください。

[出力] パネルに書き出された「営業本部長メッセージ.pdf」のテキストは後で使用するので、クリップボードにコピーしてください。

STEP4 [1行を書き込み] の後に [一致する文字列を取得 (Matches)] アクティビティを追加する。

❶ 表示名を「売上予算比を取得」にする。
❷ [正規表現を設定] をクリックする。
❸ 正規表現ビルダーが起動する。
❹ 先ほどクリップボードにコピーしたテキストを [テスト用テキスト] にペーストする（図7.11❶)。
❺ [正規表現] のドロップダウンリストで [カスタム] を選択する。
❻ [値] に「(?<=売上予算比).*?(?=%)」と入力すると❷、テスト用テキスト内の売上予算比が色付けされる❸。
❼ [保存] をクリックする❹。

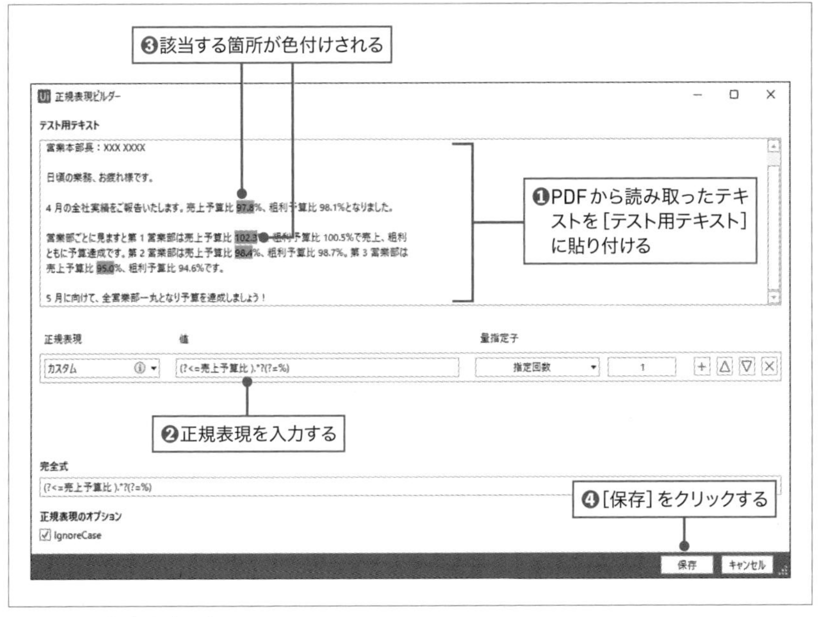

図7.11：正規表現ビルダー

❽ プロパティ［結果］の入力ボックスにカーソルをあてた状態で［Ctrl］＋［K］キーを押し、［変数を設定］に「SalesPercent」と入力し、［Enter］キーを押す。

❾ ［変数］パネルを開き、［SalesPercent］の［スコープ］を［Main］に変更する。

❿ プロパティ［入力］にString型変数［PDFText］を設定する。

STEP5 **［売上予算比を取得］の後に［一致する文字列を取得（Matches)］アクティビティを追加し、表示名を「粗利予算比を取得」にする。**

MEMO ［正規表現の設定］の操作について

最後の処理の［正規表現の設定］の操作は「3 1.PDFデータ取り込み」のSTEP4 ❷〜❿で［売上予算比を取得］を設定している方法を参考にしてください。
正規表現ビルダーの［値］には「(?<=粗利予算比).*?(?=%)」と入力し、プロパティ［結果］には変数「GMPercent」を作成して設定します。［GMPercent］の［スコープ］も［Main］に変更してください。

4 2.データ加工

「3 1.PDFデータ取り込み」で取得した営業部ごとの売上予算比と粗利予算比をデータテーブルに格納します（図7.12）。

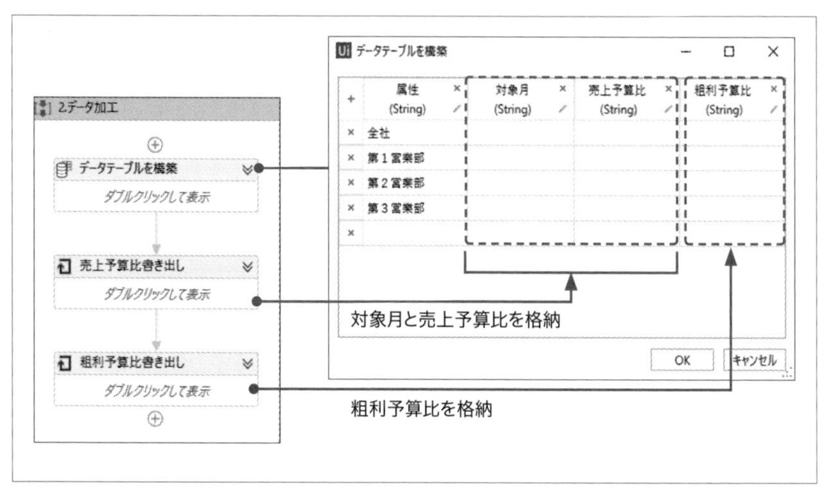

図7.12：[データ加工]のワークフロー

STEP1 [Main] フローチャートに戻り、[2.データ加工] をダブルクリックして展開する。

STEP2 [変数] パネルを開き、[SalesLoopCount] と[GmLoopCount]という変数を作成する。どちらも変数の型は [Int32] とし、スコープは [2.データ加工] とする。

STEP3 [2.データ加工] の中に [データテーブルを構築 (Build Data Table)] アクティビティを追加する。

❶ [データテーブルを構築] をクリックする。
❷ [データテーブルを構築] 画面が表示されるので、４つの列を追加する。[/] をクリックし、[列を編集] 画面を開いて項目名を記入する（図7.13）。[データ型] は [String] を選択する。
❸ [×] をクリックし最初から存在する行を削除する。
❹ 図7.13を参考にして列 [属性] に値を入力する。

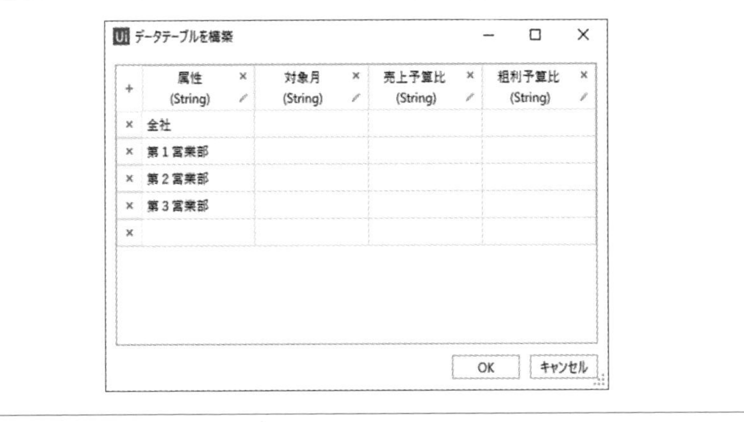

図7.13：[データテーブルを構築] 画面

図7.13の設定ができたら、[OK] をクリックし、[データテーブルを構築] 画面を閉じます。プロパティ [データテーブル] の入力ボックスにカーソルをあてた状態で [Ctrl] + [K] キーを押し、[変数を設定] に「Achievement」と入力し、[Enter] キーを押します。

[変数] パネルを開き、[Achievement] の [スコープ] を [Main] に変更します。これでDataTable型変数 [Achievement] の構築が完了しました。

ここで構築したDataTable型変数 [Achievement] に対象月と売上予算比を格納します。**図7.14**が完成図です。

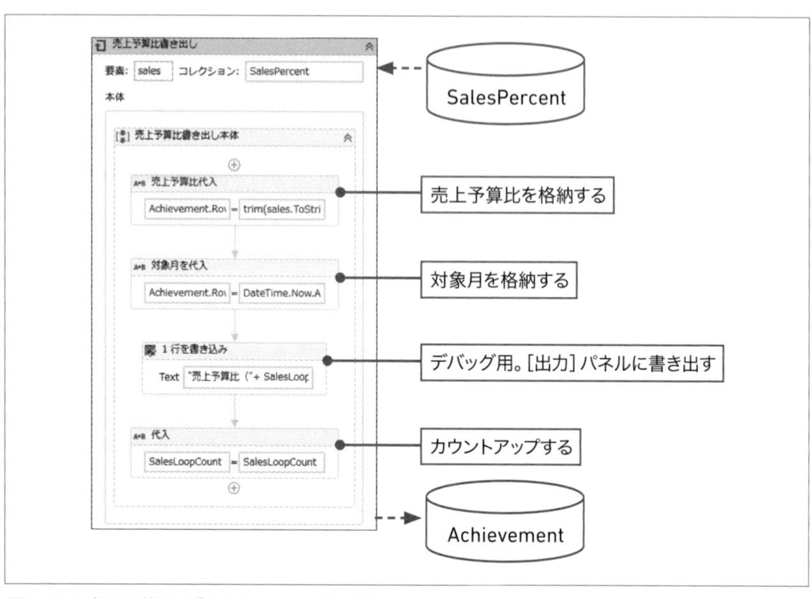

図7.14：売上予算比を[Achievement]に格納するワークフロー

STEP4 [データテーブルを構築]に続けて[繰り返し（コレクションの各要素）(For Each)]アクティビティを追加する。

❶ 表示名を「売上予算比書き出し」に変更する。
❷ プロパティ[値]に変数[SalesPercent]を設定する。
❸ [要素]を「sales」に変更する。
❹ [本体]の表示名を「売上予算比書き出し本体」に変更する。

STEP5 [売上予算比書き出し本体]に[代入（Assign)]アクティビティを追加する。

❶ 表示名を「売上予算比代入」に変更する。
❷ プロパティ[左辺値（To)]に「Achievement.Rows(SalesLoopCount).Item("売上予算比")」と入力する。
❸ プロパティ[右辺値（Value)]に「Trim(sales.ToString) + "%"」と入力する。

STEP6 [売上予算比書き出し本体]の中の[売上予算比代入]の後に[代入(Assign)]アクティビティを追加する。

❶ 表示名を「対象月を代入」に変更する。
❷ プロパティ［左辺値（To)］に「Achievement.Rows(SalesLoopCount).Item("対象月")」と入力する。
❸ プロパティ［右辺値（Value)］に「DateTime.Now.AddMonths(-1).ToString("yyyyMM")」と入力する。

STEP7 **［売上予算比書き出し本体］の中の［対象月を代入］の後に［1行を書き込み（Write Line)］アクティビティを追加し、プロパティ［テキスト］に「"売上予算比（"+ SalesLoopCount.ToString +"）：" + Trim(sales.ToString) + "%"」と入力する。**

STEP8 **［売上予算比書き出し本体］に1行を書き込み［代入（Assign)］アクティビティを追加する。**

❶ プロパティ［左辺値（To)］に「SalesLoopCount」と入力する。
❷ プロパティ［右辺値（Value)］に「SalesLoopCount + 1」と入力する。

次に粗利予算比をDataTable型変数［Achievement］に格納します。**図7.15**が完成図です。

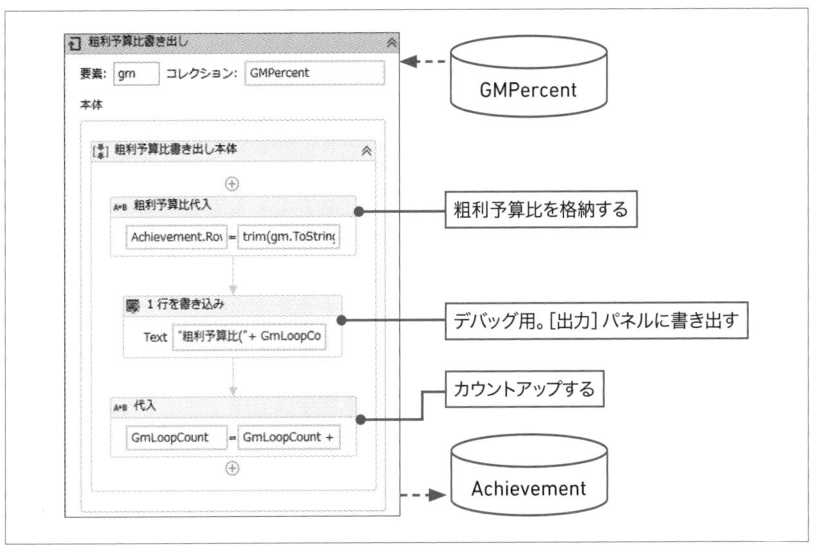

図7.15：粗利予算比を［Achievement］に格納するワークフロー

STEP9 [2.データ加工] に戻り、[売上予算比書き出し] に続けて [繰り返し (コレクションの各要素) (For Each)] アクティビティを追加する。

❶ 表示名を「粗利予算比書き出し」に変更する。
❷ プロパティ [値] に変数 [GMPercent] を設定する。
❸ [要素] を「gm」に変更する。
❹ [本体] の表示名を「粗利予算比書き出し本体」に変更する。

STEP10 [粗利予算比書き出し本体] に [代入 (Assign)] アクティビティを追加する。

❶ 表示名を「粗利予算比代入」に変更する。
❷ プロパティ [左辺値 (To)] に「Achievement.Rows(GmLoopCount).Item("粗利予算比")」と入力する。
❸ プロパティ [右辺値 (Value)] に「Trim(gm.ToString) + "%"」と入力する。

STEP11 [粗利予算比書き出し本体] の中の [粗利予算比代入] の後に [1行を書き込み (Write Line)] アクティビティを追加する。プロパティ [テキスト] に「"粗利予算比 ("+ GmLoopCount.ToString +") : " + Trim(gm.ToString) + "%"」と入力する。

STEP12 [粗利予算比書き出し本体] の中の [1行を書き込み] の後に [代入 (Assign)] アクティビティを追加する。

❶ プロパティ [左辺値 (To)] に「GmLoopCount」と入力する。
❷ プロパティ [右辺値 (Value)] に「GmLoopCount + 1」と入力する。

5 3.Excelに書き出し

[2.データ加工] で構築しデータを格納したDataTable型変数 [Achievement] の内容を「目標達成率.xlsx」に追記します (図7.16)。

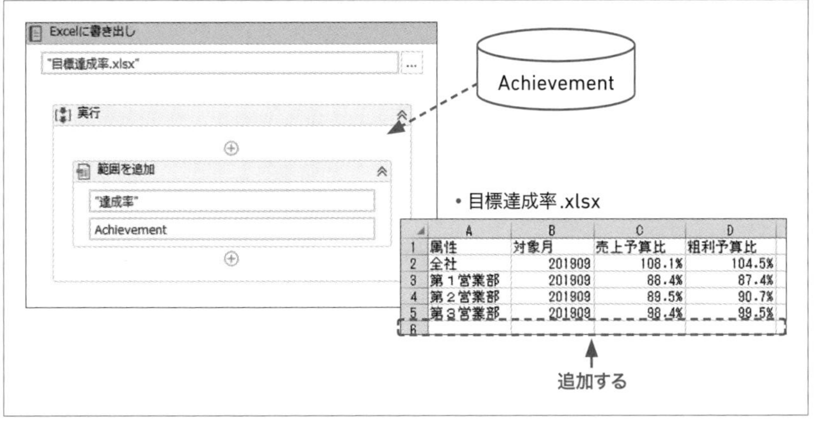

	A	B	C	D
1	属性	対象月	売上予算比	粗利予算比
2	全社	201909	108.1%	104.5%
3	第1営業部	201909	88.4%	87.4%
4	第2営業部	201909	89.5%	90.7%
5	第3営業部	201909	98.4%	99.5%
6				

図7.16：[Excelに書き出し]のワークフロー

STEP1 [Main] フローチャートに戻り、[3.Excelに書き出し] をダブルクリックして展開する。

❶ プロパティ［ブックのパス］に「"目標達成率.xlsx"」と入力する。
❷ プロパティ［可視］のチェックを外す。

STEP2 [実行] に [範囲を追加 (Append Range)] アクティビティ ([アクティビティ] パネルの [使用可能] → [アプリの連携] → [Excel]) を追加する。

❶ プロパティ［シート名］に「"達成率"」と入力する。
❷ プロパティ［データテーブル］にDataTable型変数［Achievement］を設定する。

6 実行する

ワークフローを実行するとプロジェクトフォルダー内の「目標達成率.xlsx」にデータが追加されます（図7.17）。

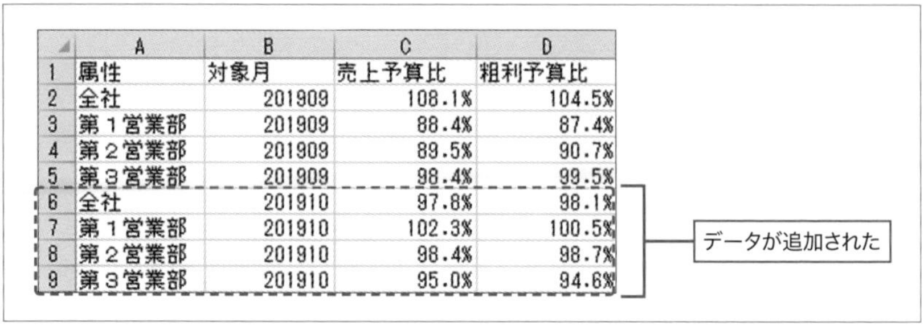

	A	B	C	D
1	属性	対象月	売上予算比	粗利予算比
2	全社	201909	108.1%	104.5%
3	第１営業部	201909	88.4%	87.4%
4	第２営業部	201909	89.5%	90.7%
5	第３営業部	201909	98.4%	99.5%
6	全社	201910	97.8%	98.1%
7	第１営業部	201910	102.3%	100.5%
8	第２営業部	201910	98.4%	98.7%
9	第３営業部	201910	95.0%	94.6%

データが追加された

図7.17：ワークフロー実行後の目標達成率.xlsx

7 使用する変数

ワークフロー内で使用する変数は表7.1の通りです。

表7.1：使用する変数

名前	変数の型	スコープ	既定値
PDFText	String	1.PDFデータ取り込み	—
SalesPercent	IEnumerable<Match>	Main	—
Achievement	DataTable	Main	—
GMPercent	IEnumerable<Match>	Main	—
SalesLoopCount	Int32	2.データ加工	—
GmLoopCount	Int32	2.データ加工	—

7.2.4 OCRでPDFを読み込む

1 作成手順

STEP1 「7.2.3　PDFのテキストを読み込む」で作成した［Main.xaml］を選択し、［デザイン］リボン→［保存］→［名前を付けて保存］をクリック。名前を付けて保存する（当サンプルでは「OCR」と付けている）。

STEP2 ［1.PDFデータ取り込み］をダブルクリックして、シーケンスを展開する。

図7.18のようにアクティビティを変更します。

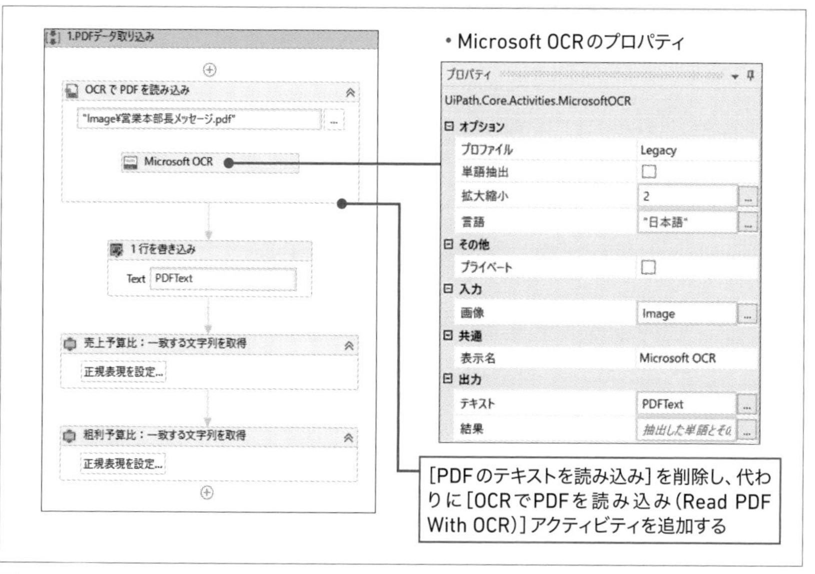

図7.18：OCRでPDFを読み込む

STEP3 [PDFのテキストを読み込み] を削除し、代わりに [OCRでPDFを読み込み (Read PDF With OCR)] アクティビティを追加する。

❶ プロパティ [ファイル名] に「"Image¥営業本部長メッセージ.pdf"」と入力する。

❷ [ここにOCRエンジンアクティビティをドロップ] に [Microsoft OCR] アクティビティをドロップする。

STEP4 [Microsoft OCR] の設定を行う。

❶ プロパティ [テキスト] に変数 [PDFText] を設定する。

❷ プロパティ [拡大縮小] に「2」と入力する。

❸ プロパティ [言語] に「"日本語"」と入力する。

売上予算比の正規表現も変更します（図**7.19**)。

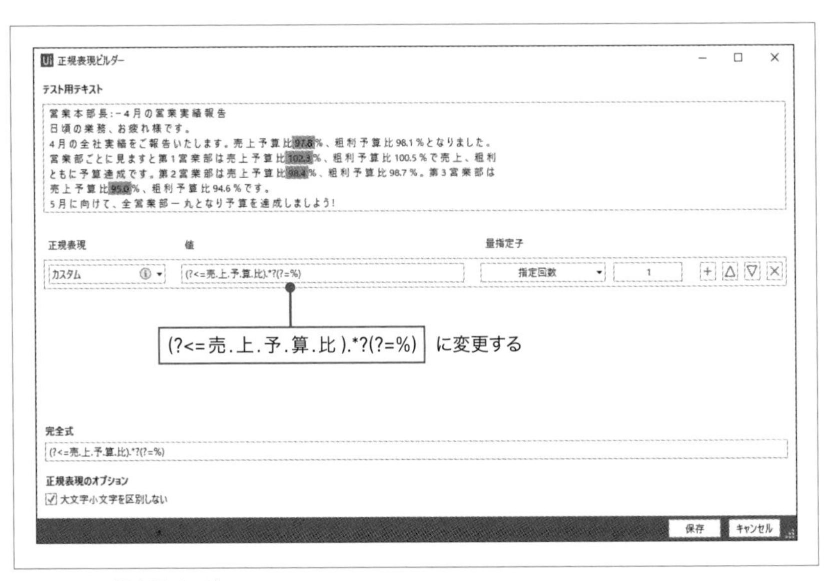

図7.19：正規表現ビルダー

STEP5 [売上予算比を取得] の [正規表を設定] をクリックして正規表現ビルダーを起動し、[値] を「(?<=売.上.予.算.比).*?(?=%)」に変更する。

STEP6 [粗利予算比を取得] の [正規表を設定] をクリックして正規表現ビルダーを起動し [値] を「(?<=粗.利.予.算.比).*?(?=%)」に変更する。

2 実行する

[デザイン] リボンもしくは [デバッグ] リボンの「ファイルを実行」からワークフローを実行し、結果が「7.2.3　PDFのテキストを読み込む」の実行結果と同じになることを確認しましょう。

7.2.5 関連セクション

PDF関連アクティビティの設定は、以下のセクションを参考にしてください。

➡7.1　PDF関連のアクティビティを設定する

特定の位置にある値を抽出する

毎回決まったフォーマットで送られてくるPDF資料を読み取る方法を解説します。

7.3.1 業務イメージ

「【○×合同会社】請求書_4月.pdf」と「【○×合同会社】請求書_5月.pdf」の合計金額を読み取って（図7.20）、Excelファイル（図7.21）に出力する業務を行います。

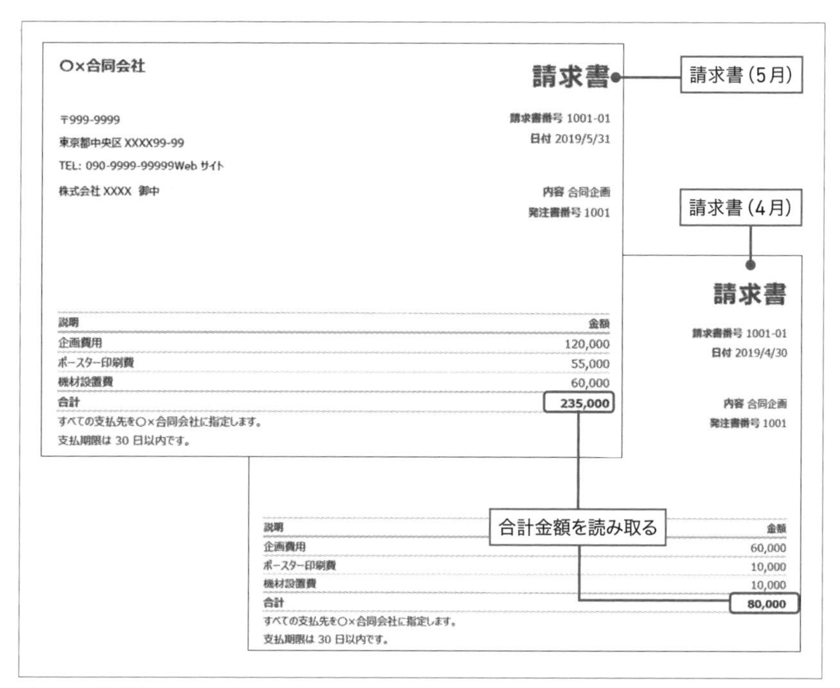

図7.20：請求書のイメージ

【○×合同会社】請求書.xlsx

	A	B
1	ファイル名	合計金額
2		
3		

図7.21：請求書一覧のExcelファイル

7.3.2 作成準備

STEP1 UiPath Studioを起動し、新たにプロジェクトを作成する。

STEP2 本書のサンプルフォルダー「サンプルファイル」→「Chapter7]→「7.3」から「【○×合同会社】請求書.xlsx」をプロジェクトフォルダー直下にコピーする。

STEP3 本書のサンプルフォルダー「サンプルファイル」→「Chapter7」→「7.3」からフォルダー「Invoice」をプロジェクトフォルダー内にコピーする。フォルダー「Invoice」内にある以下のファイルも同時にコピーされる。

- 【○×合同会社】請求書_4月.pdf
- 【○×合同会社】請求書_5月.pdf

STEP4 ワークフローの作成時に使用するため「Invoice」フォルダー内の「【○×合同会社】請求書_4月.pdf」を開く。

7.3.3 全体枠の作成

データテーブルを構築し、このデータテーブルに請求書の合計金額を格納し、Excelに書き出すという3つのパートで構成されています（図7.22）。

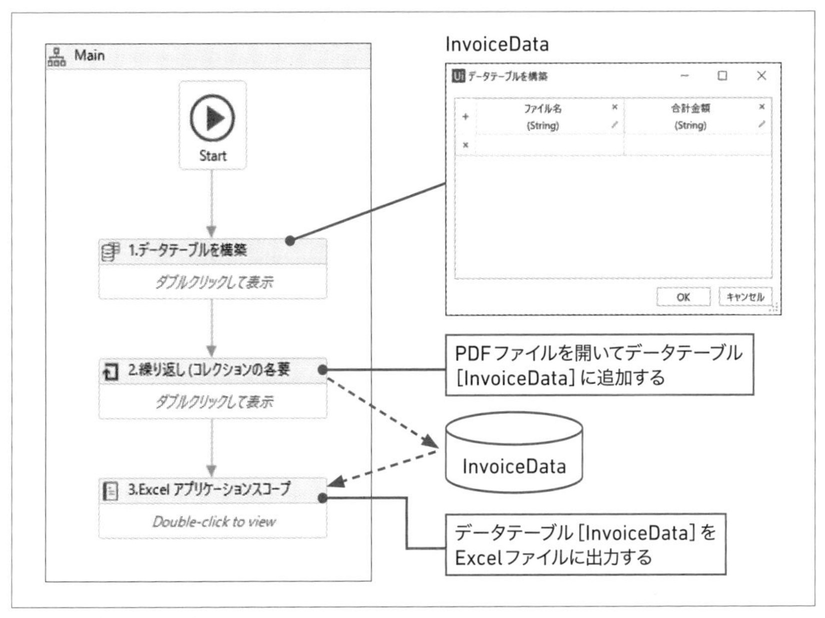

図7.22：全体枠の作成

STEP1 Main.xamlを開く。

STEP2 [フローチャート (Flowchart)] アクティビティを追加し、表示名を「Main」に変更する。

STEP3 [Main] をダブルクリックして展開し、3つのアクティビティを追加する。

❶ [データテーブルを構築 (Build Data Table)] アクティビティを追加し、表示名を「1.データテーブルを構築」に変更する。

❷ [繰り返し (コレクションの各要素) (For Each)] アクティビティを追加し、表示名を「2.繰り返し (コレクションの各要素)」に変更する。

❸ [Excel アプリケーションスコープ (Excel Application Scope)] アクティビティを追加し、表示名を「3.Excelアプリケーションスコープ」に変更する。

STEP4 「図7.22：全体枠の作成」を参照し、[Start] → [1.データテーブルを構築] → [2.繰り返し(コレクションの各要素)] → [3.Excelアプリケーションスコープ] の順に流れ線で結ぶ。

7.3.4 [1.データテーブルを構築]の作成

STEP1 [1.データテーブルを構築] をダブルクリックして展開し、[データテーブルを構築] をクリックする。[データテーブルを構築] 画面が表示されるので、2つの列を追加する。
列は [/] をクリックし、[列を編集] 画面を開いて項目名を記入する。[データ型] で [String] を選択する。[×] をクリックし最初から存在する行を削除する。

図7.23を参考に作成してください。

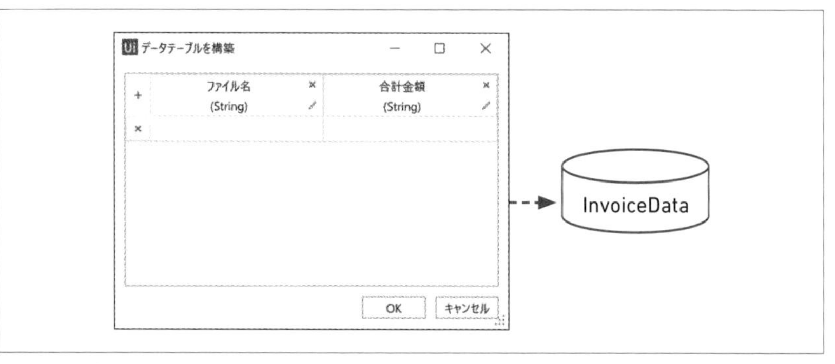

図7.23：データテーブルを構築

STEP2 上記の設定ができたら、[OK] をクリックし、[データテーブルを構築] 画面を閉じる。

STEP3 プロパティ [データテーブル] の入力ボックスにカーソルをあてた状態で [Ctrl] + [K] キーを押し、[変数を設定] に「InvoiceData」と入力し、[Enter] キーを押す。

7.3.5 [2.繰り返し(コレクションの各要素)]の作成

次にデータテーブル [InvoiceData] に請求書の値を格納していきます（図7.24）。

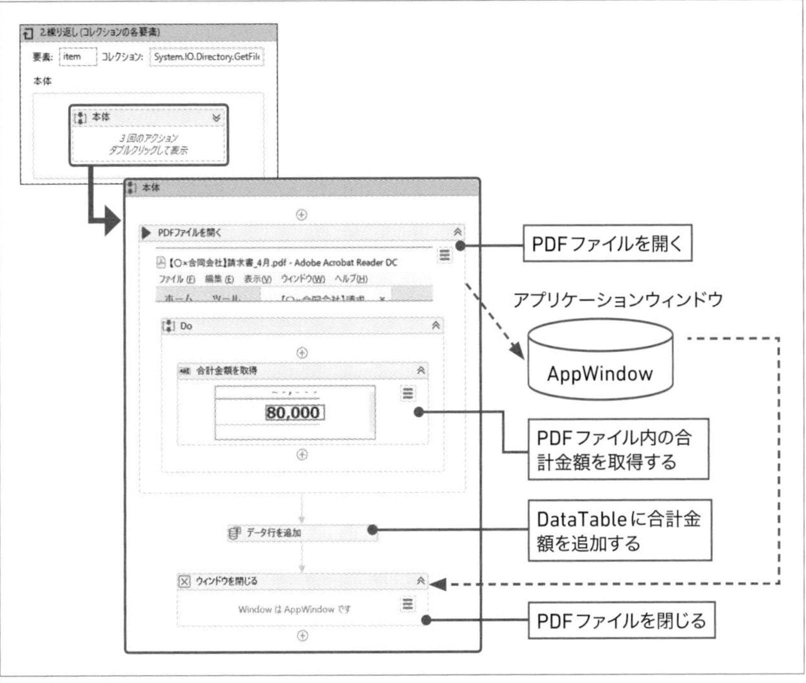

図7.24：[2.繰り返し(コレクションの各要素)] のワークフロー

STEP1 [Main] フローチャートに戻り、[2.繰り返し(コレクションの各要素)] をダブルクリックして展開する。

STEP2 プロパティ [値] に「System.IO.Directory.GetFiles("Invoice")」と入力する。

STEP3 プロパティ [TypeArgument] のドロップダウンリストから [String] を選択する。

STEP4 [2.繰り返し (コレクションの各要素)] の [本体] に [アプリケーションを開く (Open Application)] アクティビティを追加する。

❶ 表示名を「PDF ファイルを開く」に変更する。

❷ [画面上でウィンドウを指定] をクリックし、すでに開いている「【○×合同会社】請求書_4月.pdf」を選択する。

❸ プロパティ [引数] に「"-Path " + item」と入力する（"Path" の後にスペースを付けることに注意する)。

❹ プロパティ [セレクター] の「【○×合同会社】請求書_4月.pdf」の部分を

「【○×合同会社】請求書_*.pdf」に変更する（図7.25）。これにより、5月の請求書にも対応できるようになる。

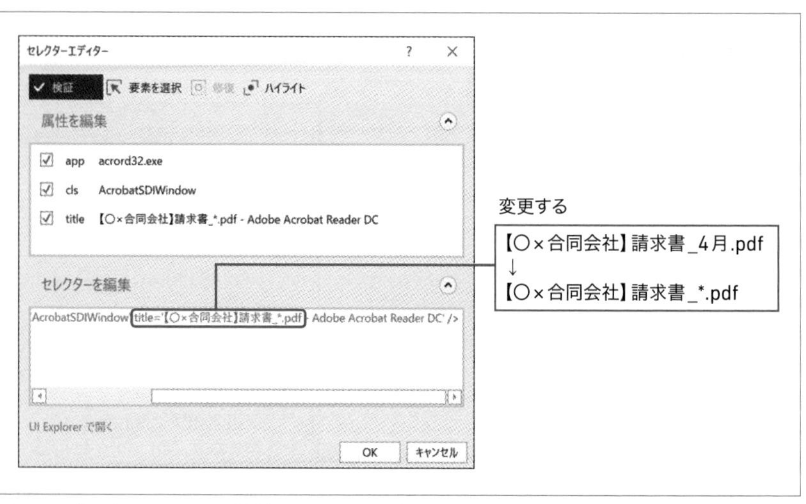

図7.25：［アプリケーションを開く］のセレクターを変更

❺ プロパティ［アプリケーションウィンドウ］の入力ボックスにカーソルをあてた状態で［Ctrl］＋［K］キーを押し、［変数を設定］に「AppWindow」と入力し、［Enter］キーを押す。

STEP5 ［PDFファイルを開く］の中の［Do］に［テキストを取得（Get Text）］アクティビティを追加する。

❶ 表示名を「合計金額を取得」に変更する。
❷ ［ウィンドウ内で要素を指定］をクリックして、「【○×合同会社】請求書_4月.pdf」の合計金額部分を選択する（図7.26）。

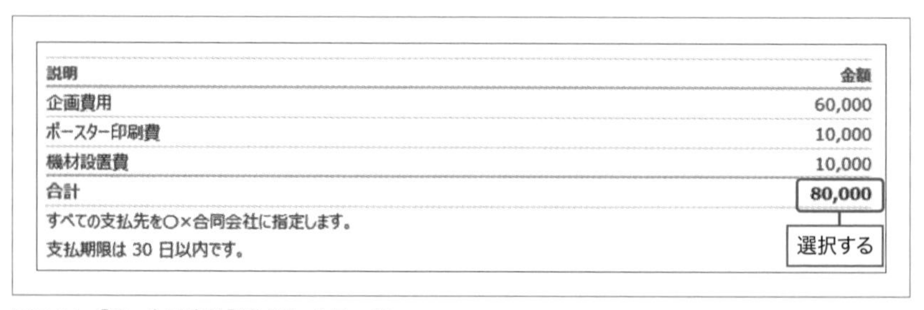

図7.26：【○×合同会社】請求書_4月.pdf

PDFの業務を自動化する5つのテクニック

STEP6 プロパティ［値］の入力ボックスにカーソルをあてた状態で［Ctrl］＋［K］キーを押し、［変数を設定］に「TotalAmount」と入力し、［Enter］キーを押す。

STEP7 ［変数］パネルを開き、［TotalAmount］の［スコープ］を［Main］に変更する。

STEP8 ［合計金額を取得］のセレクターを修正するためにセレクターエディターを起動する。

合計金額は請求書によって変動します。「80,000」という合計金額がセレクターに含まれているので（図7.27）、このままでは他の請求書に対応することができません。「name='80,000'」という文字列を使わずに合計金額を取得できるようにセレクターを修正します。

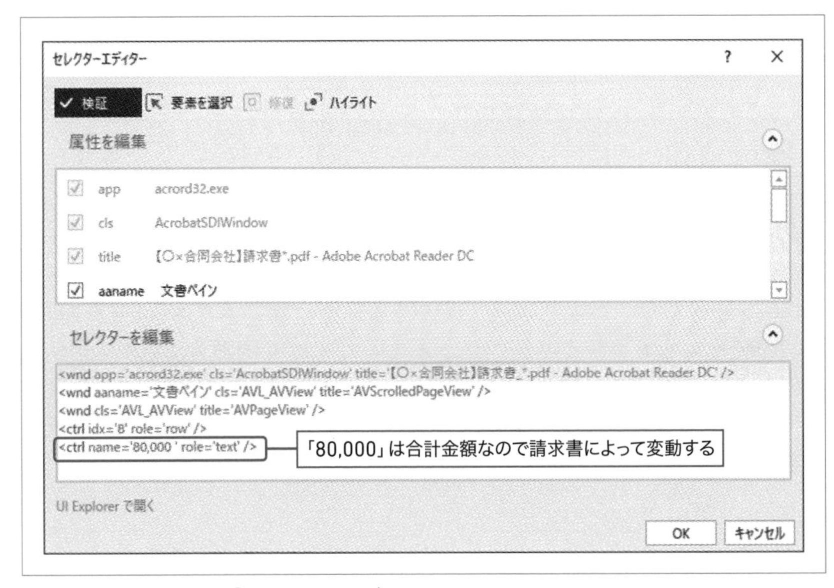

図7.27：［合計金額を取得］のセレクターエディター

STEP9 セレクターエディターの左下の［UI Explorerで開く］をクリックする。

❶ UI Explorerが表示される（図7.28）。

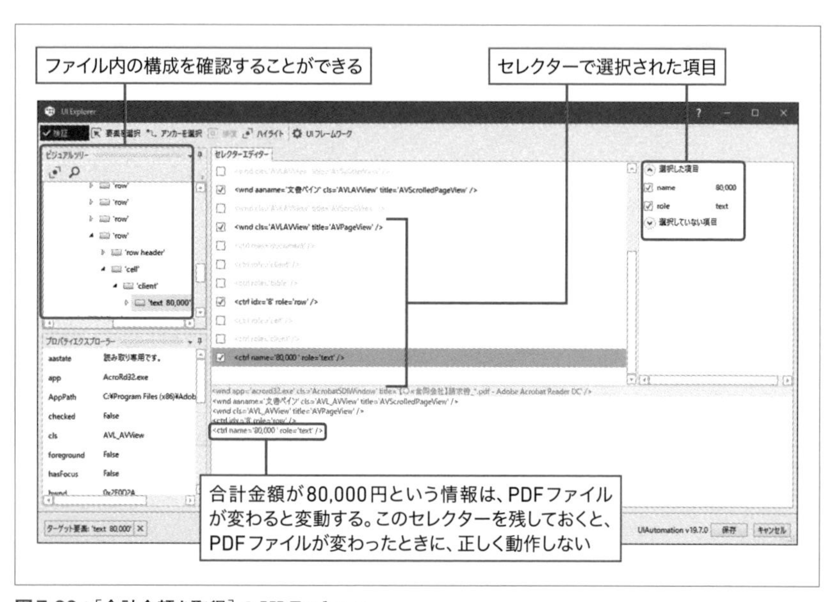

図7.28：［合計金額を取得］のUI Explorer

合計金額の位置を「80,000」という数値を使わずに指定できるようにします。UI Explorerのビジュアルツリーから、このPDFファイルの構造をどのようにUI Explorerが認識しているのか確認します。

リスト7.1のセレクターは、**図7.29**のツリー構造で認識されていることがわかります。

リスト7.1：セレクター

```
<ctrl idx='8' role='row' />
<ctrl name='80,000' role='text' />
```

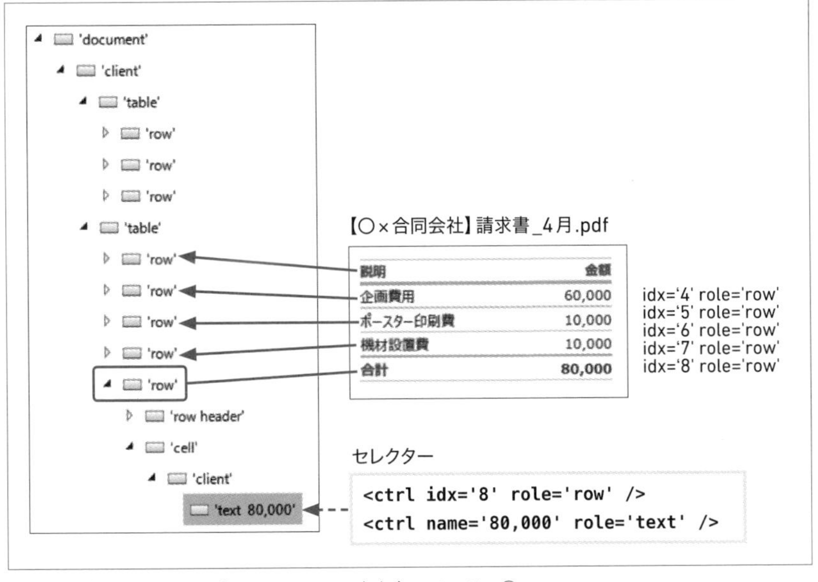

図7.29：[合計金額を取得]のUI Explorer/ビジュアルツリー①

図7.29より、合計金額の位置を「80,000」という数値を使わずに指定するには、idxが'8'に相当する'row'の下にある'cell'→'client'→'text'を指定すればよいことがわかります（図7.30）。

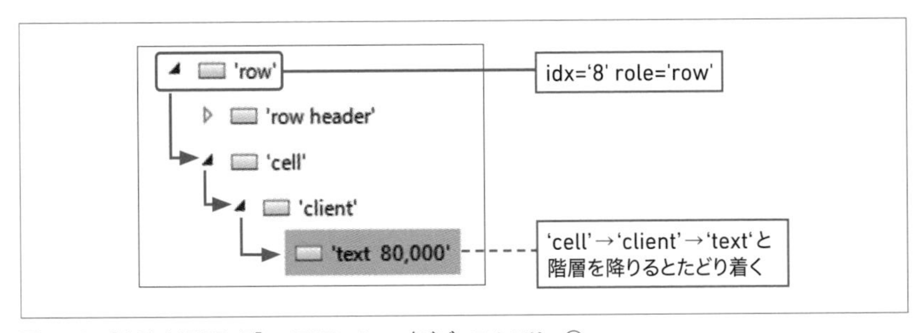

図7.30：[合計金額を取得]のUI Explorer/ビジュアルツリー②

それでは、UI Explorerを使って、セレクターを変更しましょう。

❷ UI Explorerのセレクターエディターにおいて、「<ctrl name='80,000' role='text' />」をクリックして選択状態にする。

❸ ［選択した項目］の［name］のチェックを外す（**図7.31**）。

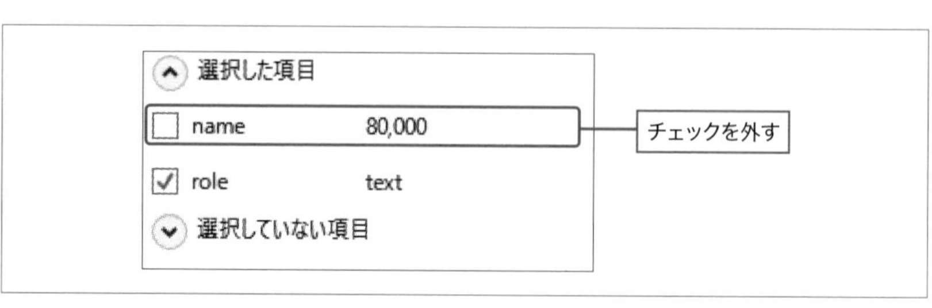

図7.31：[合計金額を取得] の UI Explorer/選択した項目

❹ セレクターエディターの「<ctrl role='cell' />」と「<ctrl role=' client' />」にチェックを付ける（図7.32）。

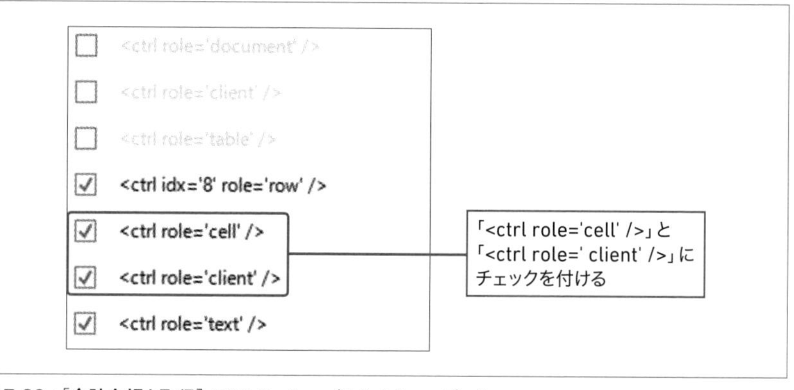

図7.32：[合計金額を取得] の UI Explorer/セレクターエディター

❺ セレクターの動作が不安定になるので、セレクターエディターの「wnd aa name='文書ペイン' cls='AVL_AVView' title='AVScrolledPageView' />」のチェックを外す。
❻ ［検証］をクリックし、緑色になることを確認する。
❼ ［保存］をクリックし、UI Explorerを閉じる。
❽ ［セレクターエディター］画面の［OK］をクリックする。

これでセレクターの修正は終わりです。

STEP10 ［本体］の中にある［PDFファイルを開く］の後に［データ行を追加（Add Data Row）］アクティビティを追加する。

❶ プロパティ［データテーブル］に変数［InvoiceData］を設定する。
❷ プロパティ［列配列］に「{item, TotalAmount}」と入力する。

STEP11 ［データ行を追加］の後に［ウィンドウを閉じる（Close Window）］アクティビティを追加し、プロパティ［ウィンドウを使用］にWindow型変数［AppWindow］を設定する。

7.3.6 ［3. Excel アプリケーションスコープ］の作成

DataTable型変数［InvoiceData］の中身をExcelファイルに書き出します（図7.33）。

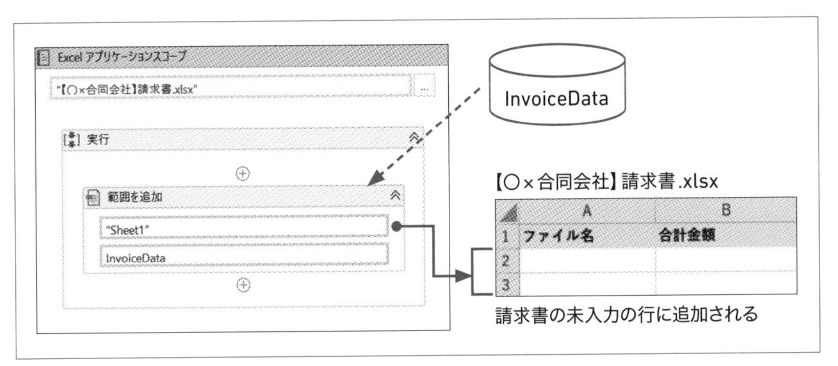

図7.33：［3.Excelアプリケーションスコープ］のワークフロー

STEP1 ［Main］フローチャートに戻り、［3.Excelアプリケーションスコープ］をダブルクリックして展開する。

❶ プロパティ［ブックのパス］に「"【○×合同会社】請求書.xlsx"」と入力する。
❷ プロパティ［可視］のチェックを外す。

STEP2 ［実行］に［範囲を追加（Append Range）］アクティビティ（［アクティビティ］パネルの［使用可能］→［アプリの連携］→［Excel］）を追加し、プロパティ［データテーブル］にDataTable型変数［InvoiceData］を設定する。

7.3.7 実行する

PDFファイルをすべて閉じてからワークフローを実行してください。**図7.34**のように4月、5月ともにファイル名と合計金額が取得され、Excelファイルに書き出されていることが確認できるはずです。

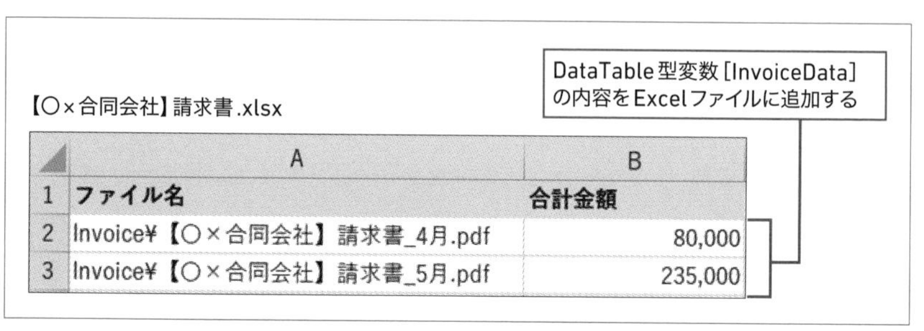

図7.34：請求書の一覧表

7.3.8 使用する変数

ワークフロー内で使用する変数は**表7.2**の通りです。

表7.2：使用する変数

名前	変数の型	スコープ	既定値
AppWindow	Window	本体	—
TotalAmount	GenericValue	Main	—
InvoiceData	DataTable	Main	—

7.3.9 関連セクション

セレクターについては、以下のセクションで詳しく解説しています。

➔3.1.5　セレクターとは

PDF関連アクティビティの設定は、以下のセクションを参考にしてください。

➡7.1　PDF関連のアクティビティを設定する

特定の位置にある値を抽出する場合を解説しましたが、特定の位置にない値を抽出する方法については、以下のセクションを参考にしてください。

➡7.4　相対要素で抽出する値を特定する

7.4 CHAPTER7

相対要素で抽出する値を特定する

「7.3　特定の位置にある値を抽出する」で複数の請求書の同じ位置にある合計金額を読み取る方法を解説しました。当セクションでは、表示位置が異なる合計金額を取得する方法を解説します（図7.35）。

7.4.1 業務イメージ

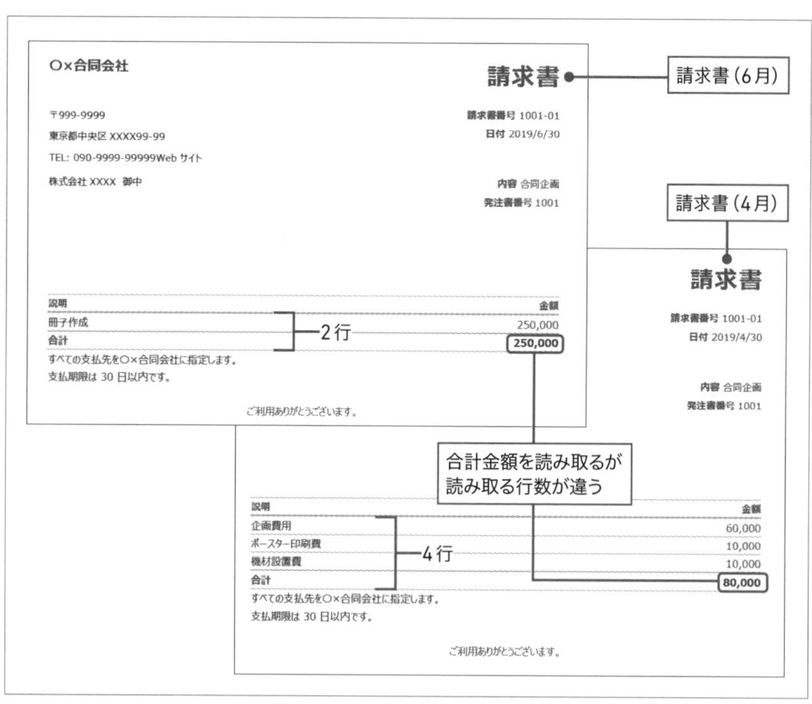

図7.35：業務イメージ

「【〇×合同会社】請求書_4月.pdf」、「【〇×合同会社】請求書_5月.pdf」、「【〇×合同会社】請求書_6月.pdf」の合計金額を読み取って、Excelファイルに出力する業務を行います（図7.36）。

	A	B
1	ファイル名	合計金額
2		
3		
4		
5		

図7.36：【○×合同会社】請求書.xlsx

6月の請求書は行数が少なく（**図7.35**）、「7.3　特定の位置にある値を抽出する」で作成したワークフローでは読み取れず、エラーが発生します（**図7.37**）。

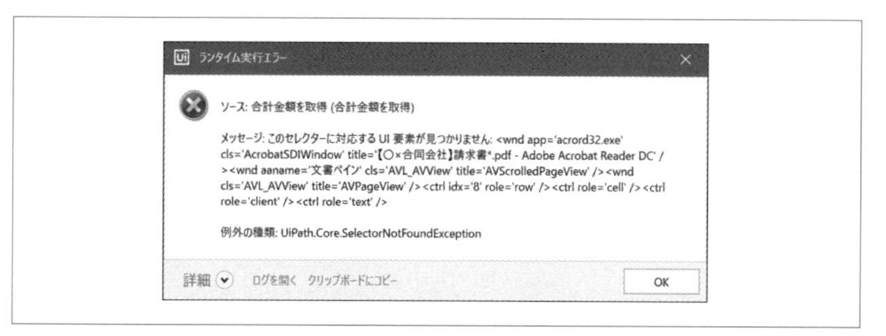

図7.37：ランタイム実行エラー

7.4.2 作成準備

STEP1 UiPath Studioを起動し、「7.3　特定の位置にある値を抽出する」で作成したワークフローを開く（まず「7.3　特定の位置にある値を抽出する」のワークフローを作成してください）。

STEP2 Main.xamlを開き、［デザイン］リボン→［保存］→［名前を付けて保存］をクリックする。「ByAnchor.xaml」と名前を付けて保存する。

STEP3 本書のサンプルフォルダー「サンプルファイル」→「Chapter7」→「7.4」から「【○×合同会社】請求書_6月.pdf」をプロジェクトフォルダー内の「Invoice」フォルダーにコピーする（4月、5月の請求書はすでに入っているものとする）。

STEP4 「【○×合同会社】請求書_6月.pdf」を開く。

7.4.3 作成手順

「7.3　特定の位置にある値を抽出する」のワークフローとの変更点だけを解説します。

STEP1 [2.繰り返し（コレクションの各要素)] → [PDFファイルを開く] → [合計金額を取得] を選択する。

❶ 横棒3本のアイコンをクリックする（図7.38❶)。
❷ メニューが表示されるので、[画面上で指定] をクリックする❷。
❸ 「【〇×合同会社】請求書_6月.pdf」の合計金額を選択する❸。

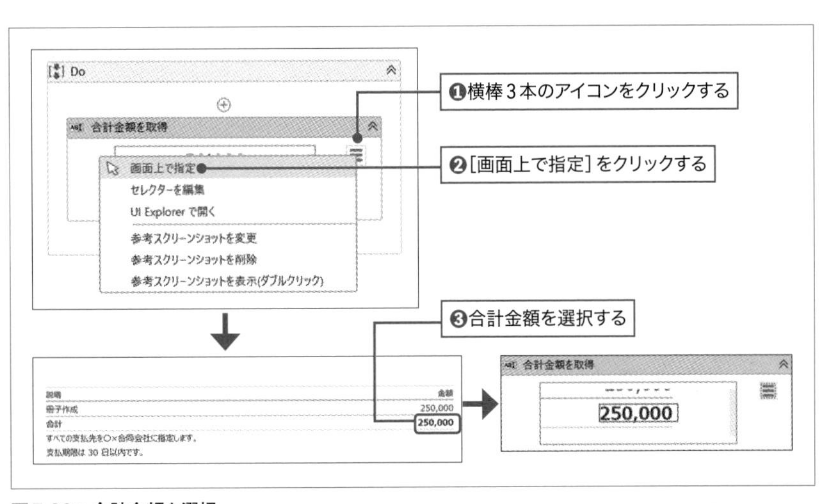

図7.38：合計金額を選択

「7.3　特定の位置にある値を抽出する」では4月も5月も同じ行に合計金額がありましたが、6月は行数が違います。このように、取得したい値の行が変動するような場合は、何らかの「変わらない値」を［アンカー（いかり)］として、取得したい値の位置を求めます（図7.39)。

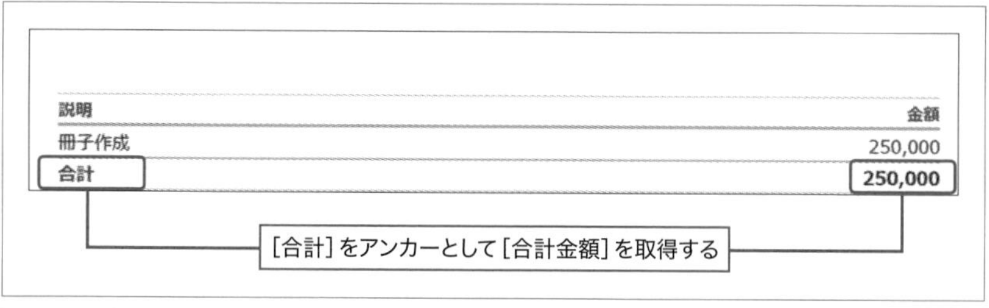

図7.39：請求書

❹ ［合計金額を取得］のセレクターエディターを起動し、セレクターエディターの左下の［UI Explorerで開く］をクリックする。
❺ UI Explorerが表示される。

現在のセレクターエディターは図7.40のようになっています。

```
<wnd app='acrord32.exe' cls='AcrobatSDIWindow' title='【〇×合同会社】請求書_*.pdf - Adobe Acrobat Reader DC' />
<wnd aaname='文書ペイン' cls='AVL_AVView' title='AVScrolledPageView' />
<wnd cls='AVL_AVView' title='AVPageView' />
<ctrl idx='6' role='row' />
<ctrl name='250,000 ' role='text' />
```

図7.40：セレクターエディター

以下の部分が行を指定し、読み取る数値を決定しています。

```
<ctrl idx='6' role='row' />
<ctrl name='250,000' role='text' />
```

STEP2 ［アンカーを選択］をクリックし（図7.41❶）、「【〇×合同会社】請求書_6月.pdf」の［合計］を選択する❷。セレクターの文字列が変更される❸。

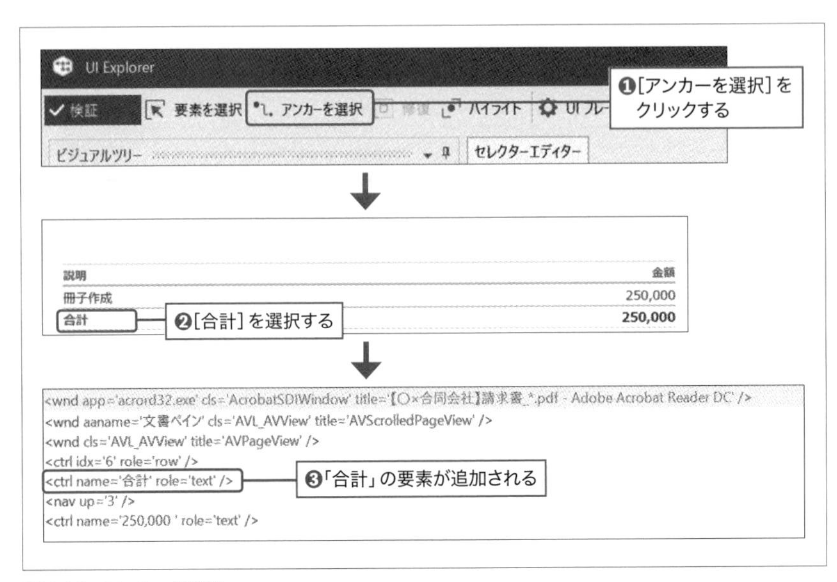

図7.41：アンカーを選択

UI Explorerのビジュアルツリーを見て、PDFファイルの構造を確認します（図7.42）。

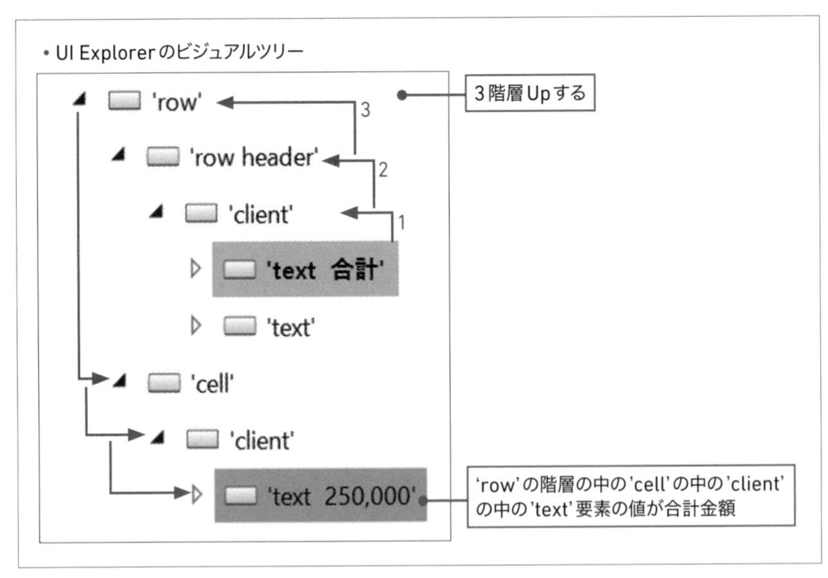

図7.42：UI Explorerのビジュアルツリー

［合計］という文字列から3つ階層をアップすると［row］にたどり着きます。そこから［cell］→［client］→［text］と要素を下っていくと、取得したい値が得られることがわかります。このPDFファイルの構造を使って合計金額を取得できるように、図7.43の手順でセレクターを編集します。

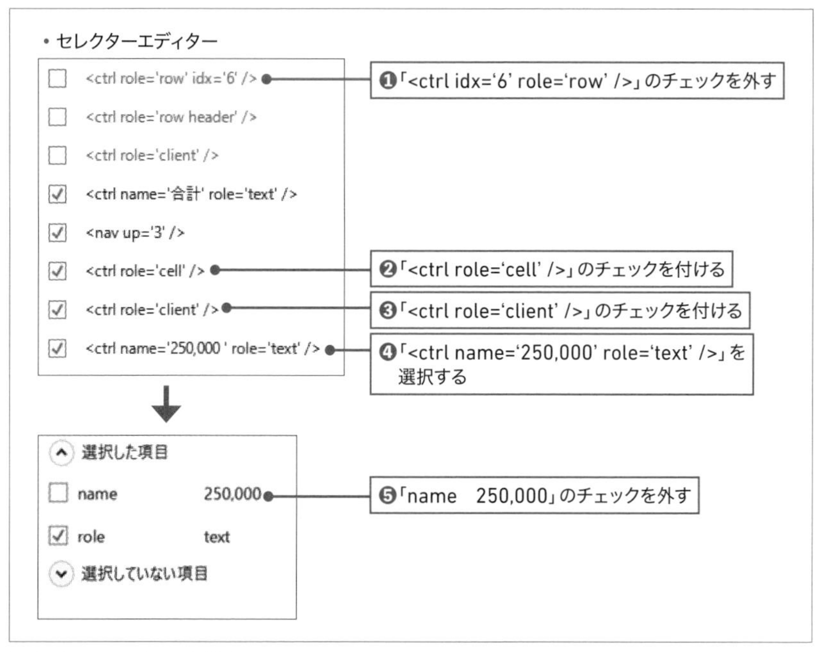

図7.43：セレクターを編集する

❶ セレクターエディターの「<ctrl idx='6' role='row' />」のチェックを外す。
❷ セレクターエディターの「<ctrl role='cell' />」のチェックを付ける。
❸ セレクターエディターの「<ctrl role='client' />」のチェックを付ける。
❹ セレクターエディターの「<ctrl name='250,000' role='text' />」を選択する。
❺ ［選択した項目］の「name　250,000」のチェックを外す。
❻ セレクターの動作が不安定になるので、セレクターエディターの「<wnd aaname='文書ペイン' cls='AVL_AVView' title='AVScrolledPageView' />」のチェックを外す。

STEP3 ［検証］をクリックし、緑になることを確認する。

STEP4 ［ハイライト］をクリックし、正しく値が選択できていることを確認する。

UI Explorerで編集したセレクターの内容を反映させます。

STEP5 ［保存］をクリックし、UI Explorerを閉じる。
STEP6 ［セレクターエディター］画面の［OK］をクリックする。

7.4.4 実行する

すべてのPDFファイルを閉じて［デザイン］リボンまたは［デバッグ］リボンの［ファイルを実行］をクリックし、ワークフローを実行してください。フォルダー「Invoice」直下のファイル名と合計金額が取得され、Excelファイルに書き出されます。

7.4.5 関連セクション

PDF関連アクティビティの設定は、以下のセクションを参考にしてください。
➡7.1　PDF関連のアクティビティを設定する

当セクションのワークフローを作成するには、以下のセクションのワークフローの作成が必要です。
➡7.3　特定の位置にある値を抽出する

PDFファイルを作成する

7.5.1 PDFファイルを作成する業務イメージ

月初（月の初め）になると、前月の営業実績をExcelファイルで受け取ります。Wordファイルで作成されている営業実績報告のひな型に、営業実績を入力し、営業実績報告書を作成します（図7.44❶）。

営業実績報告書をPDFファイルに変換し❷、各営業部に配信します。

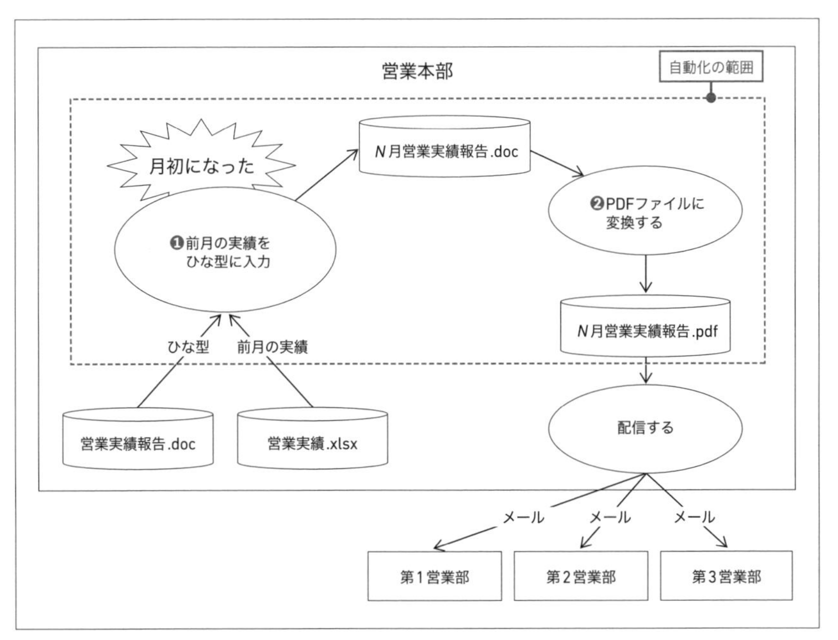

図7.44：業務イメージ

7.5.2 完成図

［1.実績を読み込み］にて、前月の実績を「営業実績.xlsx」から読み込みます。

［2.ファイルコピー］でひな型ファイルをコピーして、実績報告書（Word）を作成します。

［3.ワード文書とPDF作成］で実績報告書（Word）に前月実績を入力（実際は置換）し、PDFファイルにエクスポートする、というワークフローです（図**7.45**）。

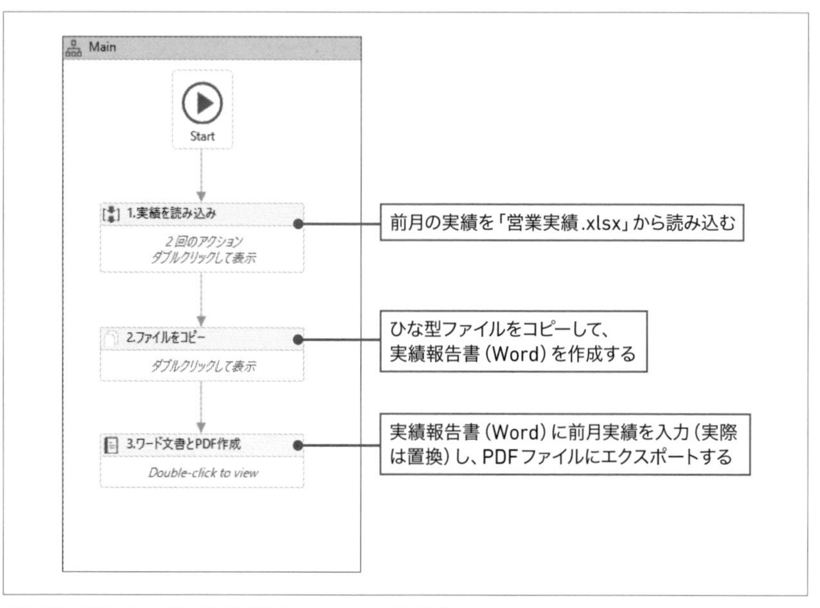

図7.45：PDFファイルを作成するワークフローの完成図

7.5.3 作成準備

STEP1 UiPath Studioを起動し、新たにプロジェクトを作成する。

STEP2 本書のサンプルフォルダー「サンプルファイル」→「Chapter7」→「7.5」から「Documents」フォルダーをプロジェクトフォルダーにコピーする。「Documents」フォルダーには次の2つのファイルが格納されている。

- 営業実績報告.docx（図**7.46**）
- 営業実績.xlsx（図**7.47**）

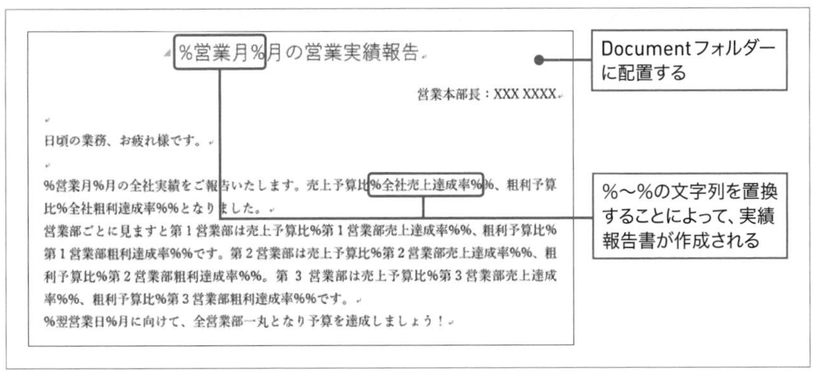

%営業月%月の営業実績報告

営業本部長：XXX XXXX

日頃の業務、お疲れ様です。

%営業月%月の全社実績をご報告いたします。売上予算比%全社売上達成率%%、粗利予算比%全社粗利達成率%%となりました。
営業部ごとに見ますと第1営業部は売上予算比%第1営業部売上達成率%%、粗利予算比%第1営業部粗利達成率%%です。第2営業部は売上予算比%第2営業部売上達成率%%、粗利予算比%第2営業部粗利達成率%%。第3営業部は売上予算比%第3営業部売上達成率%%、粗利予算比%第3営業部粗利達成率%%です。
%翌営業日%月に向けて、全営業部一丸となり予算を達成しましょう！

図7.46：【ひな型ファイル】営業実績報告.docx

	A	B
1	名前	値
2	営業月	4
3	翌営業月	5
4	全社売上達成率	97.8
5	全社粗利達成率	98.1
6	第1営業部売上達成率	102.3
7	第1営業部粗利達成率	100.5
8	第2営業部売上達成率	98.4
9	第2営業部粗利達成率	98.7
10	第3営業部売上達成率	95
11	第3営業部粗利達成率	94.6

ワークフロー実行前に実績を記入する

図7.47：【前月営業実績ファイル】営業実績.xlsx

Word関連のアクティビティを追加します。

STEP3 ［デザイン］リボンの［パッケージを管理］をクリックする。

❶［パッケージを管理］画面が表示される。
❷［すべてのパッケージ］タブ→［オフィシャル］をクリックする（図7.48❶）。
❸ 検索ボックスに「uipath.word」と入力し❷、［UiPath.Word.Activities］を選択する❸。
❹［インストール］をクリックする❹。
❺［保存］をクリックする❺。

❻［ライセンスへの同意］画面が表示されるので［同意する］をクリックする。

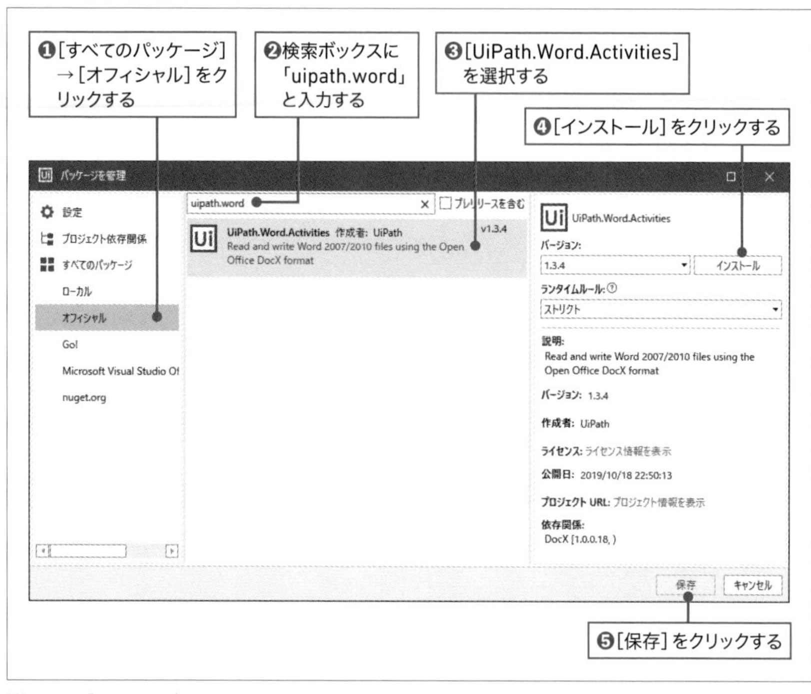

図7.48：[パッケージを管理]画面

7.5.4 作成手順

1 全体枠の作成

全体は、[1.実績を読み込み]［2.ファイルをコピー］［3.ワード文書とPDF作成］の3つのパートで構成されています。

STEP1 Main.xamlを開き、［フローチャート（Flowchart)］アクティビティを追加し、表示名を「Main」に変更する。

STEP2 ［Main］をダブルクリックして展開し、3つのアクティビティを追加する。

❶［シーケンス（Sequence)］アクティビティを追加し、表示名を「1.実績を読み込み」に変更する。

❷ ［ファイルをコピー（Copy File)］アクティビティを追加し、表示名を「2.ファイルをコピー」に変更する。

❸ ［Wordアプリケーションスコープ（Word Application Scope)］アクティビティを追加し、表示名を「3.ワード文書とPDF作成」に変更する。

❹ 図**7.45**を参照し、[Start] →［1.実績を読み込み］→［2.ファイルをコピー］→［3.ワード文書とPDF作成］の順に流れ線で結ぶ。

2 1.実績を読み込み

前月の実績を「営業実績.xlsx」から読み込んで、Dictionary型変数［ConfigDictionary］に格納します（図**7.49**)。

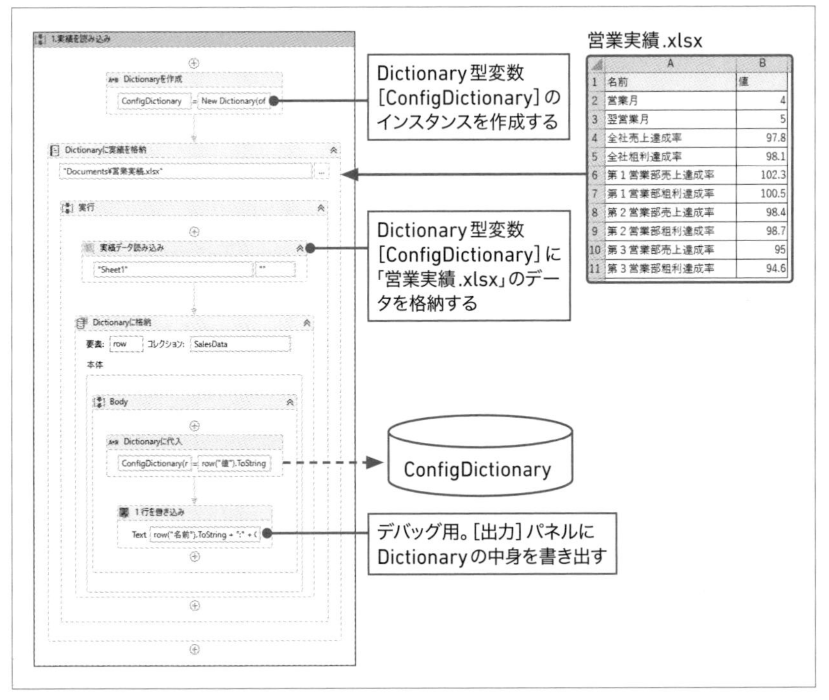

	A	B
1	名前	値
2	営業月	4
3	翌営業月	5
4	全社売上達成率	97.8
5	全社粗利達成率	98.1
6	第1営業部売上達成率	102.3
7	第1営業部粗利達成率	100.5
8	第2営業部売上達成率	98.4
9	第2営業部粗利達成率	98.7
10	第3営業部売上達成率	95
11	第3営業部粗利達成率	94.6

図7.49：[1.実績を読み込み] のワークフロー

STEP1 ［1.実績を読み込み］をダブルクリックし、アクティビティを展開する。

STEP2 ［1.実績を読み込み］内に［代入（Assign)］アクティビティを追加する。

❶ 表示名を「Dictionaryを作成」に変更する。

❷ [Dictionaryを作成] のプロパティ [左辺値 (To)] にDictionary型変数[ConfigDictionary] を設定する。
❸ プロパティ [右辺値 (Value)] に「New Dictionary(of String, String)」と入力する。

HINT Dictionary型変数[ConfigDictionary]について

Dictionary型変数 [ConfigDictionary] は [変数] パネルで作成します。Dictionary型変数の作成方法は、「6.1　Excelの送信リストと連携してメールを送信する」で詳しく解説していますので、参照してください。[ConfigDictionary] のスコープは[Main] に設定してください。

STEP3 [Dictionaryを作成] の後に [Excelアプリケーションスコープ (Excel Application Scope)] を追加する。

❶ 表示名を「Dictionaryに実績を格納」に変更する。
❷ プロパティ [ブックのパス] に「"Documents¥営業実績.xlsx"」と入力する。
❸ プロパティ [可視] のチェックを外す。

STEP4 [実行] の中に [範囲を読み込み (Read Range)] アクティビティ ([アクティビティ] パネルの [使用可能] → [アプリの連携] → [Excel]) を追加する。

❶ 表示名を「実績データ読み込み」に変更する。
❷ プロパティ [データテーブル] の入力ボックスにカーソルをあてた状態で[Ctrl] + [K] キーを押し、[変数を設定] に「SalesData」と入力し、[Enter]キーを押す。DataTable型変数 [SalesData] が生成される。

STEP5 [実行] の中の [実績データ読み込み] の後に [繰り返し (各行) (For Each Row)] アクティビティを追加する。

❶ 表示名を「Dictionaryに格納」に変更する。
❷ プロパティ [データテーブル] にDataTable型変数 [SalesData] を設定する。

❸ [Body] の中に [代入 (Assign)] アクティビティを追加し、表示名を「Dictionaryに代入」に変更する。
❹ プロパティ [左辺値 (To)] に「ConfigDictionary(row("名前").ToString)」と入力する。
❺ プロパティ [右辺値 (Value)] に「row("値").ToString」と入力する。

STEP6 **[1行を書き込み (Write Line)] アクティビティを追加し、プロパティ [テキスト] に「row("名前").ToString + ":" + ConfigDictionary(row("名前").ToString)」と入力する。**

これにより、営業実績.xlsxの [名前] と [値] がペアでDictionary型変数 [ConfigDictionary] に格納されます。

3 2.ファイルをコピー

「営業実績報告.docx」をフォーマット・ドキュメントとして使用し、これをコピーして各月の営業実績報告を作成します。

STEP1 **[Main] フローチャートに戻り、[2.ファイルをコピー] を選択する。**
STEP2 **プロパティ [パス] に「"Documents¥営業実績報告.docx"」と入力する。**
STEP3 **プロパティ [保存先] に「"Documents¥" + ConfigDictionary("営業月") + "月営業実績報告.docx"」と入力する。**
STEP4 **プロパティ [上書き] のチェックボックスにチェックを付ける。**

4 3.ワード文書とPDF作成

実績報告書 (Word) に前月実績を入力 (実際は置換) し、PDFファイルにエクスポートします (図7.50)。

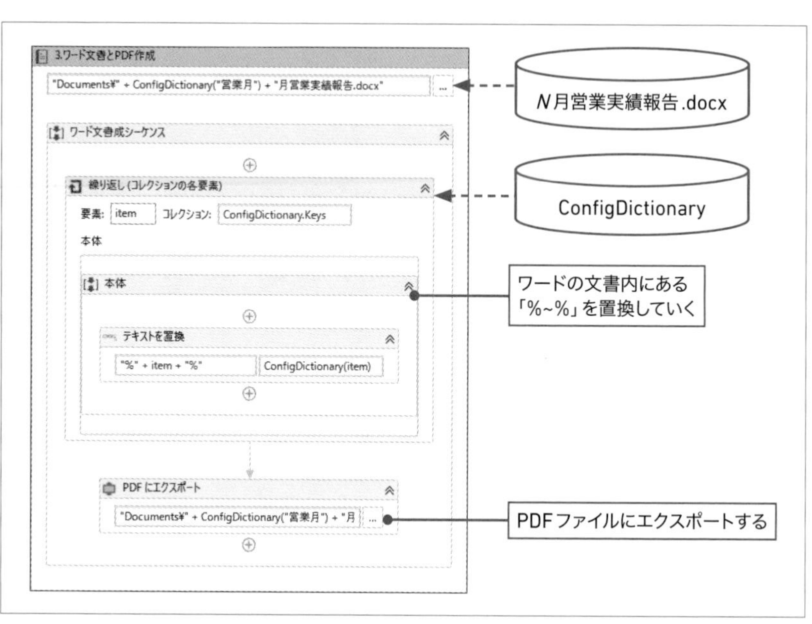

図7.50：[3.ワード文書とPDF作成] のワークフロー

STEP1 [3.ワード文書とPDF作成] をダブルクリックして展開する。

STEP2 プロパティ [ファイルのパス] に「"Documents¥" + ConfigDictionary("営業月") + "月営業実績報告.docx"」と入力する。

STEP3 [ワード文書とPDF作成] 中の [実行] の表示名を「ワード文書作成シーケンス」に変更する。

STEP4 [ワード文書作成シーケンス] に [繰り返し (コレクションの各要素) (For Each)] アクティビティを追加する。

❶ プロパティ [値] に「ConfigDictionary.keys」と入力する。

❷ プロパティ [TypeArgument] のドロップダウンリストから [String] を選択する。

❸ [本体] に [テキストを置換 (Replace Text)] アクティビティ ([アクティビティ] パネルの [使用可能] → [アプリの連携] → [Word]) を追加する。

❹ プロパティ [検索] に「"%" + item + "%"」と入力する。

❺ プロパティ [置換] に「ConfigDictionary(item)」と入力する。

これで、ワード文書内の「%~%」がConfigDictionaryに格納された値に置換されます。

STEP5 [ワード文書作成シーケンス] の中の [繰り返し (コレクションの各要素)] の後に [PDFにエクスポート (Export To PDF)] アクティビティ([アクティビティ] パネルの [使用可能] → [アプリの連携] → [Word])を追加する。プロパティ[ファイルのパス] に「"Documents¥" + ConfigDictionary("営業月") + "月営業実績報告.pdf"」と入力する。

7.5.5 実行する

実行すると、「営業実績.xlsx」に書き込まれた値が反映された営業実績報告が、ワード文書形式とPDFファイル形式で「Documents」フォルダー以下に生成されます(図7.51)。

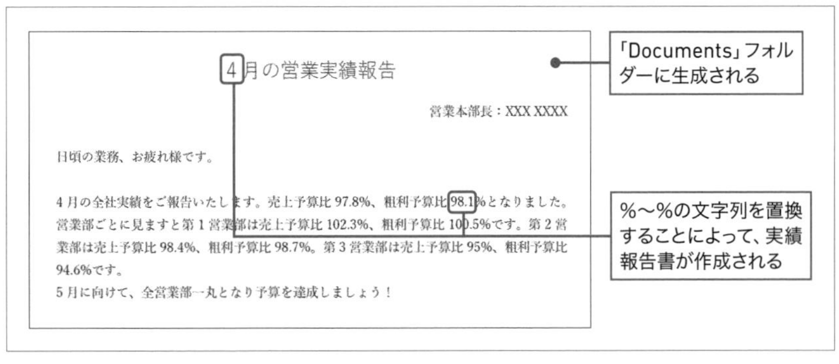

図7.51：4月営業実績報告.pdf

7.5.6 使用する変数

ワークフロー内で使用する変数は**表7.3**の通りです。

表7.3：使用する変数

名前	変数の型	スコープ	既定値
ConfigDictionary	Dictionary<String,String>	Main	—
SalesData	DataTable	実行	—

7.5.7 関連セクション

Dictionary型変数の作成方法については、以下のセクションを参考にしてください。

➡6.1　Excelの送信リストと連携してメールを送信する

CHAPTER8

思い通りに動かないときに読むチャプター

このチャプターはワークフローを作成する際に思ったように操作できない場合やエラーに悩まされたときに読んでください。
デバッグの方法やエラーの解決方法の調べ方を解説しています。

思い通りにクリックや文字入力ができない

「レコーディング機能を使用して確実にレコードしたはずなのに、思い通りに動かない」「確かにクリックしているように見えるのに動かない」というケースがあります。このようなケースが発生した場合の解決方法について解説します。

8.1.1 ブラウザーの要素をクリックできないとき

1 [準備完了まで待機] プロパティを変更する

［クリック（Click）］アクティビティを使って、ブラウザー上のWeb画面の要素をクリックするときに、安定して動作しない場合があります。その場合はプロパティ［準備完了まで待機］を［COMPLETE］に変更して試してください（**図8.1**、**表8.1**）。

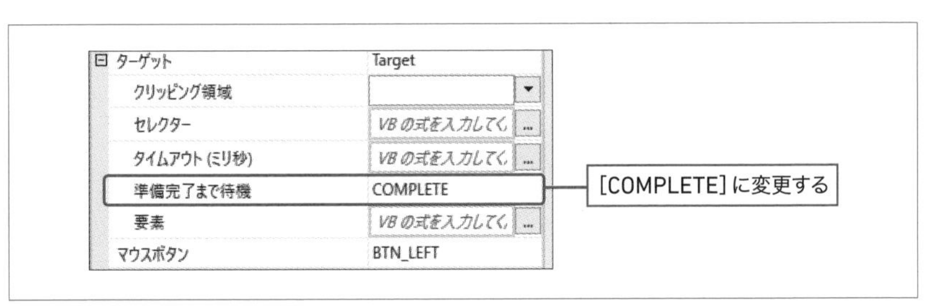

図8.1：準備完了まで待機

表8.1：準備完了まで待機の例

［準備完了まで待機］	内容
NONE	アクションを実行する前に待機しない。
INTERACTIVE	ターゲットアプリケーションの一部のUI要素が見つかるまで待機。
COMPLETE	ターゲットアプリケーションのすべてのUI要素が見つかるまで待機。

2 [リトライスコープ (Retry Scope)] アクティビティを使う

何度か繰り返してクリックすることで、操作が成功することがあります。［リトライスコープ（Retry Scope）］アクティビティの使い方については「9.1　失敗する可能性のある処理をリトライ実行する」で詳しく解説しています。

3 [画像をクリック(Click Image)]アクティビティを使う

最終手段としては、[画像をクリック(Click Image)]アクティビティで画像を認識してクリックします。画像の認識については、「3.2　UI要素が認識できないときの自動化テクニック」を参照してください。画像を使用するので、[クリック(Click)]アクティビティより環境変化の影響を受けやすくなってしまいますが、選択肢の1つに加えてください。

8.1.2 思い通りに文字を入力できない

文字化けしてしまうなど、思ったように入力できないことがあります。実際の例を見ていきましょう。

1 入力できない例

サンプルWebサイトの商品マスタ登録画面の商品名に「"メタルリング ﾅﾂ-ｷｶｸ.2020-04(13ｺﾞｳ)"」と入力します。[文字を入力(Type Into)]アクティビティのデフォルトはプロパティ[アクティベート]だけにチェックが付いている状態です(図8.2)。

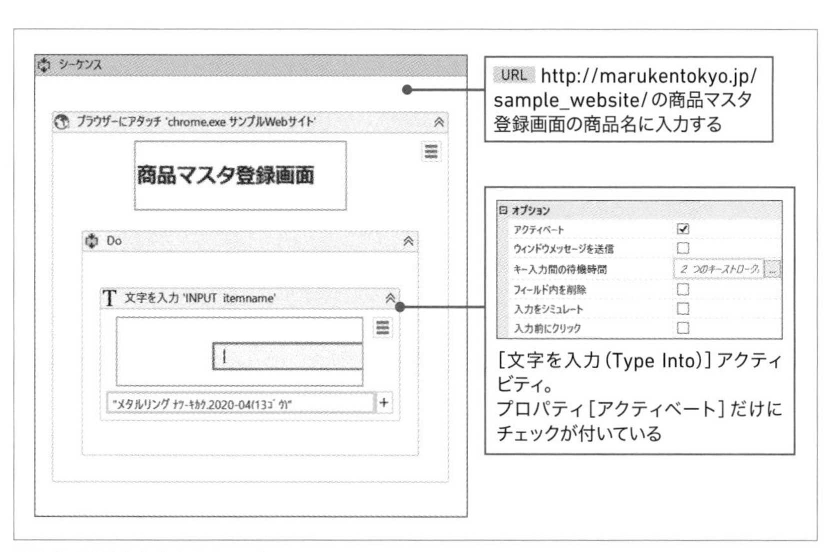

図8.2：商品名を入力するワークフロー

IMEの入力モードを［ひらがな］モードにして、上記のワークフローを実行します。結果は図のように正しく入力されませんでした（図8.3❶）。IMEの入力モードを［半角英数］モードに変えて実行すると、うまく入力されました❷。

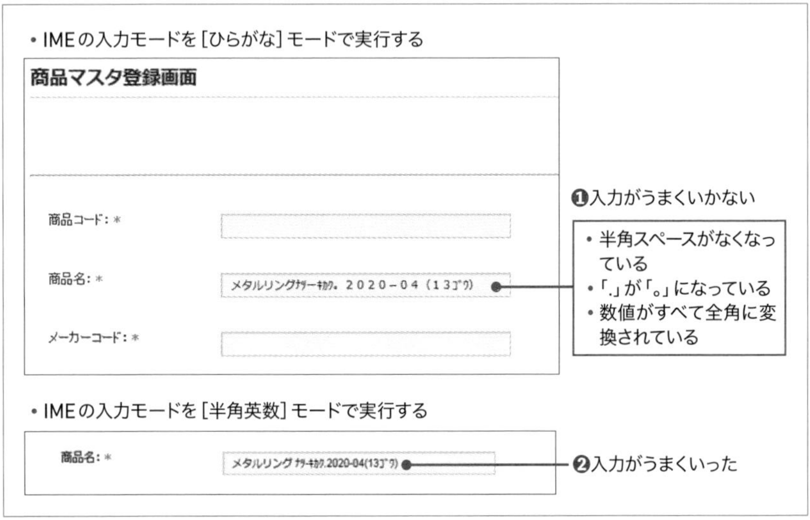

・IMEの入力モードを［ひらがな］モードで実行する

商品マスタ登録画面

商品コード：＊

商品名：＊　メタルリングｶﾗｰｷｶｸ。２０２０－０４（１３ｺﾞｳ）

メーカーコード：＊

❶入力がうまくいかない
・半角スペースがなくなっている
・「.」が「。」になっている
・数値がすべて全角に変換されている

・IMEの入力モードを［半角英数］モードで実行する

商品名：＊　メタルリング ｶﾗｰｷｶｸ.2020-04(13ｺﾞｳ)

❷入力がうまくいった

図8.3：正しく入力できない例とできる例

このようにIMEの入力モードなどの環境の違いにより、オートメーションがうまく動作したり失敗したりするようでは困ります。このような場合はプロパティ［入力をシミュレート］にチェックを付けてください（図8.4）。再びワークフローを実行すると、正しく文字列が入力されます。

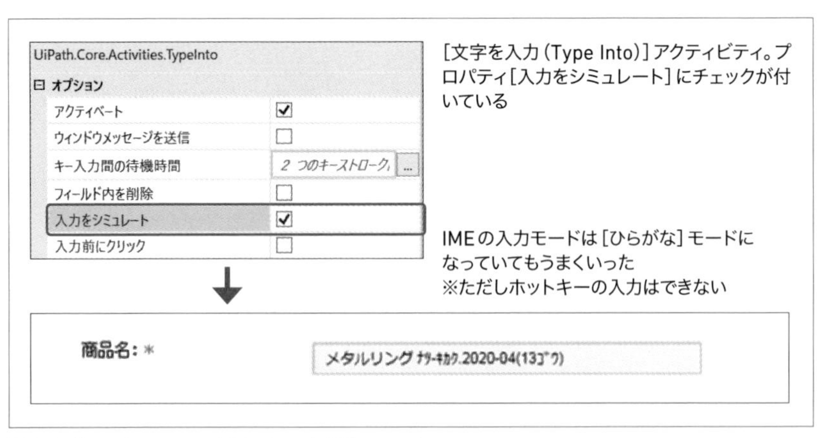

図8.4：［入力をシミュレート］にチェックが付いている

2 3つの入力メソッド

入力メソッドは3つあり、それぞれに特徴がありますので、把握しておきましょう。

1. デフォルト
   ハードウェア（キーボードやマウス）のデバイスドライバーに入力データをWin32API経由で送信する。
2. ウィンドウメッセージを送信
   Windowsメッセージ（例えば、WM_KEYDOWN、WM_KEYUP、WM_LBUTTONDOWN、WM_LBUTTONUPなど）をセレクターで指定されたウィンドウにWin32API経由で送信する。
3. 入力をシミュレート
   対象アプリケーションの仕組みを利用する。具体的には、Microsoft社のUIオートメーションというフレームワークを使って操作を行う。対象のUI要素がUIオートメーションでサポートしていない場合は、Microsoft社のActive Accessibilityというフレームワークを使う。
   UIオートメーションとMicrosoft Active Accessibilityについては、以下のURLを参照してください。

- UIオートメーションと Microsoft Active Accessibility
  URL https://docs.microsoft.com/ja-jp/dotnet/framework/ui-automation/ui-automation-and-microsoft-active-accessibility

メソッドの特徴

それぞれの特徴を表8.2で確認しましょう。[デフォルト] は一番互換性が高いですが、ウィンドウがアクティブであることが必要で、バックグラウンドでの入力はできません。迷ったときは［入力をシミュレート］を選択するとよいでしょう。

表8.2：メソッドの特徴

メソッド	ホットキーの入力	バックグラウンドでの入力	処理速度	互換性	ウィンドウフォーカスの必要性	入力時に入力欄を自動的に空にする
デフォルト	○		50%	100%	○	
ウィンドウメッセージを送信	○	○	50%	95%		
入力をシミュレート		○	100%	80%		○

HINT ［ウィンドウメッセージを送信］と［入力をシミュレート］は同時に有効にすることはできない

［ウィンドウメッセージを送信］と［入力をシミュレート］のチェックボックスにチェックを付けることはできますが、エラーが表示されます（図8.5）。

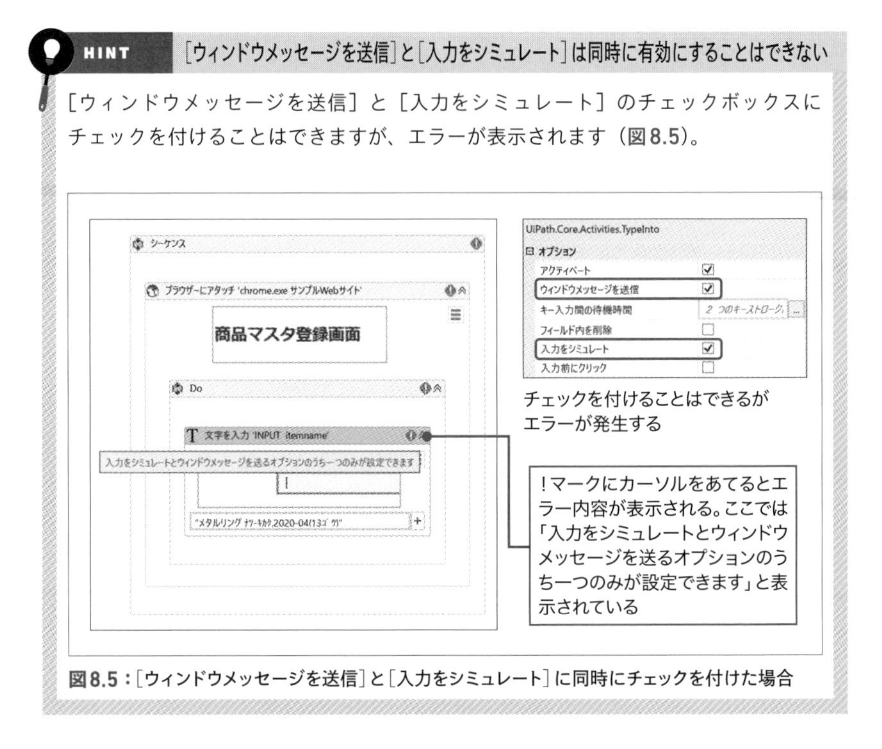

図8.5：［ウィンドウメッセージを送信］と［入力をシミュレート］に同時にチェックを付けた場合

どのメソッドが優れているのか？

- バックグラウンドで動作させたい
- ホットキーを使いたい
- 処理速度を速くしたい

上記のように様々なオートメーションへの要望がありますので、一概にどの方法がよいとはいえません。基本的な知識を身に付けて、後はテストを繰り返して安定して結果が得られる方法を選択しましょう。

3 ホットキーを使う

［文字を入力（Type Into）］アクティビティでうまく入力できない場合は、［ホットキーを押下（Send Hotkey）］アクティビティを使用して入力する方法があります。

ただし、この場合［入力をシミュレート］メソッドでは入力することができない点に注意してください。

8.1.3 関連セクション

［リトライスコープ（Retry Scope）］アクティビティの使い方については、以下のセクションを参考にしてください。

➡9.1　失敗する可能性のある処理をリトライ実行する

画像を認識して操作する方法については、以下のセクションを参考にしてください。

➡3.2　UI要素が認識できないときの自動化テクニック

デバッグテクニックを覚えよう

デバッグとはプログラムの誤りを特定し、修正する作業のことです。運用前にしっかりとデバッグしておくことで、エラーのないオートメーションを実現することができます。

［デバッグ］リボンにすべての機能があります（図8.6）。

図8.6：［デバッグ］リボン

［デバッグ］リボンの［ファイルをデバッグ］の下側にある［▼］をクリックし（図8.7❶）、表示されるメニューの中から［デバッグ］をクリックすると❷、デバッグが実行されます。

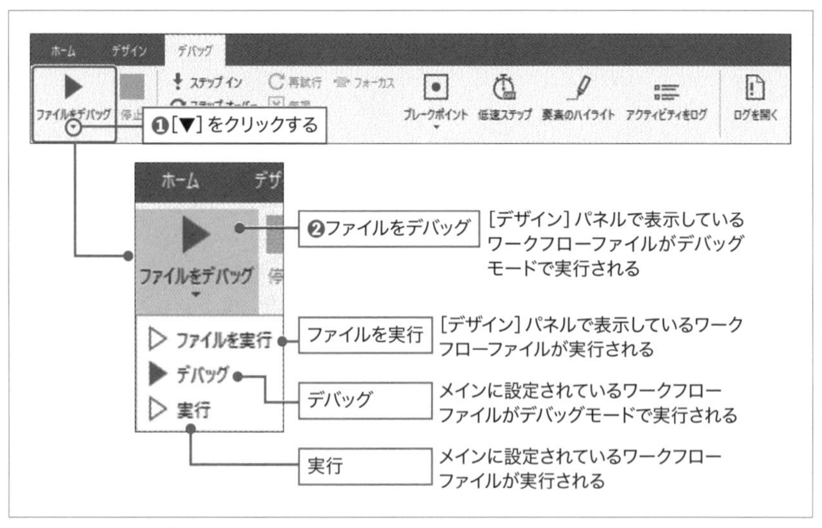

図8.7：デバッグと実行

8.2.1 アクティビティの表示名をわかりやすく付ける

エラーが発生した場合、エラー表示はアクティビティの表示名が使われるため、同じアクティビティを複数使用している場合は、アクティビティの表示名をわかりやすく付けることが大切です（図8.8）。

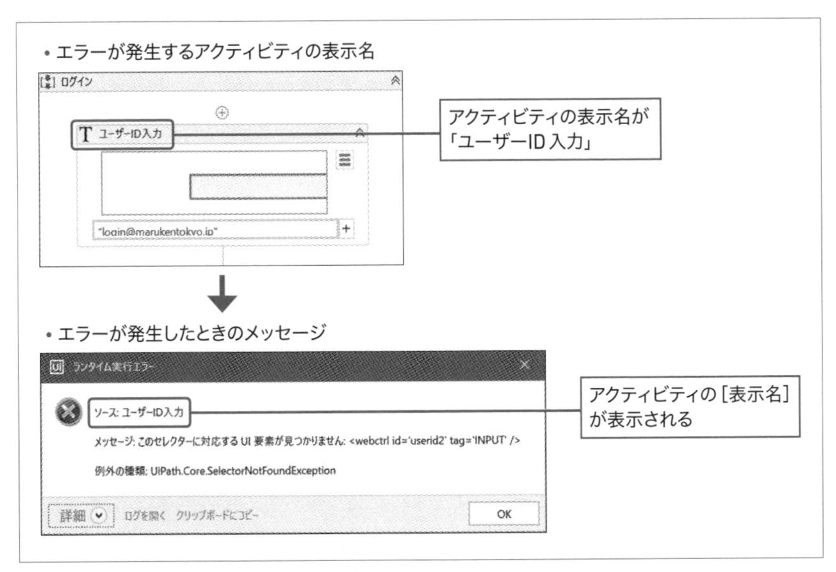

図8.8：エラーが発生したときのメッセージ

8.2.2 出力してみる

オートメーションの実行時にUiPath Studio内の変数の中身を知ることは困難です。変数の中身を見える化するために、頻繁に使用するアクティビティは以下の2つです。

❶ **［1行を書き込み（Write Line）］アクティビティ**
オートメーションの実行後に［出力］パネルで結果を確認する。

❷ **［メッセージボックス（Message Box）］アクティビティ**
実行中に一時的にオートメーションを止めて確認したい場合に使用する。

8.2.3 ブレークポイントとステップ実行

1 ブレークポイントを付ける

アクティビティを選択した状態で［ブレークポイント］をクリック（もしくは［F9］キーを押す）すると（図8.9❶）、アクティビティに赤い丸印が付きます❷。この状態でデバッグ実行すると、ブレークポイントで処理が中断されます❸。

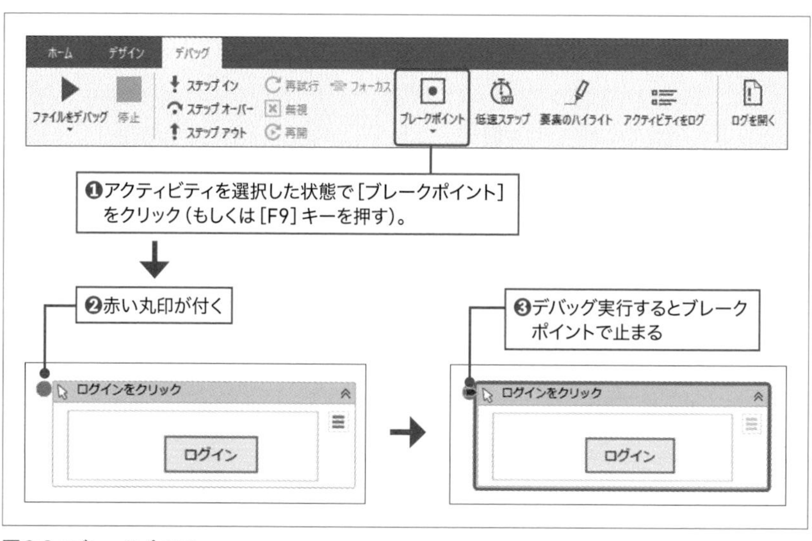

図8.9：ブレークポイント

2 ステップ実行の方法

中断された位置から続きを実行するには、［ステップイン］（もしくは［F11］キー）をクリックします（図8.10❶）。ブレークポイントで止まっているアクティビティが実行され❷、、次のステップに処理が移動します❸。

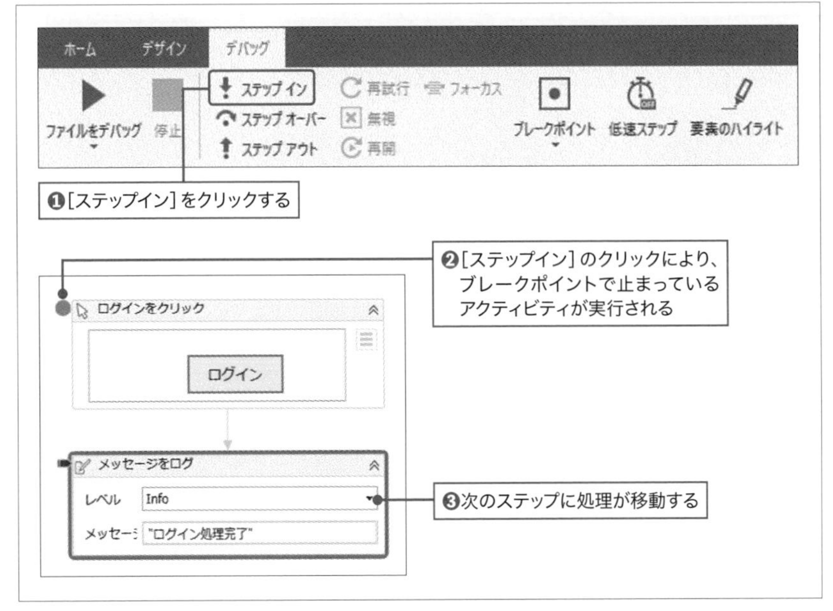

図8.10：ステップイン

停止する場合は［デバッグ］リボンの［停止］をクリックします。処理を続行したい場合は［デバッグ］リボンの［続行］（デバッグ中は［デバッグ］リボンの［ファイルのデバッグ］が［続行］に変わる）をクリックします。

［ステップイン］では、コンテナーや［ワークフローファイルを呼び出し（Invoke Workflow File）］を開いて、すべてのステップごとにデバッグ実行されます。

コンテナーの中や呼び出し先のワークフローに誤りがないと確信できる場合は、［ステップオーバー］を使用します。この場合、コンテナーは開かれず、次のアクティビティに処理が移動します。

3 ブレークポイントのオプション

［ブレークポイント］（図8.11❶）→［ブレークポイントを切り替え］（❷-1）をクリックすると、選択されているアクティビティのブレークポイントの状態が［有効］［無効］［削除］の順に変わります。

［ブレークポイント］→［ブレークポイントパネルを表示］をクリックすると（❷-2）、［出力パネル］の横の［ブレークポイントパネル］が開きます。アクティビティ名をダブルクリックすると、該当のアクティビティにフォーカスが当たります。左上のボタンにより「選択されたブレークポイントの削除」「すべてのブレーク

ポイントの削除」「すべてのブレークポイントの有効化」「すべてのブレークポイントの無効化」を行うことができます。

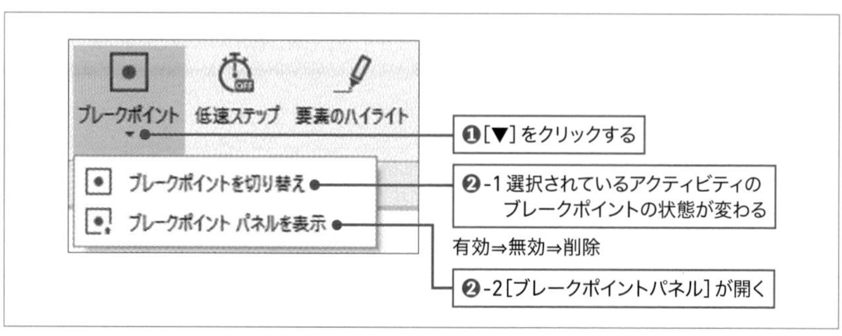

図8.11：ブレークポイントのオプション

ログを収集してデバッグに活かす

「8.2　デバッグテクニックを覚えよう」ではワークフローの実行中のデバッグについて解説しました。本セクションではログを活用してデバッグするテクニックについて解説します。

8.3.1 UiPath Studio上でログを確認する

1 [デバッグ] リボンの [アクティビティをログ] をクリックする

[ファイルを実行] もしくは、[実行] をクリックして実行した場合、図8.12のように、[出力] パネルに表示される情報は開始と終了だけです（[1行を書き込み (Write Line)] アクティビティや [メッセージをログ (Log Message)] アクティビティを使用した場合は、その内容も [出力パネル] に表示されます）。

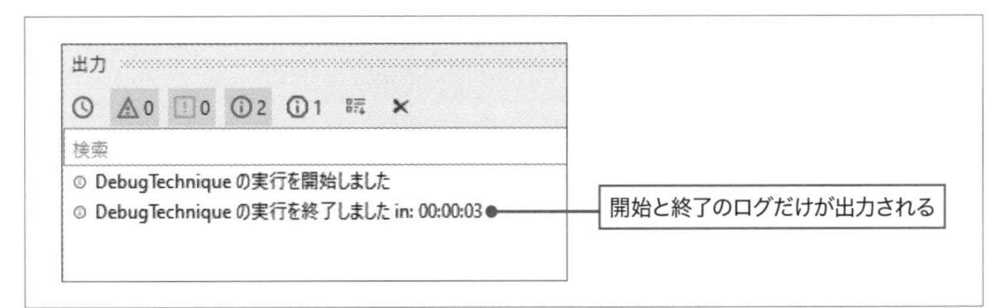

図8.12：出力パネルの表示

詳細なログを [出力] パネルに表示させる方法を解説します。

[デバッグ] リボンの [アクティビティをログ] をクリックしてください（図8.13❶）。[ファイルをデバッグ] もしくは [デバッグ] をクリックすると❷、ワークフローがデバッグ実行されて、詳細なログが [Trace] ログとして [出力] パネルに表示されます❸。デバッグ中にエラーが発生した場合、この詳細なログが役に立ちます。

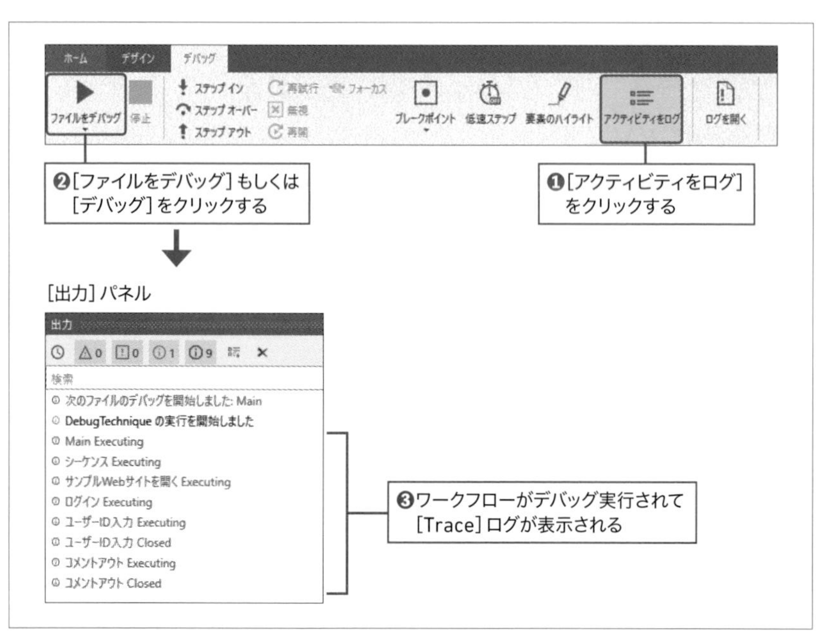

図8.13：詳細なログを[出力]パネルに表示させる

2 [出力]パネルの操作方法

[出力] パネル上部にあるボタンにより、アラートの種類をフィルターできます(図8.14)。またすべてのメッセージを消去することもできます。

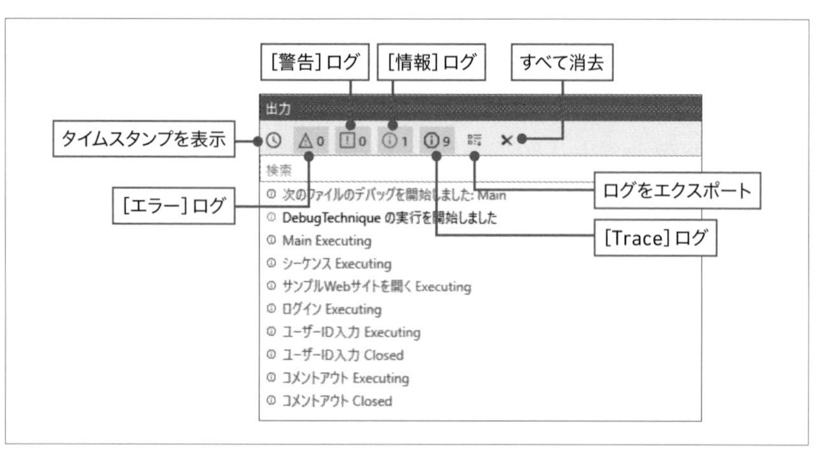

図8.14：アラートの種類をフィルター

8.3.2 ログファイルを開く

ログファイルを開くには、[デバッグ] リボンの [ログを開く] をクリックします(図8.15)。

図8.15：[ログを開く] をクリックする

デフォルトでは「%LocalAppData%¥UiPath¥Logs」フォルダーが開きます。ログファイルの名前の形式は「yyyy-MM-dd_Execution.log 」です。

MEMO %LocalAppData%とは

LocalAppDataのパスは環境変数（OSの設定を保存した変数のこと）で設定されており、「%LocalAppData%」という書式で参照することができます。Windows 10の場合、「%LocalAppData%」は「C:¥Users¥<ユーザー名> ¥AppData¥Local」です。

ログには実行の開始と終了、エラーなどが表示されます。

```
18:56:12.1710 Info {"message":"DebugTechnique の実行が開始し➡
ました","level":"Information",（省略）
18:56:18.5700 Info {"message":"DebugTechnique の実行が終了し➡
ました","level":"Information",（省略）
```

エラーの場合は以下のようなログが出力されます。

```
18:57:05.7600 Error {"message":"ユーザーID入力: このセレクター➡
に対応する UI 要素が見つかりません：（省略）
```

8.3.3 ［メッセージをログ（Log Message）］アクティビティを使う

通常実行時は［Trace］ログは［出力］パネルやログファイルに出力されません。

任意でログを出力させるには［メッセージをログ（Log Message）］アクティビティを使います（図8.16）。

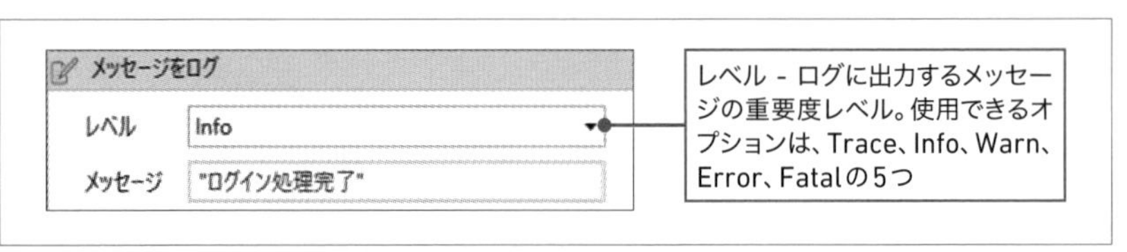

図8.16：［メッセージをログ（Log Message）］アクティビティ

この場合、ログファイルには以下のように出力されます。

```
18:56:18.5530 Info {"message":"ログイン処理完了","level":➡
"Information","logType":"User", (省略)
```

思い切って エラーを受け入れる

8.4.1 エラーは発生するものと考える

RPAは外部環境の影響を受ける分野です。例外は必ず、そしてたびたび発生するものと考えなければなりません。起こり得るすべてのエラーに対応するワークフローを作成することは事実上不可能です。

「RPAで自動化することが難しいなら、人間がサポートする」と発想を転換してください。シンプルなロジックになり、作成工数を短縮できます。また、自動化に人間の能力を加えることで、業務遂行の信頼性を向上させることにもつながります。

運用を続けて、エラー発生のパターンが固定されたら、あらためて自動化する、という方法もあります。

8.4.2 ログイン時のエラーに手動で対応する

Webサイトにログインする際にエラーが起こるケースを題材として解説します。

MEMO ログイン時のエラー

- パスワードの有効期限が切れて、パスワード更新画面に遷移する
- パスワードが変更されて、ログインできない
- ネットワーク負荷、またはサーバー側の応答が遅れて、正常にログインできない

ログイン処理時に何らかのエラーが発生した場合、手動でログイン処理を行うか、ワークフローを終了するかを選択できるロジックを作成しましょう。

まずは、フロー図でロジックを確認します。

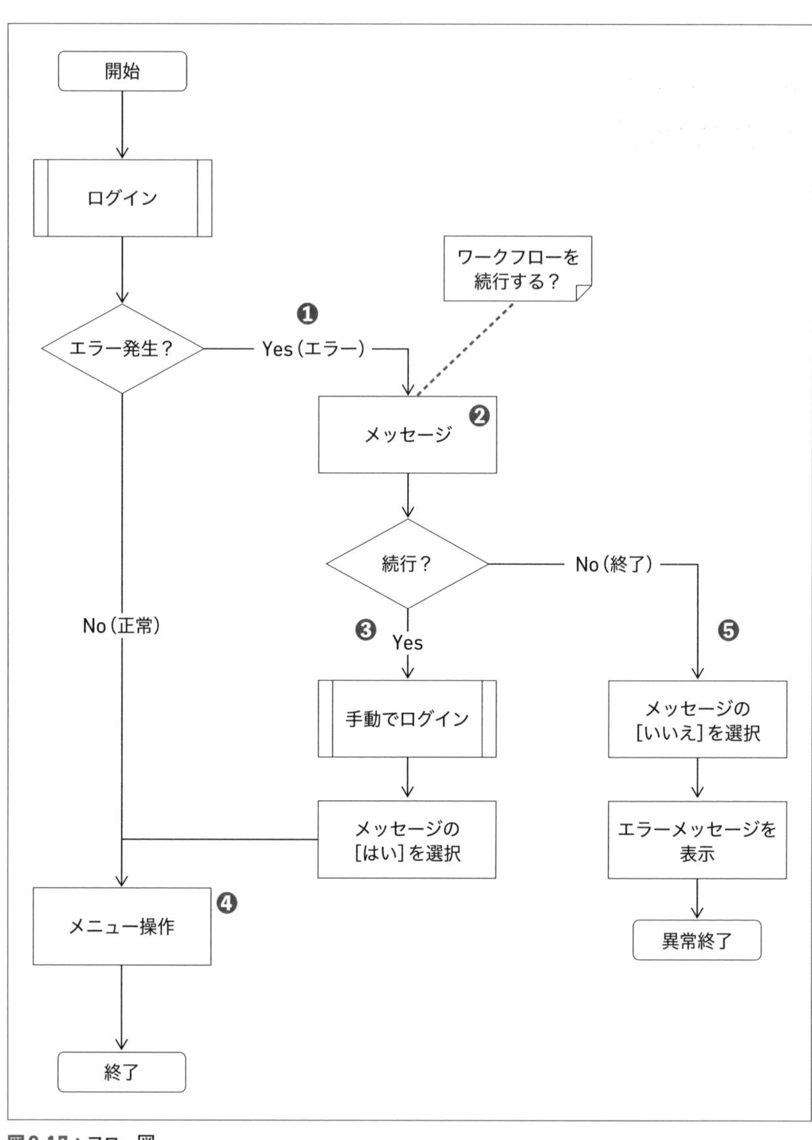

図8.17：フロー図

図8.17は以下のようなフローになっています。

❶ ログイン時にエラーが発生すると、エラー処理フローに移行する。
❷ 「ワークフローを続行するかどうか」を問うメッセージを表示し、ワークフローを止める。
❸ 続行する場合、手動でログインし、メッセージの［はい］をクリックする。
❹ メニュー操作を行う。
❺ ❷のメッセージに対して［いいえ］を選択した場合は、エラーメッセージを表示して、ワークフローを強制的に終了する。続くシナリオは実行されない。

8.4.3 作成準備

STEP1 UiPath Studioを起動し、新たにプロジェクトを作成する。
STEP2 Main.xamlを開く。
STEP3 ［シーケンス（Sequence）］アクティビティを追加し、表示名を「Main」に変更する。
STEP4 サンプルWebサイト（URL http://marukentokyo.jp/sample_website/）をGoogle Chromeで開く。
STEP5 「4.1　ブラウザー操作を簡単に自動化する」を参考にして、［Main］の中にログイン処理を作成する。
STEP6 サンプルWebサイトの［お知らせ］画面を開く。
STEP7 ［読みましたをクリック］のセレクターエディターを開く。<webctrl tag='INPUT' />となっており、［読みました］ボタンを特定する項目が存在しないことがわかる。
STEP8 セレクターエディターの左下の［UI Explorerで開く］をクリックする。
STEP9 UI Explorerが表示される。
STEP10 ［選択していない項目］を開き（図8.18❶）、aanameにチェックを付け❷、［保存］をクリックする❸。
STEP11 セレクターエディターの［OK］をクリックする。

図8.18：[読みましたをクリック]のUI Explorer

STEP12 [読みましたをクリック]のプロパティ[タイムアウト（ミリ秒）]に「5000」と入力する。

STEP13 [Main]に作成されたワークフローの表示名を「ウェブ操作」に変更する。

8.4.4 完成図

ログイン操作中にエラーが発生した場合、手動でログイン処理を行うか、ワークフローを終了するかを選択します（図8.19）。

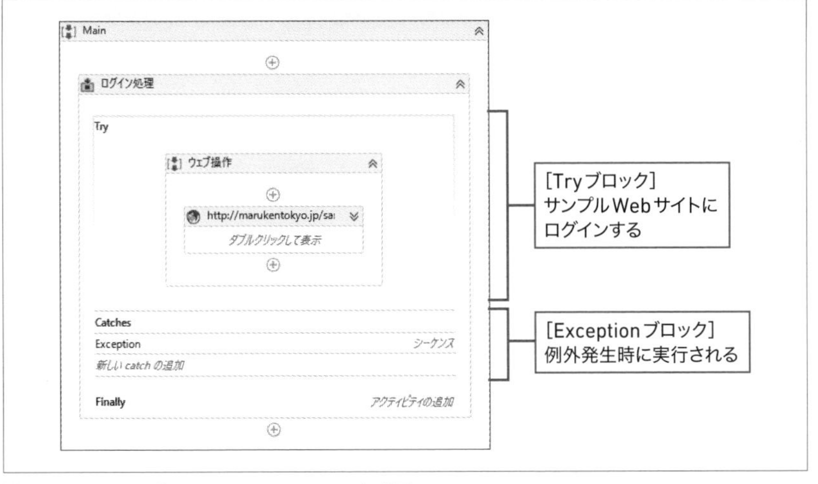

図8.19：エラーを受け入れるワークフローの完成図

8.4.5 作成手順

ログイン処理が完成していることを前提に解説を続けます。

STEP1 [Main] シーケンスの中に [トライキャッチ(Try Catch)] アクティビティを追加し、名前を「ログイン処理」に変更する。

STEP2 [Try] ブロックの [ここにアクティビティをドロップ] に [ウェブ操作] をドラッグ&ドロップする。

例外が発生した場合は [Catches] ブロックに処理が移ります。メッセージボックスでその後の処理内容を問います。

STEP3 [Catches] ブロックの [新しいcatchの追加] をクリックする。

STEP4 [Exception] のドロップダウンリストから [System.Exception] を選択する。

STEP5 [Exception] ブロックの [ここにアクティビティをドロップ] に [メッセージボックス (Message Box)] アクティビティを追加する。

❶ プロパティ [テキスト] に以下のように入力する。

```
"エラーが発生しました。手動でログインして続行しますか？" + vbCrLf +
"手動でログインする場合は、ログイン処理実行後に「はい」を選択してください。" ➡
+ vbCrLf +
"ワークフローを終了する場合は「いいえ」を選択してください。"
```

❷ プロパティ［選択されたボタン］の入力ボックスにカーソルをあてた状態で［Ctrl］＋［K］キーを押し、［変数を設定］に「ReturnMessage」と入力し、［Enter］キーを押す。

❸ プロパティ［ボタン］のドロップダウンリストから［YesNo］を選択する。

STEP6 ［メッセージボックス］の後に［条件分岐（If）］アクティビティを追加する（図8.20）。

❶ プロパティ［条件］に「ReturnMessage = "Yes"」と入力する。

❷ ［Else］ブロックに［再スロー（Rethrow）］アクティビティを追加する。

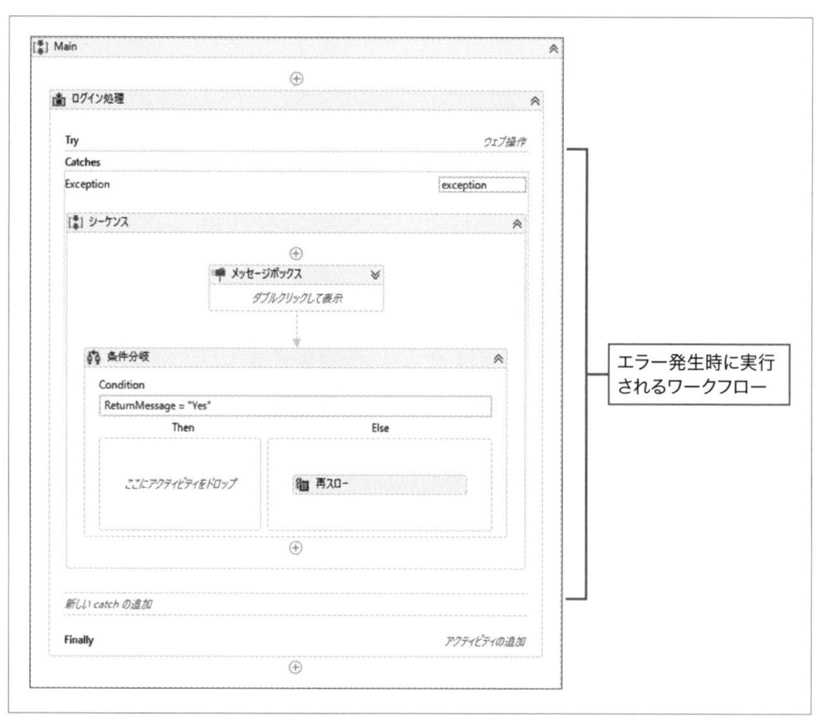

図8.20：Catchesブロック内のワークフロー

8.4.6 実行する

ログイン時にエラーが発生すると、メッセージボックスが表示されます（図8.21）。エラーを発生させるために、ユーザーIDを変更してテストしてください。

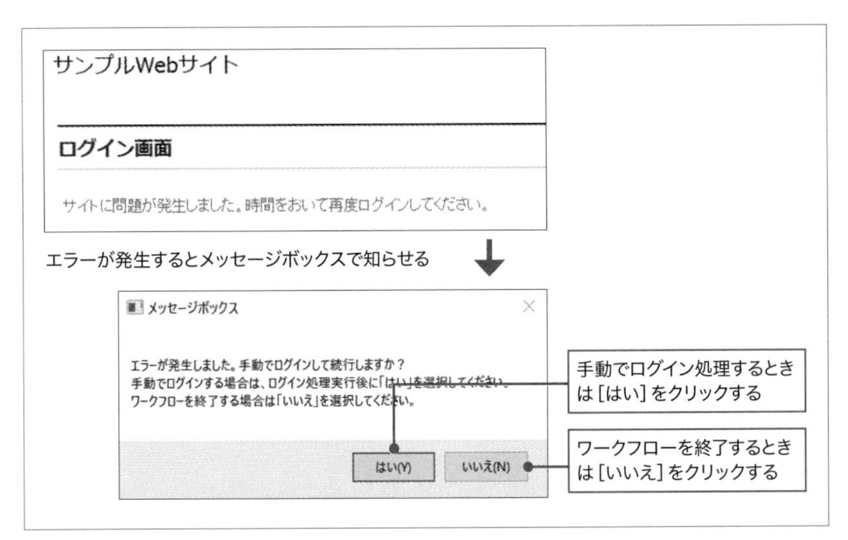

図8.21：ログイン時のエラー

［いいえ］をクリックするとランタイム実行エラーが表示され、［OK］をクリックするとワークフローが終了します。

手動でログインする場合は、メッセージボックスを表示したままで、Web画面を操作します。ログイン処理が完了してから、メッセージボックスの［はい］をクリックします。後続のワークフローが実行されます。

8.4.7 使用する変数

ワークフロー内で使用する変数は表8.3の通りです。

表8.3：使用する変数

名前	変数の型	スコープ	既定値
Password	String	パスワードを入力	—
ReturnMessage	String	シーケンス	—

8.4.8 関連セクション

最初にやってしまいがちな３つの誤りとして解説しているセクションがありますので、参考にしてください。

➡2.1　最初にやってしまいがちな3つの誤り

セレクターについては、以下のセクションを参考にしてください。

➡3.1.5　セレクターとは

思い通りにいかないときの調べ方

思い通りに動作しないときに解決策などを調べる方法について紹介します。

8.5.1 ユーザーガイド（UiPath Studio ガイド）

UiPath Studioを起動し、［スタート］タブ→［ヘルプ］→［ユーザーガイド］をクリックすると、UiPath Studio ガイド（URL https://docs.uipath.com/studio/lang-ja/docs）が開きます。検索ボックスから検索することができます。

8.5.2 アクティビティガイド

デザイナーパネルでアクティビティを選択し、［F1］キーを押すことで該当するアクティビティのガイドページが開きます。

もしくは、UiPath Activities ガイド（URL https://docs.uipath.com/activities/lang-ja）を開き、検索ボックスから検索することができます。

8.5.3 アカデミー

UiPath Studioを起動し、［スタート］タブ→［ヘルプ］→［アカデミー］をクリックするとUiPath Academy（URL https://academy.uipath.com/learn）が起動します。アカデミーはオンライントレーニングの受講サイトです。トレーニングを受けることで調べたいことのほとんどの答えがわかります。無料で登録することができます。

8.5.4 ナレッジベース

UiPathのナレッジベース（URL https://www.uipath.com/ja/resources/knowledge-base）では情報が常に更新されていますので、このサイトに答えがある場合があります。

8.5.5 書籍

現在は、豊富にあるとはいえませんが、まとまった情報が提供されていますので、非常に参考になります。

8.5.6 Webサイト

多くの技術者の方が自主的にWebサイトに情報を掲載していますので、答えを探す手掛かりになります。ただしUiPath Studioのバージョンアップによる変更点が多いため、すでに古い情報になっているケースも多いので注意してください。

CHAPTER9

1つ上のワークフローを作成する5つのテクニック

これまでのチャプターのテクニックに加えて、より本格的な業務のオートメーション化を実現するために、ワンランク上のテクニックを紹介します。

失敗する可能性のある処理をリトライ実行する

サンプルWebサイトは、ログインすると1/3の確率で失敗するようにプログラムされています（図9.1）。

サンプルWebサイト

ログイン画面

サイトに問題が発生しました。時間をおいて再度ログインしてください。

ユーザーID:

パスワード:

ログイン

[ログイン] をクリックした後、失敗を知らせるメッセージが表示される

図9.1：ログインエラー画面

このように、たびたび失敗することがわかっている場合は、処理が成功するまで繰り返して実行することで、エラーでワークフローが止まる回数を減らすことができます。

9.1.1 完成図

ログインに成功するまで3回試行するワークフローを解説します（図9.2）。

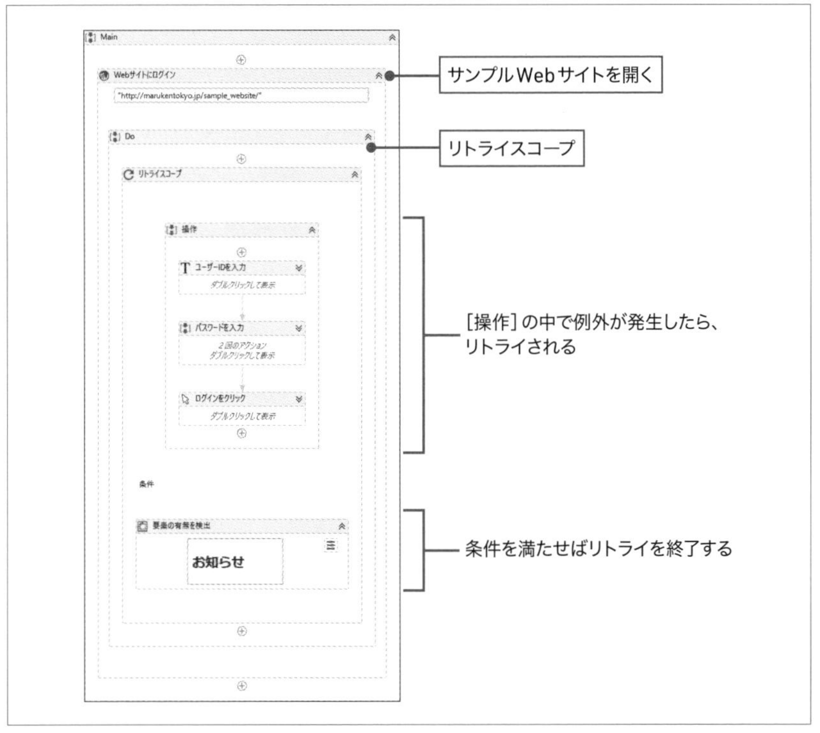

図9.2：リトライワークフローの完成図

9.1.2 作成手順

STEP1 UiPath Studioを起動し、新たにプロジェクトを作成する。

STEP2 Main.xamlを開く。

STEP3 ［シーケンス（Sequence）］アクティビティを追加し、表示名を「Main」に変更する。

STEP4 「4.1　ブラウザー操作を簡単に自動化する」の「4.1.4 作成手順/ 1 ウェブレコーディングを行う（ STEP3 以降）」を参考にログイン操作をレ

コーディングする。ただし、[読みました] をクリックするアクティビティは作成しない（図9.3を参照）。

STEP5 アクティビティの表示名を「4.1　ブラウザー操作を簡単に自動化する」の「4.1.4 作成手順 / 2 ワークフローを変更する」を参考に変更する。

❶ [<サンプルWebサイトのURL>を開く] の表示名を「Webサイトにログイン」に変更する（図9.3を参照）。

❷ [Web] という名前のシーケンスアクティビティが生成されているが必要ないので [Web] を選択して、右クリックし、「囲んでいるシーケンスを削除」をクリックする。

❸ [変数] パネルを開き、[Password] のスコープを [パスワードを入力] に変更する。

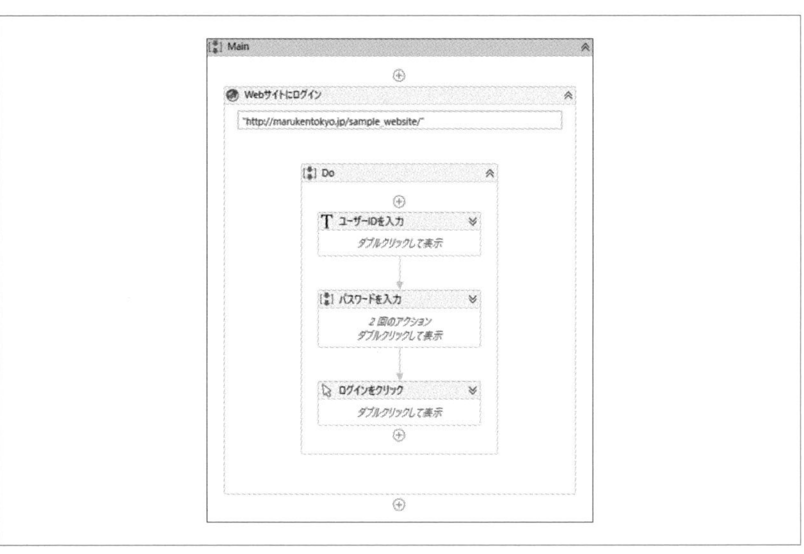

図9.3：ログイン操作

STEP6 [Webサイトにログイン] の [Do] の中に [リトライスコープ（Retry Scope）] アクティビティを追加する。[リトライスコープ] の [操作] の中に、もともと [Webサイトにログイン] の [Do] の中にあったアクティビティ群をドラッグ&ドロップする（図9.4）。

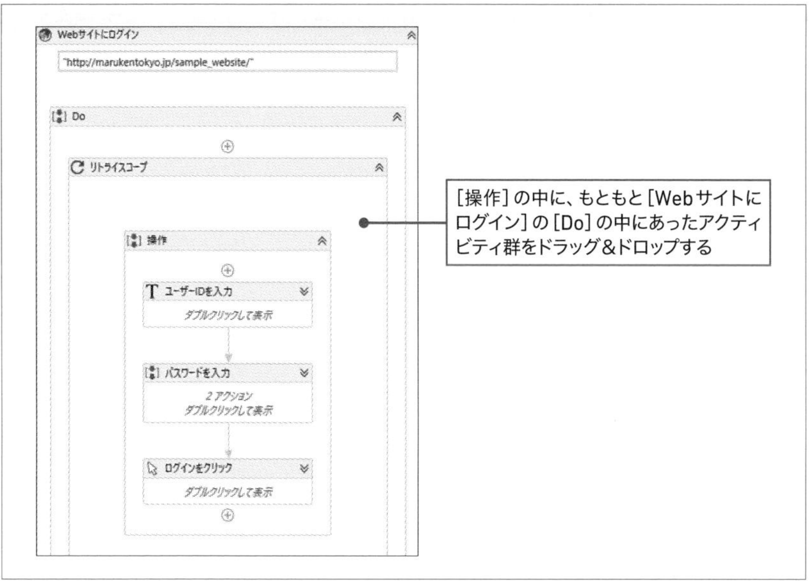

図9.4：[Webサイトにログイン] にリトライスコープを追加

STEP7 サンプルWebサイトで［お知らせ］画面が表示されていることを確認し、［リトライスコープ］の［条件］に［要素の有無を検出（Element Exists)］アクティビティを追加する。

❶ ［ブラウザー内で要素を指定］をクリックする（図9.5❶）。
❷ お知らせページの「お知らせ」を要素として選択する❷。

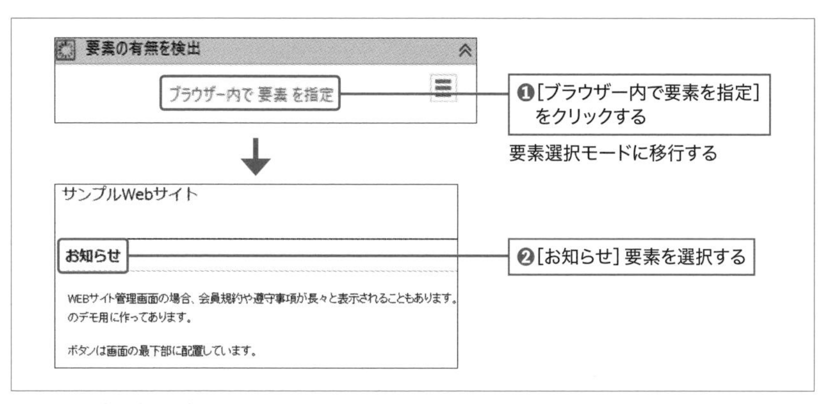

図9.5：要素の有無を検出

STEP8 [要素の有無を検出] で、どのような要素が探されているのかを確認する。

❶ 横棒3本のアイコンをクリックし（図9.6❶)、表示されるメニューの［セレクターを編集］をクリックする❷。セレクターエディターが表示される。
確認するとセレクターには「<webctrl tag='H2' />」と表示されており、[お知らせ］画面のH2タグが選択されているだけであることがわかる❸。

❷ これでは正確にお知らせページが開かれたことを確認できないので、[UI Explorerで開く］をクリックする❹。

❸ UI Explorerが表示される。

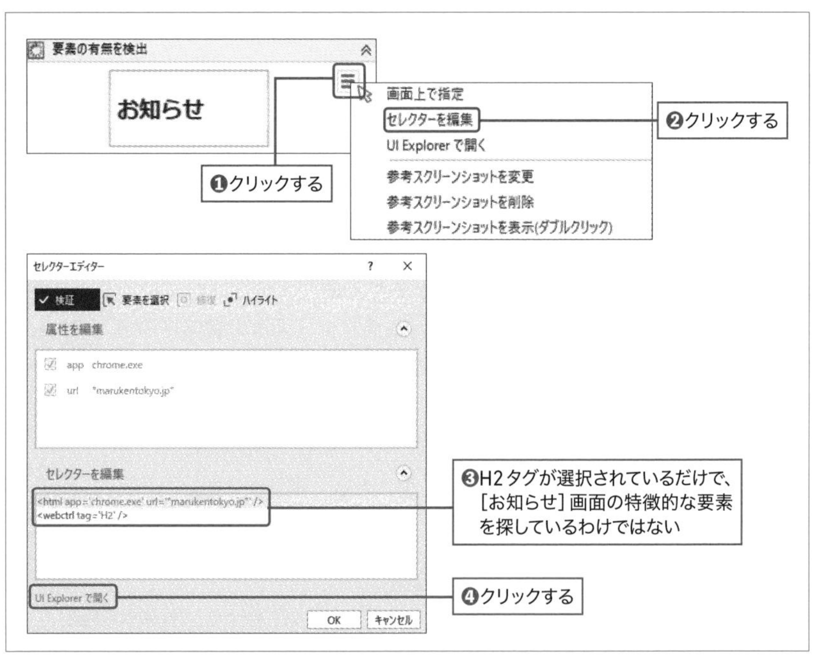

図9.6：[要素の有無を検出]のセレクターエディター

STEP9 UI Explorerで選択する。

❶ ［選択していない項目］をクリックして開き（図9.7❶)、[aaname お知らせ］にチェックを付ける❷。
セレクターエディターに「<webctrl tag='H2' aaname='お知らせ' />」と表示される。

❷ ［検証］をクリックし、緑色になることを確認する❸。
❸ ［保存］をクリックし❹、UI Explorerを閉じる。
❹ セレクターエディターの［OK］をクリックする。

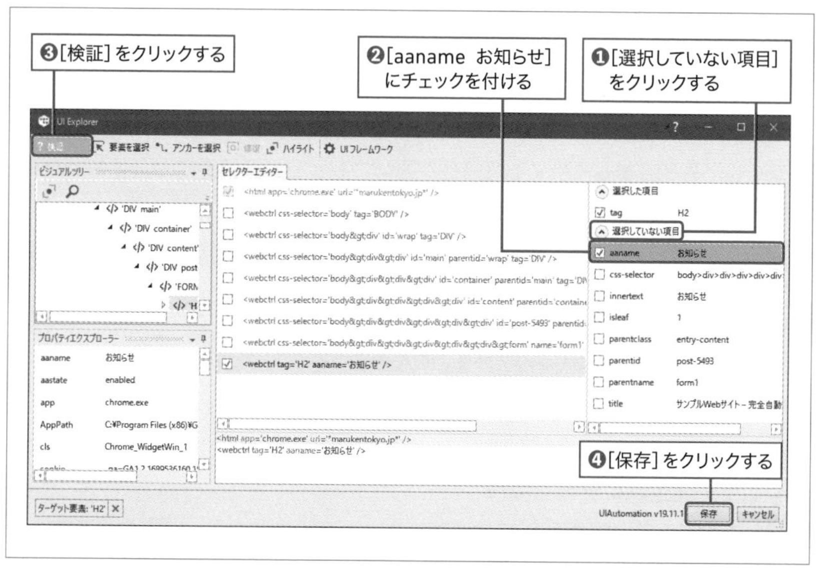

図9.7：UI Explorer

STEP10 **［要素の有無を検出］のプロパティ［タイムアウト（ミリ秒）］の値を「5000」にする。**

ブラウザーを終了させ、UiPath Studioの［デザイン］リボンまたは［デバッグ］リボンの［ファイルのデバッグ］→［実行］をクリックし、ワークフローを実行します。ログインに失敗すると、再度ユーザーID、パスワードが入力されログイン処理が行われます。3回リトライが行われ、成功すればその時点でワークフローは終了します。

MEMO **サンプルワークフローを実行するときの注意**

本書のサンプルのワークフローを実行するときは、［パスワードを取得］のプロパティ［パスワード］の入力ボックスに「password」と再入力してください。

9.1.3 プロパティの設定

1 繰り返しの回数やタイミングを調整する

［リトライスコープ（Retry Scope）］アクティビティは、標準で5秒おきに3回リトライしますが、業務プロセスによっては、間隔が速すぎたり、回数が少なすぎたりすることがあります。

「時間をおいて再度ログインしてください」などのエラーの場合は5秒おきにリトライしても3回とも失敗する可能性が高いでしょう。業務プロセスに合わせて、間隔や回数を調整することが大切です（**表9.1**）。

表9.1：［リトライスコープ（Retry Scope）］アクティビティのプロパティ

プロパティ	説明
リトライの回数	処理をリトライする回数を指定する
リトライの間隔	各リトライの合間の時間（秒数）を指定する

2 エラー発生時に実行を継続

指定回数リトライを実行しても成功しなかった場合、エラーが発生します。エラーが発生した場合にも処理を継続するのか、ここでワークフローを止めるのかを設定することができます（**表9.2**）。

表9.2：［エラー発生時に実行を継続］の設定

プロパティ	説明
エラー発生時に実行を継続	このフィールドではブール値（True、False）のみが設定できる。既定値はFalse。Trueに設定すると、ワークフローはエラーに関係なく継続される。

9.1.4 使用する変数

ワークフロー内で使用する変数は**表9.3**の通りです。

表9.3：使用する変数

名前	変数の型	スコープ	既定値
Password	String	パスワードを入力	―

9.1.5 関連セクション

ログイン操作については、以下のセクションを参考にしてください。

➡4.1　ブラウザー操作を簡単に自動化する

思い通りにクリックや文字入力ができないときの対応方法としてもリトライスコープを解説しています。

➡8.1　思い通りにクリックや文字入力ができない

ワークフローを部品化して再利用する

ワークフローは外部ワークフローとして切り出すことができます。外部ワークフローは元のワークフローファイルとは別のファイルとして保存されます。外部ワークフローを作成するメリットとして以下の3点が挙げられます。

① 個別にテスト・メンテナンスすることが容易になる。

切り出したワークフローは実質的にプログラミング言語における関数のように振る舞います（図9.8）。独立性が確保されますので、独自にテスト実行することが可能になります。

② 再利用性が高まる。

元のワークフローから独立するので、再利用することが可能になります。

③ 共同作業が可能になる。

ワークフローをファイルに切り分けることによって、チーム内で手分けしてワークフローの作成を行うことができます。また、難しいワークフローだけはスキルの高い人が作成し、他の人は利用するという方法をとることで、信頼性の高いワークフローを全員が作成できるようになります。

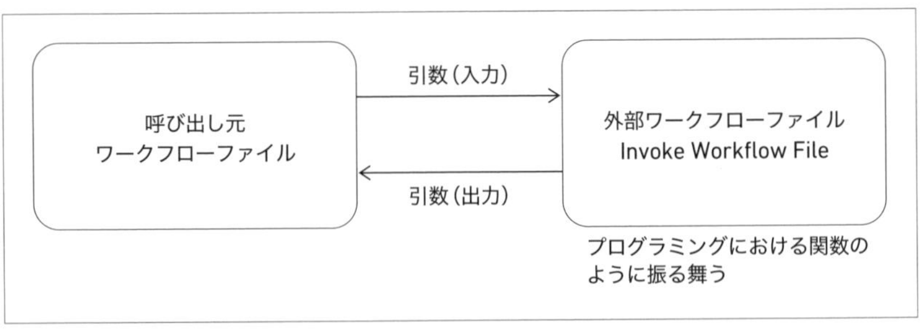

図9.8：外部ワークフローのイメージ

9.2.1 ログインワークフローを部品化する

「9.1　失敗する可能性のある処理をリトライ実行する」のログイン処理のワークフローを利用します（図9.9）。

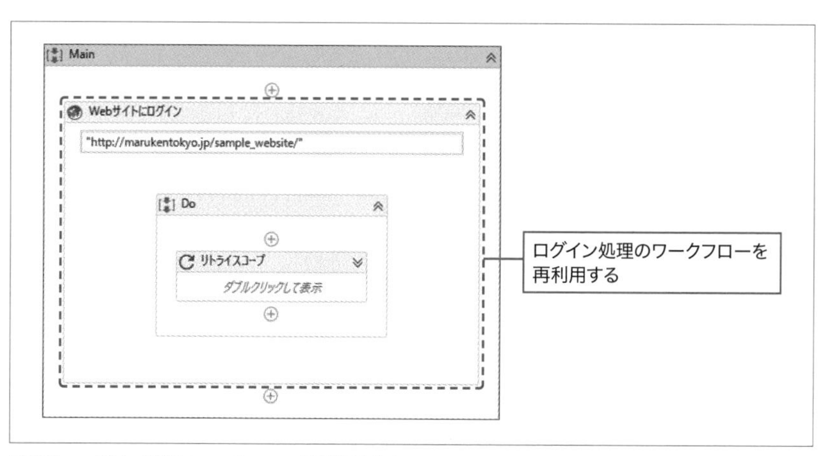

図9.9：ログイン処理のワークフローを再利用する

1 作成準備

STEP1 UiPath Studioを起動し、新たにプロジェクトを作成する。

STEP2 「9.1　失敗する可能性のある処理をリトライ実行する」の「9.1.2　作成手順（**STEP2** 以降）」を参考にサンプルWebサイトにログインするワークフローを作成する（図9.9）。

2 作成手順

STEP1 [Webサイトにログイン] を右クリックし、[ワークフローとして抽出] をクリックする。

STEP2 [新規ワークフロー] ダイアログが開くので、名前に「LoginWebSystem」と入力し、[作成] をクリックする。

STEP3 表示が切り替わり、[LoginWebSystem] タブが表示される。

STEP4 [Main] シーケンスの方には「Invoke LoginWebSystem workflow」という表示名の [ワークフローファイルを呼び出し（Invoke Workflow File)] アクティビティが追加されている（図9.10）。

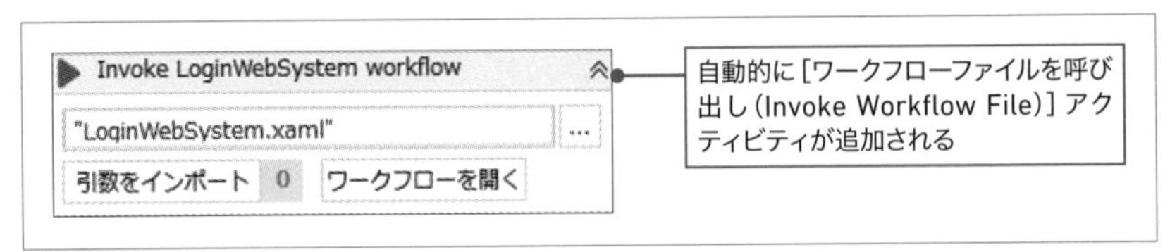

図9.10：[ワークフローファイルを呼び出し(Invoke Workflow File)]アクティビティ

[プロジェクト] パネルを見ると、「LoginWebSystem.xaml」というファイルが作成されていることがわかります（図9.11）。

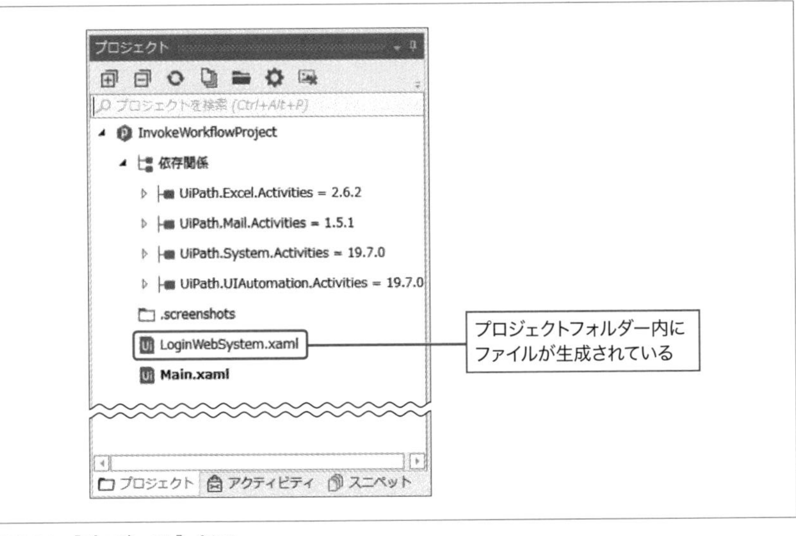

図9.11：[プロジェクト] パネル

9.2.2 引数を入力する方法

外部ワークフローとなった「LoginWebSystem.xaml」は実質的に関数なので、引数を受け取ることができます。リトライ回数とリトライ間隔を「Main.xaml」から受け取るように修正してみましょう。

1 外部ワークフローの改修

STEP1 [LoginWebSystem] タブを選択し、引数パネルで引数 [i_RetryCount] を作成し、方向を [入力]、引数の型を [Int32] とする。

STEP2 [リトライスコープ (Retry Scope)] アクティビティをクリックし、オプション [リトライの回数] に引数 [i_RetryCount] を設定する (図9.12)。

STEP3 [引数] パネルで引数 [i_RetryTimeSpan] を作成し、方向を [入力]、引数の型を [TimeSpan] とする。

STEP4 [リトライスコープ (Retry Scope)] アクティビティをクリックし、オプション [リトライの間隔] に引数 [i_RetryTimeSpan] を設定する (図9.12)。

STEP5 「LoginWebSystem.xaml」を保存する。

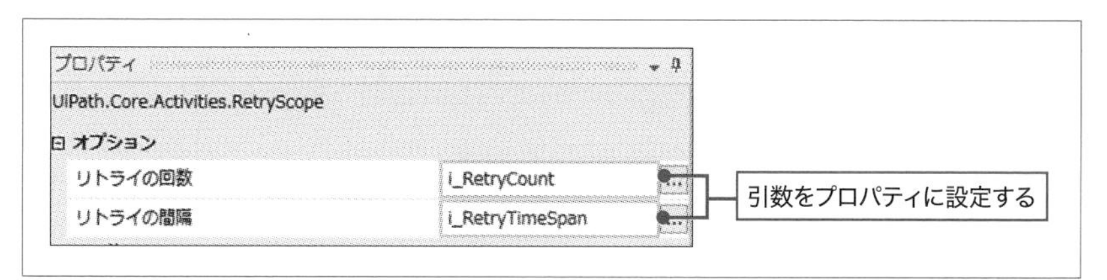

図9.12：リトライの回数と間隔

HINT 引数［i_RetryTimeSpan］の型を選択する方法

引数の型→型の参照をクリックし、[参照して.Netの種類を選択] 画面を表示します。[型の名前] に「system.timespan」と入力して (図9.13❶)、「System.TimeSpan」を選択後❷、[OK] をクリックします❸。

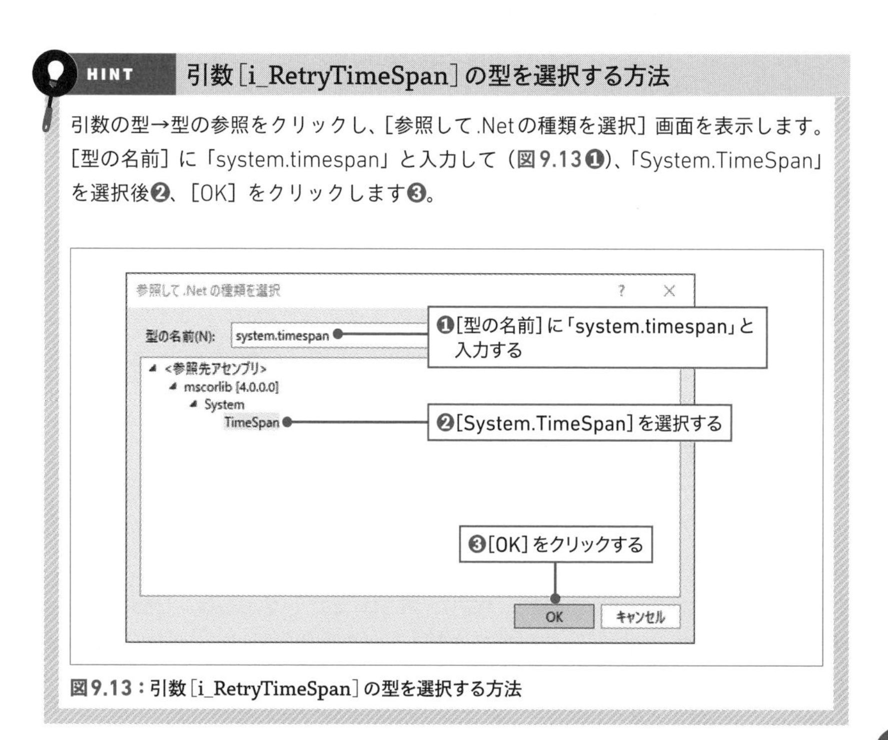

図9.13：引数［i_RetryTimeSpan］の型を選択する方法

2 呼び出し元ワークフローの修正

STEP1 [Main] タブを選択し、[Invoke LoginWebSystem workflow] の [引数をインポート] をクリックする。

STEP2 [呼び出されたワークフローの引数] 画面が表示される。

STEP3 [i_RetryCount]の[値] に「5」、[i_RetryTimeSpan] の [値] に「00:00:20」と入力し（図9.14）、[OK] をクリックする。

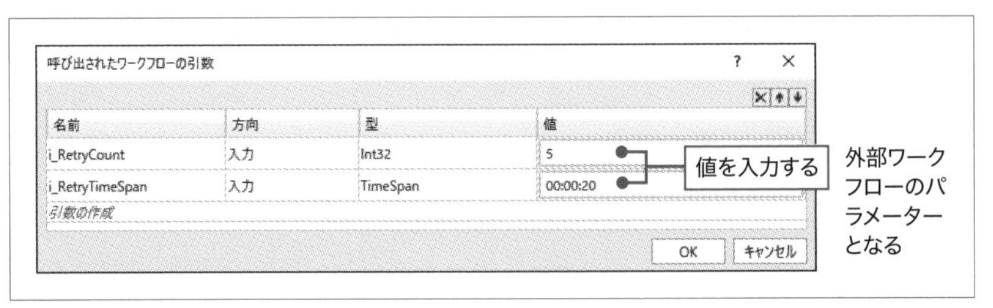

図9.14：呼び出されたワークフローの引数を設定

MEMO 引数の設定を確認する方法

引数の値を設定した後で、設定値を確認するには、プロパティ[引数]の入力ボックス右側の [...] ボタンをクリックします。

3 実行する

「Main.xaml」を保存して、ワークフローを実行してください。

リトライ回数、リトライ間隔が変更されています。サンプルWebシステムへのユーザーIDを「Test」等に変更し、わざと失敗させることで、リトライの動作を確認することができます。

9.2.3 引数を出力する方法

引数は受け取るだけでなく出力することもできます。「Main.xaml」から呼び出された（図9.15❶）「LoginWebSystem.xaml」がログイン処理を行います❷。

「LoginWebSystem.xaml」はブラウザーオブジェクトを出力し、「Main.xaml」で受け取ります❸。「Main.xaml」は受け取ったブラウザーオブジェクトを使い、タブを閉じます（ブラウザーが終了されます）❹。

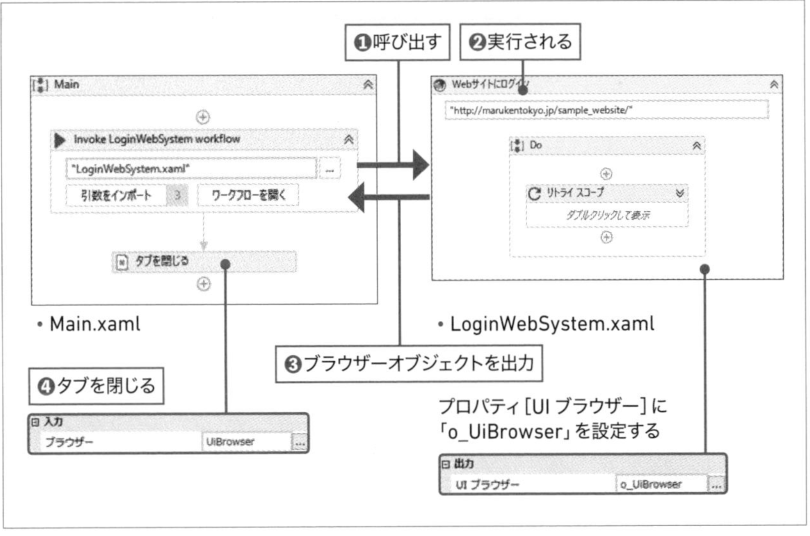

図9.15：呼び出されたワークフローとの関係

1 外部ワークフローの改修

STEP1 [LoginWebSystem] タブを選択する。

❶ 「LoginWebSystem.xaml」の［引数］パネルを開き、引数［o_UiBrowser］を作成する（図9.17）。
❷ 方向を［出力］とする。
❸ 引数の型を［Browser］とする。

HINT 引数［o_UiBrowser］の型を選択する方法

引数の型→型の参照をクリックし、［参照して.Netの種類を選択］画面を表示します。［型の名前］に「uipath.core.browser」と入力し（図9.16❶）、［UiPath.Core.Browser］を選択後❷、［OK］をクリックします❸。

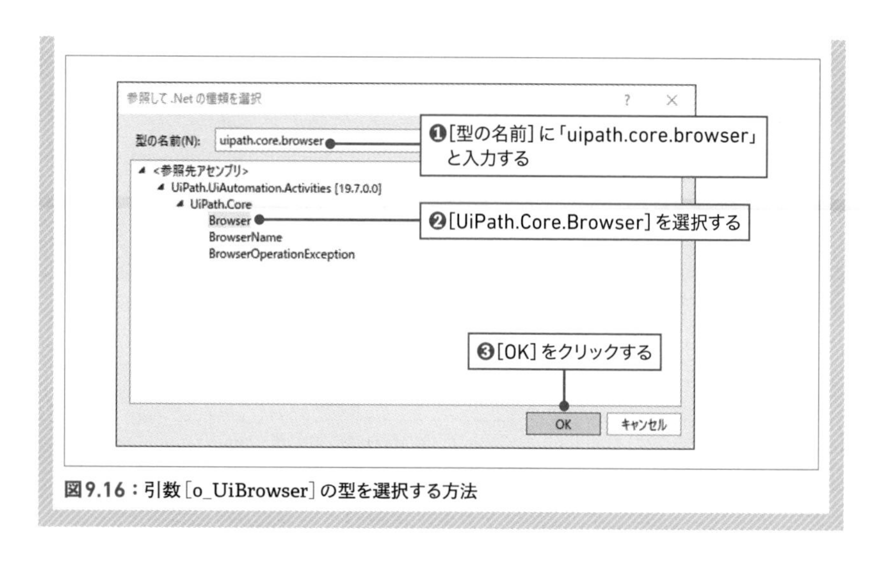

図9.16：引数[o_UiBrowser]の型を選択する方法

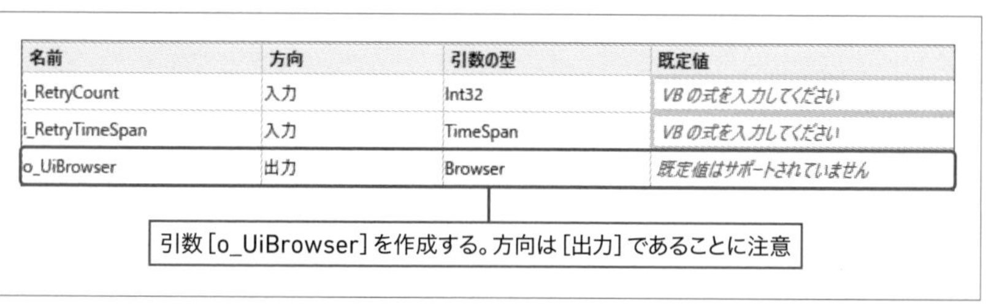

名前	方向	引数の型	既定値
i_RetryCount	入力	Int32	VBの式を入力してください
i_RetryTimeSpan	入力	TimeSpan	VBの式を入力してください
o_UiBrowser	出力	Browser	既定値はサポートされていません

図9.17：「LoginWebSystem.xaml」の[引数]パネル

STEP2 [Webサイトにログイン]のプロパティ→[UIブラウザー]にBrowser型変数[o_UiBrowser]を設定する（図9.18）。

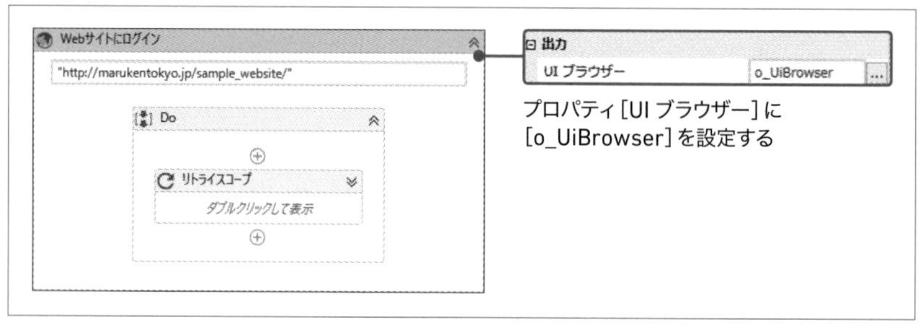

図9.18：UIブラウザーの設定

STEP3 「LoginWebSystem」を保存する。

2 呼び出し元ワークフローの改修

STEP1 [Main] タブを選択し、[Mainシーケンス] に、[タブを閉じる (Close Tab)] アクティビティを追加する。プロパティ[ブラウザー] の入力ボックスにカーソルをあてた状態で [Ctrl] + [K] キーを押し、[変数を設定] に「UiBrowser」と入力し、[Enter] キーを押す（図9.19）。

図9.19：タブを閉じる

STEP2 [Invoke LoginWebSystem workflow] の「引数をインポート」をクリックする。

❶ [呼び出されたワークフローの引数] 画面が表示される（図9.20）。

❷ [o_UiBrowser] の [値] にBrowser型変数 [UiBrowser] を設定し、[OK] をクリックする。

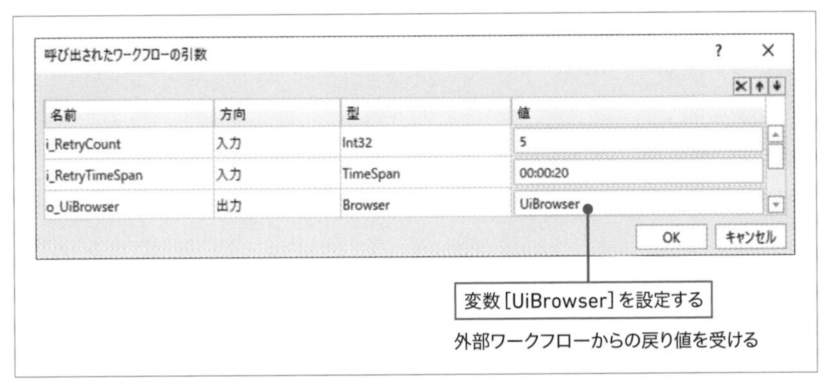

図9.20：引数を設定

3 実行する

「Main.xaml」を保存して、ワークフローを実行してください。

ログイン試行してログイン後、ブラウザーが閉じます。

MEMO　サンプルワークフローを実行するときの注意

本書のサンプルのワークフローを実行するときは、[パスワードを取得]のプロパティ[パスワード]の入力ボックスに「password」と再入力してください。

9.2.4 使用する変数

ワークフロー内で使用する変数は**表9.4**、**表9.5**の通りです。

Main.xaml

表9.4：使用する変数①

名前	変数の型	スコープ	既定値
UiBrowser	Browser	Main	—

LoginWebSystem.xamlの引数

表9.5：使用する変数②

名前	方向	変数の型	既定値
i_RetryCount	入力	Int32	—
i_RetryTimeSpan	入力	TimeSpan	—
o_UiBrowser	出力	Browser	—

9.2.5 関連セクション

ログインワークフローについては、以下のセクションを参考にしてください。

➔9.1　失敗する可能性のある処理をリトライ実行する

対話形式で業務を進める

本書は実務者のパソコンで動作する「有人型（Attended)」のワークフローを想定しています。対話型のワークフローは、これからの業務の典型的なスタイルになっていくでしょう。

本セクションでは2つのサンプルを解説します。「パスワードを対話形式で入力する」と「複数の選択肢を提示する」です。

9.3.1 パスワードを対話形式で入力する

セキュリティの観点から、人がパスワードを入力するワークフローを作成したい」という場合があります。サンプルWebシステムを使って、ログインパスワードを対話形式で入力してみましょう。

1 完成図

サンプルWebサイトを開き、ユーザーIDを入力後、警告音を鳴らします。入力ダイアログでパスワードの入力を求め、[ログイン] をクリックするワークフローです（図9.21）。

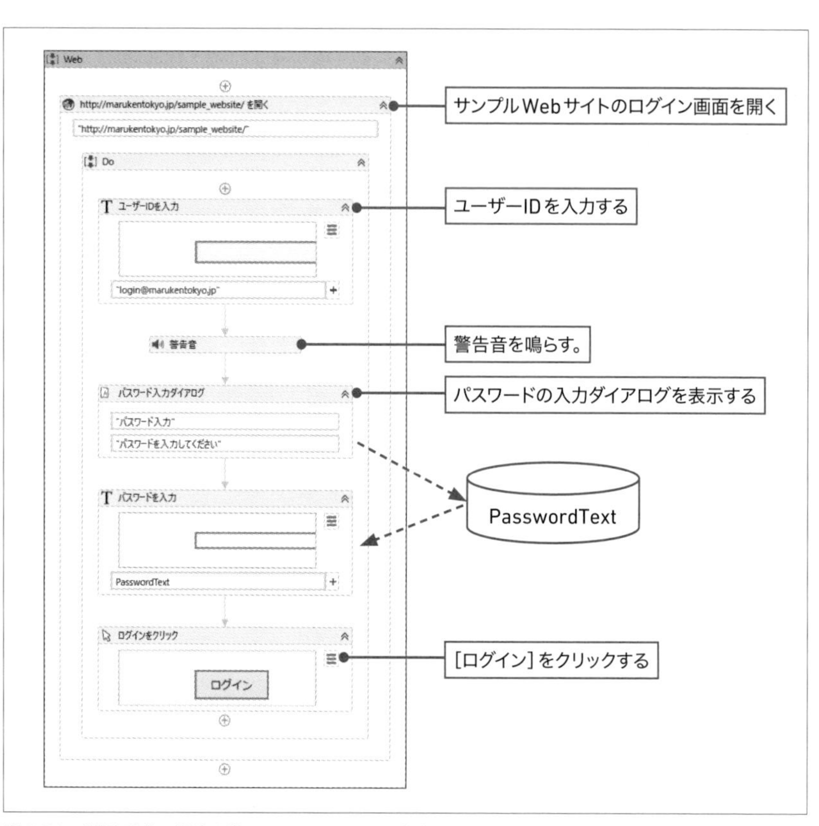

図9.21：対話形式で業務を進めるワークフローの完成図

2 作成手順

STEP1 UiPath Studioを起動し、新たにプロジェクトを作成する。

STEP2 Main.xamlを開く。

STEP3 サンプルWebサイト（URL http://marukentokyo.jp/sample_website/）をGoogle Chromeで開き、ウェブレコーディングを使って、ユーザーID入力とログインクリックを記録する（図9.22）（ウェブレコーディングについては「4.1　ブラウザー操作を簡単に自動化する」の「2 ウェブレコーディングを行う」を参照）。

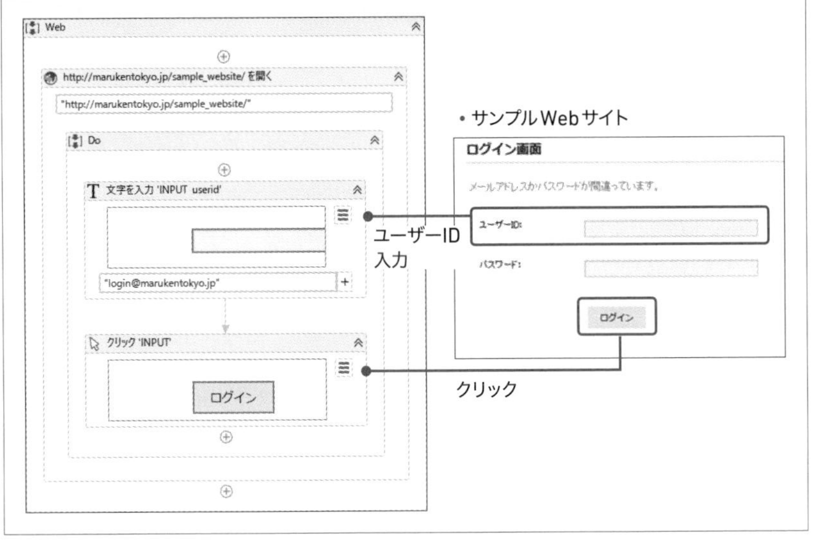

図9.22：ログイン操作

STEP4 [文字を入力（Type Into）] アクティビティを編集する。

❶ 表示名「文字を入力 'INPUT userid'」を「ユーザーIDを入力」に変更する。
❷ プロパティ［フィールド内を削除］にチェックを付ける。
❸ プロパティ［入力をシミュレート］にチェックを付ける。

STEP5 [クリック（Click）] アクティビティの表示名「クリック 'INPUT'」を「ログインをクリック」に変更する。

STEP6 [警告音（Beep）] アクティビティを［ユーザーIDを入力］の後に追加する。

STEP7 [入力ダイアログ（Input Dialog）] アクティビティを［警告音］の後に追加する。

❶ 表示名を「パスワード入力ダイアログ」に変更する。
❷ プロパティ［タイトル］に「"パスワード入力"」と入力する。
❸ プロパティ［ラベル］に「"パスワードを入力してください"」と入力する。
❹ プロパティ［パスワード入力］にチェックを付ける。

❺ プロパティ［結果］の入力ボックスにカーソルをあてた状態で［Ctrl］+［K］キーを押し、［変数を設定］に「PasswordText」と入力し、［Enter］キーを押す。
❻ ［変数］パネルを開き、［PasswordText］の変数の型を［String］に変更する。

STEP8 ［文字を入力（Type Into）］アクティビティを［パスワード入力ダイアログ］の後に追加する。

❶ 表示名を「パスワードを入力」に変更する。
❷ ［ブラウザー内で要素を指定］をクリックし、サンプルWebサイトのパスワード入力ボックスを選択する。
❸ プロパティ［テキスト］にString型変数［PasswordText］を設定する。
❹ プロパティ［フィールド内を削除］にチェックを付ける。

3 実行する

実行すると、パスワード入力ダイアログが表示されます。パスワードを入力し（図9.23❶）、［OK］をクリックすると❷、Web画面内のパスワード入力ボックスに自動でパスワードが入力されます。

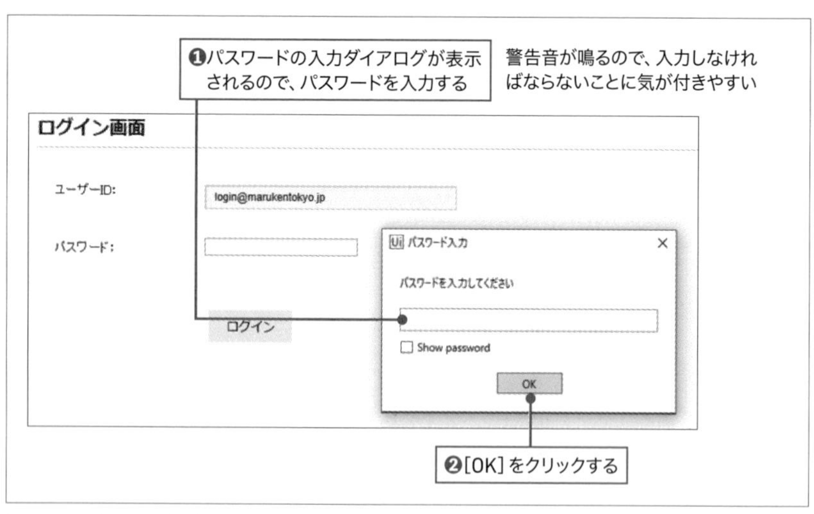

図9.23：パスワード入力

4 使用する変数

ワークフロー内で使用する変数は**表9.6**の通りです。

表9.6：使用する変数

名前	変数の型	スコープ	既定値
PasswordText	String	Do	—

9.3.2 複数の選択肢を提示する

小売業で複数の商品マスタをExcelでメンテナンスしているケースを考えてみましょう。実務者が店舗形態ごとに3つの商品マスタを各ファイルに分けてメンテナンスしています。

1. 路面店用
2. ショッピングセンター用
3. アウトレット用

このExcelファイルには、それぞれ「ItemMaster.xlsx」「ItemMaster_SC.xlsx」「ItemMaster_Outlet.xlsx」という名前が付いています。更新頻度が高くないため、毎回保存場所と名前を思い出して、商品マスタを開くことを面倒に感じています。

そこで、Excelファイルを開くだけのオートメーションを作成します。商品マスタのファイル名をワークフローに直接記述することはメンテナンス性を落とすため、「SelectFile.xlsx」というファイルを用意し、このファイルにテーブルを作成します。(**図9.24**)。

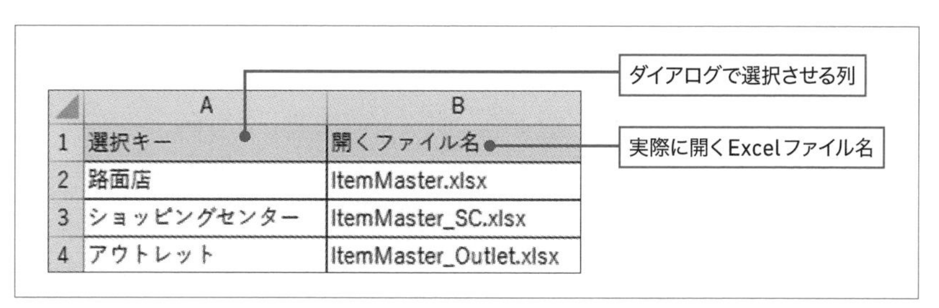

図9.24：SelectFile.xlsx

今後はこのExcelファイルをメンテナンスすればよいということになります。

1 完成図

3つのパートで構成します。[1.商品マスタの種別を格納] で「SelectFile.xlsx」を開き、中身を配列に格納します。[2.商品マスタの種別を選択] で入力ダイアログを表示し、ユーザーに商品種別を選択させます。[3.商品マスタを起動] でユーザーが選択した商品マスタを起動します（図9.25)。

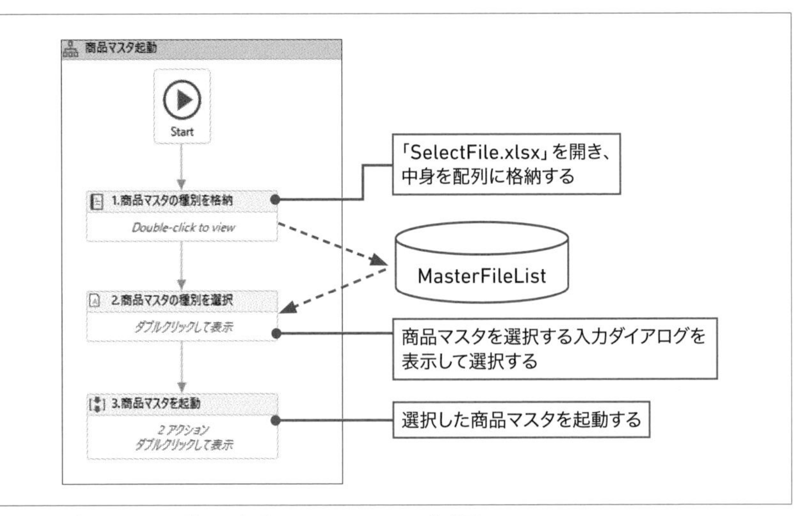

図9.25：商品マスタを選択して起動するワークフローの完成図

2 作成準備

❶ 「9.3.1　パスワードを対話形式で入力する」で作成したプロジェクトフォルダーの中に、本書のサンプルフォルダー「サンプルファイル」→「Chapter9」→「9.3」に格納されている「ItemMaster」フォルダーをコピーする。

❷ [デザイン] リボンの [新規] → [フローチャート] をクリックし、新規のワークフローを作成する。名前を「商品マスタ起動」とする。

❸ [変数] パネルで、List型変数 [MasterFileList] を作成する。

HINT List型変数［MasterFileList］の作成方法

変数の型→型の参照をクリックし、［参照して.Netの種類を選択］画面を表示します。［型の名前］に「system.collections.generic.list」と入力して（図9.26❶）、［List<T>］をクリックし❷、ドロップダウンリストで［String］を選択します❸。最後に［OK］をクリックします❹。

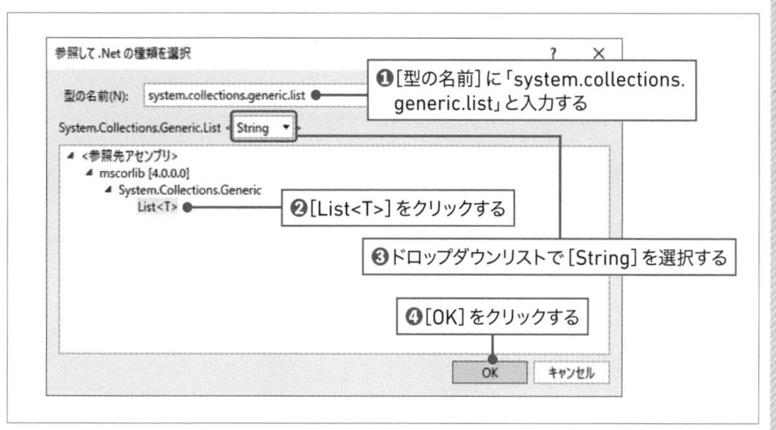

図9.26：List型変数［MasterFileList］の作成方法

3 作成手順　1.商品マスタの種別を格納

「SelectFile.xlsx」を開き、中身をList型変数［MasterFileList］に格納します(図9.27)。

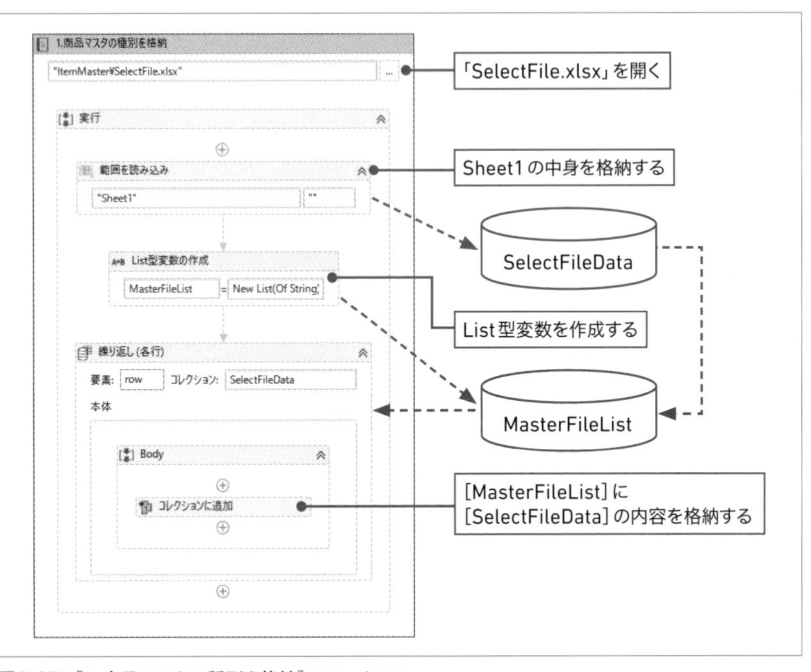

図9.27：[1.商品マスタの種別を格納］のワークフロー

STEP1 ［商品マスタ起動］に、［Excelアプリケーションスコープ（Excel Application Scope)］アクティビティを追加し、［Start］と流れ線で結ぶ。

❶ 表示名を「1.商品マスタの種別を格納」に変更する。
❷ プロパティ［ブックのパス］に「"ItemMaster¥SelectFile.xlsx"」と入力する。
❸ プロパティ［可視］のチェックを外す。
❹ ［1.商品マスタの種別を格納］をダブルクリックして展開する。

STEP2 ［1.商品マスタの種別を格納］の［実行］に［範囲を読み込み（Read Range)］アクティビティ（［アクティビティ］パネルの［使用可能］→［アプリの連携］→［Excel］）を追加する。

❶ プロパティ［データテーブル］の入力ボックスにカーソルをあてた状態で［Ctrl］＋［K］キーを押し、［変数を設定］に「SelectFileData」と入力し、［Enter］キーを押す。
❷ ［変数］パネルを開き、変数［SelectFileData］のスコープを［商品マスタ起動］に変更する。

STEP3 **［範囲を読み込み］の後に［代入（Assign）］アクティビティを追加する。**

❶ 表示名を「List型変数の作成」に変更する
❷ プロパティ［左辺値（To）］に「MasterFileList」と入力する。
❸ プロパティ［右辺値（Value）］に「New List(Of String)」と入力する。

STEP4 **［繰り返し（各行）（For Each Row）］アクティビティを追加する。**

❶ プロパティ［データテーブル］にDataTable型変数［SelectFileData］を設定する。
❷ ［Body］に［コレクションに追加（Add To Collection）］アクティビティを追加する。
❸ プロパティ［コレクション］に［MasterFileList］を設定する。
❹ プロパティ［項目］に「row(0).ToString」と入力する。
❺ プロパティ［TypeArgument］のドロップダウンリストから［String］を選択する。

4 作成手順　2.商品マスタの種別を選択

List型変数［MasterFileList］に［選択キー］が格納されました。入力ダイアログで［選択キー］の中からユーザーに選択される箇所を作成します（図9.28）。

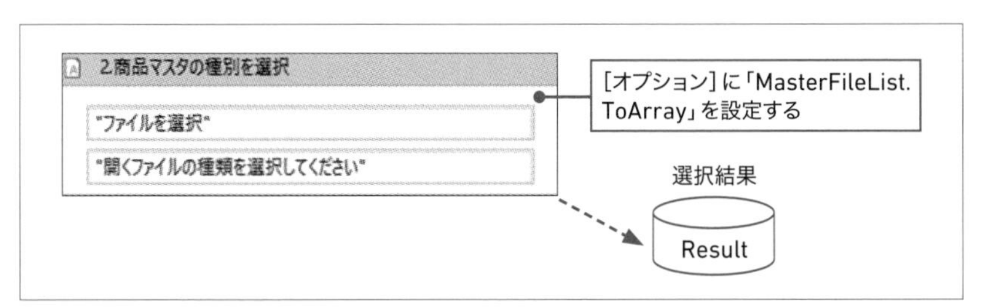

図9.28：商品マスタの種別を選択

STEP1 [商品マスタ起動] フローチャートに戻り [商品マスタ起動] に、[入力ダイアログ (Input Dialog)] アクティビティを追加し、[1.商品マスタの種別を格納] と流れ線で結ぶ。

❶ 表示名を「2.商品マスタの種別を選択」に変更する。
❷ プロパティ [タイトル] に「"ファイルを選択"」と入力する。
❸ プロパティ [ラベル] に「"開くファイルの種類を選択してください"」と入力する。
❹ プロパティ [オプション] に「MasterFileList.ToArray」と入力する (List型変数に設定された値を1次元配列に変換している)。
❺ 入力ダイアログで選択した結果を受け取るための変数を「Result」とする。プロパティ [結果] の入力ボックスにカーソルをあてた状態で [Ctrl] + [K] キーを押し、[変数を設定] に「Result」と入力し、[Enter] キーを押す。

5 作成手順　3.商品マスタを起動

入力ダイアログで選択した結果「Result」から、商品マスタを起動します (図9.29)。

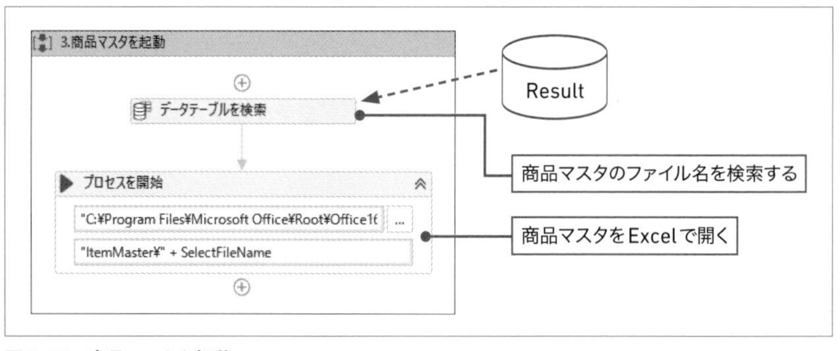

図9.29：商品マスタを起動

STEP1 [商品マスタ起動] フローチャートに [シーケンス (Sequence)] アクティビティを追加し、[2.商品マスタの種別を選択] と流れ線で結ぶ。

❶ 表示名を「3.商品マスタを起動」に変更する。
❷ ダブルクリックして展開する。

STEP2 [3.商品マスタを起動] 内に [データテーブルを検索 (Lookup Data Table)] アクティビティを追加する。

❶ プロパティ [データテーブル] にDataTable型変数 [SelectFileData] を設定する (図9.30)。

❷ プロパティ [ルックアップ値] に「Result」を設定する。

❸ プロパティのターゲット列 [列インデックス] に取得する値の入った列を設定する。2列目なので「1」と入力 (インデックスは0から始まる)。

❹ プロパティの検索列 [列インデックス] に検索値の入った列を設定。1列目なので「0」と入力 (インデックスは0から始まる)。

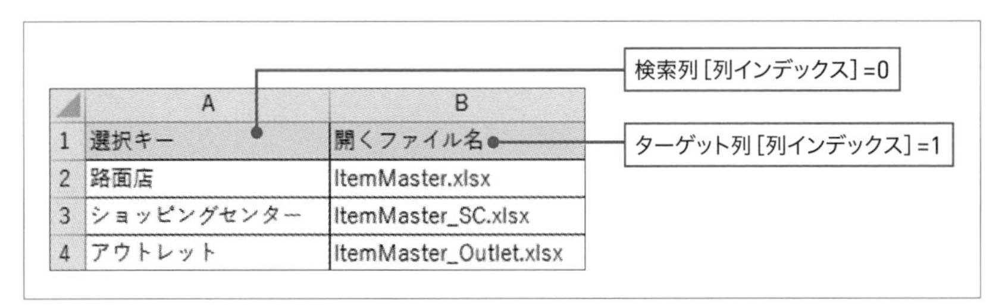

	A	B
1	選択キー	開くファイル名
2	路面店	ItemMaster.xlsx
3	ショッピングセンター	ItemMaster_SC.xlsx
4	アウトレット	ItemMaster_Outlet.xlsx

図9.30：[SelectFileData] の中のイメージ

❺ 検索値より取得できた値を格納するためにプロパティ [セル値] に変数 [SelectFileName] を設定する。[セル値] の入力ボックスにカーソルをあてた状態で [Ctrl] + [K] キーを押し、[変数を設定] に「SelectFileName」と入力し、[Enter] キーを押す。

❻ [変数] パネルを開き、[SelectFileName] の変数の型を [String] に変更し、スコープを [商品マスタ起動] に変更する。

6 プロセスを起動する

String型変数 [SelectFileName] には、ユーザーが選択した種類に対応するExcelファイル名が格納されています。このExcelファイルを起動します (図9.31)。

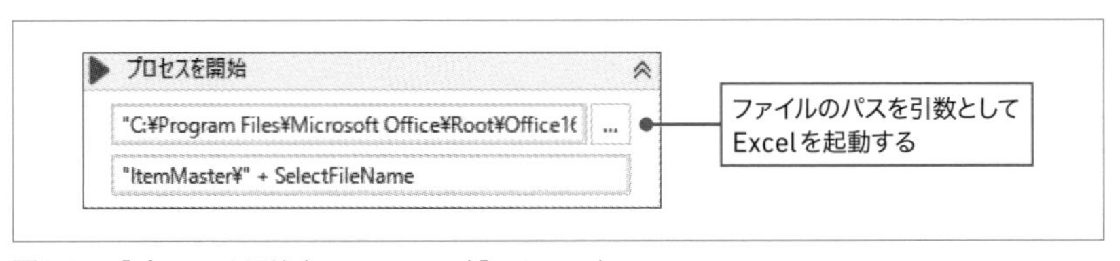

図9.31：[プロセスを開始 (Start Process)] アクティビティ

STEP1 [データテーブルを検索] に続けて [プロセスを開始 (Start Process)] アクティビティを追加する。

❶ プロパティ[ファイル名] にExcel.EXEのパス「"C:¥Program Files¥Microsoft Office¥root¥Office16¥EXCEL.EXE"」を入力する。
❷ プロパティ [引数] に「"ItemMaster¥" + SelectFileName」と入力する。

7 実行する

[デザイン] リボンまたは [デバッグ] リボンの [ファイルをデバッグ] → [ファイルの実行] をクリックし、ワークフローのを実行すると「SelectFile.xlsx」が読み込まれ、1列目の列 [選択キー] の値がラジオボックスとして表示されます (図9.32)。

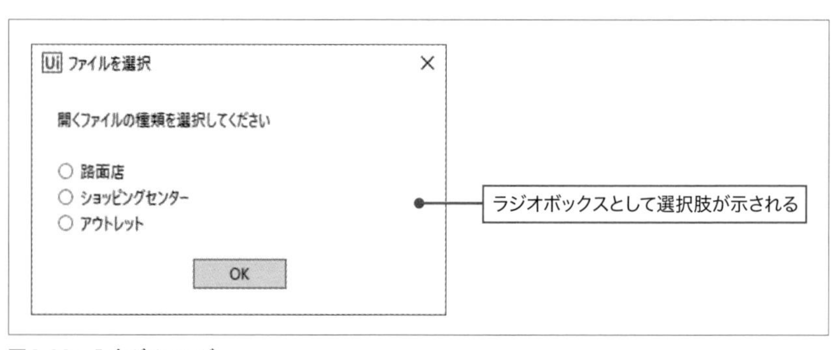

図9.32：入力ダイアログ

ラジオボックスを選択し「OK」をクリックすると、Excelが起動し、該当のファイルが開きます。

HINT 選択肢が4つ以上の場合

選択肢が4つ以上になると、ドロップダウンリストに自動的に変更されます（図9.33）。
動作を確認するために、［1.商品マスタの種別を格納］のプロパティ［ブックのパス］を「"ItemMaster\SelectFile2.xlsx"」に変更して、実行してください。

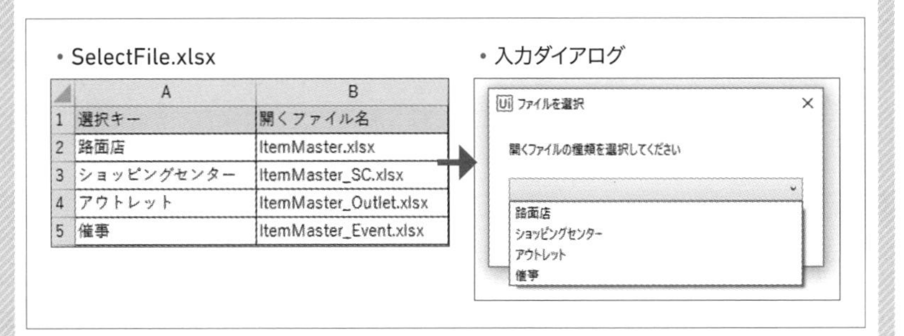

図9.33：ドロップダウンリスト

選択肢を増やす場合は「SelectFile2.xlsx」に行を追加し、減らす場合は行を削除すればよいです。
このように、選択肢の増減の際にプロジェクトを開く必要はなく、Excelファイルの更新だけで済みます。

8 使用する変数

ワークフロー内で使用する変数は**表9.7**の通りです。

表9.7：使用する変数

名前	変数の型	スコープ	既定値
MasterFileList	List<String>	商品マスタ起動	—
Result	GenericValue	商品マスタ起動	—
SelectFileData	DataTable	商品マスタ起動	—
SelectFileName	String	商品マスタ起動	—

バックグラウンドで動かす

UiPathにおいて、「ワークフローをバックグラウンドで動かす」ということには2つの意味があります。1つ目は、「ウィンドウをフォアグラウンドに表示することなく、そのウィンドウを操作する」という意味です。2つ目は「バックグラウンドプロセスと呼ぶ自動化プロジェクト（図**9.34**）を使って、UI操作を伴わない自動化を行うこと」です。

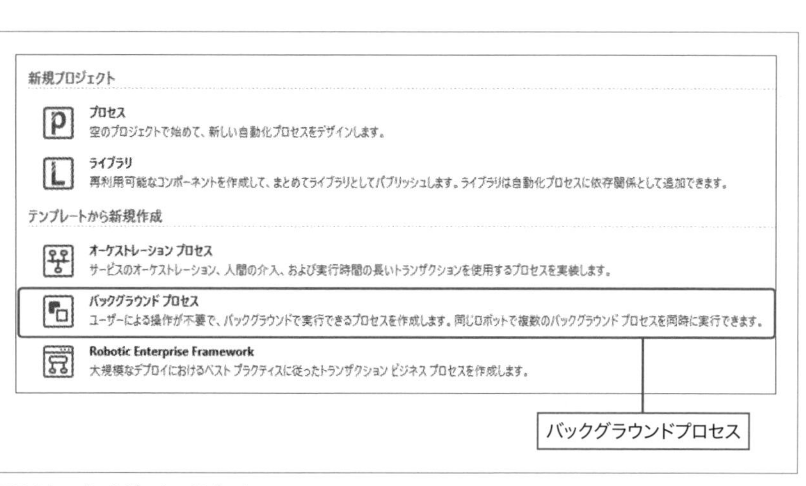

図9.34：バックグラウンドプロセス

当セクションでは、1つ目の「ウィンドウをフォアグラウンドに表示することなく、そのウィンドウを操作する」方法を解説します。

ワークフローをバックグラウンドで動作させることで、以下のようなメリットが生まれます。

① 画面イメージを使用しないので、高速で安定した動作が期待できる。
② オートメーションと同時に他の作業もできる。

9.4.1 ログイン処理をバックグラウンドで実行する

1 作成準備

STEP1 UiPath Studioを起動し、新たにプロジェクトを作成する。

STEP2 「9.1　失敗する可能性のある処理をリトライ実行する」の「9.1.2　作成手順（**STEP2** 以降）」を参考にログイン処理を作成する。

このサンプルをバックグラウンドで動かしてみましょう。

2 完成図

ブラウザーをフォアグラウンドに表示せずに操作するワークフローを解説します（図9.35）。

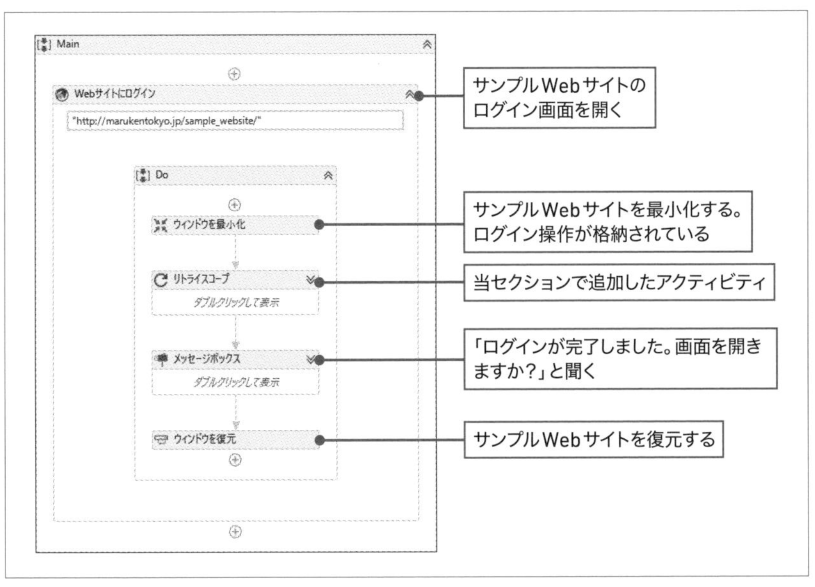

図9.35：バックグラウンドでログイン処理を実行するワークフローの完成図

3 作成手順

STEP1 ［リトライスコープ］内の2つ［文字を入力（Type Into）］アクティビティの［ユーザーIDを入力］と［パスワードを入力］のプロパティ［入力をシミュレート］にチェックを付ける。

STEP2 ［ログインをクリック］のプロパティ［クリックをシミュレート］にチェックを付ける。

STEP3 ［ウィンドウを最小化（Minimize Window）］アクティビティを［リトライスコープ］の前に追加する。

STEP4 ［メッセージボックス（Message Box）］アクティビティを［リトライスコープ］の後に追加する。

❶ プロパティ［キャプション］に「"処理終了のお知らせ"」と入力する。
❷ プロパティ［テキスト］に「"ログインが完了しました。画面を開きますか？"」と入力する。

STEP5 ［メッセージボックス］の後に［ウィンドウを復元（Restore Window）］アクティビティを追加する。

4 実行する

一瞬、ブラウザーが立ち上がりますが、最小化されてデスクトップ上には表示されなくなります。ログイン処理がバックグラウンドで完了したら、メッセージボックスが立ち上がります。［OK］をクリックすると（図9.36❶）、ブラウザーがデスクトップ上に現れます❷。

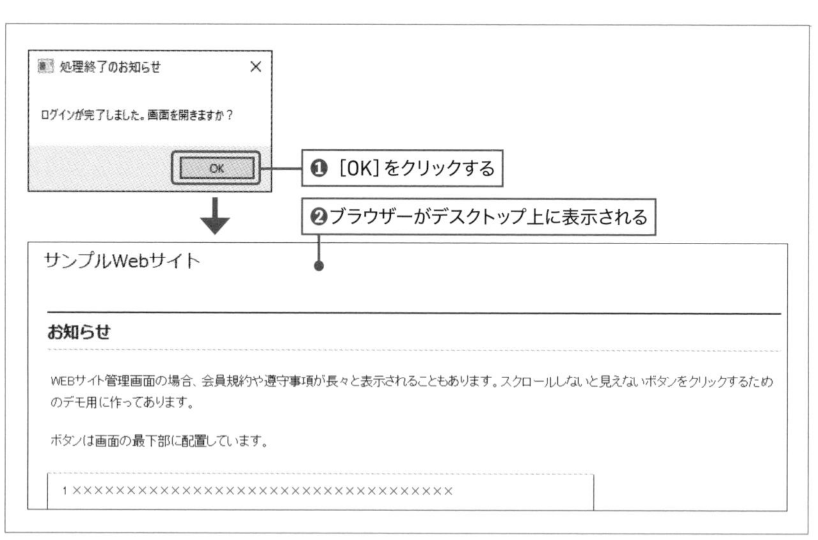

図9.36：バックグラウンド処理完了時の動作

デスクトップ上で表示されていない間も、問題なくウィンドウの操作が実行されていることがわかります。

MEMO　サンプルワークフローを実行するときの注意

本書のサンプルのワークフローを実行するときは、［パスワードを取得］のプロパティ［パスワード］の入力ボックスに「password」と再入力してください。

5 使用する変数

ワークフロー内で使用する変数は表9.8の通りです。

表9.8：使用する変数

名前	変数の型	スコープ	既定値
Password	String	パスワードを入力	—

9.4.2 その他、バックグラウンドで実行するテクニック

ワークフローをバックグラウンドで実行するテクニックを2つ解説します。1つ目は「アンカーベースを使わない」、2つ目は「ブラウザーのダウンロード保存ダイアログを非表示にする」です。

1つ目の「アンカーベースを使わない」から解説します。

1 アンカーベースを使わない

［アンカーベース（Anchor Base）］アクティビティはバックグラウンドで動作しないため、エラーが発生します。試しに同じくログイン処理を使って確認してみます。

［ユーザーIDを入力］を［アンカーベース（Anchor Base）］アクティビティで作ります（「ユーザーID」という文字は特定できるが（図9.37❶）、入力ボックスは特定できない❷と仮定します）。

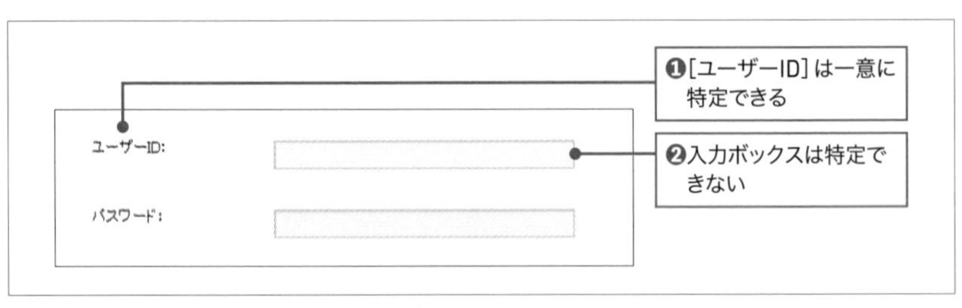

図9.37：入力ボックスは特定できないと仮定する

［ユーザーIDを入力］をコメントアウトしてアンカーベースに置き換えます（図9.38）。

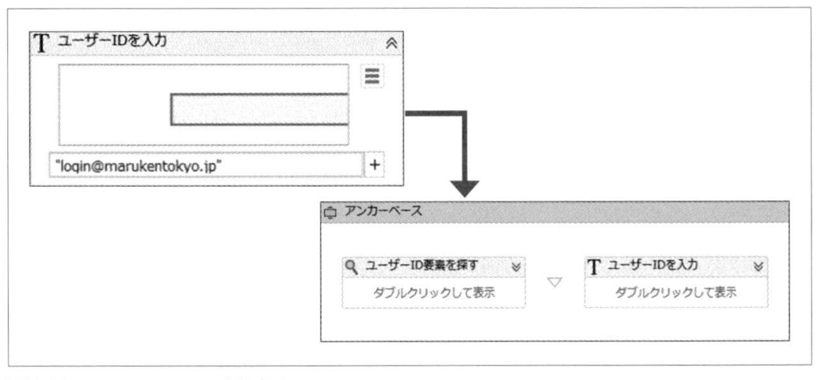

図9.38：アンカーベースに置き換える

STEP1 ［ユーザーIDを入力］を選択して、右クリック→［このアクティビティを無効にする］をクリックする。

STEP2 コメントアウトした［ユーザーIDを入力］の直前に［アンカーベース（Anchor Base）］アクティビティを追加する。

❶ ［アンカー］に［要素を探す（Find Element）］アクティビティを追加し、［ブラウザー内で要素を指定］をクリック。サンプルWebサイトのログイン画面内の「ユーザーID」という文字列を指定する。

❷ ［ここにアクションアクティビティをドロップ］に［文字を入力（Type Into）］アクティビティを追加する。

❸ ［文字を入力］の［ブラウザー内で要素を指定］をクリック。サンプルWebサイトのログイン画面内のユーザーIDの入力ボックスを指定する。

❹ プロパティ［テキスト］に「"login@marukentokyo.jp"」と入力する。
❺ 表示名を「ユーザーIDを入力」にする。
❻ プロパティ［タイムアウト（ミリ秒）］に「3000」と入力する。

処理を実行すると、アンカーベースで要素を探すことができず、「アクティビティのタイムアウトを超過しました」というタイムアウトエラーのメッセージが表示されます。

このようにバックグラウンドで実行する場合は［アンカーベース］アクティビティを使わず、相対セレクターを利用しましょう。

STEP3 ［アンカーベース］をコメントアウトする。

STEP4 ［コメントアウト］した［アンカーベース］の後に［文字を入力（Type Into）］アクティビティを追加する。

❶ 表示名を「ユーザーIDを入力」にする。
❷ プロパティ［テキスト］に「"login@marukentokyo.jp"」を入力する。
❸ プロパティ［入力をシミュレート］にチェックを付ける。
❹ プロパティ［フィールド内を削除］にチェックを付ける。

STEP5 ［ユーザーIDを入力］の横棒3本のアイコンをクリックし、表示されるメニューの［セレクターを編集］をクリックして［式エディター］を起動し、［セレクター（文字列）］のボックスに「"<webctrl tag='INPUT' />"」と入力して、［OK］をクリックする。

❶ tag='INPUT'はパスワード入力ボックスも存在するので、このままではターゲットを明確に絞れない。［セレクターを編集］から［セレクターエディター］を開き、［UI Explorerで開く］をクリックする。
❷ ［アンカーを選択］をクリックすると（図9.39❶）、選択モードに遷移するので、「ユーザーID」を選択する❷。
❸ UI Explorerに文字列が自動生成されるので、セレクターが、

```
<webctrl tag='P' aaname='ユーザーID：' />
nav up='2' />
webctrl tag='INPUT' />
```

となるように編集する❸。(UI Explorer画面上の［セレクターエディター］の［選択した項目］を調整して、セレクターの文字列を作成する。サンプルWebサイトではINPUTタグのidとして「userid」が自動的に取得できてしまうが、このように要素を特定できるidが取得できないと仮定しているので、あえてid要素は使わないようにしている)。

「ユーザーID」という文字のPタグからの相対セレクターとしてのINPUTタグを指定していることになります。

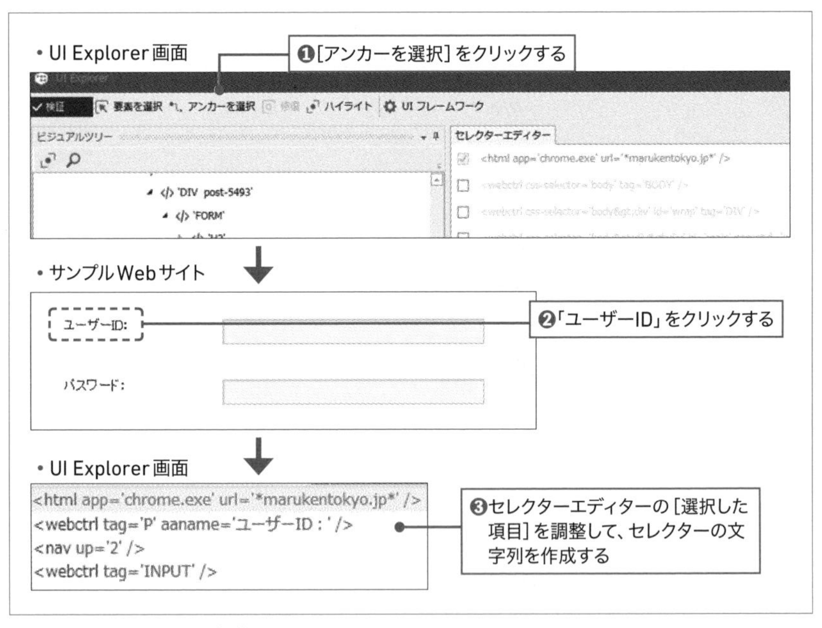

図9.39：UI Explorerの操作

❹［検証］をクリックして、緑色になることを確認する。
❺［保存］をクリックしUI Explorerを閉じる。
❻セレクターエディター画面に戻り、[OK]をクリックしてセレクターエディターを閉じる。

実行する

処理を実行すると、ログイン後に「"ログインが完了しました。画面を開きますか？"」というメッセージが表示され、[OK] をクリックするとお知らせ画面が開きます。

2 ブラウザーのダウンロードファイル保存のポップアップダイアログを非表示にする

ブラウザーからファイルをダウンロードする際に、ポップアップダイアログが表示され、保存フォルダーを指定しなければならないケースがあります。

このように、ポップアップダイアログが表示されるケースをそのまま自動化すると、ウィンドウがフォアグラウンドで動作することになってしまいます。ブラウザーの設計を変更することで、ポップアップダイアログが表示されないようにしましょう。

「4.5　ボタンをクリックしてデータをダウンロードする」を参照してください。

9.4.3 関連ページ

ログイン処理は以下のセクションを参考に作成してください。

➡9.1　失敗する可能性のある処理をリトライ実行する

ブラウザーでダウンロード保存ダイアログが表示されないようにする方法は以下のセクションを参照してください。

➡4.5　ボタンをクリックしてデータをダウンロードする

UI Explorerで［アンカーを選択］を使用する方法については、以下のセクションで詳しく解説しています。

➡7.4　相対要素で抽出する値を特定する

設定情報を別ファイルに保存する

運用時に変更となる可能性の高いURLやファイルパスなどの設定情報は別のファイルに保存します。JSONファイルまたは、CSVファイルやExcelファイルでも作成できます。業務担当者は使い慣れていて理解しやすいため、Excelファイルを使用することを推奨します。

9.5.1 完成図

2つのパート［設定ファイル読み込み］と［メッセージボックス］で構成します。［設定ファイル読み込み］でExcelファイルに記入した設定情報を読み込み、［メッセージボックス］で読み込んだ内容を表示します（**図9.40**）。

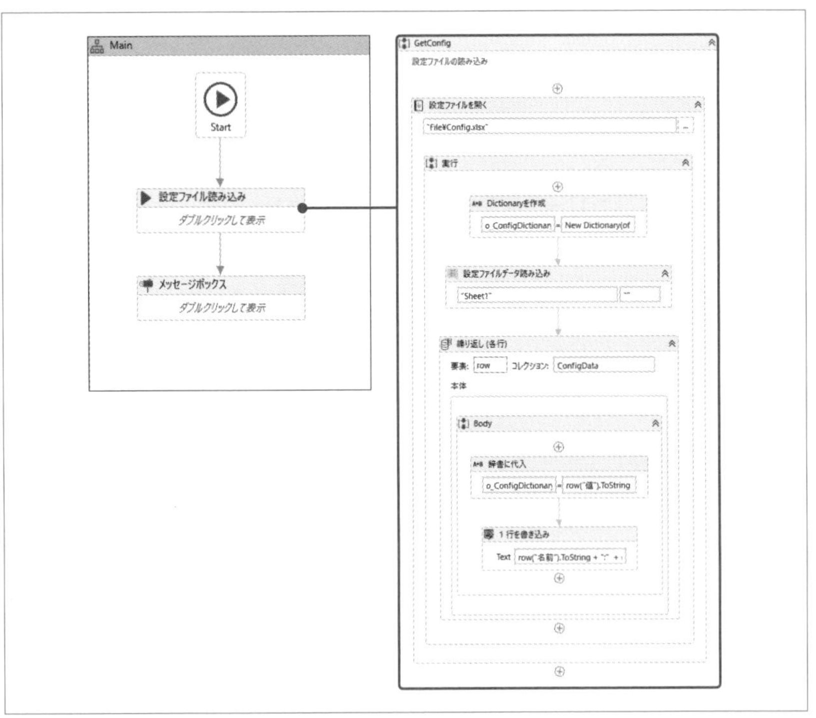

図9.40：設定情報を利用するワークフローの完成図

9.5.2 作成準備

STEP1 UiPath Studioを起動し、新たにプロジェクトを作成する。

STEP2 本書のサンプルフォルダー「サンプルファイル」→「Chapter9」→「9.5」から「File」フォルダーを取得して、プロジェクトフォルダーに配置する(図9.41)。
「File」フォルダー内には「Config.xlsx」が入っている。

	A	B	C
1	名前	値	説明
2	メッセージ	設定ファイルに設定されたメッセージです。	メッセージテキストの内容
3			

図9.41：設定ファイル(Config.xlsx)

9.5.3 作成手順

1 設定ファイル読み込み

設定ファイル「Config.xlsx」を読み込んで、Dictionary型変数［ConfigDictionary］にデータを格納します。

その後、デバッグ用に［出力］パネルに［ConfigDictionary］の中身を書き出します（図9.42）。

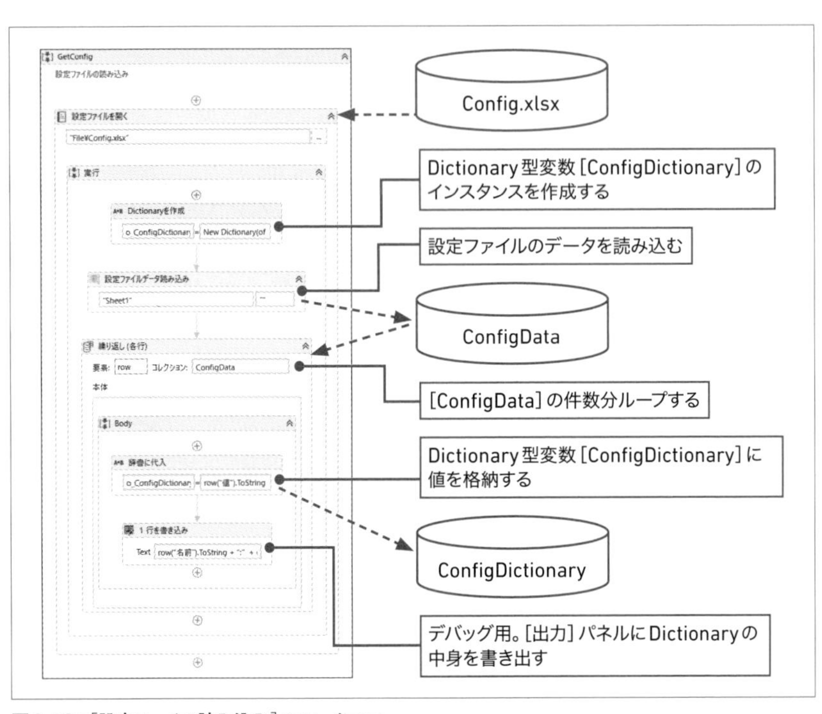

図9.42：［設定ファイル読み込み］のワークフロー

STEP1 ［デザイン］リボンの［新規］→［シーケンス］をクリックし、ワークフローの名前を「GetConfig」とする。

STEP2 ［GetConfig］に［Excelアプリケーションスコープ（Excel Application Scope)］アクティビティを追加する。

❶ 表示名を「設定ファイルを開く」に変更する。
❷ ［ブックのパス］に「"File¥Config.xlsx"」と入力する。
❸ ［可視］のチェックボックスを外す。

STEP3 ［引数］パネルを開き、［引数の作成］をクリックし、辞書型変数［o_ConfigDictionary］を作成する（［方向］は［出力］を選択する）。変数の型にSystem.Collections.Generic.Dictionary<System.String, System.String>を設定する。

HINT 引数[o_ConfigDictionary]の型を選択する方法

Dictionary型の引数[o_ConfigDictionary]は[引数]パネルで作成します。Dictionary型変数の作成方法は、「6.1　Excelの送信リストと連携してメールを送信する」で詳しく解説していますので、参照してください。

STEP4 [設定ファイルを開く]の[実行]の中に[代入(Assign)]アクティビティを追加する。

❶ 表示名を「Dictionaryを作成」に変更する。
❷ プロパティ[左辺値(To)]に「o_ConfigDictionary」と入力する。
❸ プロパティ[右辺値(Value)]に「New Dictionary(of String, String)」を設定する。

STEP5 [範囲を読み込み(Read Range)]アクティビティ([アクティビティ]パネルの[使用可能]→[アプリの連携]→[Excel])を[Dictionaryを作成]の後に追加する。

❶ 表示名を「設定ファイルデータ読み込み」に変更する。
❷ プロパティ[データテーブル]の入力ボックスにカーソルをあてた状態で[Ctrl]+[K]キーを押し、[変数を設定]に「ConfigData」と入力し、[Enter]キーを押す。DataTable型変数[ConfigData]が設定される。

STEP6 [繰り返し(各行)(For Each Row)]アクティビティを[設定ファイルデータ読み込み]の後に追加する。プロパティ[データテーブル]にDataTable型変数[ConfigData]を設定する。

STEP7 [繰り返し(各行)]の[Body]に[代入(Assign)]アクティビティを追加する。

❶ 表示名を「辞書に代入」に変更する。
❷ プロパティ[左辺値(To)]に「o_ConfigDictionary(row("名前").ToString)」と入力する。
❸ プロパティ[右辺値(Value)]に「row("値").ToString」と入力する。

STEP8 [繰り返し（各行）] の [Body] 内の [辞書に代入] の後に [1行を書き込み (Write Line)] アクティビティを追加する。プロパティ [テキスト] に「row("名前").ToString + ":" + o_ConfigDictionary(row("名前").ToString)」と入力する。

2 実行する

[デザイン] リボンまたは [デバッグ] リボンの [ファイルをデバッグ] → [ファイルを実行] をクリックし、「GetConfig.xaml」を実行すると「Config.xlsx」が読み込まれ、[出力] パネルに「Config.xlsx」の「名前」と「値」が書き出されることで、(本書のサンプルワークフローを実行すると、「メッセージ:設定ファイルに設定されたメッセージです。」と書き出されます) Dictionary型変数 [o_ConfigDictionary] に「Config.xlsx」の内容が読み込まれていることがわかります。

3 Main.xamlからの呼び出し

「1　設定ファイル読み込み」で作成した「GetConfig.xaml」を呼び出して、設定ファイルのデータを受け取ります。受け取ったデータをメッセージボックスに表示します（図9.43）。

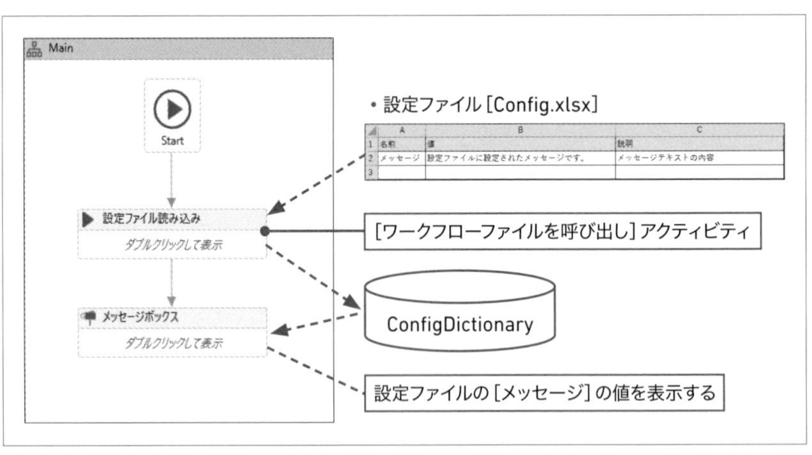

図9.43：Main.xaml

STEP1 Main.xamlを開く。

STEP2 [フローチャート（Flowchart）] アクティビティを追加し、表示名を「Main」に変更する。[Main] フローチャートをダブルクリックして展開する。

STEP3 [ワークフローファイルを呼び出し（Invoke Workflow File）] アクティビティを追加する。

❶ [Start] と [ワークフローファイルを呼び出し] を流れ線でつなぐ。
❷ 表示名を「設定ファイル読み込み」に変更する。
❸ [設定ファイル読み込み] をダブルクリックして展開し、プロパティ [ワークフローファイル名] に「"GetConfig.xaml"」と入力する。
❹ [引数をインポート] をクリックする。[呼び出されたワークフローの引数] 画面が表示される。
❺ 名前 [o_ ConfigDictionary] の値の入力ボックスにカーソルをあてた状態で [Ctrl] ＋ [K] キーを押し、[変数を設定] に「ConfigDictionary」と入力し、[Enter] キーを押す。
❻ [OK] をクリックする。これで、Dictionary型変数 [ConfigDictionary] に [GetConfig.xaml] からの戻り値が格納されることになる。

STEP4 [Main] フローチャートに戻り、[Main] フローチャートに [メッセージボックス（Message Box）] アクティビティを追加する。

❶ [設定ファイル読み込み] と [メッセージボックス] を流れ線でつなぐ。
❷ プロパティ [テキスト] に「ConfigDictionary("メッセージ")」と入力する。

4 実行する

「Main.xaml」を実行するとメッセージボックスが表示され、設定ファイル「Config.xlsx」で入力した値が表示されます（本書のサンプルワークフローを実行すると、「設定ファイルに設定されたメッセージです。」と表示されます）。

当然、設定ファイル「Config.xlsx」を開いて、値を変更すればメッセージボックスで表示される内容も変わります。ワークフローを変更せずに、Excelで設定が変えられることが体感できました。

9.5.4 設定ファイルの利点

設定情報を別ファイルに保存することで、何かを変更したい場合でもワークフローを開くことなく、Excelファイル上にて簡単に変更することが可能になります。この特徴を利用する場面をご紹介します。

- 呼び出すファイルのパスや名前などを変更する。
- テストモード、本番モードを切り替える。
- シナリオの実行対象日や対象月を切り替える。例えば、いつもは当日のデータを操作させるのだが、前日にエラーがあったので、前日のデータを操作させたいことがある場合、設定ファイル内で対象日を前日の日付に書き換えて、シナリオを実行する。
- 環境によって設定ファイルを変えることで、同じプログラムが別の環境でも動作する。

このように様々な利点があるので、設定ファイルは必ず作成してください。

9.5.5 使用する変数

ワークフロー内で使用する変数は**表9.9**～**表9.11**の通りです。

Main.xaml

表9.9：使用する変数①

名前	変数の型	スコープ	既定値
ConfigDictionary	Dictionary<String,String>	Main	—

GetConfig.xamlの引数

表9.10：使用する変数②

名前	変数の型	スコープ	既定値
ConfigData	DataTable	実行	—

GetConfig.xamlの引数

表9.11：使用する引数

名前	方向	変数の型	既定値
o_ConfigDictionary	出力	Dictionary<String,String>	—

9.5.6 関連セクション

Dictionary型変数の作成方法については、以下のセクションを参考にしてください。

➡6.1　Excelの送信リストと連携してメールを送信する

外部ワークフローの呼び出し方法については、以下のセクションを参考にしてください。

➡9.2　ワークフローを部品化して再利用する

UiPath Robotを使い倒して生産効率をアップさせる

UiPath RobotはUiPath Studioで作成したワークフローを実行するためのソフトウェアです。
このチャプターでは、UiPath Robotを活用して業務の効率アップを図る手法を紹介します。

UiPath Robotとは

10.1.1 UiPath Robotの役割

UiPath Robotは、UiPath Studioで作成したワークフローをPC端末上で実行するためのソフトウェアで、UiPath Studioを起動せずにワークフローを実行することができます。

ワークフローを素早く実行するため、処理時間の削減を期待できます。高い生産性を実現するためには、UiPath Robotを利用してください。

10.1.2 UiPath Robotの実体を知ろう

UiPath RobotはWindowsのスタートメニューから起動することができます（図10.1）。スタートメニューから起動できるアプリケーションは、Robot Agentもしくはトレイと呼ばれます（図10.2）。

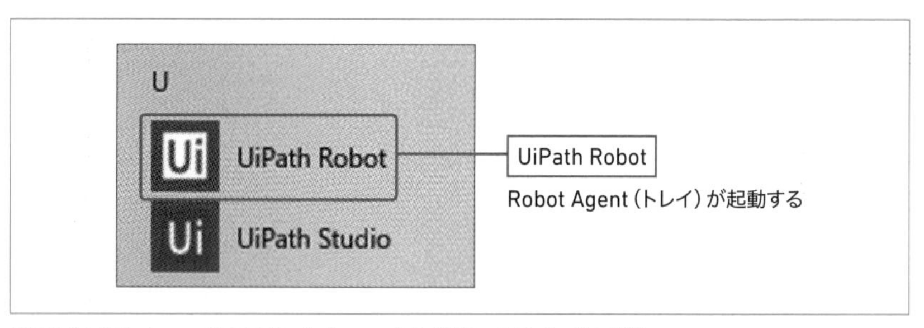

図10.1：Windows 10のスタートメニューから［UiPath Robot］を選択

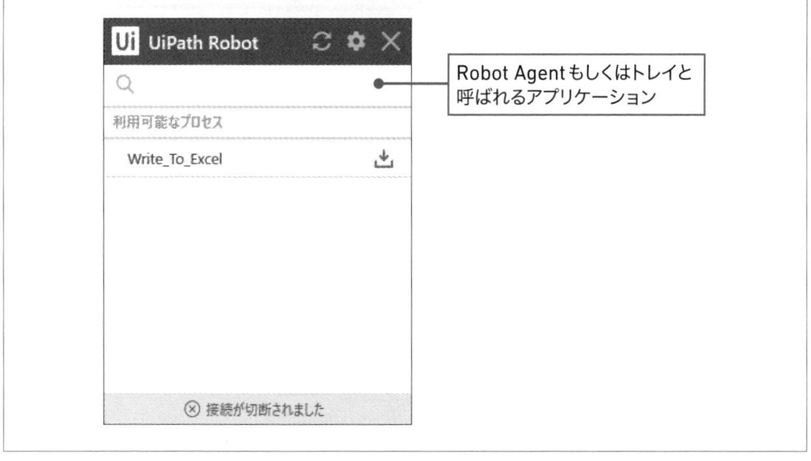

図10.2：Robot Agent（トレイ）

実際にワークフローを実行するバックグラウンドのアプリケーションは、Robot Agent（トレイ）とは別にあり、Executorと呼ばれます。

詳しくは、以下のサイトをご覧ください。

- UiPath：はじめに

URL https://docs.uipath.com/robot/lang-ja/docs

10.1.3 UiPath Robotには種類がある

UiPath Robotのライセンスモデルには①Attendedと②Unattendedの2種類があります。

①Attended

有人型のワークフローを実行するためのライセンスモデルです。ユーザーの監視監督下において、ユーザーの直接操作による自動化ワークフローの実行に使用されます。

②Unattended

ユーザーの監視下にない状態での、自動化ワークフローの実行に使用されます。

ライセンスモデルポリシーについて詳しくは以下のURLを参照してください。

- ライセンスモデルポリシー

URL https://www.uipath.com/ja/licensing-models

パブリッシュしてUiPath Robotにオートメーションを登録する

パブリッシュとは「発行する」という意味です。UiPath Studioで作成したワークフローを、UiPath Robotが実行できる状態にすることをいいます。

10.2.1 完成図

デスクトップに「RobotTest.xlsx」というExcelファイルを作成する簡単なワークフローを作成します（図**10.3**）。このワークフローをUiPath Robotから実行します。

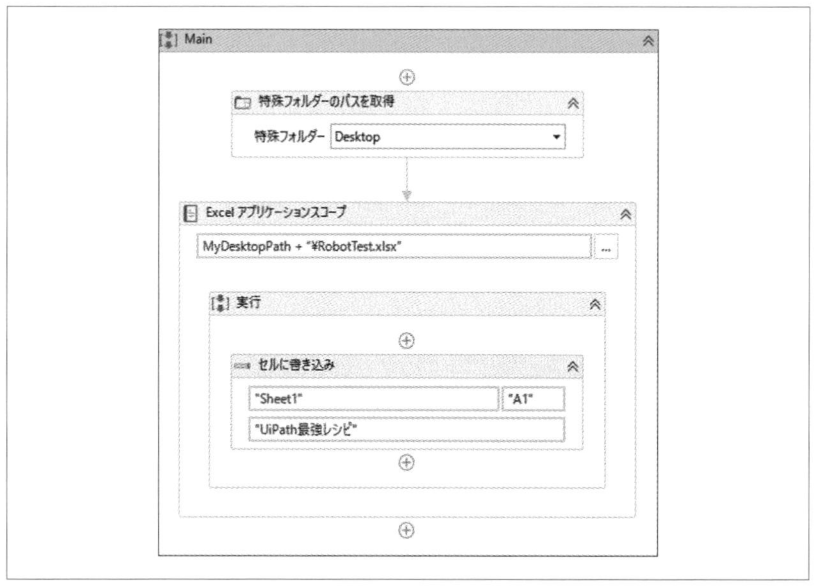

図10.3：デスクトップにExcelファイルを作成するワークフローの完成図

10.2.2 作成手順

STEP1 UiPath Studioを起動し、新たに「Write_To_Excel」というプロジェクトを作成する。

STEP2 「Main.xaml」を開き、[シーケンス（Sequence)］アクティビティを追加し、表示名を「Main」とする。

STEP3 [Main] シーケンスに［特殊フォルダーのパスを取得（Get Environment Folder)］アクティビティを追加する。

❶ プロパティ［特殊フォルダー］の値は［Desktop］のままとする。
❷ プロパティ［フォルダーパス］の入力ボックスにカーソルをあてた状態で［Ctrl］＋［K］キーを押し、[変数を設定］に「MyDesktopPath」と入力し、［Enter］キーを押す。String型変数［MyDesktopPath］が生成される。

STEP4 [Excelアプリケーションスコープ（Excel Application Scope)］アクティビティを追加し、プロパティ［ブックのパス］に「MyDesktopPath + "¥RobotTest.xlsx"」と入力する。

STEP5 [Excelアプリケーションスコープ］内の［実行］に［セルに書き込み (Write Cell)］アクティビティを追加し、[値］に「"UiPath最強レシピ"」と入力する。

10.2.3 処理の実行

処理を実行すると、デスクトップに「RobotTest.xlsx」が生成されます（図10.4）。

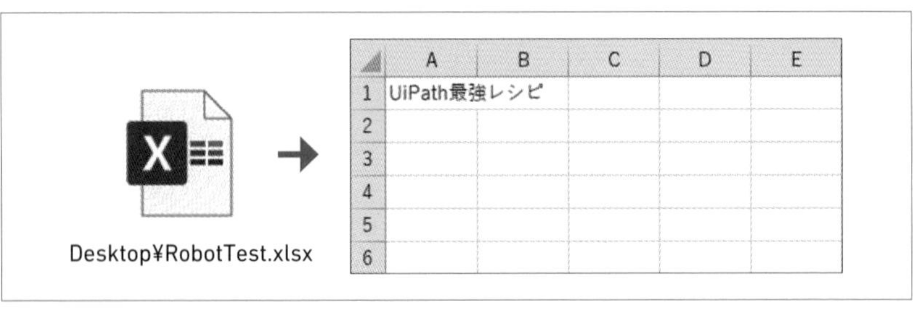

図10.4：「RobotTest.xlsx」が生成される

デスクトップ上に生成された「RobotTest.xlsx」は削除しておきましょう。このワークフローを使ってパブリッシュを体験します。

10.2.4 パブリッシュする

STEP1 [デザイン] リボンの [パブリッシュ] をクリックする（図10.5)。

図10.5：パブリッシュをクリックする

STEP2 [プロジェクトをパブリッシュ] 画面が表示されるので [パブリッシュ] をクリックする（図10.6)。

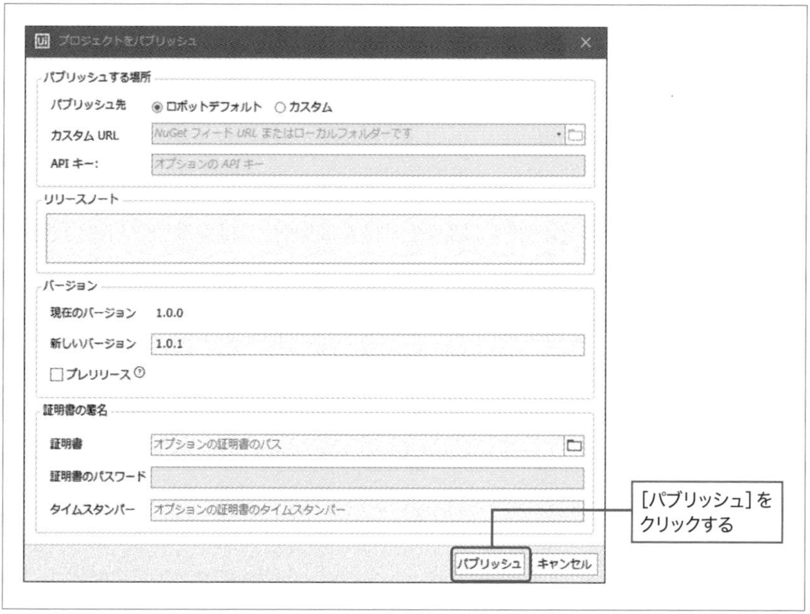

プロジェクトをパブリッシュ
パブリッシュする場所
パブリッシュ先 ◉ロボットデフォルト ○カスタム
カスタム URL NuGet フィード URL またはローカルフォルダーです
API キー: オプションの API キー
リリースノート
バージョン
現在のバージョン 1.0.0
新しいバージョン 1.0.1
☐プレリリース
証明書の署名
証明書 オプションの証明書のパス
証明書のパスワード
タイムスタンパー オプションの証明書のタイムスタンパー
パブリッシュ キャンセル
[パブリッシュ]をクリックする

図10.6：[プロジェクトをパブリッシュ] 画面

STEP3 ［情報］画面が表示され、「プロジェクトは正常にパブリッシュされました。」と表示されていれば成功。［OK］をクリックする（図10.7）。

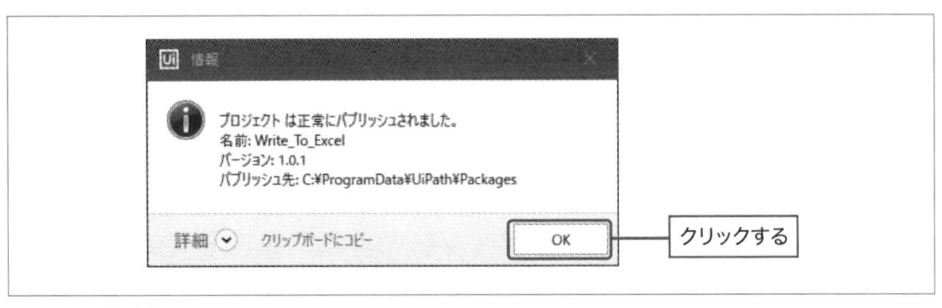

図10.7：［情報］画面

STEP4 パブリッシュが完了する。

10.2.5 使用する変数

ワークフロー内で使用する変数は表10.1の通りです。

表10.1：使用する変数

プロパティ	変数の型	スコープ	既定値
MyDesktopPath	String	Main	―

10.3 UiPath Robotを使って生産性をアップさせる

10.3.1 UiPath Robotの起動方法

STEP1 Windowsの［スタートメニュー］から［UiPath Robot］をクリックする。

STEP2 UiPath Robotを起動すると、システムトレイに Ui アイコンが表示される。

STEP3 アイコンをクリックすると、［UiPath Robot］トレイが表示される（図10.8）。

図10.8：［UiPath Robot］トレイ

STEP4 ［UiPath Robot］トレイには利用可能なオートメーションプロセスが表示される。「10.2　パブリッシュしてUiPath Robotにオートメーションを登録する」でパブリッシュした［Write_To_Excel］が利用可能なプロセス一覧に登録されていることを確認する。

10.3.2 UiPath Robotからワークフローを実行する

STEP1 「Write_To_Excel」の右にはアップデートアイコンが表示されている。このボタンをクリックするとダウンロードが実行され、ダウンロードが完了すると［開始（Start）］アイコンに変わる（図10.9）。

STEP2 ［開始（Start）］アイコンに変化するので（図10.9）、クリックする。ワークフローの実行が開始される（図10.10）。

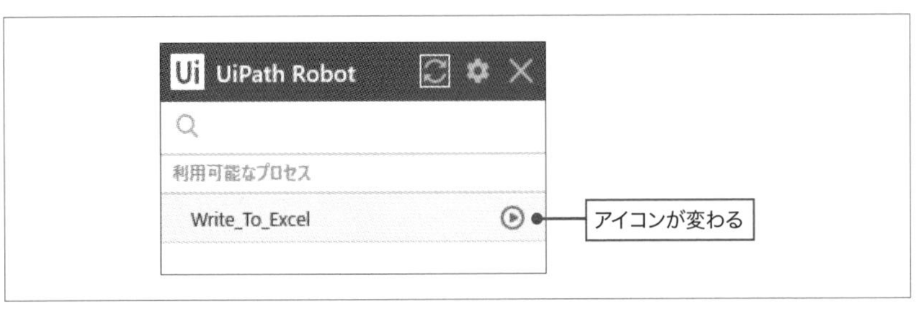

図10.9：アイコンが変わる

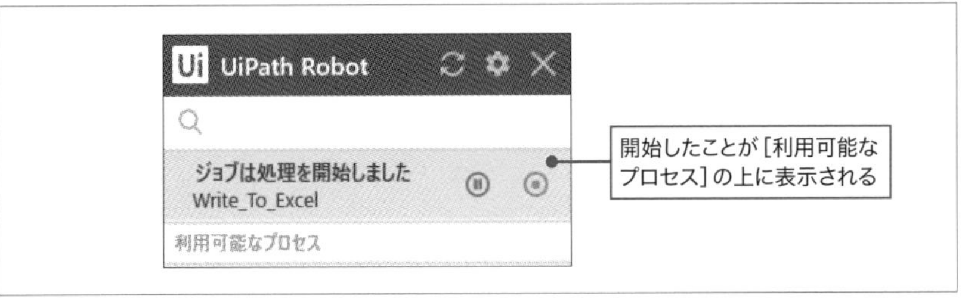

図10.10：ジョブの開始

ジョブを開始すると、実行ステータスが表示され、一時停止、再開、または停止することができます。実行が終了するとデスクトップ上に「RobotTest.xlsx」が作成されていることを確認できます。

このように、よく業務で使用するワークフローをパブリッシュしておくことで素早く実行できるようになります。

10.3.3 すぐ使えるようにタスクバーに表示する

UiPath Studioで作成したワークフローを業務内で使用する頻度が高くなったと

きは、すぐにワークフローを実行できるようにタスクバーに表示しましょう。

STEP1 システムトレイ内のUiPath Robotのアイコンを右クリックする。

STEP2 [ユーザー基本設定] をクリックする。[ユーザー基本設定] 画面が表示される。

HINT [ユーザー基本設定] 画面を表示するもう1つの方法

UiPath Robot画面の設定アイコンから起動することもできます（図10.11）。

図10.11：[UiPath Robot] トレイの設定アイコンから起動する方法

STEP3 [ユーザー基本設定] 画面の [タスクバーに表示] にチェックを付ける（図10.12❶）。

STEP4 [OK] をクリックする❷。

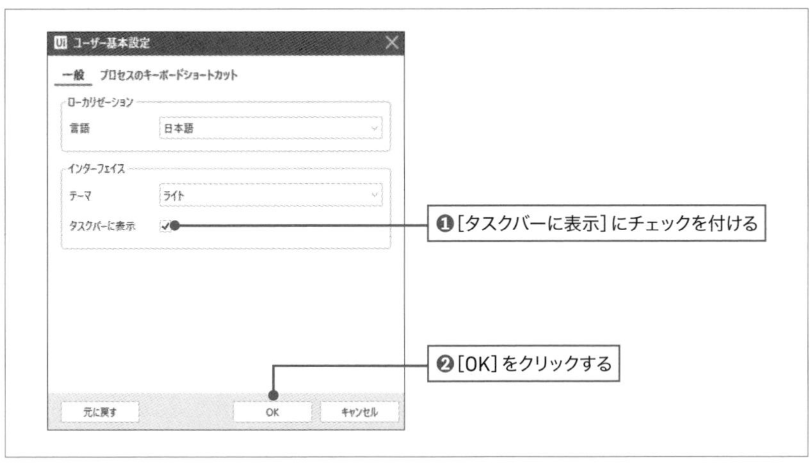

図10.12：ユーザー基本設定

UiPath Robotを使うときの注意点

10.4.1 UiPath Robotを使うときは相対パスに注意する

ワークフローをパブリッシュして、UiPath Robotによりワークフローを実行するときは、相対パスに注意しましょう。実際にワークフローを実行して試してみます。

「10.2 パブリッシュしてUiPath Robotにオートメーションを登録する」でパブリッシュしたワークフローを少し改修します。

STEP1 [Excelアプリケーションスコープ] のプロパティ [ブックのパス] を「"RobotTest.xlsx"」に変更する（図10.13）。

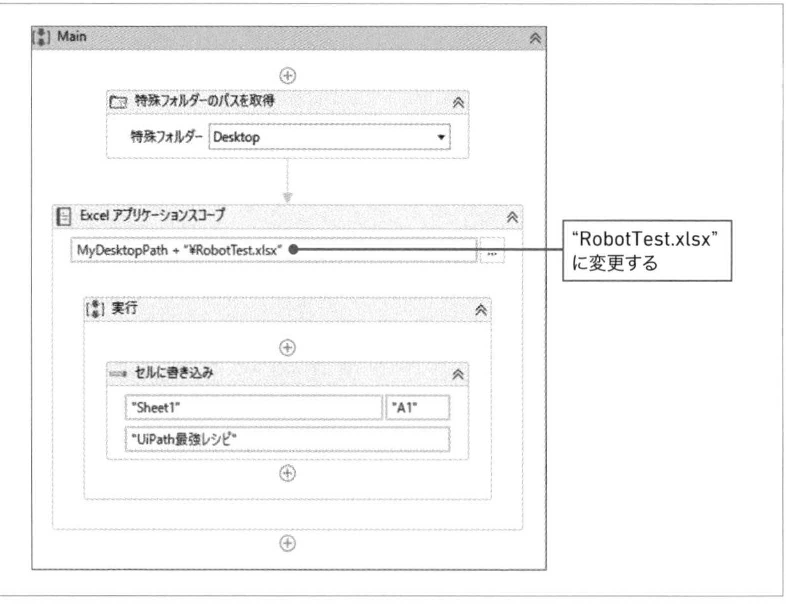

図10.13：パスを変更する

STEP2 パブリッシュする。

UiPath Robotで［Write_To_Excel］をプロセスのアップデートアイコンをクリックし、アップデート後にすると、Excelファイルはデスクトップには作成されません。さて、どこに作成されたでしょう。

検索してみましょう。エクスプローラーを開き、アドレスバーに「%UserProfile%¥.nuget」と入力し、［Enter］キーを押します。さらに検索ボックスに「RobotTest.xlsx」と入力すると検索ボックス下のウィンドウに「RobotTest.xlsx」のアイコンが表示されます。

アイコンを右クリックし「ファイルの場所を開く」を選択すると、アドレスバーに「RobotTest.xlsx」が作成されたアドレスが表示されます。

筆者の環境では、「%UserProfile%¥.nuget¥packages¥write_to_excel¥1.0.2¥lib¥net45」の中に作成されていました。このようにパブリッシュされたファイルは、パッケージが解凍された先からの相対パスに作成されます。そのため、UiPath Robotで実行するときは相対パスではなく、絶対パスで指定することが必要です。

10.4.2 関連セクション

以下のセクションのワークフローを利用して解説しています。

➡10.2　パブリッシュしてUiPath Robotにオートメーションを登録する

UiPath Robotから オートメーションを削除する

一度パブリッシュしたワークフローをUiPath Robotのメニューから削除する（図10.14）にはどうすればよいでしょうか？

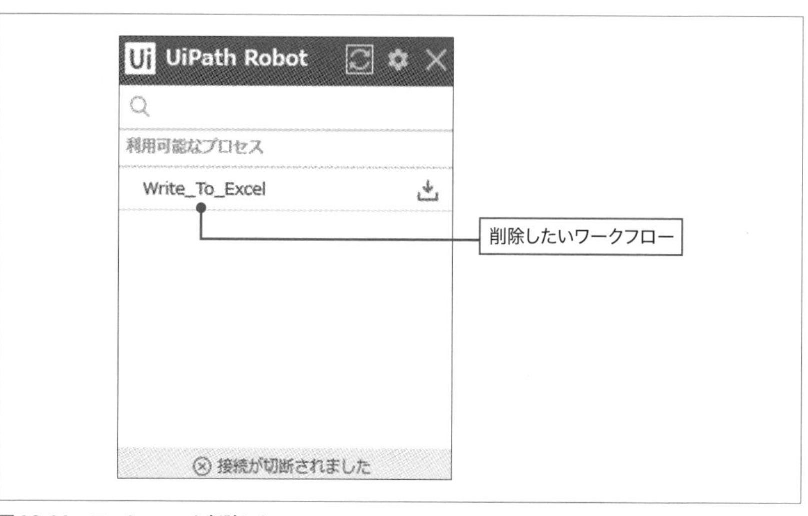

図10.14：ワークフローを削除したい

その前にパブリッシュの仕組みを理解しましょう。そうすることで、削除する方法がわかります。

10.5.1 パブリッシュの仕組み

パブリッシュの仕組みを解説します。

STEP1 パブリッシュをクリックすると、プロジェクトフォルダー全体が.nupkgファイルに圧縮されて、パブリッシュの場所に保存される。

STEP2 既定では、パブリッシュの場所は「%ProgramData%¥UiPath¥Packages」である。Write_To_Excelのバージョン1.0.2をパブリッシュした場合、「%ProgramData%¥UiPath¥Packages(C:¥ProgramData¥UiPath¥

Packages)」にWrite_To_Excel.1.0.2.nupkgが保存される。

STEP3 [UiPath Robot] トレイでプロセスのアップデートアイコンをクリックすると、ダウンロードが実行され、「%UserProfile%¥.nuget¥packages¥write_to_excel¥1.0.2」というフォルダーに解凍される。

MEMO **%ProgramData%とは**

ProgramDataのパスは環境変数（OSの設定を保存した変数のこと）で設定されており、「% ProgramData%」という書式で参照することができます。Windows 10の場合、「% ProgramData %」は「C:¥ ProgramData」です。
隠しフォルダーなので、初期状態ではエクスプローラーからアクセスすることができません。エクスプローラーの［表示］タブをクリックし、「隠しファイル」のチェックを付けて表示させてください。

UiPath Robotは次のルールでアイコンの表示を決めています。

- 「%ProgramData%¥UiPath¥Packages」と「%UserProfile%¥.nuget¥packages」の両方に存在する場合、［開始］アイコンになる（**図10.15**）。

図10.15：[開始]アイコン

- 「%ProgramData%¥UiPath¥Packages」フォルダーのみに存在する場合、［更新］アイコンになる（**図10.16**）。

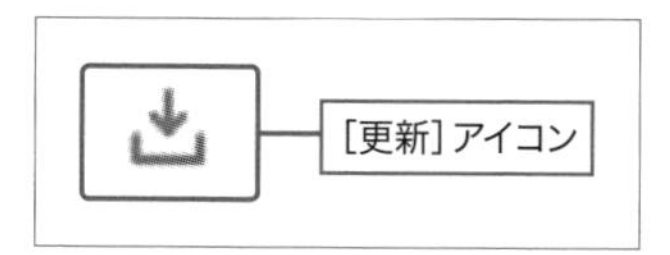

図10.16：[更新]アイコン

- （［更新］アイコンをクリックすると、プロセスは「%UserProfile%¥.nuget¥packages」フォルダーに解凍される）。

10.5.2 削除するには

以上のことから、削除する方法がわかります。

「%ProgramData%¥UiPath¥Packages」と「%UserProfile%¥.nuget¥packages」の両方のフォルダーから削除すればよいのです。削除して、UiPath Robotの更新アイコンをクリックすると削除されていることが確認できます（図10.17）。

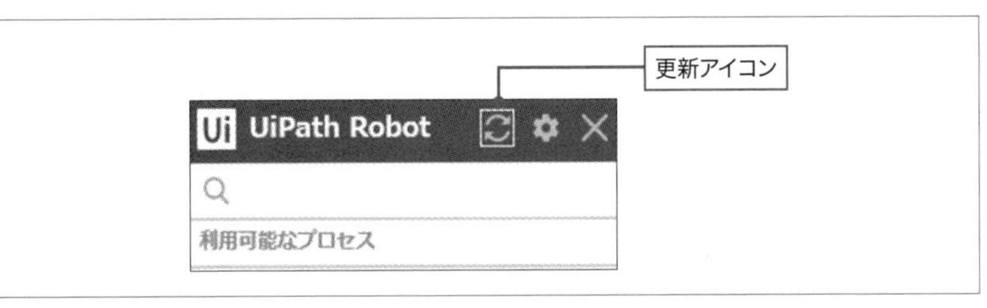

図10.17：更新アイコンをクリックする

10.5.3 バージョンダウンするには

UiPath Robotから実行されるプロセスのバージョンダウンをしたい場合も、この方法が使えます。「%ProgramData%¥UiPath¥Packages」と「%UserProfile%¥.nuget¥packages¥write_to_excel」の両方のフォルダーから新しいバージョンを削除すればよいのです。

CHAPTER11

超実践的！業務で使える5つのパターン

このチャプターでは、作成手順やアクティビティの設定についての詳しい解説は行っていません。ワークフロー全体の流れや注意点を解説していきます。
詳細は各テクニックのページを示していますので、そちらを参照してください。また、サンプルワークフローがダウンロードできますので、実際に動作させて確認してください。
どうすれば、止まりにくくて、メンテナンスしやすいオートメーションを実現できるのか、という面から参考にしてください。

Webシステムからの CSVダウンロードプロセス

11.1.1 業務イメージ

商品受注システムから受注CSVファイルをダウンロードするワークフローをバックグラウンドで実行します（図11.1）。

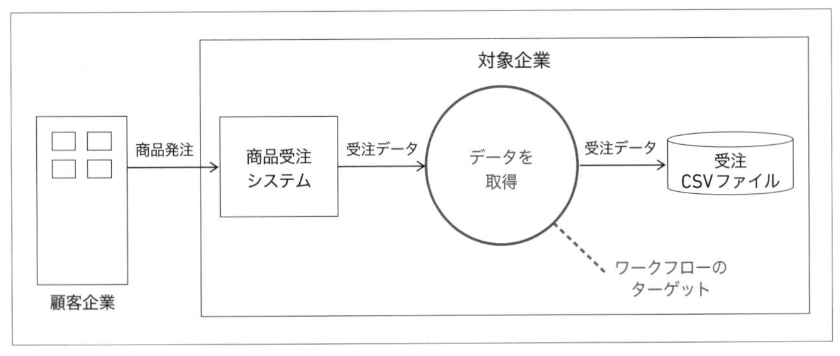

図11.1：業務イメージ

11.1.2 シナリオ設計図

［1.前処理］プロセスと［2.データダウンロード］プロセスによって構成されます（図11.2）。

［2.データダウンロード］プロセスは、［1.ログイン］サブプロセス、［2.ダウンロード］サブプロセス、［3.ログオフ］サブプロセスで構成されます。

MEMO　プロセス等の用語について

「シナリオ設計」「プロセス」「サブプロセス」という単語は、筆者がRPAによる業務自動化を設計するために使っている用語です。UiPathの用語ではないことに注意してください。詳しくは、「2.5　信頼性の高いワークフローを効率的に作成する」を参照ください。

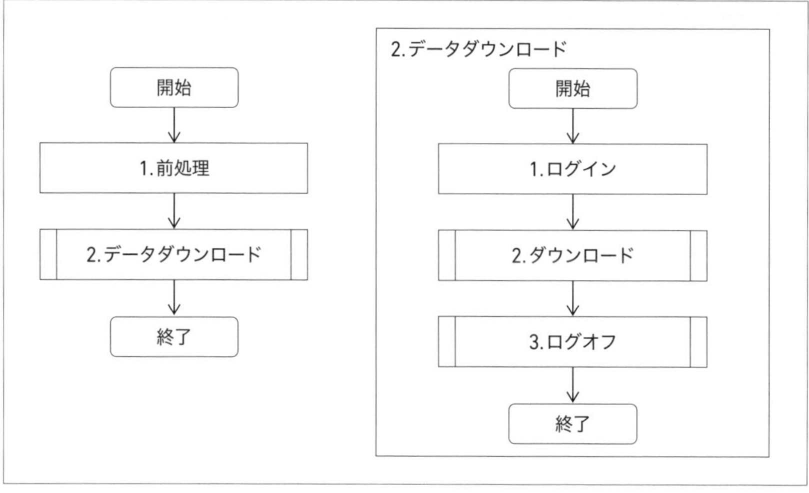

図11.2：シナリオ設計図

11.1.3 サンプルワークフローを動作させる前準備と前提条件

STEP1 本書のサンプルフォルダー「サンプルファイル」→「Chapter11」→「Automation」以下を「%UserProfile%¥Documents」直下にコピーする。「Common」「InvoiceList」「Master」「RegisterItem」「Sales Summary」という5つフォルダーが配置される。
本セクションでは図11.3のフォルダーとファイルを使用する。

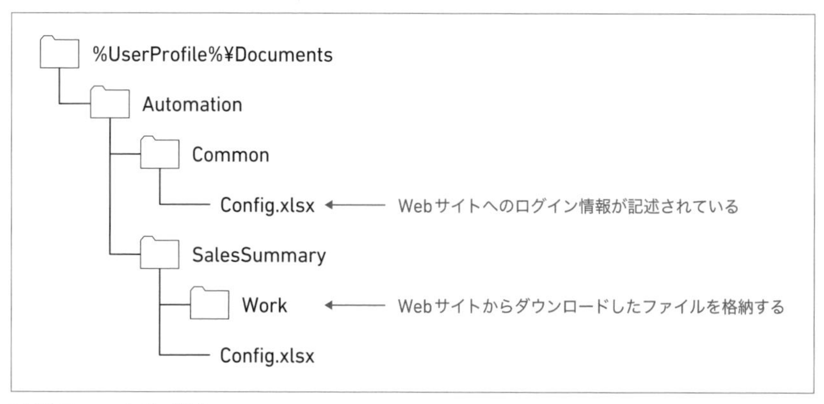

図11.3：フォルダー構成

STEP2 本書のサンプルフォルダーの「サンプルワークフロー」→「Chapter11」→「11.1」→「DownloadData」のプロジェクトを起動してください。「LoginWebSystem.xaml」内の［パスワードを取得］のプロパティ［パスワード］の入力ボックスに「password」と入力してください（最初に入力されている「*******」は削除する）。「LoginWebSystem.xaml」を上書き保存する。

STEP3 既定のブラウザーがGoogle Chromeになっていることが前提です。

STEP4 Google ChromeにUiPath拡張機能がインストールされていることが前提です（「4.1　ブラウザー操作を簡単に自動化する」を参照）。

STEP5 Google Chromeのダウンロード設定でダウンロードダイアログが表示されず、「%UserProfile%¥Downloads」に保存される設定になっていることが前提となる（「4.5　ボタンをクリックしてデータをダウンロードする」を参照）。

11.1.4 ワークフロー作成

「11.1.3　サンプルワークフローを動作させる前準備と前提条件」の**STEP2**で開いたプロジェクトを使用します。

1 全体像

「Main.xaml」を開くと［Main］ワークフローがあり、［Main］ワークフロー内には［1.前処理］と［2.データダウンロード］があります（**図11.4**左側）。

［2.データダウンロード］をダブルクリックして展開し、［ワークフローを開く］をクリックすると**図11.4**の右側のワークフローが展開します。

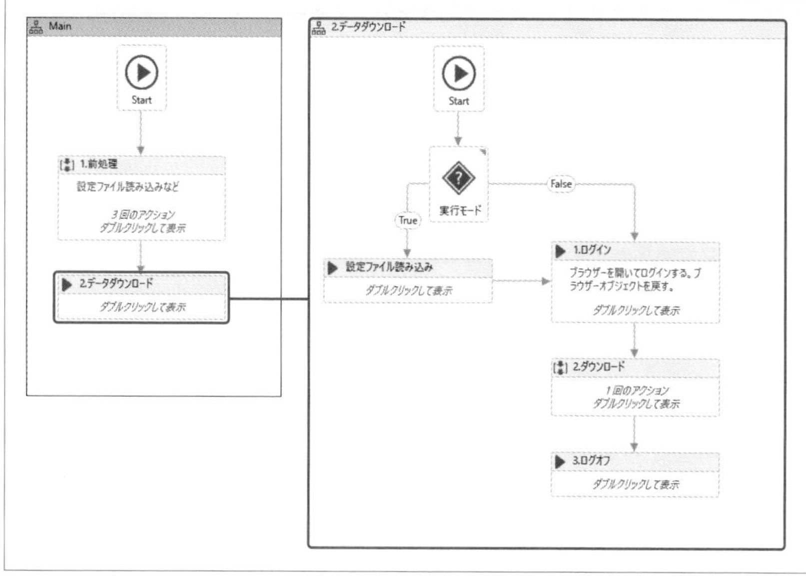

図11.4：全体像

2 [1.前処理] プロセスのワークフロー

設定ファイルの呼び出しは「9.5　設定情報を別ファイルに保存する」を参照してください（図11.5）。

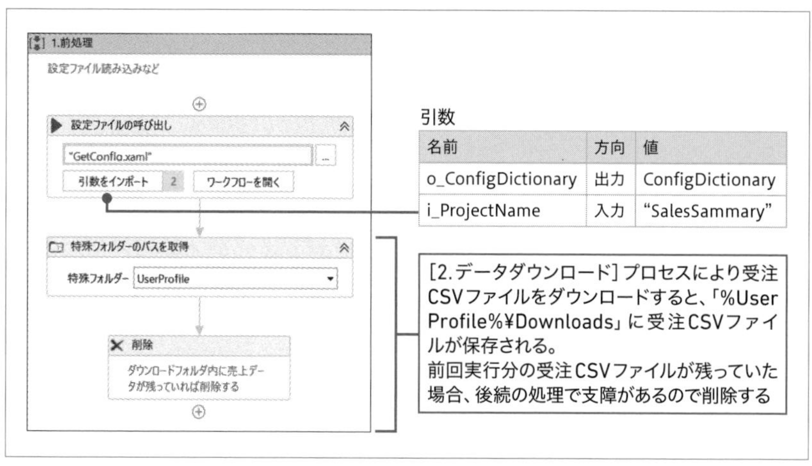

名前	方向	値
o_ConfigDictionary	出力	ConfigDictionary
i_ProjectName	入力	“SalesSammary”

図11.5：[1.前処理] プロセスのワークフロー

3 [2.データダウンロード]プロセスのワークフロー

「Main.xaml」の［2.データダウンロード］をダブルクリックして展開し、［ワークフローを開く］をクリックすると［2.データダウンロード］プロセス（実体は「DownloadData.xaml」）が開きます。

[1.ログイン] サブプロセスのワークフロー

ログインに関するサブプロセスを外部ワークフローファイルとして独立させています（図11.6）。詳しくは「9.1　失敗する可能性のある処理をリトライ実行する」と「9.2　ワークフローを部品化して再利用する」を参照してください。

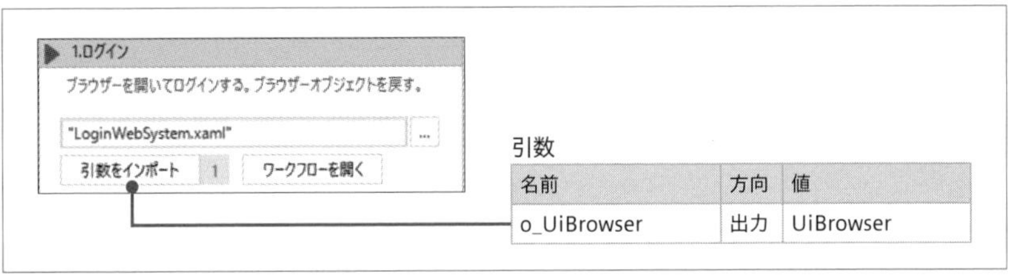

名前	方向	値
o_UiBrowser	出力	UiBrowser

図11.6：[1.ログイン] サブプロセスの呼び出し

図11.6の［1.ログイン］の［ワークフローを開く］をクリックし、[1.ログイン] サブプロセス（実体は「LoginWebSystem.xaml」）を開いてください。

設定ファイルは [1.前処理] プロセスとは異なるファイルを参照します。引数 [i_

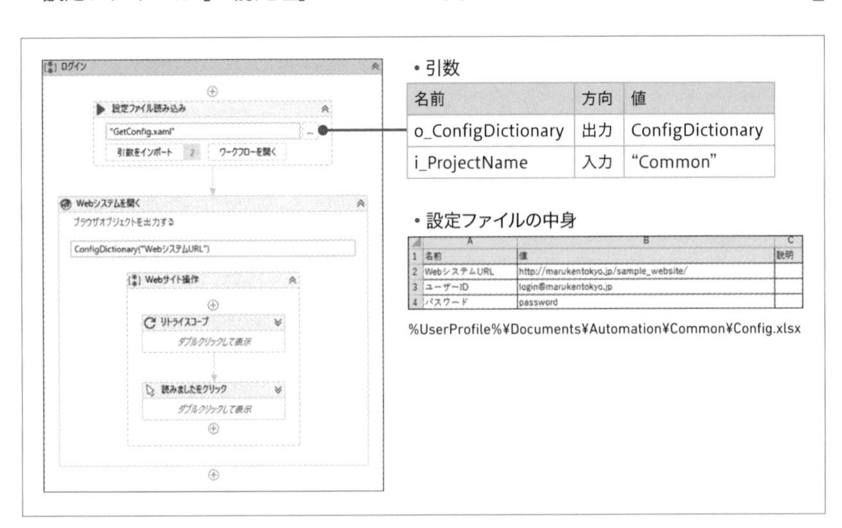

名前	方向	値
o_ConfigDictionary	出力	ConfigDictionary
i_ProjectName	入力	“Common”

・設定ファイルの中身

	A	B	C
1	名前	値	説明
2	WebシステムURL	http://marukentokyo.jp/sample_website/	
3	ユーザーID	login@marukentokyo.jp	
4	パスワード	password	

%UserProfile%¥Documents¥Automation¥Common¥Config.xlsx

図11.7：[1.ログイン] サブプロセスのワークフロー

ProjectName］に「"Common"」を設定しているため、「%UserProfile%¥Documents¥Automation¥Common」フォルダー内の設定ファイル「Config.xlsx」を参照することになります（図11.7）。

［2.ダウンロード］サブプロセスのワークフロー

データダウンロード部分（図11.8）は「4.5　ボタンをクリックしてデータをダウンロードする」、ファイル移動部分は「3.3　ファイル操作を極める」と「9.1　失敗する可能性のある処理をリトライ実行する」を参照してください。

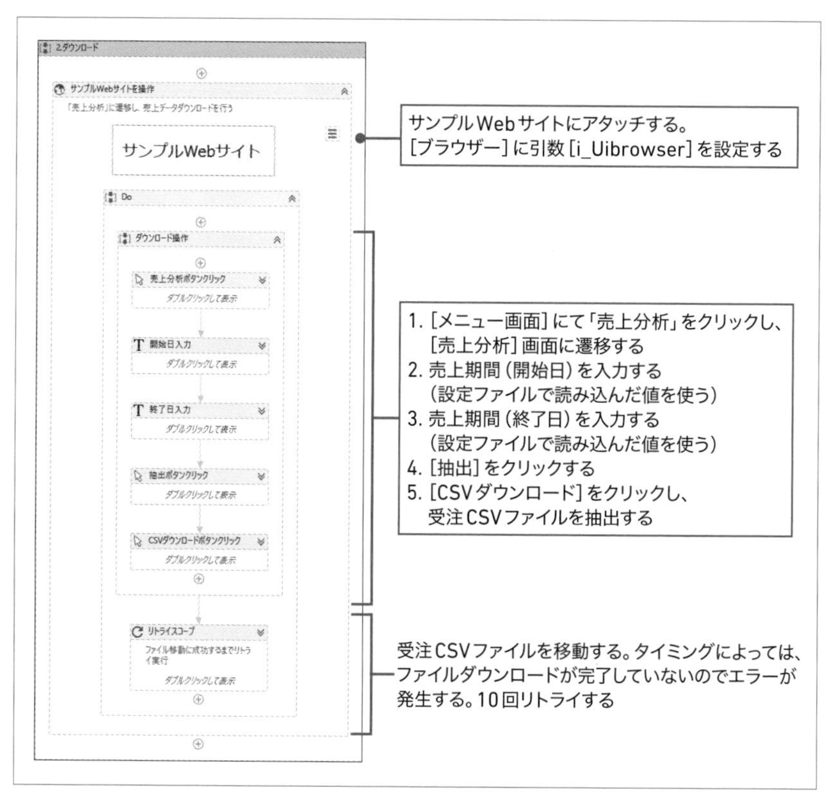

図11.8：［2.ダウンロード］サブプロセスのワークフロー

売上期間の開始日と終了日を、［自動］と［手動］で切り替えられる仕組みを設定ファイルに持ちます（図11.9）。

［日付設定］の値を「手動」にすると［手動設定開始日］が［開始日］に、［手動

設定終了日］が［終了日］に表示されます。「自動」に変えると［自動開始日］が［開始日］に、［自動終了日］が［終了日］に表示されます。

Webサイトに入力される値は［開始日］［終了日］なので、設定ファイル内で［自動］と［手動］を切り替えるだけで、入力する日付を切り替えられます。この仕組みはワークフローの運用時に効いてきます。

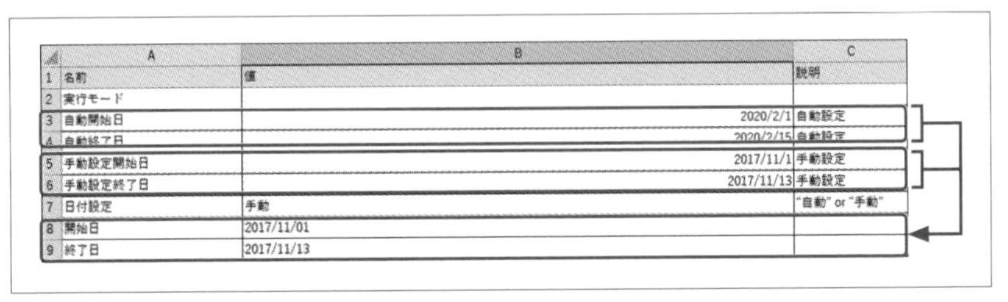

	A	B	C
1	名前	値	説明
2	実行モード		
3	自動開始日	2020/2/1	自動設定
4	自動終了日	2020/2/15	自動設定
5	手動設定開始日	2017/11/1	手動設定
6	手動設定終了日	2017/11/13	手動設定
7	日付設定	手動	"自動" or "手動"
8	開始日	2017/11/01	
9	終了日	2017/11/13	

図11.9：設定ファイル（Config.xlsxの一部抜粋）

［3.ログオフ］サブプロセスのワークフロー

［2.データダウンロード］プロセスの［3.ログオフ］をダブルクリックして展開して、［ワークフローを開く］をクリックし、［3.ログオフ］サブプロセス（実体は「LogoffWebSystem.xaml」）を開いてください（**図11.10**）。Webサイトからログオフして、ブラウザーを閉じるワークフローです。

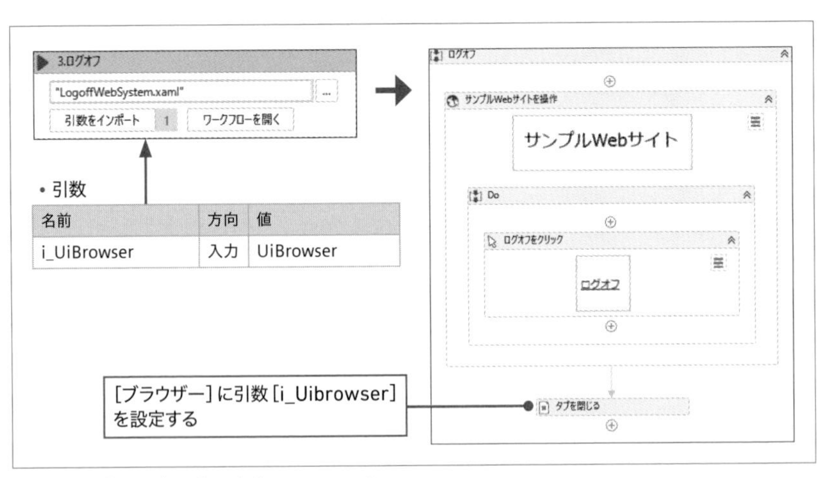

図11.10：［3.ログオフ］サブプロセスのワークフロー

11.1.5 実行時の動作

サンプルワークフローを実行したときの動作は以下のようになります。

- サンプル Web サイトにログインし、お知らせ画面、メニュー画面、売上分析画面と遷移する。
- 売上期間を入力しデータを抽出後、データをダウンロードし、サンプル Web サイトを閉じる。
- ダウンロードデータ（CusSalesData.csv）は「%UserProfile%¥Documents¥Automation¥SalesSummary¥Work」に保存される。

11.1.6 関連セクション

シナリオ設計図については、以下のセクションを参考にしてください。
➡2.5　信頼性の高いワークフローを効率的に作成する

設定ファイルについては、以下のセクションを参考にしてください。
➡9.5　設定情報を別ファイルに保存する

ログインに関するサブプロセスについては、以下のセクションを参考にしてください。
➡9.1　失敗する可能性のある処理をリトライ実行する
➡9.2　ワークフローを部品化して再利用する

ダウンロードに関するサブプロセスについては、以下のセクションを参考にしてください。
➡3.3　ファイル操作を極める
➡4.5　ボタンをクリックしてデータをダウンロードする

Excelマクロを利用した集計表作成プロセス

本セクションは、「11.1　Webシステムからの CSV ダウンロードプロセス」から引き続いて、ダウンロードした受注 CSV データを使って集計を行っていきます。

11.2.1 業務イメージ

「11.1　Webシステムからの CSV ダウンロードプロセス」でダウンロード済みの受注 CSV データを使って、担当者別売上集計表を作成するワークフローを作成します（**図11.11**）。

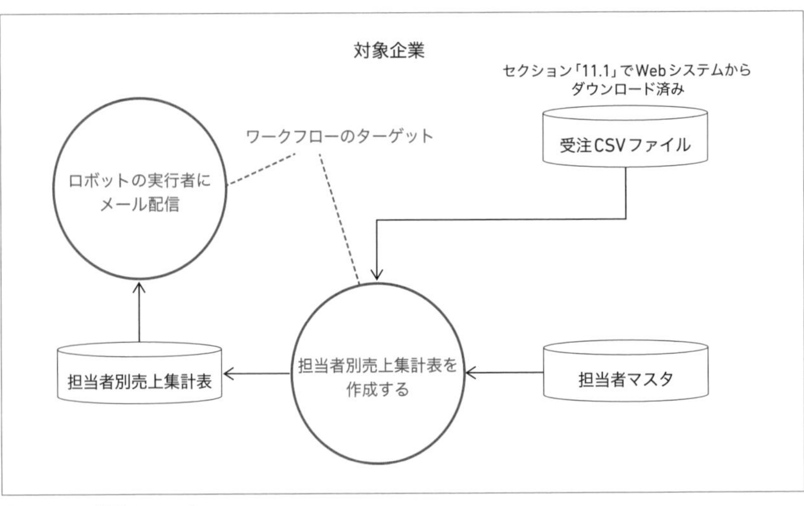

図11.11：業務イメージ

11.2.2 シナリオ設計図

［1.前処理］プロセスと［2.帳票作成］プロセス、［3.帳票配信］プロセスによって構成されます（**図11.12**、**図11.13**）。

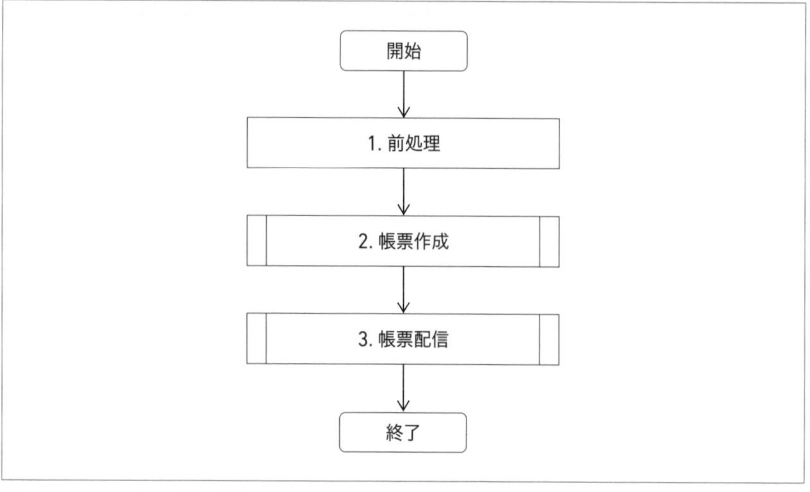

図11.12：シナリオ設計図/全体

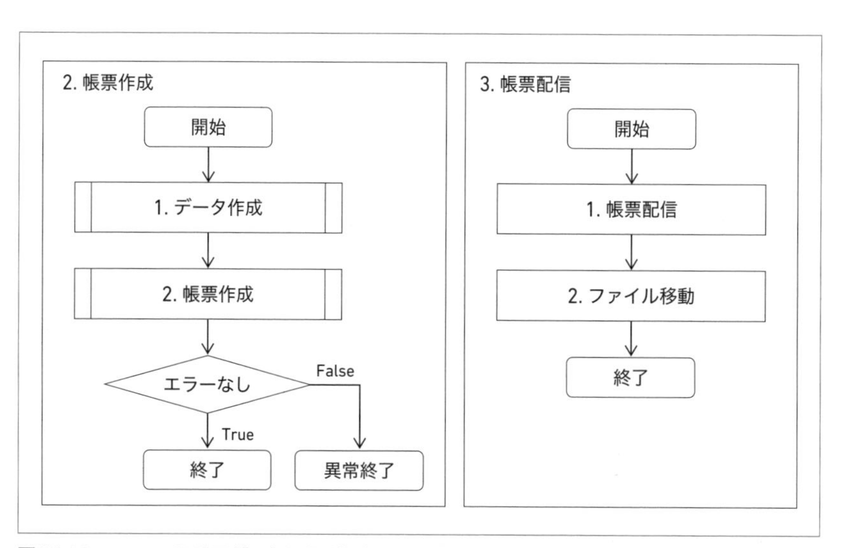

図11.13：シナリオ設計図/[2.帳票作成]プロセスと[3.帳票配信]プロセス

11.2.3 サンプルワークフローを動作させる前準備と前提条件

STEP1 セクション「11.1」のワークフローを実行し、「CusSalesData.csv」がダウンロード済みであることを動作の前提としている。

STEP2 セクション「11.1」にて本書のサンプルからフォルダーをコピーしてきていることが前提となる。本セクションで使用するフォルダー構成は図11.14の通り。

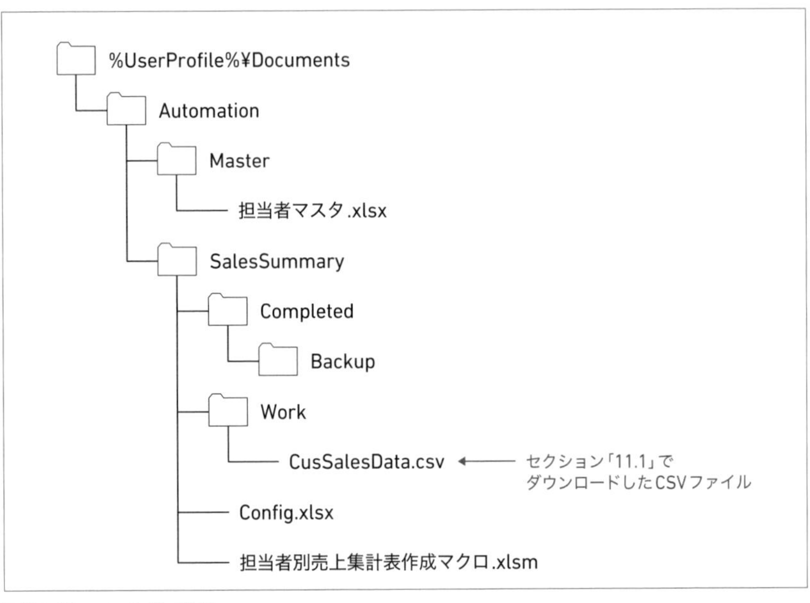

図11.14：フォルダー構成

STEP3 「%UserProfile%¥Documents¥Automation¥SalesSummary¥Config.xlsx」の名前［送信メールアドレス］に送受信可能なメールアドレスを入力する。
このメールアドレスがOutlookのアカウントとして設定されており、送受信が可能な環境であることが前提となる。

11.2.4 ワークフロー作成

本書のサンプルフォルダーの「サンプルワークフロー」→「Chapter11」→「11.2」→「MakeSalesSummary」のプロジェクトを起動してください。

「Main.xaml」を開いてください。

1 全体像

「Main.xaml」を開くと［Main］ワークフローがあり、［Main］ワークフロー内には［1.前処理］と［2.帳票作成］、［3.帳票配信］があります（**図11.15**左側）。

［2.帳票作成］と［3.帳票配信］はそれぞれダブルクリックして展開し、［ワークフローを開く］をクリックすると**図11.15**の右側のワークフローが展開します。

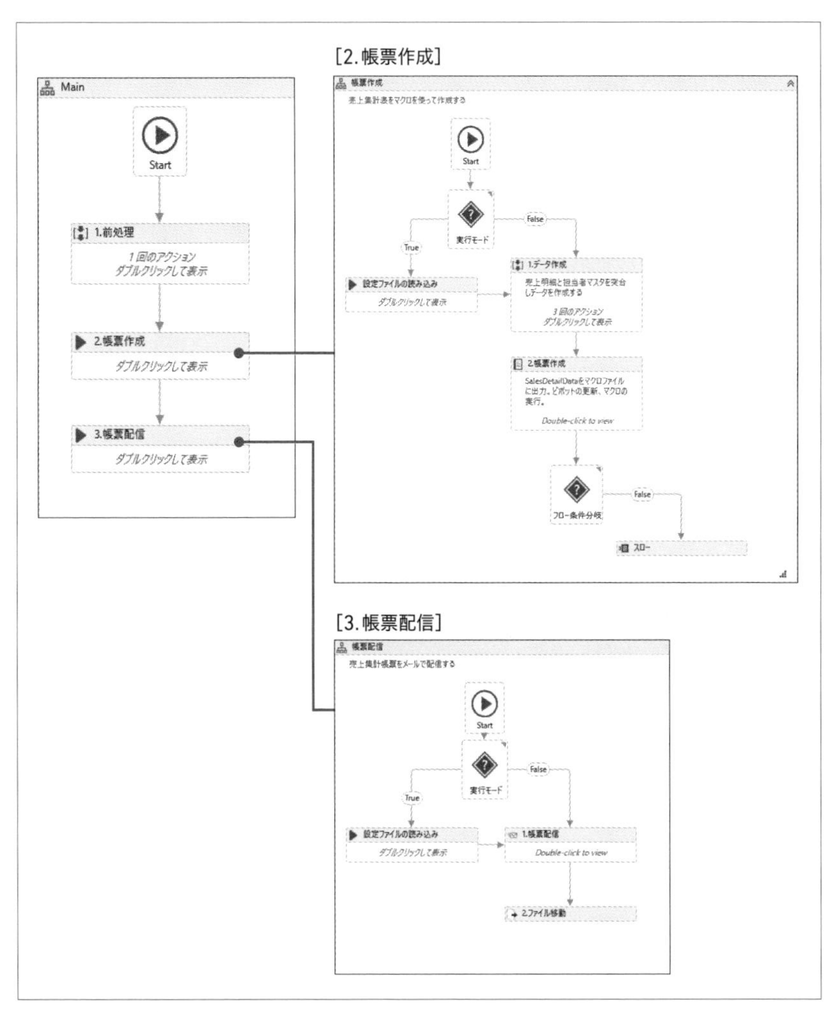

図11.15：全体像

2 [1.前処理]プロセスのワークフロー

設定ファイルの呼び出しを行います。「11.1　Webシステムからの CSV ダウンロードプロセス」の[1.前処理]プロセスのワークフローを参照してください。

3 [2.帳票作成]プロセスのワークフロー

「Main.xaml」の[2.帳票作成]をダブルクリックして展開し、[ワークフローを開く]をクリックすると、[2.帳票作成]プロセス（実体は「MakeReport.xaml」）が開きます（図11.16）。

[1.データ作成]のロジックは「5.1　CSVファイルを読み込んでExcel帳票を作成する」を参照してください。

[2.帳票作成]のロジックは「5.4　引数付きのExcelマクロを実行する」を参照してください。

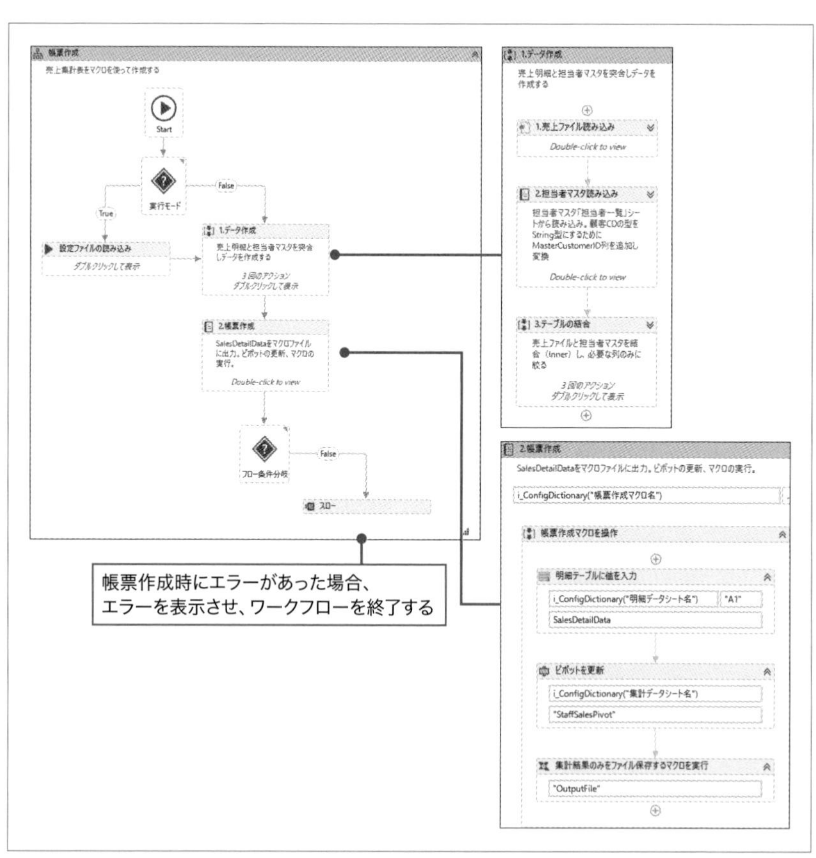

図11.16：[2.帳票作成]プロセスのワークフロー

4 [3.帳票配信] プロセスのワークフロー

「Main.xaml」の［3.帳票配信］をダブルクリックして展開し、［ワークフローを開く］をクリックすると、［3.帳票配信］プロセス（実体は「SendReport.xaml」）が開きます（図11.17）。

［3.帳票配信］プロセスはOutlookを利用してメール配信を行い、配信完了したファイルを移動するワークフローです。

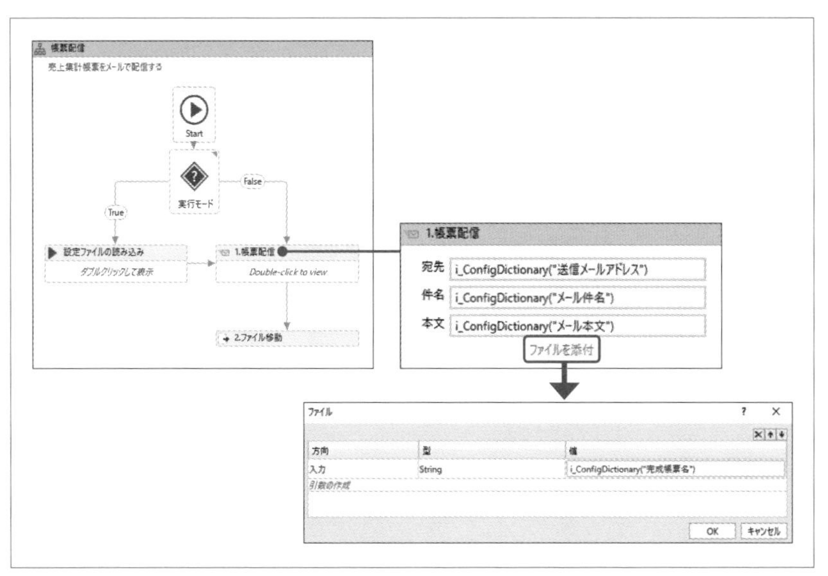

図11.17：[3.帳票配信] プロセスのワークフロー

11.2.5 実行時の動作

サンプルワークフローを実行したときの動作は以下のようになります。

- ダウンロードデータ（%UserProfile%¥Documents¥Automation¥SalesSummary¥Work¥CusSalesData.csv）を読み取り、担当者マスタ（%UserProfile%¥Documents¥Automation¥Master¥担当者マスタ.xlsx）と突合して、「Completed」フォルダーに「担当者売上集計表.xlsx」を生成する。
- このファイルをメールに添付し送信（送信先は「Config.xlsx」の［送信メールアドレス］）する。

- 「Completed¥Backup」フォルダーに移動し、「担当者別売上集計表_20171114.xlsx」にリネームする。

11.2.6 関連セクション

以下のセクションでダウンロードしたCSVファイルを利用しています。

➲11.1　WebシステムからのCSVダウンロードプロセス

シナリオ設計図については、以下のセクションを参考にしてください。

➲2.5　信頼性の高いワークフローを効率的に作成する

帳票作成については、以下のセクションを参考にしてください。

➲5.1　CSVファイルを読み込んでExcel帳票を作成する
➲5.4　引数付きのExcelマクロを実行する

メールの配信方法については、以下のセクションを参考にしてください。

➲6.1　Excelの送信リストと連携してメールを送信する

商品マスタのシステム登録プロセス

11.3.1 業務イメージ

Excelで作成した商品マスタを販売システムに登録するワークフローを作成します。

商品情報を1件登録するごとに登録番号が画面に表示されるので、Excelの商品マスタに転記します（図11.18）。

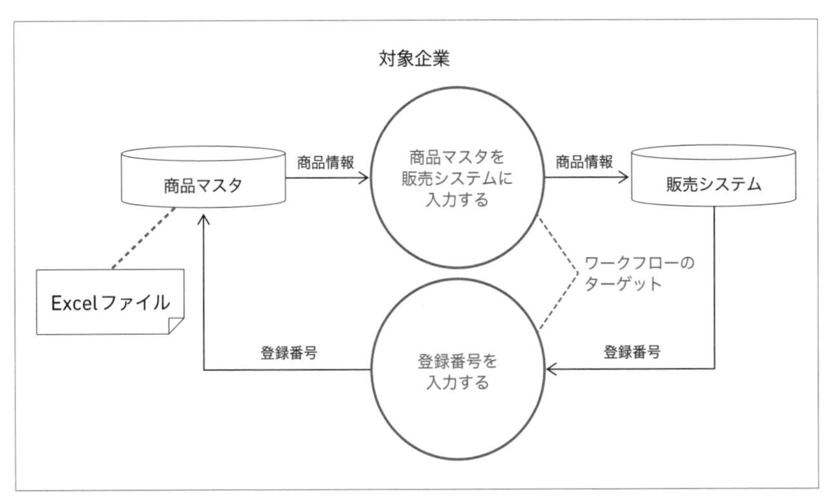

図11.18：業務イメージ

具体的な業務イメージで示したものが図11.19です。

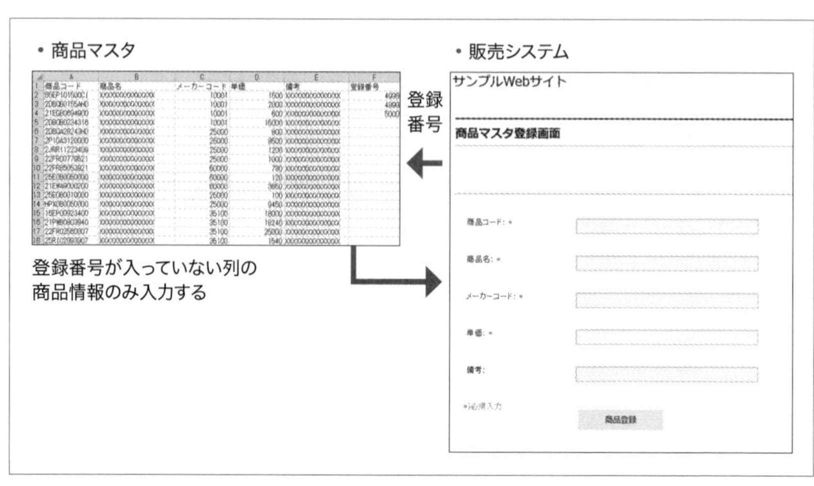

図11.19：具体的な業務イメージ

11.3.2 シナリオ設計図

［1.前処理］プロセスと［2.商品マスタ登録］プロセスによって構成されます（図11.20）。

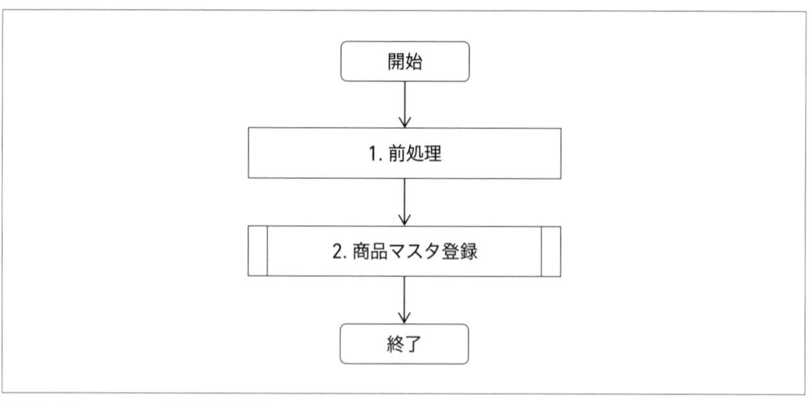

図11.20：シナリオ設計図/全体図

［2.商品マスタ登録］プロセスを展開したシナリオ設計図と、［2.商品マスタ登録］サブプロセスのシナリオ設計図は図11.21の通りです。

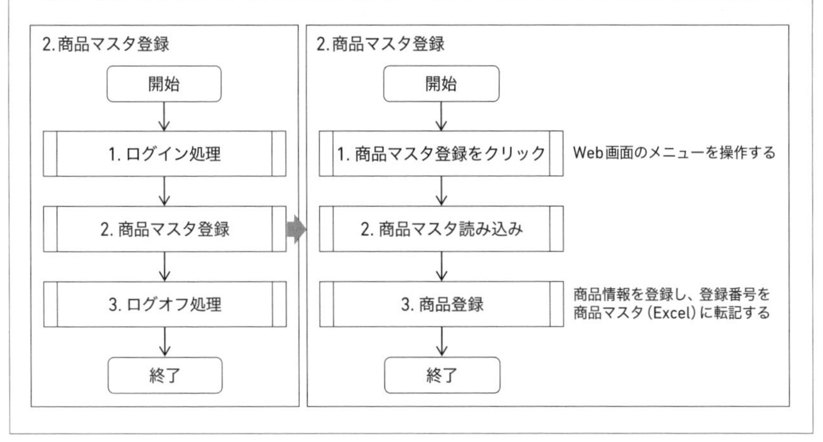

図11.21：シナリオ設計図/[2.商品マスタ登録]プロセスと[2.商品マスタ登録]サブプロセス

11.3.3 サンプルワークフローを動作させる前準備と前提条件

STEP1 セクション「11.1」にて本書のサンプルからフォルダーをコピーしてきていることが前提となる。本セクションで使用するフォルダー構成は図11.22の通り。

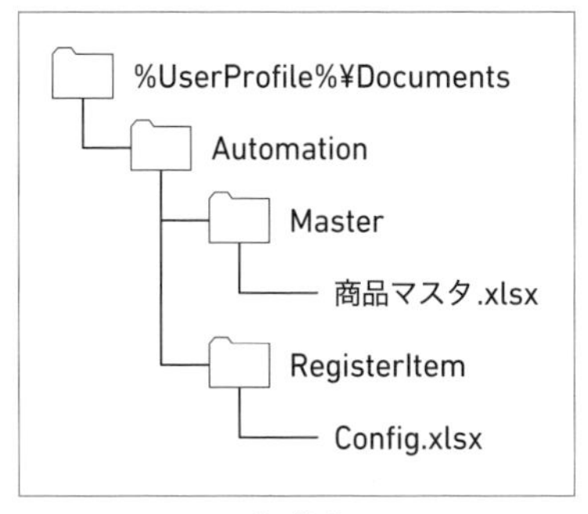

図11.22：フォルダー構成

STEP2 本書のサンプルフォルダーの「サンプルワークフロー」→「Chapter11」→「11.3」→「RegisterItem」のプロジェクトを起動する。「LoginWebSystem.xaml」内の[パスワードを取得]のプロパティ[パスワード]の入力ボックスに「password」と入力する（最初に入力されている「*******」は削除する）。

STEP3 既定のブラウザーがGoogle Chromeになっていることが前提となる。

STEP4 Google ChromeにUiPath拡張機能がインストールされていることが前提となる（「4.1　ブラウザー操作を簡単に自動化する」を参照）。

11.3.4 ワークフロー作成

「11.3.3　サンプルワークフローを動作させる前準備と前提条件」の **STEP2** で開いたプロジェクトを使用します。「Main.xaml」を開いてください。

1 全体像

「Main.xaml」を開くと［商品マスタ登録］ワークフローがあり、［商品マスタ登録］ワークフロー内には［1.前処理］と［2.商品マスタ登録］、［メッセージ］が2つあります（**図11.23**左上）。

［1.前処理］をダブルクリックすると**図11.23**の右側のワークフローが展開します。

［2.商品マスタ登録］をダブルクリックして展開し、［ワークフローを開く］をクリックすると**図11.23**の下側のワークフローが展開します。

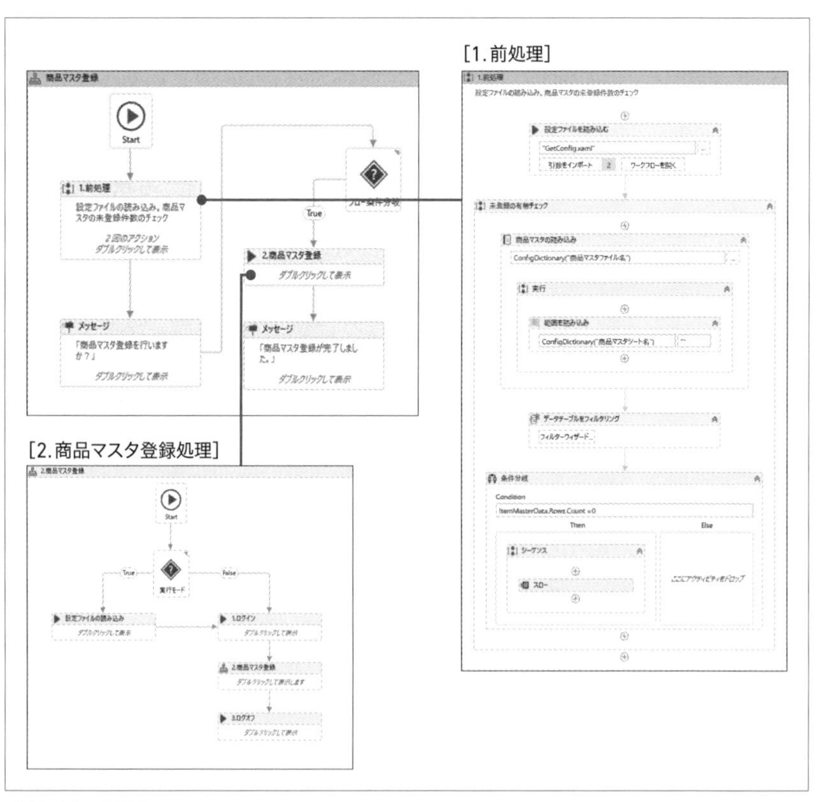

図11.23：全体像

2 [1.前処理] プロセスのワークフロー

設定ファイルの呼び出しを行うワークフロー（図11.24）については、「11.1 Webシステムからの CSVダウンロードプロセス」の［1.前処理］プロセスのワークフローを参照してください。

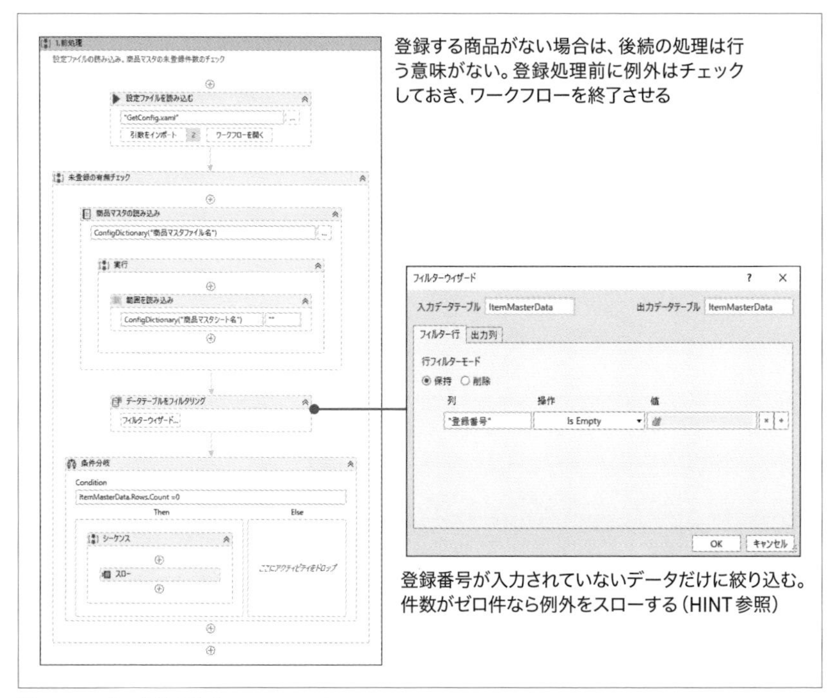

図11.24：［1.前処理］プロセスのワークフロー

HINT 例外をスローする

ビジネスルール上のエラーが発生し、ワークフローを止める必要があるケースでは［スロー(Throw)］アクティビティを使用します。このアクティビティを使うことで、例外（エラー）をスロー（投げる）することによって、障害の発生を示すことができます。

［1.前処理］プロセスでは「登録する商品がない」というビジネスルール上の例外が発生したら、ビジネスルール例外（BusinessRuleException）をスローします。

［スロー］のプロパティ［例外］に「New UiPath.Core.BusinessRuleException(ConfigDictionary("登録件数ゼロアラート"))」と入力しています。

例外が起きた際にはエラーメッセージが表示され、ワークフローが終了します。

3 [2.商品マスタ登録] プロセスのワークフロー

商品マスタを販売システムに登録する［2.商品マスタ登録］プロセスのワークフローです（図11.25）。［2.商品マスタ登録］サブプロセスをダブルクリックすると図11.25の右側のワークフローが展開します。

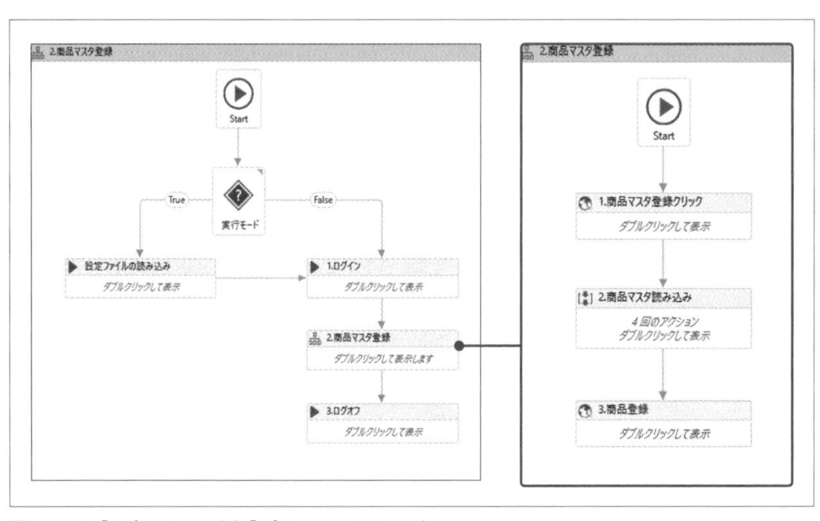

図11.25：[2.商品マスタ登録] プロセスのワークフロー

［1.ログイン］サブプロセスと［3.ログオフ］サブプロセスは「11.1　Webシステムからの CSV ダウンロードプロセス」で作成した外部ワークフローを再利用しています。

［実行モード］で分岐しているのは、単体テスト用です。［1.前処理］プロセスで設定ファイルを読み込んで、その後のワークフローで利用しています。

［2.商品マスタ登録］プロセスのファイル単体で動かした場合は、［1.前処理］プロセスで行っている設定ファイルの読み込みがなされません。

［2.商品マスタ登録］プロセス単体で動かしたときも設定ファイルが使えるように、［実行モード］が「単体テスト」モードのときだけ、設定ファイルを読み込むという仕組みです。

［2.商品マスタ登録］サブプロセス（**図11.25**の右側）には、3つの2ndサブプロセスがあります。［1.商品マスタ登録クリック］、［2.商品マスタ読み込み］、［3.商品登録］です。

［1.商品マスタ登録クリック］はメニュー画面のボタンをクリックするアクティビティです。

［2.商品マスタ読み込み］2ndサブプロセスをダブルクリックすると**図11.26**が開きます。

4 ［2.商品マスタ読み込み］2ndサブプロセスのワークフロー

商品マスタ（Excelファイル）を読み込み、データテーブルに書き込むワークフローです。

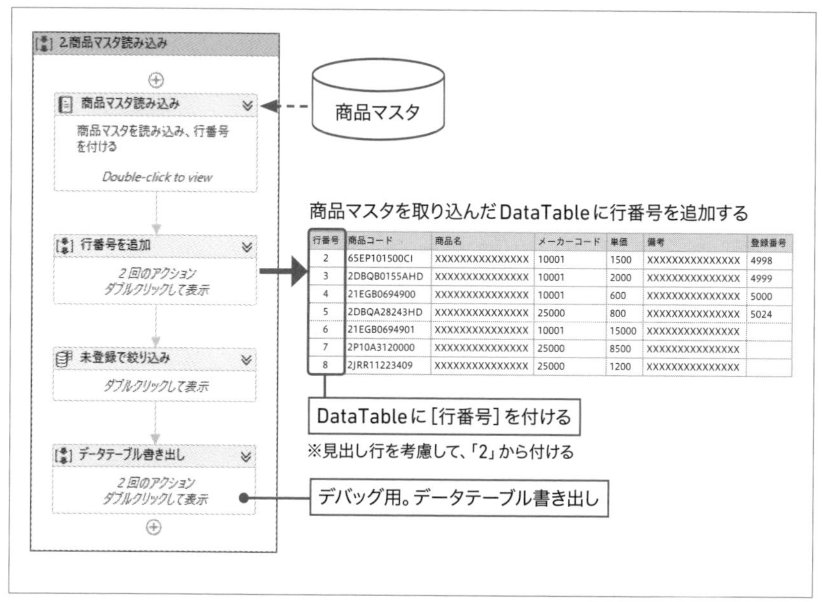

行番号	商品コード	商品名	メーカーコード	単価	備考	登録番号
2	65EP101500CI	XXXXXXXXXXXXXXX	10001	1500	XXXXXXXXXXXXXXX	4998
3	2DBQB0155AHD	XXXXXXXXXXXXXXX	10001	2000	XXXXXXXXXXXXXXX	4999
4	21EGB0694900	XXXXXXXXXXXXXXX	10001	600	XXXXXXXXXXXXXXX	5000
5	2DBQA28243HD	XXXXXXXXXXXXXXX	25000	800	XXXXXXXXXXXXXXX	5024
6	21EGB0694901	XXXXXXXXXXXXXXX	10001	15000	XXXXXXXXXXXXXXX	
7	2P10A3120000	XXXXXXXXXXXXXXX	25000	8500	XXXXXXXXXXXXXXX	
8	2JRR11223409	XXXXXXXXXXXXXXX	25000	1200	XXXXXXXXXXXXXXX	

図11.26：［2.商品マスタ読み込み］2ndサブプロセスのワークフロー

商品マスタにはすでに登録済みの商品情報も載っています。登録番号を転記する行は2行目（1行目はヘッダー）からとは限りません（**図11.26**）。

商品コードをキーにExcelファイル内を検索して、登録番号の列に転記するというロジックは動作が遅い上、ワークフローも複雑になります。

登録した商品情報はExcelファイルの商品マスタでは何行目に当たるのか、後から判別できるように、行番号を付けます。

5 ［3.商品登録］2ndサブプロセスのワークフロー

［2.商品マスタ読み込み］2ndサブプロセスでデータテーブルに取り込んだ商品マスタ（Excelファイル）のデータをWebサイトの画面に入力し、商品登録後に画面

に表示される登録番号を取得し、商品マスタ（Excelファイル）に転記するワークフローです（図11.27）。

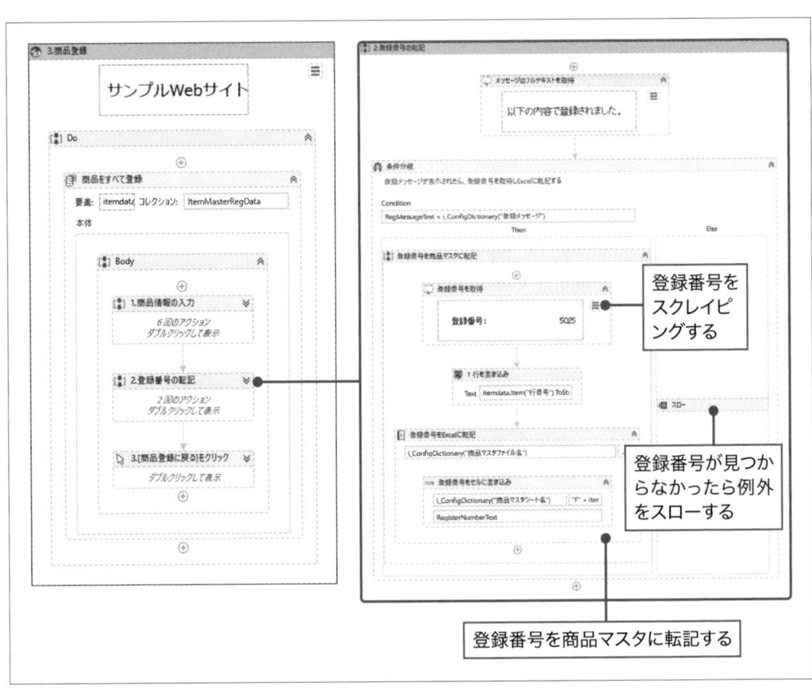

図11.27：［3. 商品登録］2nd サブプロセスのワークフロー

登録番号を商品マスタに転記するときに、［2. 商品マスタ読み込み］2nd サブプロセスでデータテーブルに付けた行番号が使用されます。書き込む先のセルのアドレスを指定します。

［登録番号をセルに書き込み］のプロパティ［範囲］に「"F" + itemdata.Item("行番号").ToString」と入力しています。

11.3.5 商品登録に失敗した場合のリカバリー方法

図11.28：エラー発生時のメッセージ

図11.28のように商品登録に失敗し、再実行する場合は、エラーになる商品マスタを修正します。その後、もう一度ワークフローを実行します。

エラーが発生しても、最後まで商品情報の登録を継続するワークフローを作成することもできますが、以下の点からここでは行っていません。

- ロジックが複雑になるので、ワークフロー作成が難しくなる。
- テスト工数が増える。
- 実運用時にロジックを他の人が理解できない。自分も忘れてしまうことがある。

ワークフローはなるべく単純にした方が運用の苦労を避けることができます。

11.3.6 実行時の動作

サンプルワークフローを実行したときの動作は以下のようになります。

- 「商品マスタ登録を行いますか？」とメッセージボックスが表示されるので「はい」を選択する。
- サンプルWebサイトにログインし、お知らせ画面、メニュー画面、商品マスタ登録画面と遷移する。
- 3つの商品が入力される。
- 「商品マスタ登録が完了しました。」とメッセージボックスが表示されるので[OK]を選択する。
- 「商品マスタ.xlsx」を開くと、すべての行に登録番号が入力されている。

MEMO　サンプルWebサイトでテストする場合

本書で解説に使っているサンプルWebサイトは、筆者が開発し、運用しているテスト用のサイトです。
商品マスタ登録を行っても、本当に登録されているわけではありません。
商品コード[21EGB0694900]を入力したときのみ、2重登録エラーが表示されるようにプログラムしています。
登録エラーのテストを行いたいときは、上記の商品コードを登録してください。

11.3.7 関連セクション

シナリオ設計図については、以下のセクションを参考にしてください。

➲2.5　信頼性の高いワークフローを効率的に作成する

[1.前処理]プロセスと[1.ログイン]サブプロセス、[2.ログオフ]サブプロセスについては、以下のセクションを参考にしてください。

➲11.1　WebシステムからのCSVダウンロードプロセス

メールからの請求書ダウンロードプロセス

11.4.1 業務イメージ

小売業の営業部の業務です。月初（月の初め）になると複数の仕入先企業から請求書がメールで送付されてきます。これらを営業事務がメールで受信し、請求書を保管します。たまに請求書が添付されていないこともあるので、確認しながら業務を行っています（図11.29）。

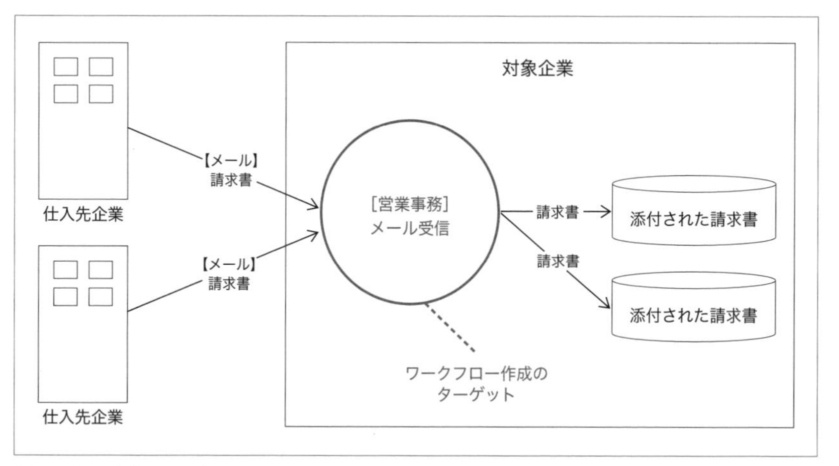

図11.29：業務イメージ

11.4.2 シナリオ設計図

［1.前処理］プロセスと［2.添付ファイルダウンロード］プロセスで構成されます（図11.30）。

MEMO プロセス等の用語について

「シナリオ設計」「プロセス」「サブプロセス」という単語は、筆者がRPAによる業務自動化を設計するために使っている用語です。UiPathの用語ではないことに注意してください。詳しくは、「2.5　信頼性の高いワークフローを効率的に作成する」を参照してください。

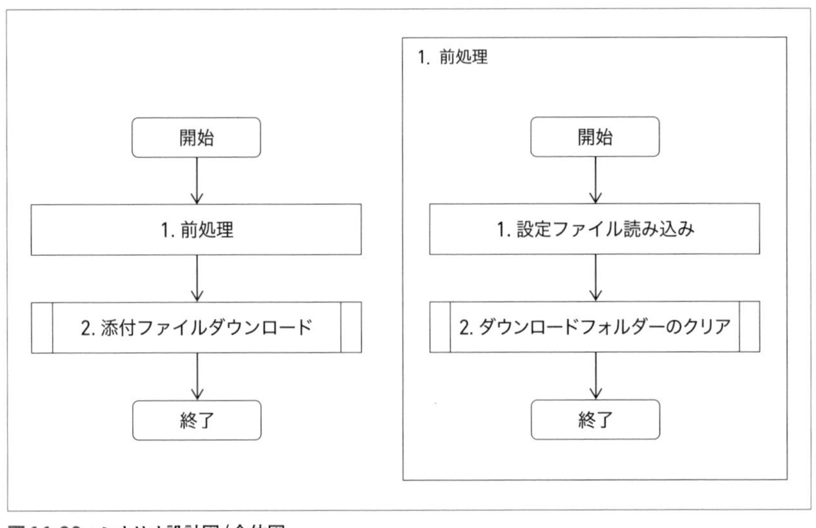

図11.30：シナリオ設計図/全体図

[2.添付ファイルダウンロード] プロセスの中で、メール受信と添付ファイル件数のチェックを行っています（図11.31）。

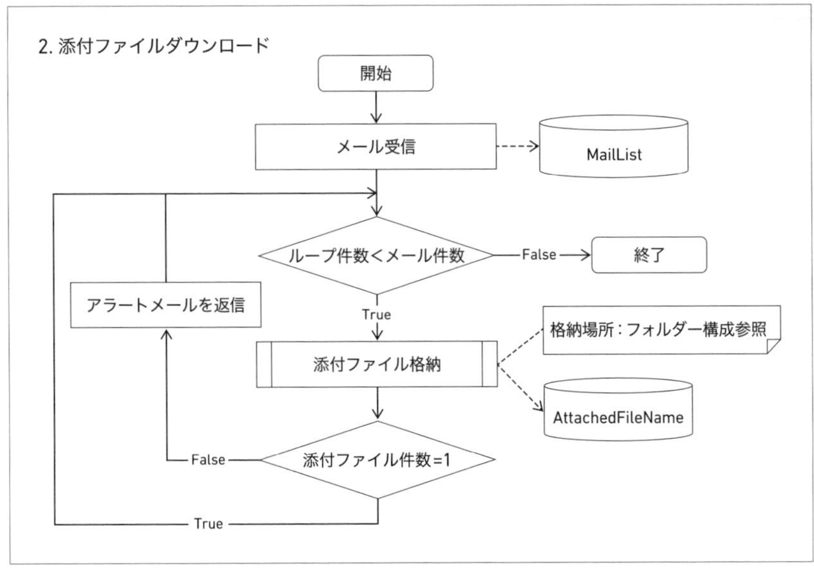

図11.31：シナリオ設計図/［2.添付ファイルダウンロード］プロセス

11.4.3 サンプルワークフローを動作させる前準備と前提条件

STEP1 セクション「11.1」にて本書のサンプルからフォルダーをコピーしてきていることが前提です。本セクションで使用するフォルダー構成は図11.32の通りです。

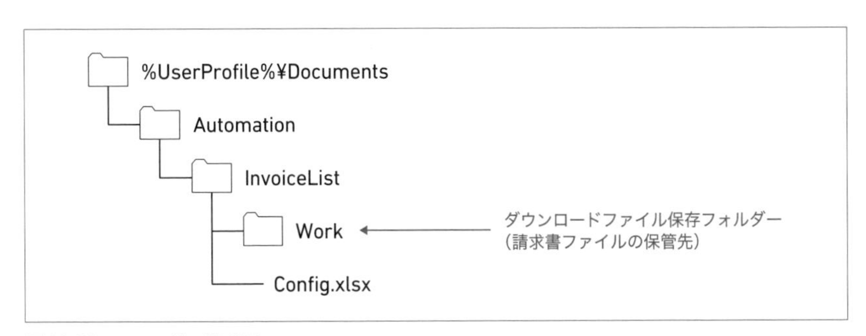

図11.32：フォルダー構成図

STEP2 メール受信できるメールアドレスがあり、Outlookでテスト用メールを受信できることが前提となる。

STEP3 Outlookに「請求書テスト」というフォルダーを作成する。

STEP4 テスト用メールは以下の2通を用意する。本文は動作に関係しないので適当でかまわない。

テスト用メール：1通目

件名：【△△株式会社】ご請求の件

本文：お世話になっております。

添付ファイル：「サンプルファイル」→「Chapter11」→「11.4」→「サンプル請求書」→請求書_201905.xlsx

テスト用メール：2通目

件名：【○○商事】2019年5月度ご請求書添付

本文：お世話になっております。

添付ファイル：「サンプルファイル」→「Chapter11」→「11.4」→「サンプル請求書」→2019年5月度○○商事請求書.pdf

STEP5 Outlookでテスト用メールを受信し「請求書テスト」フォルダーに保存する（未読のままにする）。

STEP6 「%UserProfile%¥Documents¥Automation¥InvoiceList¥Config.xlsx」の名前［メールアカウント］にOutlookに設定されているメールアドレスを入力する。

11.4.4 ワークフロー作成

本書のサンプルフォルダーの「サンプルワークフロー」→「Chapter11」→「11.4」→「DownloadInvoice」のプロジェクトを起動してくださいして、[Main.xaml］を開いてください。

1 全体像

「Main.xaml」を開くと[Main]ワークフローがあり、[Main］ワークフロー内には［1.前処理］と［2.添付ファイルダウンロード]、[メッセージボックス］があります（図**11.33**左側）。

次に［1.前処理］と［2.添付ファイルダウンロード］をそれぞれダブルクリック

すると図11.33の右側のワークフローが展開します。

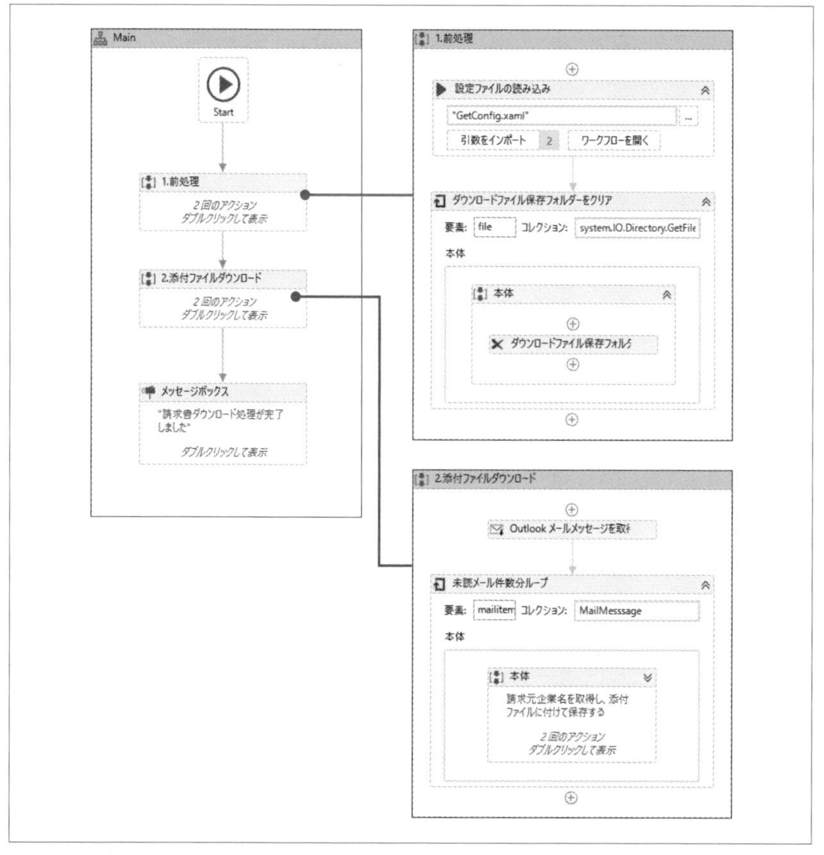

図11.33：全体像

2 [1.前処理] プロセスのワークフロー

設定ファイルの読み込みを行う箇所（**図11.34**）は、「11.1　Webシステムからの CSV ダウンロードプロセス」の［1.前処理］プロセスのワークフローを参照してください。

［ダウンロードファイル保存フォルダー］に残っている請求書を削除します。フォルダー内のファイル一覧を取得する方法と削除については、「3.3　ファイル操作を極める」を参照してください。

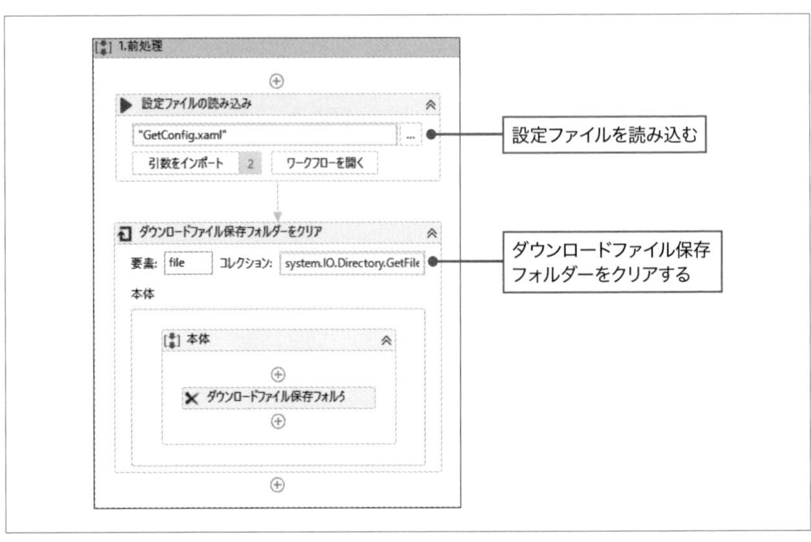

図11.34：[1.前処理] プロセスのワークフロー

3 [2.添付ファイルダウンロード] プロセスのワークフロー

メールを受信し、添付されている請求書ファイルを保存するプロセスです（図11.35）。

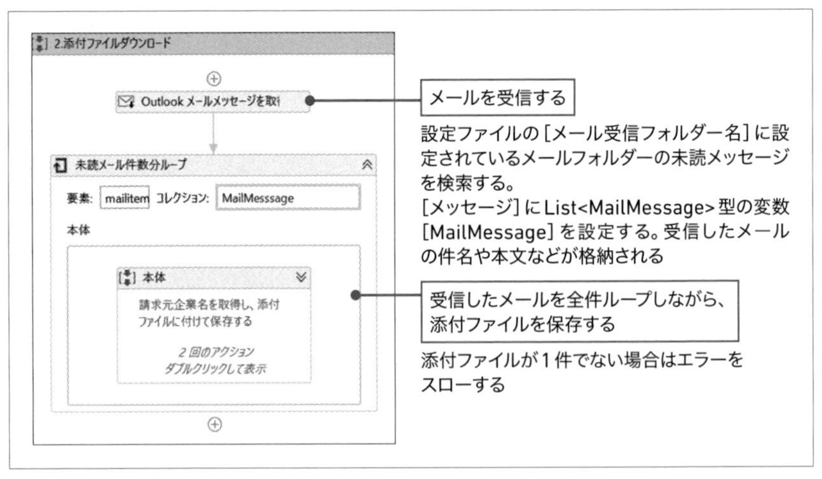

図11.35：[2.添付ファイルダウンロード] プロセスのワークフロー

［未読メール件数分ループ］内の［本体］の中には、［請求元企業名取得］と［添付ファイル保存］があります（図11.36）。

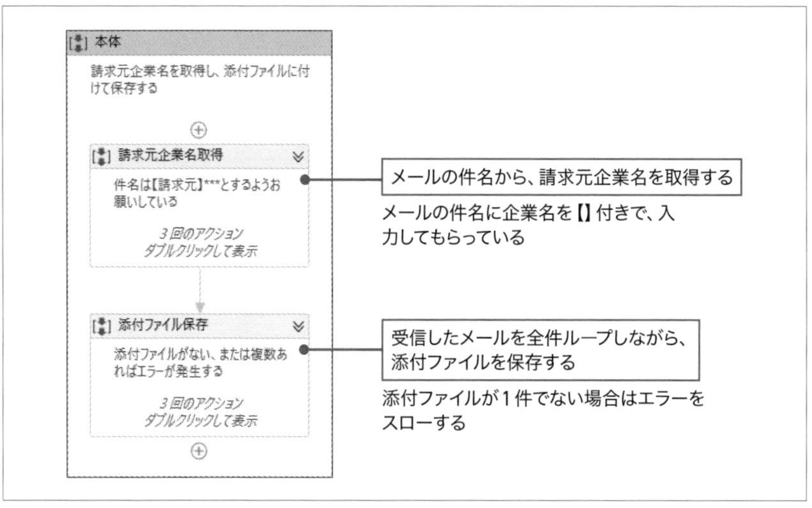

図11.36：［未読メール件数分ループ］のワークフロー

保存時に請求元企業名をメール件名から取得し、請求書ファイルの名前に付けています。複数の企業の請求書ファイルが1つのフォルダー内に混在するからです（図11.37）。

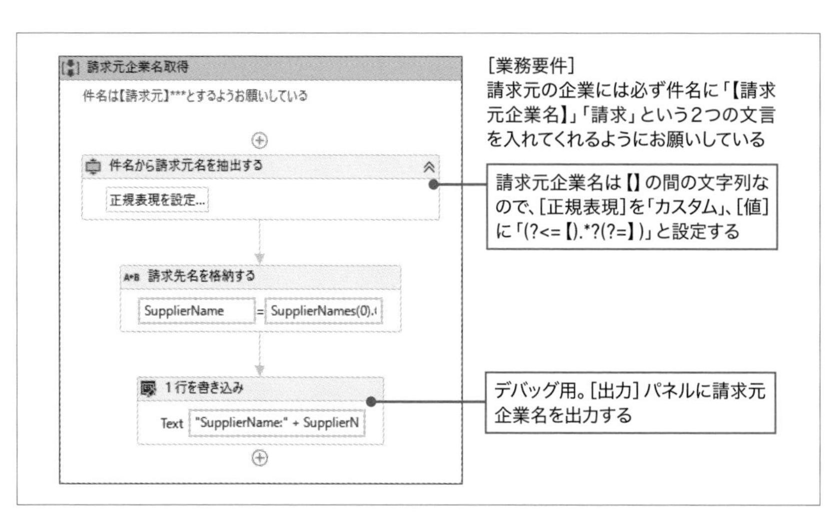

図11.37：［請求元企業名取得］のワークフロー

添付ファイルが1件でない場合はエラーをスローします（**図11.38**）。技術についての詳しい情報は、「6.4　添付ファイルの件数をチェックしダウンロードする」を参考にしてください。

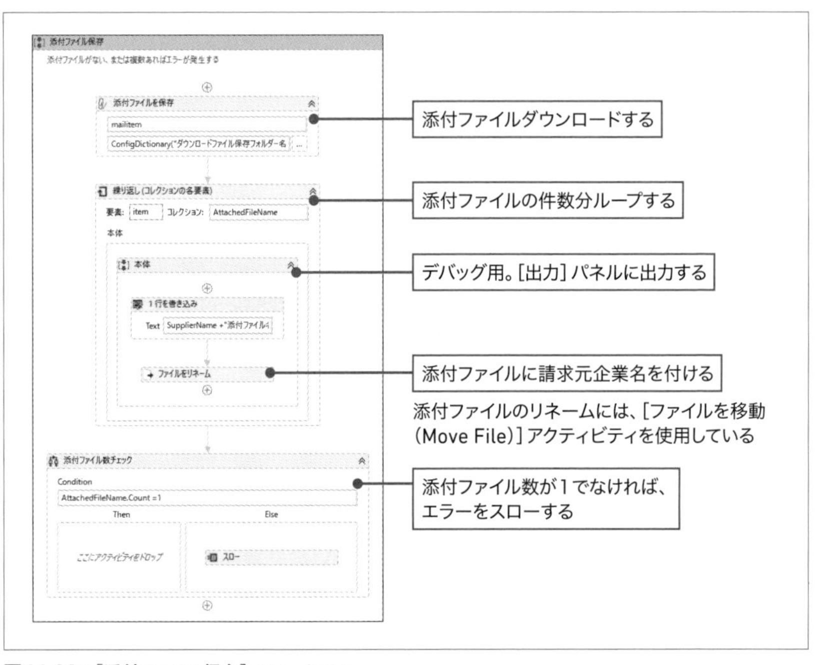

図11.38：［添付ファイル保存］のワークフロー

11.4.5 実行時の動作

サンプルワークフローを実行したときの動作は以下のようになります。

- Outlookからメールをダウンロードして、添付ファイルを「Work」フォルダーに保存する。
  添付ファイル名には件名から取得した請求元企業名が付く。以下の2ファイルが保存される。
  1. 【△△株式会社】請求書_201905.xlsx
  2. 【○○商事】2019年5月度○○商事請求書.pdf

- 保存が完了すると、「請求書ダウンロード処理が完了しました」というメッセージが出る。
- [OK] のクリックでワークフローが終了する。

11.4.6 関連セクション

シナリオ設計図については、以下のセクションを参考にしてください。

➡2.5　信頼性の高いワークフローを効率的に作成する

ダウンロードファイル保存フォルダーに残っている請求書を削除する方法については、以下のセクションを参考にしてください。

➡3.3　ファイル操作を極める

添付ファイルのダウンロードの方法については、以下のセクションを参考にしてください。

➡6.4　添付ファイルの件数をチェックしダウンロードする

設定ファイルの呼び出しを行うワークフローについては、以下のセクションを参考にしてください。

➡11.1　WebシステムからのCSVダウンロードプロセス

請求書の一覧表転記プロセス

11.5.1 業務イメージ

「11.4　メールからの請求書ダウンロードプロセス」と連動した小売業の営業部の業務です。このセクションで保存した複数の請求書の明細を一覧表にまとめます（図11.39）。

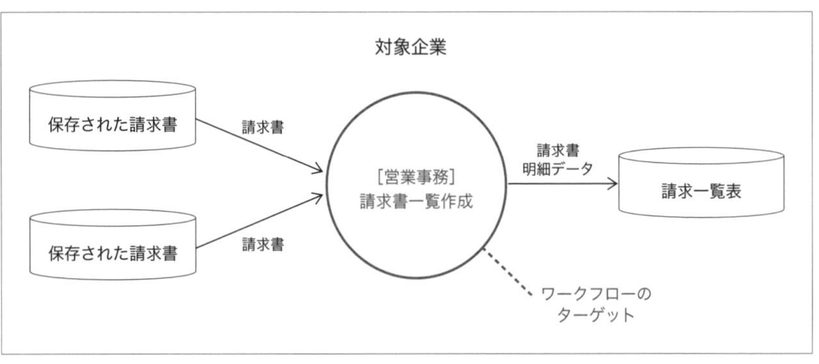

図11.39：業務イメージ

請求書の仕入先名、商品番号、単価、数量といった明細データを一覧にします。入荷金額と請求金額に差があれば、入荷データと突合して差分調査を行う際などに使用します（図11.40）。

	A	B	C	D	E	F
1	仕入先名	商品番号	単価	数量	金額	仕入先コード
2	□□有限会社	1000045842154	4,500	5	22,500	10003
3	□□有限会社	1000058455115	3,510	12	42,120	10003
4	□□有限会社	1000071068076	2,000	20	40,000	10003
5	□□有限会社	1000083681037	800	20	16,000	10003
6	□□有限会社	1000096293998	6,000	15	90,000	10003
7	○○商事	1000025550001	12,000	1	12,000	10001
8	○○商事	1000025450022	25,000	2	50,000	10001
9	○○商事	1000025450023	31,200	1	31,200	10001
10	○○商事	1000025545021	8,500	1	8,500	10001
11	○○商事	1000025551005	5,500	1	5,500	10001
12	○○商事	1000045666584	250,000	1	250,000	10001
13	△△株式会社	1000452548823	2,500	1	2,500	10002
14	△△株式会社	1000185646466	1,500	10	15,000	10002
15	△△株式会社	1000054523155	1,000	20	20,000	10002
16	△△株式会社	1000016465332	50,000	1	50,000	10002
17	△△株式会社	1000213445658	25,000	1	25,000	10002

図11.40：請求一覧表（InvoiceList.xlsx）

11.5.2 シナリオ設計図

［1.前処理］プロセスと［2.請求一覧表作成］プロセスで構成されます（図11.41）。

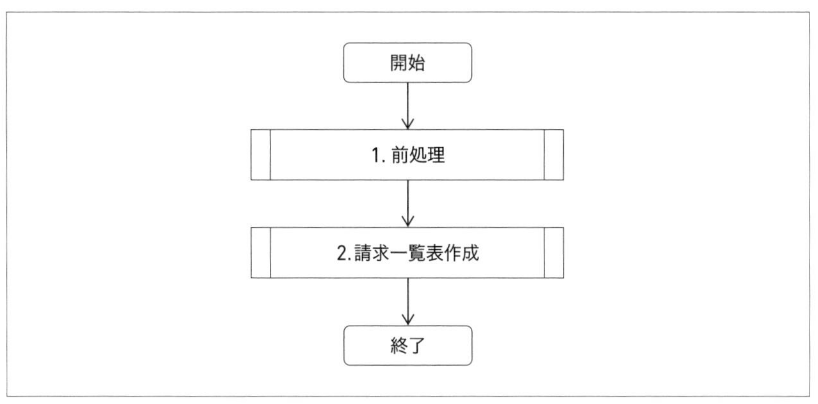

図11.41：シナリオ設計図/全体図

［2.請求一覧表作成］プロセスの中で、複数の請求書の中身を読み取り、一覧表に転記します。請求元企業名を請求書のファイル名から読み取り、分岐します（図11.42）。

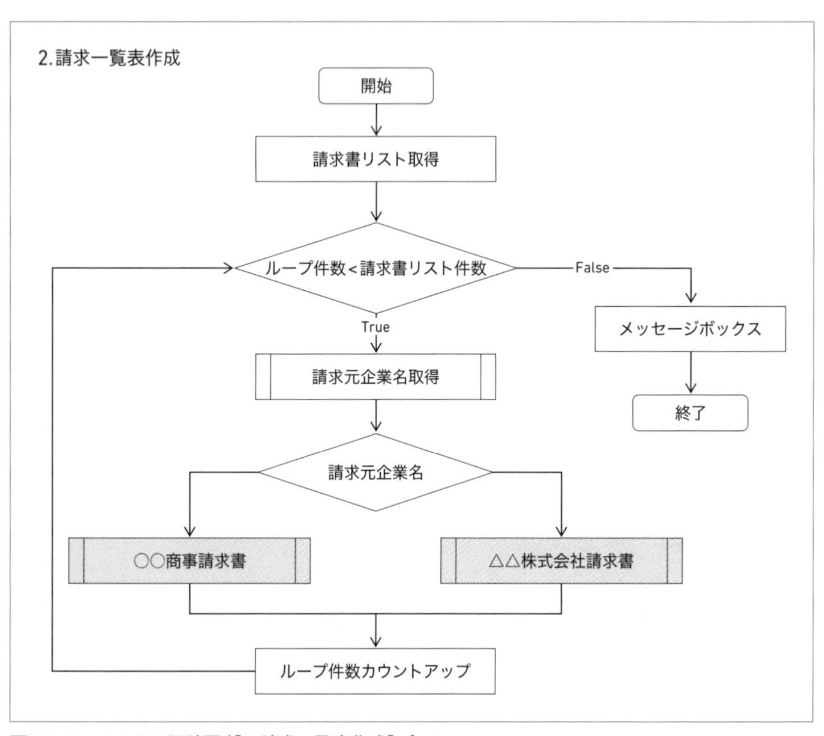

図11.42：シナリオ設計図/［2.請求一覧表作成］プロセス

フォルダーは図11.43のように構成します。「InvoiceList」フォルダー直下にある「InvoiceList.xlsx」をフォーマット（型）ファイルとして使用し、ワークフロー内では更新しません。対象月（図11.43の「yyyyMM」）のフォルダーにコピーし、そのファイルに対して「Work」フォルダーに保存されている請求書ファイルの内容を転記します。

11.5.3 サンプルワークフローを動作させる前準備と前提条件

STEP1 セクション「11.4」のワークフローを実行し、「Work」フォルダーに以下の2ファイルが保存されていることを動作の前提としています。

1. 【△△株式会社】請求書_201905.xlsx
2. 【○○商事】2019年5月度○○商事請求書.pdf

STEP2 セクション「11.1」にて本書のサンプルからフォルダーをコピーしてきていることが前提です。本セクションで使用するフォルダー構成は図11.43の通りです。

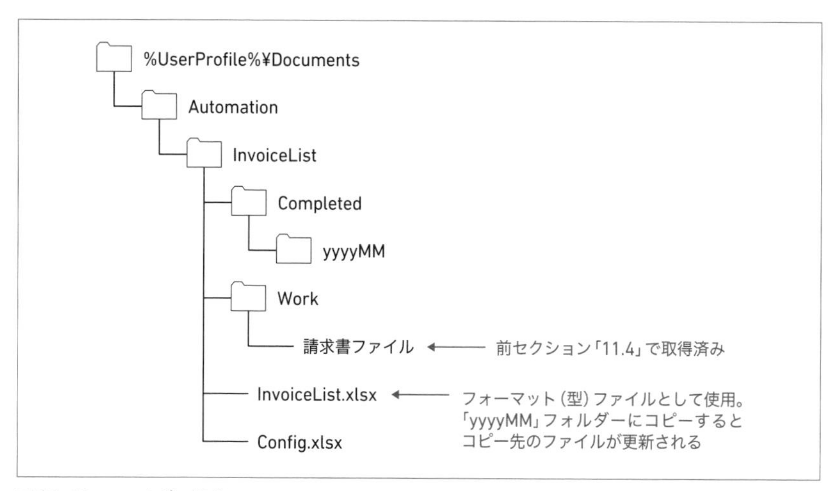

図11.43：フォルダー構成

11.5.4 ワークフロー作成

本書のサンプルフォルダーの「サンプルワークフロー」→「Chapter11」→「サンプルプロジェクト」→「11.5」→「MakeInvoiceList」のプロジェクトを起動して、「Main.xaml」を開いてください（図11.44）。

1 全体像

「Main.xaml」を開くと[Main]ワークフローがあり、[Main] ワークフロー内には [1.前処理] と [2.請求一覧表作成] があります（図11.44左側）。

[1.前処理]（図11.44右側）と [2.請求一覧表作成]（図11.44下側）はダブルクリックにより展開します。

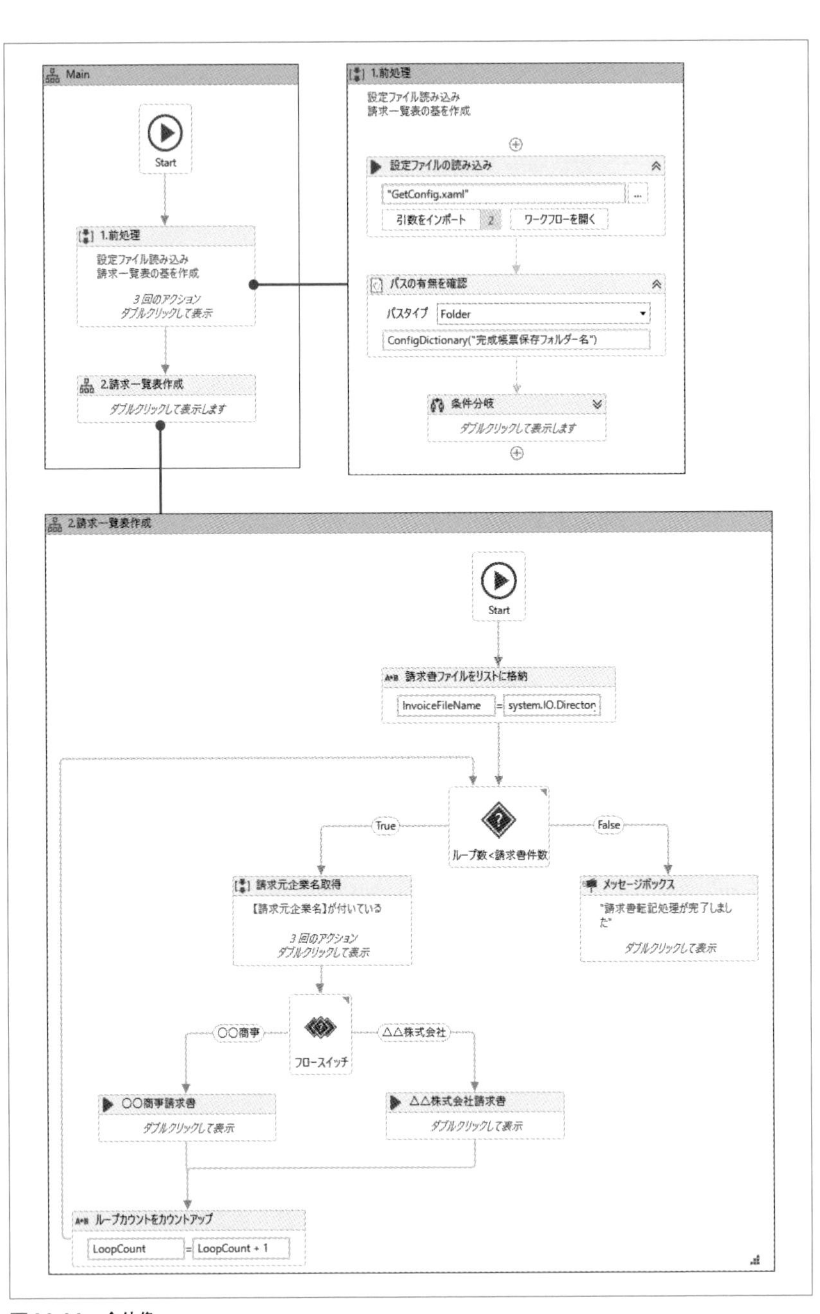
Main
Start
1.前処理
設定ファイル読み込み
請求一覧表の基を作成
3 回のアクション
ダブルクリックして表示
2.請求一覧表作成
ダブルクリックして表示します
1.前処理
設定ファイル読み込み
請求一覧表の基を作成
設定ファイルの読み込み
"GetConfig.xaml"
引数をインポート
2
ワークフローを開く
パスの有無を確認
パスタイプ
Folder
ConfigDictionary("完成帳票保存フォルダー名")
条件分岐
ダブルクリックして表示します
2.請求一覧表作成
Start
請求書ファイルをリストに格納
InvoiceFileName
system.IO.Directory
True
False
ループ数<請求書件数
請求元企業名取得
【請求元企業名】が付いている
3 回のアクション
ダブルクリックして表示
メッセージボックス
"請求書転記処理が完了しました"
ダブルクリックして表示
○○商事
△△株式会社
フロースイッチ
○○商事請求書
ダブルクリックして表示
△△株式会社請求書
ダブルクリックして表示
ループカウントをカウントアップ
LoopCount
LoopCount + 1

図11.44：全体像

2 [1.前処理] プロセスのワークフロー

設定ファイルの呼び出しを行うワークフローについては、「11.1　Webシステムからの CSV ダウンロードプロセス」の［1.前処理］プロセスのワークフローを参照してください。

フォルダー構成でも説明した通り、「InvoiceList」フォルダー直下にある「InvoiceList.xlsx」をフォーマット（型）ファイルとして使用し、ワークフロー内では更新しません。対象月（図11.45の「yyyyMM」）のフォルダーにコピーします。

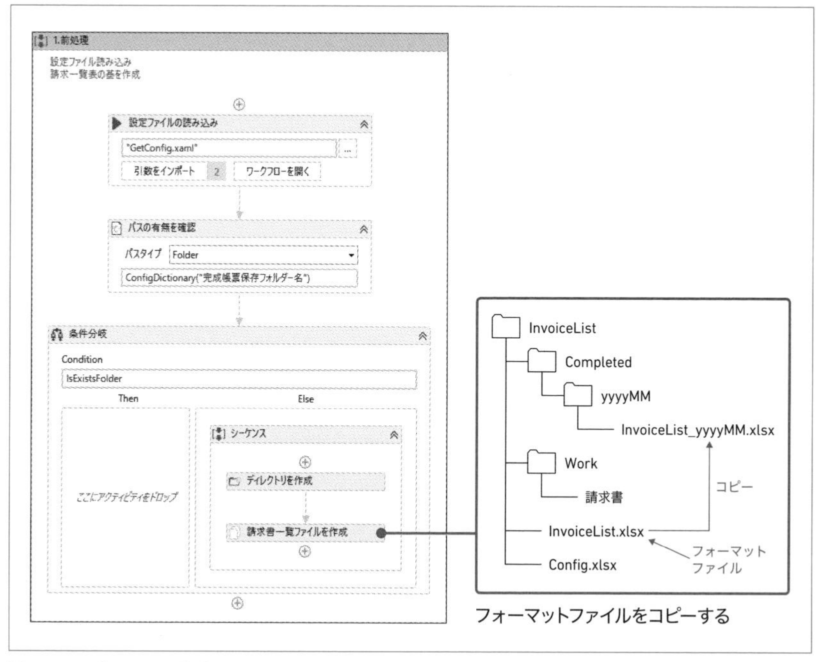

図11.45：[1.前処理] プロセスのワークフロー

3 [2.請求一覧表作成] プロセスのワークフロー

複数の請求書の中身を読み取り、一覧表に転記します（図11.46）。請求元企業名を請求書のファイル名から読み取り、分岐します。

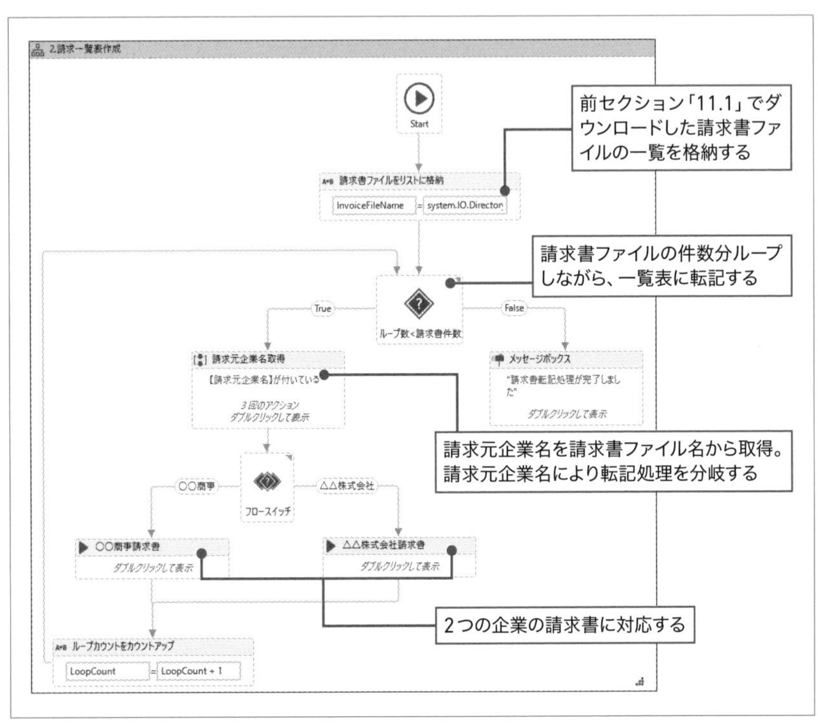

図11.46：[2.請求一覧表作成] プロセスのワークフロー

部分的に見ていきます（図11.47）。

請求元企業名取得

「11.4　メールからの請求書ダウンロードプロセス」で請求書ファイル名に請求元企業名を付加しました。請求元元企業名は【】で囲まれているので、間の文字列を請求元企業名として抽出します。

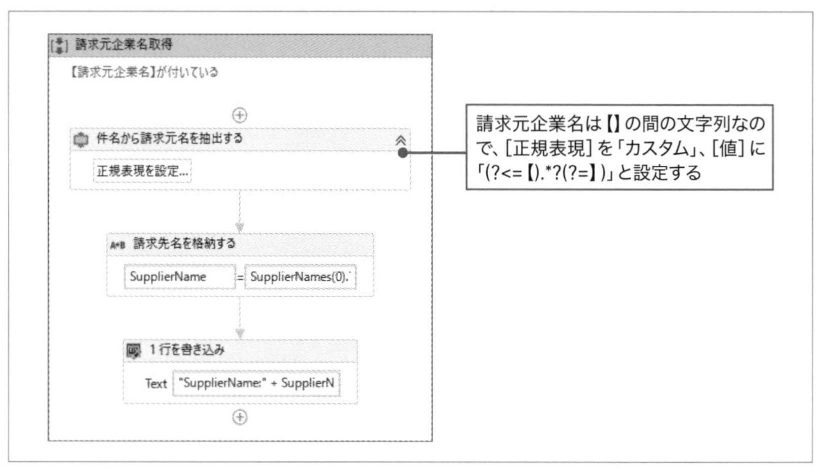

図11.47：[請求元企業名取得] ワークフロー

○○商事の請求書

○○商事の請求書はPDFファイルです（図11.48）。フルテキストで読み込み、抽出した文字列の中から商品番号や単価などの必要な情報を読み取ります。

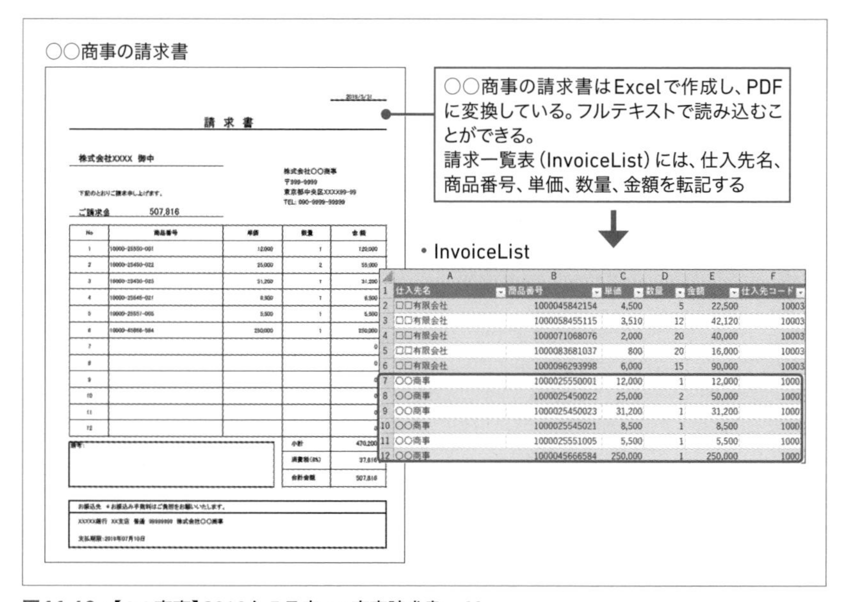

	仕入先名	商品番号	単価	数量	金額	仕入先コード
2	□□有限会社	1000045842154	4,500	5	22,500	10003
3	□□有限会社	1000058455115	3,510	12	42,120	10003
4	□□有限会社	1000071068076	2,000	20	40,000	10003
5	□□有限会社	1000083681037	800	20	16,000	10003
6	□□有限会社	1000096293998	6,000	15	90,000	10003
7	○○商事	1000025550001	12,000	1	12,000	1000
8	○○商事	1000025450022	25,000	2	50,000	1000
9	○○商事	1000025450023	31,200	1	31,200	1000
10	○○商事	1000025545021	8,500	1	8,500	1000
11	○○商事	1000025551005	5,500	1	5,500	1000
12	○○商事	1000045666584	250,000	1	250,000	1000

図11.48：【○○商事】2019年5月度○○商事請求書.pdf

○○商事の請求書を一覧表に転記するワークフローは、「Supplier10001.xaml」というファイルとして保存します（図11.49）。

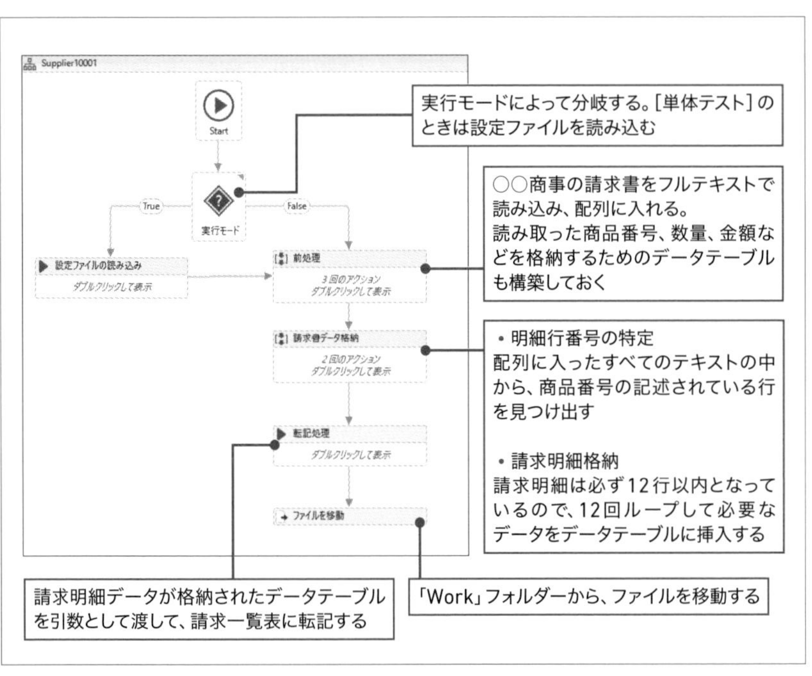

図11.49：Supplier10001.xaml

△△株式会社の請求書

△△株式会社の請求書はExcelファイルです（**図11.50**）。［範囲を読み込み（Read Range）］アクティビティを使って必要な情報を読み取ります。

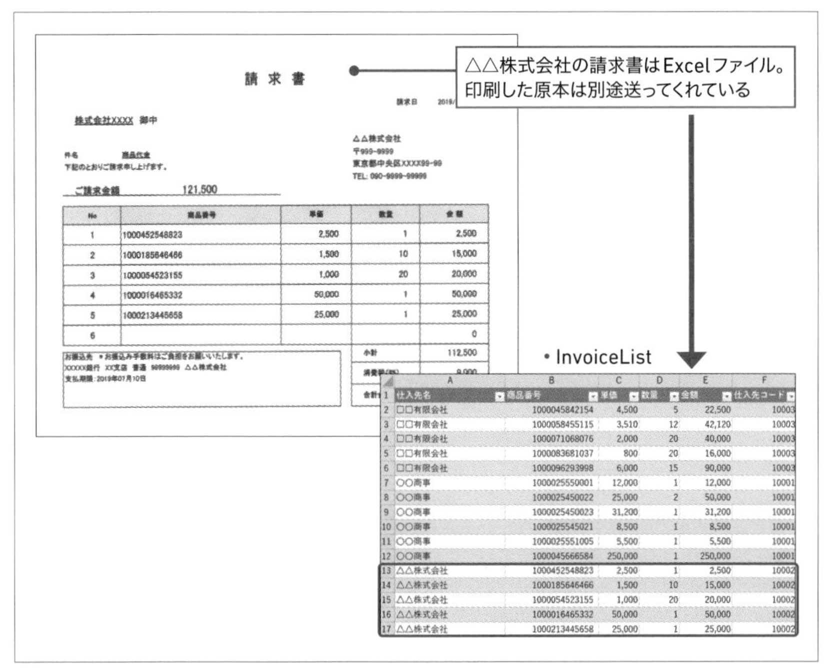

請 求 書

請求日 2019/

株式会社XXXX 御中

件名 商品代金
下記のとおりご請求申し上げます。

ご請求金額 121,500

△△株式会社
〒999-9999
東京都中央区XXXX99-99
TEL: 090-9999-99999

No	商品番号	単価	数量	金額
1	1000452548823	2,500	1	2,500
2	1000185646466	1,500	10	15,000
3	1000054523155	1,000	20	20,000
4	1000016465332	50,000	1	50,000
5	1000213445658	25,000	1	25,000
6				0
			小計	112,500

お振込先 ＊お振込み手数料はご負担をお願いいたします。
XXXXX銀行 XX支店 普通 9999999 △△株式会社
支払期限：2019年07月10日

	A	B	C	D	E	F
1	仕入先名	商品番号	単価	数量	金額	仕入先コード
2	□□有限会社	1000045842154	4,500	5	22,500	10003
3	□□有限会社	1000058455115	3,510	12	42,120	10003
4	□□有限会社	1000071068076	2,000	20	40,000	10003
5	□□有限会社	1000083681037	800	20	16,000	10003
6	□□有限会社	1000096293998	6,000	15	90,000	10003
7	○○商事	1000025550001	12,000	1	12,000	10001
8	○○商事	1000025450022	25,000	2	50,000	10001
9	○○商事	1000025450023	31,200	1	31,200	10001
10	○○商事	1000025545021	8,500	1	8,500	10001
11	○○商事	1000025551005	5,500	1	5,500	10001
12	○○商事	1000045666584	250,000	1	250,000	10001
13	△△株式会社	1000452548823	2,500	1	2,500	10002
14	△△株式会社	1000185646466	1,500	10	15,000	10002
15	△△株式会社	1000054523155	1,000	20	20,000	10002
16	△△株式会社	1000016465332	50,000	1	50,000	10002
17	△△株式会社	1000213445658	25,000	1	25,000	10002

図11.50：【△△株式会社】請求書_201905.xlsx

△△株式会社の請求書を一覧表に転記するワークフローは、「Supplier10002.xaml」というファイルとして保存します（**図11.51**）。

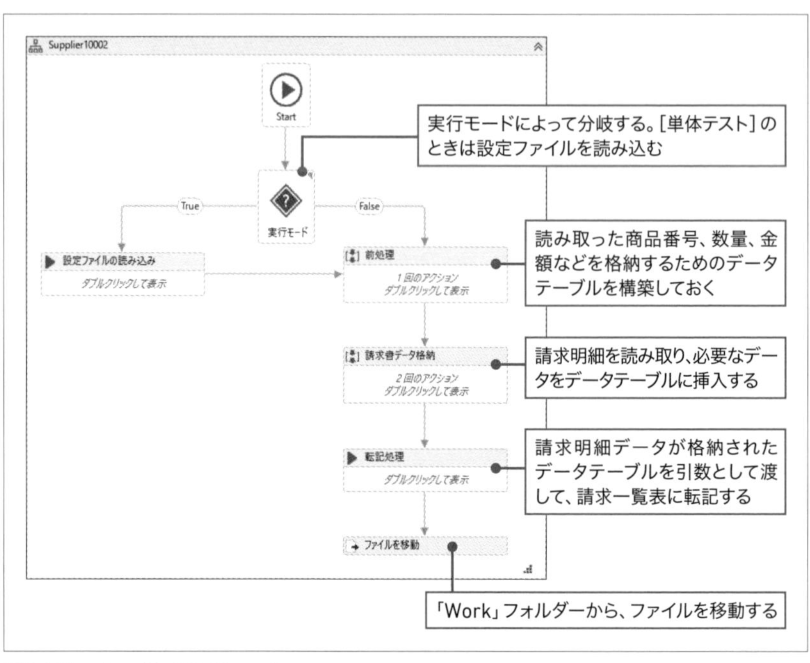

図11.51：Supplier10002.xaml

[転記処理] も外部ワークフローとして独立しており、○○商事の請求書を一覧表に転記するワークフローでも使用しています。

「Supplier10002.xaml」単体でもテストできるように、実行モードの仕組みを実装しています。

11.5.5 実行時の動作

サンプルワークフローを実行したときの動作は以下のようになります。

- 「Completed」フォルダーの下に「201905」フォルダーを作成する。
- 「Work」ファルダー内の2ファイルを読み取って、内容を「InvoiceList.xlsx」に転記する。
- 転記が完了すると、「201905」フォルダーに「InvoiceList_201905.xlsx」という名前で保存する。
  また、「Work」ファルダー内の2ファイルも「201905」フォルダーに移動する。

- 転記が完了すると、「請求書転記処理が完了しました」というメッセージを出す。[OK] をクリックするとワークフローが終了する。

11.5.6 関連セクション

シナリオ設計図については、以下のセクションを参考にしてください。

➲2.5　信頼性の高いワークフローを効率的に作成する

設定ファイルを呼び出すワークフローについては、以下のセクションを参考にしてください。

➲11.1　Webシステムからの CSV ダウンロードプロセス

請求書をダウンロードするワークフローについては、以下のセクションを参考にしてください。

➲11.4　メールからの請求書ダウンロードプロセス

おわりに

CONCLUSION

「一人ひとりが最大限に力を発揮し、日本を元気にしてくれること」

それが本書を執筆した一番の目的です。

読者の方には「UiPathを業務自動化に活かすノウハウを身に付けること」に加えて、3つのことに取り組んでいただきたいと願っています。

1. 一人ひとりが生産性向上に取り組む

RPAの登場により業務の自動化が「一部の特別な技術を持った人のみが実現できるもの」ではなくなりました。しかし、まだ「誰でも簡単にできる」わけではありません。

本書を読んで「自分には難しい」と思った読者もいるかもしれません。しかし、あきらめないでください。一人ひとりが自分の業務を自動化し生産性を向上させることが、新しい時代を切り開いていく力となります。

2. 工夫し自分で考える

本書はRPAツールのノウハウを解説した書籍としては珍しく「信頼性の高いワークフローを効率的に作成する方法」や「デバッグテクニック」、「設定ファイルを使う方法」など、実際の現場で活用するための泥臭いテクニックに多くの紙面を割いています。UiPathを現場の業務に役立ててほしいからです。

本書で解説しているテクニックを組み合わせることで読者の業務の多くが自動化できるはずです。それでも自動化できない業務に直面したときに、「教えてもらっていないので、できない」ではなく、自分で調べて考え、工夫して乗り越えていってください。

3. 周りの人に教える

自分の業務が自動化できるようになったら、周囲の人にもノウハウを教えてください。「自分さえ技術を身に付けられればよい」ではなく、次から次へと自動化の輪を広げていってください。また、UiPathの未経験者に教えることは知識を深めるよいチャンスとなります。

「一部の特別な技術を持った人」だけの力では日本の生産性は向上しません。一人ひとりが真剣にRPAに取り組み、身に付けた知識を惜しみなく周りに伝えていくことで、日本が元気になるパワーが広がっていくのです。

一緒に頑張りましょう！

2020年4月吉日

株式会社完全自動化研究所　小佐井　宏之

ま

や

ら

わ

小佐井 宏之（こさい・ひろゆき）

福岡県出身。京都工芸繊維大学同大学院修士課程修了。まだPCが珍しかった中学の頃、プログラムを独習。みんなが自由で豊かに暮らす未来を確信していた。あれから30年。逆に多くの人がPCに時間を奪われている現状はナンセンスだと感じる。業務完全自動化の恩恵を多くの人に届け、無意味なPC 作業から解放し日本を元気にしたい。
株式会社完全自動化研究所　代表取締役社長。

ホームページ：http://marukentokyo.jp/
Twitterアカウント：@hiroyuki_kosai

装丁・本文デザイン	大下 賢一郎
DTP	株式会社シンクス
検証協力	村上 俊一
校正協力	佐藤 弘文
協力	UiPath株式会社

UiPath業務自動化最強レシピ

RPAツールによる自動化&効率化ノウハウ

2020年 5月25日 初版第1刷発行
2021年 6月 5日 初版第3刷発行

著 者	株式会社完全自動化研究所 小佐井 宏之
発行人	佐々木 幹夫
発行所	株式会社翔泳社(https://www.shoeisha.co.jp)
印刷・製本	株式会社ワコープラネット

※本書へのお問い合わせについては、iiページに記載の内容をお読みください。
※落丁・乱丁の場合はお取替えいたします。03-5362-3705までご連絡ください。

ISBN978-4-7981-6336-9 Printed in Japan